Anna Frebel

AUF DER SUCHE
NACH DEN ÄLTESTEN
STERNEN

S. Fischer

© 2012 S. Fischer Verlag GmbH, Frankfurt am Main
Graphiken: Peter Palm, Berlin
Satz: Dörlemann Satz, Lemförde
Druck und Bindung: CPI – Clausen & Bosse, Leck
Printed in Germany
ISBN 978-3-10-021512-3

»Bernhard von Chartres sagte, wir seien gleichsam Zwerge, die auf den Schultern von Riesen sitzen, um mehr und Entfernteres als diese sehen zu können – freilich nicht dank eigener scharfer Sehkraft oder Körpergröße, sondern weil die Größe der Riesen uns emporhebt.«
– Johannes von Salisbury: *Metalogicon*, Buch III, Kapitel 4, Zeile 46–50

In diesem Sinne widme ich mein Buch den Frauen, die vor mir gelebt, gearbeitet und die Welt verändert haben: den Wissenschaftlerinnen sowie meinen Großmüttern und meiner Mutter.

INHALT

VORBEMERKUNG

So begann meine eigene Reise

Ich wurde oft danach gefragt, warum ich mich so intensiv gerade für die Sterne und das Universum interessiere. Die Frage, warum das so ist, kann ich genauso wenig beantworten wie die, warum Blau meine Lieblingsfarbe ist: Es war einfach schon immer so.

Seit ich denken kann, übten die Sterne auf mich eine unbeschreibliche Faszination aus. Und als ich 14 Jahre alt war, beschloss ich deshalb, Astronomin zu werden. Ich wollte mehr über die Sterne erfahren, um herauszufinden, woher sie kommen und was in ihrem Inneren vorgeht. Der Weg dahin war mir natürlich noch unklar. Dennoch war es mein Traum, etwas Neues zu entdecken, etwas, das außerhalb unserer Erde im Universum existiert und noch nie zuvor bekannt gewesen ist. Auch ich wollte also herausfinden, was die Welt im Innersten zusammenhält.

Dieser Wunsch gab mir einen enormen Antrieb, und so war ich überglücklich, dass ich mit 15 Jahren mehrere Praktika bei den Astronomen der Universität Basel absolvieren durfte. Dort lernte ich direkt von den Wissenschaftlern, welche Tätigkeiten den Alltag eines Astrophysikers ausmachen. Mit Hilfe der Studentenversuche zur einführenden Astronomie konnte ich dort schon viele Konzepte und theoretische Grundlagen zur Arbeit mit Sternen, Galaxien und der Kosmologie kennenlernen.

Mit diesen Kenntnissen ausgestattet, konnte ich dann auch, inzwischen 17 Jahre alt, meine fünfundfünfzigseitige Facharbeit »Auswertung von Farben-Helligkeitsdiagrammen ausgewählter Sternhaufen unter dem Gesichtspunkt der Sternentwicklung« für die Schule schreiben.

So war ich schon vor Beginn meines Physikstudiums meinem Traum, als Astronomin die Sterne und das Universum zu studieren, ein Stückchen näher gekommen. Heutzutage fliege ich mehrmals im Jahr um den Erdball zu den größten Teleskopen der Welt, um nach den ältesten Sternen zu suchen.

1. WAS IST STELLARE ARCHÄOLOGIE?

Um die vielen Details und die im Universum vorherrschenden chemischen und physikalischen Prozesse verstehen zu können, müssen wir uns nun auf eine kosmische Zeitreise begeben. Sie beginnt direkt mit dem Urknall und wird uns von dort aus bis in unsere Zeit führen. Wie in Abbildung 1.1 zu sehen ist, werden wir die kosmische Herkunft eines Apfels und damit auch die der Elemente kennenlernen. Dabei sind uns die ältesten Sterne aus der Zeit kurz nach dem Urknall behilflich. Sie lehren uns, dass wir Menschen alle Kinder des Kosmos sind. Denn aus Sternenstaub gemacht, tragen wir sogar kleine Mengen des Urknalls in uns.

Der US-amerikanische Astronom Carl Sagan sagte einst: »Wenn du einen Apfelkuchen von Grund auf selbstbacken möchtest, musst du zunächst das Universum erfinden.« Denn tatsächlich sind die Elemente, aus denen ein Apfel besteht, das Ergebnis eines kosmischen Herstellungsverfahrens, das Jahrmilliarden dauerte und das die Astronomen als chemische Entwicklung des Universums bezeichnen. Denn die Atome, aus denen der Apfel besteht, wurden erstmalig durch Kernfusionsprozesse in den heißen Zentren von Sternen vor sehr langer Zeit erzeugt. Mit dem Backen des Apfelkuchens verändern wir zwar die Anordnung der Atome in den verschiedenen Molekülen, aus denen der Apfel besteht, aber die Atome selbst bleiben unverändert. Um ein Atom in ein anderes zu verwandeln, fehlen uns in unseren Küchen Kernreaktoren – die gibt es nur im Universum.

Die Elemente Wasserstoff und Helium wurden direkt nach dem Urknall gebildet und liefern das stoffliche Grundgerüst des Universums. Die kosmische Kocherei weiterer Elemente begann bald danach. So wurden alle Elemente erzeugt, auf denen die Entstehung und Entwick-

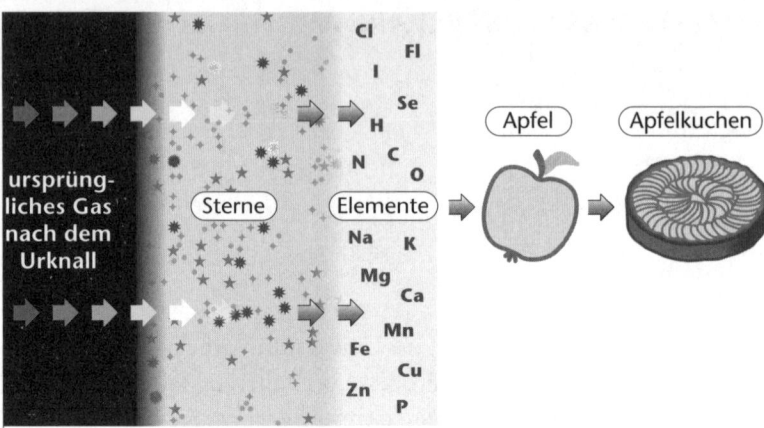

Abb. 1.1: Die kosmische Herkunft eines Apfels.

lung von Leben und damit auch des Menschen basiert. Für Menschen und organisches Material spielt Kohlenstoff dabei die Hauptrolle. Unsere Existenz hängt also von jenen Sternen ab, die den Kohlenstoff synthetisiert haben. Dadurch sind wir Menschen so eng mit der Entwicklungsgeschichte der chemischen Elemente verbunden.

Mit der Erforschung der diversen chemischen und physikalischen Prozesse, die an dieser Entwicklung beteiligt sind, können sich Astronomen tatsächlich Stück für Stück dem annähern, was das Universum als Ganzes ausmacht. Abbildung 1.A im Farbbildteil zeigt eine Zusammenfassung dieser Entwicklung. Aber beginnen wir die Geschichte von vorne.

1.1. Die ersten Minuten nach dem Urknall

Begriffe wie Raum und Zeit, Temperatur oder Dichte benutzen wir heutzutage oft, ohne weiter darüber nachzudenken, ob es auch ein »Vor« dem Raum oder »Vor« der Zeit gab. Unser physikalisches Verständnis für das Universum beginnt nämlich erst winzige Sekundenbruchteile nach dem Urknall, den man sich als Beginn von Raum und Zeit vorstellen kann. Was wirklich am Anfang des Universums stand, ist und bleibt ein Rätsel. Der Begriff »Urknall« benennt somit diesen eigentlich unbeschreiblichen Anfangszustand.

Wir wissen aber, dass die ersten Minuten nach dem Urknall extrem heiß waren und das Universum lediglich aus einer dichten Suppe aus den verschiedensten kleinsten Teilchen bestand. In den folgenden Minuten bildeten sich daraus Protonen, Neutronen und Elektronen, die Bausteine der Atome. Das Universum dehnte sich nun rapide aus und kühlte dabei schnell ab. An chemischen Elementen existierte bisher nur Wasserstoff (Ordnungszahl 1), genauer gesagt existierten nur Wasserstoffkerne, eben die Protonen. Als die Temperatur nach zwei bis drei Minuten auf eine Milliarde Grad gesunken war, entstanden die ersten gegenüber Wassertoff schwereren Atomkerne wie z. B. Deuterium. Deuterium wird auch »schwerer Wasserstoff« genannt, denn es besteht aus einem Proton und einem Neutron und hat somit die gleiche Ladungszahl wie Wasserstoff, nämlich 1.

Aus Deuterium konnten dann die ersten Heliumkerne (Ordnungszahl 2) gebildet werden, die aus zwei Protonen und zwei Neutronen bestehen. Schon in den ersten zwei Minuten war bei den noch höheren Temperaturen Helium direkt aus vier Protonen gebildet worden. Allerdings war es zu dieser Zeit so heiß, dass diese Heliumkerne immer sofort wieder durch die ebenfalls vorhandenen hochenergetischen Gammastrahlen zerschlagen wurden. Erst der Umweg über die Deuteriumkerne bei den kühleren Temperaturen von etwa einer Milliarde Grad führte dann schließlich zur Bildung großer Mengen von Helium.

Durch die Zusammenstöße von mehreren Heliumkernen bildete sich als das drittschwerste Element noch eine ganz, ganz winzige Menge an Lithium (Ordnungszahl 3). Das Universum bestand also zu jener Zeit aus diesen drei Elementen: Wasserstoff, Helium und Lithium. Rund 75 % der Gesamtmasse bestand dabei aus Wasserstoff und ca. 25 % aus Helium. Der Lithium-Massenanteil lag nur bei 0,000000002 %. Wenn man zum Vergleich diese Massenverteilung in Anzahlen von Wasserstoff- und Heliumatomen ausdrückt, gibt es 92 % Wasserstoffatome und nur ca. 8 % Heliumatome, da Helium viermal schwerer als Wasserstoff ist. Lithium ist wiederum nur als ein winziger Bruchteil vertreten.

Schon drei Minuten nach dem Urknall war die erste Phase der Elementsynthese abgeschlossen. Das Universum war nun schon zu weit abgekühlt, um weiterhin nukleare Fusion mit Wasserstoff und Helium betreiben zu können. Um später Leben im Universum und somit auch den Menschen hervorbringen zu können, reichten die in den wenigen Minuten nach dem Urknall entstandenen chemischen Elemente Wasserstoff, Helium und Lithium jedoch nicht aus. Die hierzu notwendigen Elemente wie Kohlenstoff, Stickstoff, Sauerstoff, Eisen sowie alle anderen Elemente des Periodensystems fehlten noch. Diese wurden erst nach und nach in Sternen synthetisiert. Nur dort konnten aus den vorhandenen leichten Elementen wie Wasserstoff und Helium schwerere erzeugt werden. Denn nur im Inneren von Sternen ist es heiß genug, um alle weiteren Elemente des chemischen Periodensystems zu synthetisieren.

Damit diese Sterne und auch die Galaxien überhaupt entstehen konnten, mussten sich aus den ersten, elektronenlosen und nackten Atomkernen sowie den frei im Universum herumschwirrenden Elektronen erst einmal vollständige und elektrisch neutrale Atome bilden. Für lange Zeit nach dem Urknall sind Atomkerne, Elektronen und Photonen, also die Lichtteilchen, wild durcheinandergerast. Diese Teilchen- und Strahlensuppe war somit ziemlich undurchsichtig, etwa so, wie wenn man durch das Gewimmel der Wassertröpfchen bei strömendem Regen oder Nebel die andere Seite der Straße nicht mehr sehen kann. Denn die Energie und die Richtung der Photonen werden immer wieder durch freie Elektronen verändert. Man sagt auch, sie werden gestreut.

Etwa 380 000 Jahre nach dem Urknall war das Universum in seiner Größe nun so weit angewachsen und dabei auf 2700 Grad Celsius abgekühlt, dass es zu einer grundlegenden Veränderung kam. Die Atomkerne und die Elektronen bewegten sich nun so langsam, dass die positiv geladenen Atomkerne die negativ geladenen Elektronen einfangen und dauerhaft an sich binden konnten. Die seit dem Urknall umherfliegenden Photonen hatten somit viel weniger Möglichkeiten, von Elektronen gestreut zu werden. Das bedeutete die endgültige Trennung von Materie und Strahlung, das bis dahin undurchsichtige Universum wurde dadurch erstmals durchsichtig.

Die Photonen wurden somit endlich aus dem Labyrinth der Elektronen befreit und konnten ungestört über weite Distanzen fliegen. Das tun sie auch heute noch. Die Photonen aus dem frühen Universum fliegen nach wie vor – sie werden die kosmische Hintergrundstrahlung genannt. Sie ist so etwas wie das schwache Restglimmen des Urknalls von vor fast 14 Milliarden Jahren, die letzte Glut eines gigantischen kosmischen Feuerwerks.

Seitdem das Universum durchsichtig wurde, ist es auch 1100 Mal größer geworden. Da die Energiedichte der kosmischen Hintergrundstrahlung mit zunehmendem Volumen des Universums abnimmt, ist die Temperatur der Hintergrundstrahlung, die heute bei uns ankommt, aber nicht mehr 2700 Grad C heiß, sondern inzwischen nur noch −270 Grad C. Das entspricht ungefähr 2,7 Grad Kelvin. Das Universum hat sich also ausgehend vom Urknall bis heute dem absoluten Temperaturnullpunkt bei 0 Grad Kelvin oder −273 Grad C schon sehr weit angenähert. Mit einer weiteren Ausdehnung des Universums wird in sehr ferner Zukunft der absolute Temperaturnullpunkt irgendwann erreicht werden.

Diese Hintergrundstrahlung wurde 1964 von den amerikanischen Radioastronomen Arno Penzias und Robert Wilson nach diversen Vorhersagen tatsächlich zufällig entdeckt. Die beiden Wissenschaftler erhielten 1978 den Nobelpreis für ihre Arbeiten. 2006 folgte ein weiterer Nobelpreis für die amerikanischen Astrophysiker George Smoot und John Mather. Mit Hilfe des Weltraumsatelliten COBE (»Cosmic Microwave Background Explorer«) hatten sie mit ihrem Team die ersten präzisen Messungen der kosmischen Hintergrundstrahlung vorgenommen und so deren räumliche Struktur und Ausdehnung bestimmen können. Diese und weitere Messungen durch den Wilkinson Microwave Anisotropy Probe (WMAP)-Satelliten, der in Abbildung 1.B im Farbbildteil gezeigt ist, sind eine großartige Bestätigung dafür, dass das Universum eine extrem heiße Phase auf kleinstem Raum durchgemacht hat – also den Urknall.

Schon in der 380 000 Jahre nach dem Urknall entstandenen kosmischen Hintergrundstrahlung konnten Smoot und Mather erste Anzeichen einer ganz leichten Klumpung der Materie im Universum nachweisen. Sie sind die »Kondensationskeime« aller späteren kosmischen Strukturen, also letztendlich auch der Sterne.

Aber erst einige hundert Millionen Jahre nach dem Urknall war es dann so weit, dass sich der Charakter des Universums wieder vollständig veränderte. Das »dunkle« Zeitalter, das bestanden hatte, seit die Atomkerne die Elektronen eingefangen hatten, ging nun zu Ende. Aus den immer stärker verklumpenden riesigen Gaswolken bildeten sich die ersten Sterne des Universums, die nur aus dem Wasserstoff, Helium und Lithium bestanden, die aus der ursprünglichen, primordialen Urknallsuppe hervorgegangen waren. Diese Sterne erhellten das Universum zum allerersten Mal. Das von ihnen ausgehende UV-Licht führte zur Ionisierung der neutralen Atome in den interstellaren Gaswolken. Die Elektronen wurden dabei durch die intensive Bestrahlung des jungen Sternenlichts aus ihren Atomen herausgeschlagen. So veränderte die Existenz der ersten Sterne die Entstehungsbedingungen für weitere neue Sterne. Die Sternentstehung konnte dadurch effizienter vorangetrieben werden. So entstanden immer mehr Sterne, die sich in riesigen Sternenwolken, den Galaxien, organisierten.

In ihrem heißen Inneren synthetisierten diese Sterne dabei alle chemischen Elemente, die schwerer als Wasserstoff und Helium sind. Diese Elementproduktion führte wiederum zu größeren Veränderungen im Universum. Unzählige Sterne reicherten in ihren Galaxien ihre Materie mit immer größeren Mengen der Elemente an. Nach einigen Milliarden Jahren reichten diese Mengen aus, dass sich in der Galaxie, die wir Milchstraße nennen, unsere Sonne und ihre Planeten bilden konnten. Denn unser Planet Erde besteht zu einem erheblichen Teil aus Eisen und anderen Elementen, die aber erst in Sternen geschaffen werden mussten.

Jetzt, nach 13,7 Milliarden Jahren kosmischer Entwicklung, steht der Massenanteil der Elemente von Lithium bis Uran bei ca. 4 %. Vor 4,5 Milliarden Jahren, als die Sonne geboren wurde, waren es noch weniger als 2 %. Denn bis auf das wenige Lithium ist dieses gesamte Material in Sternen produziert worden. Sterne, insbesondere die ältesten, sind deshalb der Schlüssel zum Verständnis dafür, wie sich die heutige chemische Vielfalt des Kosmos im Laufe der Zeit im Detail entwickelt hat.

Nun waren die Voraussetzungen für die Existenz des Menschen gegeben. Er besteht zum größten Teil aus ganz normalem Wasser, nämlich H_2O. Wasser setzt sich aus in Sternen erzeugtem Sauerstoff und Wasserstoff aus dem Urknall zusammen. Da ein Sauerstoffatom ca. 16 Mal so schwer ist wie ein Wasserstoffatom, ist das Verhältnis der Masse von Wasserstoff zu Sauerstoff in einem Wassermolekül $1:8$. Da unser Körpergewicht zu ca. 65 % aus Wasser besteht, heißt das, dass wir zu 8 % (also einem Zwölftel) aus Wasserstoff bestehen. Voilà: Wir sind selbst ein Teil des Urknalls in dem Sinne, dass der Wasserstoff in uns aus den ersten Minuten nach dem Urknall stammt. Jemand, der 75 kg wiegt, trägt also ca. 6 kg »Urknall«-Wasserstoff mit sich herum. Bei Babys ist der Wassergehalt sogar noch höher: fast 90 %. Ein 3,5 kg schweres Baby enthält somit 370 Gramm (11 %) »Urknall«-Wasserstoff, was dem Gewicht einer vollen Getränkedose entspricht. Und wie in Abbildung 1.2 gesehen werden kann, konsumieren wir diese und weitere Elemente jedes Mal, wenn wir z. B. Limonade trinken.

Die chemischen Elemente, die die Moleküle aufbauen, aus denen wir bestehen, sind also ungleich älter als die wenigen Jahre, die seit unserer Geburt vergangen sind. Im Falle von Wasserstoff sind es fast 14 Milliarden Jahre, bei den anderen Elementen sind es mindestens 5 Milliarden Jahre. Wie nähern sich Astronomen dieser kosmischen Vergangenheit nun an?

1.2. Stellare Archäologie

Genauso wie die Archäologen nach Überresten von früheren Kulturen und Zeitaltern suchen, beschäftigt sich die Stellare Archäologie anhand von Sternen mit der Frühzeit des Kosmos. Aber man gräbt nicht in Staub und Dreck bei sengender Sonne irgendwo in der Wüste, sondern man sucht am Himmel Nacht für Nacht nach uralten Sternen aus der Zeit kurz nach dem Urknall. Grundlage dafür ist eine Himmelsdurchmusterung, die der Auswahl eines Grabungsplatzes entspricht. In einer Himmelsdurchmusterung sind alle Ob-

Ein kosmischer Genuss!

Abb. 1.2: Urknall-Limonade – ein kosmischer Verkaufsschlager! Zutaten: Was-
ser, Zucker und Zitronensäure, bestehend aus Wasserstoff, Kohlenstoff und
Sauerstoff sowie einigen Spuren von Kalzium, Eisen, Magnesium, Phosphor,
Kalium und Zink. Herkunft: Urknall (Wasserstoff), Rote Riesensterne (Kohlen-
stoff) und Supernovaexplosionen massereicher Sterne (Sauerstoff und schwe-
rere Elemente).

jekte, die mit Hilfe eines bestimmten Teleskops in einer bestimmten Himmelsregion sichtbar sind, mit Positionen, Helligkeiten und eventuell weiteren Eigenschaften wie Farben aufgelistet.

Nun beginnt die mühsame Arbeit, den jeweiligen riesigen Katalog von Sterneinträgen mit Hilfe von Computeralgorithmen durchzuarbeiten. Damit beginnen sozusagen die Ausgrabungen. Abbildung 1.3 deutet diese Herangehensweise an. Irgendwann stößt man dabei auf möglicherweise interessante Objekte, die aber erst einmal zur Seite gelegt werden, um sie dann in einem nächsten Arbeitsschritt genauer unter die Lupe zu nehmen. Dazu werden dann nur kleine bis mittelgroße Teleskope mit Spiegeldurchmessern von 2 bis 4 Metern benötigt.

Das Spiel wiederholt sich nun: Die meisten Sterne sind nicht interessant genug für weitere Beobachtungen. Nur die besten, vielversprechendsten Objekte werden ein zweites Mal, dann aber mit den größten Teleskopen der Welt beobachtet. Und auch dann braucht man noch ein Quäntchen Glück. Nur wenige solcher Objekte stellen sich letztendlich als wirklich wichtige Beiträge für den Fortschritt der Wissenschaft heraus. Aber genau diese uralten Sterne am Himmel auszugraben ist das Ziel.

Heute gibt es umfassende Durchmusterungen der Milchstraße, die Astronomen mit vielen Sterndaten versorgen und helfen, die lange Entwicklungsgeschichte des Universums fast bis zum Anfang zurückzuverfolgen. Abbildung 1.C im Farbbildteil zeigt die Andromeda-Galaxie, unsere etwas größere Schwester-Galaxie, als ein Beispiel dafür, wie die Milchstraße von weitem betrachtet aussehen könnte. Jede neue Erkenntnis zum Aufbau und der Entwicklung der Milchstraße führt unweigerlich zu einem umfassenderen Verständnis von anderen Galaxien wie z. B. Andromeda.

Das Ziel der Astronomen ist dabei, alte Sterne zur Beantwortung einer ganzen Reihe von fundamentalen Fragen heranzuziehen, in ähnlicher Weise wie Archäologen die Siedlungsreste von Steinzeitmenschen ausgraben, um zu rekonstruieren, wie diese Menschen und in welcher Umgebung sie lebten. Genauso versucht die Stellare Archäologie mit konkreten Beobachtungsdaten die Eigenschaften der ersten gigantischen Supernova-Explosionen zu rekonstruieren,

Abb. 1.3: Das »Ausgraben« der alten Sterne. Es werden große Himmelsdurchmusterungen benötigt, um einige dieser seltenen Objekte finden zu können.

die wie riesige Fontänen die neu synthetisierten Elemente in ihre Umgebung sprühten. Welche Elemente wurden dabei produziert und in welchen Mengen? Erschließen sich daraus die Bedingungen für die frühe Stern- und Galaxienentwicklung?

Als Stellare Archäologen untersuchen wir vornehmlich die chemische Zusammensetzung der ältesten Sterne in der Milchstraße. Dieses Konzept ist in Abbildung 1.4 dargestellt. Es bedeutet, dass wir mit Hilfe dieser gemessenen Elementhäufigkeiten der Sterne die Entstehungsgeschichte der chemischen Elemente fast bis kurz nach dem Urknall rekonstruieren können. Dies ermöglicht uns, in die frühesten Epochen unserer Heimatgalaxie zu blicken sowie spezielle Aussagen über die Entstehung von Sternen und auch Galaxien im frühen Universum zu machen.

Die Himmelsdurchmusterungen des letzten Jahrzehnts, mit denen wir die alten Sterne systematisch aufspüren, sind zwar noch nicht ganz ausgereizt, doch neue Projekte versprechen noch mehr: Im Arbeitsgebiet der Stellaren Archäologie herrscht eine regelrechte Aufbruchstimmung. Seit 2012 bringt die australische SkyMapper-Durchmusterung riesige Datenmengen hervor. Diese großangelegten Beobachtungen des südlichen Himmels werden zu unzähligen

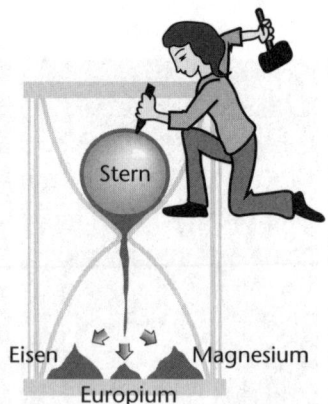

Abb. 1.4: Die Aufgabe eines Stellaren Archäologen: Bestimmung der chemischen Zusammensetzung alter Sterne. Dafür ist Feinarbeit und Geduld gefragt.

Entdeckungen alter Sterne im äußeren Teilbereich der Milchstraße, dem sogenannten Halo, führen. Es wird erwartet, dass neue Zwerggalaxien entdeckt und riesige, langgezogene Ströme von Sternen, die sich oft über große Teile des Himmels ziehen, ausfindig gemacht werden. Abbildung 1.D im Farbbildteil zeigt das »Field of Streams« (»Gebiet der Ströme«) mit verschiedenen Sternströmen in der nördlichen Hemisphäre, die sich um die Milchstraße herum winden. Viele der neu entdeckten nur schwach leuchtenden Zwerggalaxien sind ebenfalls eingezeichnet. Mit Hilfe aller gesammelten Daten können wir bald noch besser die chemischen und dynamischen Prozesse erforschen, die zur Entstehung von Sternen und Galaxien wie dem Milchstraßensystem geführt haben.

Ein anderer, komplementärer Ansatz zur Erforschung der Frühgeschichte des Universums mit den galaktischen Uralt-Sternen ist die Beobachtung extrem weit entfernter Galaxien und Gaswolken. Dieser Ansatz ist weit verbreitet und vielen bekannt, da z. B. das Hubble-Weltraumteleskop seit 1990 immer wieder spektakuläre Bilder von den am weitesten entfernten Galaxien geliefert hat. Das Hubble-Weltraumteleskop ist in Abbildung 1.B im Farbbildteil zu sehen sowie einige der mit ihm gemachten beeindruckenden Aufnahmen.

Diese extrem weit entfernten Objekte sendeten ihr Licht als junge Galaxien in den Frühstadien des Universums aus. Aufgrund der endlichen Lichtgeschwindigkeit war ihr Licht für Milliarden von Jahren zu uns unterwegs. Diese Methode bietet eine direkte Möglichkeit, in die Vergangenheit zu schauen. So wissen wir, dass es ca. 700 Millionen Jahre nach dem Urknall bereits Sterne gab. Allerdings kann auf diesem Wege im Gegensatz zur Stellaren Archäologie nur bedingt detailliertes Wissen über die chemische Zusammensetzung der frühesten Sterne nach dem Urknall und die Entstehung der chemischen Elemente in ihrem Inneren gewonnen werden.

Bevor wir uns der chemischen Entwicklung, den ältesten Sternen und der Geschichte unserer Milchstraße weiter widmen, werden wir aber erst einmal einen Blick auf den historischen Ablauf der Erforschung von Sternen, deren Leuchtkraft und der Elementsynthese werfen.

2. ZWEI JAHRHUNDERTE DEN STERNEN AUF DER SPUR

Seit Jahrtausenden blicken die Menschen nachts in den Himmel, um die unzählig vielen Lichtpünktchen zu bewundern. Jedes dieser kleinen Lichter ist ein Stern aus unserer Milchstraße. Aufgrund ihrer enormen Leuchtkraft strahlen alle diese galaktischen Sonnen viele Lichtjahre weit – sie sind quasi die »Straßenlaternen« unserer Galaxie. Friedlich und etwas geheimnisvoll erscheinen sie einem am Nachthimmel und ermöglichen uns, die Weiten des Kosmos zu erahnen. Denn auch in anderen, weit entfernten Galaxien gibt es unzählige Sterne. Sie lassen ihre Heimatgalaxie hell erstrahlen – wie ein entferntes, bei Nacht beleuchtetes Fußballfeld. Bei der Beobachtung von Galaxien führen uns also die darin befindlichen Sterne noch viel weiter hinaus in die scheinbar unendlichen Weiten des Weltalls.

Aber wie kommt es eigentlich dazu, dass Sterne so kräftig und auch so lange über Milliarden Jahre hinweg strahlen können? Was passiert genau im Inneren der Sonne, dass sie uns jeden Tag aufs Neue Licht schenken kann, welches für uns Menschen und für unsere Evolution auf der Erde doch so ungeheuer wichtig ist?

Die Antwort auf diese so fundamentale Frage ist erstaunlicherweise erst seit ca. 75 Jahren bekannt. Wir wissen also erst seit kurzem, was in der Sonne und somit in allen anderen Sternen wirklich vor sich geht. Der Weg zu dieser Erkenntnis war wie so oft in der Wissenschaft von vielen kleineren und größeren Entdeckungen geprägt, die sich über viele Jahre hinweg Mosaiksteinchen für Mosaiksteinchen zu einem großen Bild zusammenfügten. Wenn man heute auf diese Zeit zurückblickt, ist es wirklich faszinierend, wie Schritt für Schritt die physikalischen Grundlagen über Sterne erforscht, erarbeitet, belegt und manchmal auch widerlegt wurden. Es muss eine spannende

Zeit in der Physik gewesen sein, in der so viele, heute selbstverständliche Konzepte der Naturwissenschaften entwickelt werden konnten. Wir werden jetzt also »Mäuschen spielen« und uns in den Schreibstuben, Laboratorien und Observatorien verschiedener Physiker, Mathematiker und Astronomen des frühen neunzehnten Jahrhunderts verstecken und ihnen bei ihren Entdeckungen zuschauen. Denn zu dieser Zeit wurden die ersten wichtigen theoretischen Hintergründe erkannt, die halfen herauszufinden, warum die Sonne denn nun Tag für Tag Licht und Wärme spendet.

2.1. Den Linien auf der Spur

Der lange Weg zur Lösung des Rätsels der Energiequelle der Sonne begann Anfang des 19. Jahrhundert mit Joseph Fraunhofer. Der deutsche Optiker entwickelte verschiedene optische Instrumente wie feingeschliffene Linsen, Prismen und auch Teleskope, um auf diese Weise systematische, spektroskopische Untersuchungen des Lichts durchführen zu können. Wie schon der Brite Isaac Newton um 1730 herausgefunden hatte, kann man das Farbgemisch, etwa das des Sonnenlichts, auffächern, wenn man es durch ein Prisma schickt. Auf einem Schirm hinter dem Prisma sieht man dann die im Licht enthaltenen Spektralfarben, das sogenannte Spektrum. Im Falle des Sonnenlichts also Rot, Orange, Gelb, Grün, Türkis und Blau. Ein Regenbogen ist ein natürliches Spektrum, bei dem die Regentropfen als Prisma wirken. Physikalisch entspricht den verschiedenen Farbeindrücken des Auges eine bestimmte Wellenlänge des Lichtes. So hat rotes Licht z. B. eine größere Wellenlänge als blaues Licht.

Um Licht mit einzelnen, ganz bestimmten Farben künstlich zu erzeugen, experimentierte der junge Fraunhofer mit verschiedenen Lichtquellen wie z. B. Feuer und 1814 auch mit Sonnenlicht. Dabei erkannte er, dass das Sonnenspektrum mit unzähligen stärkeren und schwächeren dunklen Linien »verziert« ist. Sie teilen das farbige Spektrum scheinbar in viele kleine Abschnitte auf, so als ob das Licht bei diesen Wellenlängen von irgendetwas »weggestohlen« würde. Abbildung 2.1 veranschaulicht solche Spektren. Er begann, diese vertikalen Linien und deren Wellenlängen akribisch zu katalogisieren, wobei er die am stärksten ausgeprägten Linien von A bis K durchbuchstabierte und schwächere Linien mit weiteren Kleinbuchstaben bezeichnete. Insgesamt identifizierte er auf diese Weise über 500 solcher Spektrallinien. Dank verbesserter Instrumente wissen wir heutzutage von vielen Tausenden dieser Linien im Sonnenspektrum.

Auch anderen Wissenschaftlern vor Fraunhofer, wie z. B. dem englischen Chemiker William Wollaston 1802, waren schon einige dieser dunklen Streifen im Spektrum des Sonnenlichts aufgefallen. Allerdings wurde zu jener Zeit solchen Beobachtungen noch keinerlei Beachtung geschenkt. Erst Fraunhofer erkannte, dass diese Linien eine Eigenschaft des Sonnenlichts darstellen, da er genau die gleichen Signaturen in den Spektren von Wolken, dem Mond oder von Planeten gefunden hatte. Da diese Objekte nicht selbständig leuchten und nur das Sonnenlicht reflektieren, musste es sich also um eine Charakteristik des Sonnenlichts handeln. Doch noch wusste niemand genau, wie diese Linien zu erklären sind. Die auch heute noch als »Fraunhofer'sche Linien« bezeichneten dunklen Streifen im Sonnenspektrum waren eine der fundamentalsten Entdeckungen der Naturwissenschaft.

Man kann sich diese Linien wie einen Barcode auf einer Kekspackung vorstellen. Auf engstem Raum ist eine erstaunliche Menge von Informationen verpackt, die an der Kasse entschlüsselt werden kann. Ein Sternspektrum gleicht nun diesem Keks-Barcode, und die Astronomen möchten natürlich alle Informationen, die in einem Spektrum verschlüsselt sind, vollständig entschlüsseln. Durch die Analyse seines Lichts, sozusagen also durch die Entschlüsselung seines spektralen Barcodes, kann sehr viel über einen Stern und seine Natur herausgefunden werden. Deswegen ist die Spektroskopie ein Hauptarbeitsgebiet in der Astronomie. Auch meine Arbeit zur chemischen Zusammensetzung von alten Sternen basiert auf spektroskopischen Beobachtungen.

Der Durchbruch, der schließlich zum Verständnis dieser Beobachtungen führte, sollte erst ca. 45 Jahre nach Fraunhofers Beschreibung der Spektrallinien im Sonnenspektrum gelingen. Um 1853

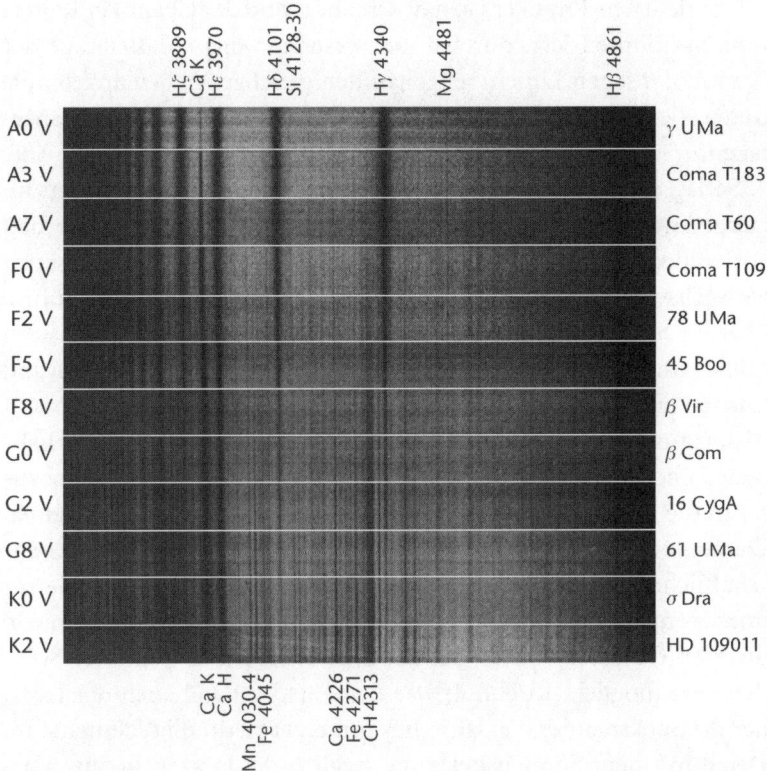

Abb. 2.1: Spektren verschieden heißer Sterne. Die Fülle der dunklen Absorptionslinien hat schon Fraunhofer 1814 beobachtet. Annie Jump Cannon hat Spektren wie diese anhand ihrer Linienstärken klassifiziert, denn so werden sie am Teleskop aufgenommen. Die Spektralklassen (links) werden in Kapitel 2.3 und 7.2 beschrieben

hatte der schwedische Physiker Anders Jonas Ångström verschiedene Theorien über das von Gasen ausgesendete Licht und deren Spektren vorgelegt. Ähnliche Arbeiten zu den spektralen Eigenschaften von Licht glühender Metalle sowie von verschiedenen Gasen wurden kurz darauf von dem Amerikaner David Alter veröffentlicht. Das neue Wissen fand langsam breitere Anerkennung, aber erst ab 1859 begann man allmählich, hinter die physikalischen Ursachen der Fraunhofer'schen Linien zu kommen.

Der deutsche Physiker Gustav Kirchhoff und der Chemiker Robert Bunsen konnten jetzt durch Laborversuche zeigen, dass einige der Fraunhofer'schen Linien bei genau den gleichen Wellenlängen auftreten wie die hellen Emissionslinien in Spektren von glühenden Metallen.

So lag der Schluss nahe, dass diejenigen Stoffe, deren Linien im Labor untersucht wurden, die gleichen waren, die auch in Sternen vorhanden sein mussten. Offenbar hatte jeder Stoff sein eigenes, unverwechselbares Muster von Spektrallinien. Diese Erkenntnis führte über die Spektroskopie zu den Entdeckungen der Elemente Cäsium (1860) und Rubidium (1861). Letztendlich konnten Kirchhoff und Bunsen daraus ableiten, dass die dunklen solaren Spektrallinien auf Absorption des Lichts durch die in der Sonnenatmosphäre vorhandenen chemischen Elemente zurückzuführen sind. Sie hatten sozusagen die »Fingerabdrücke« der Atome und damit die der einzelnen Elemente gefunden. Diese Erkenntnis war ein großartiger wissenschaftlicher Durchbruch, der Physik, Chemie und Astronomie für immer eng miteinander verknüpfte. Chemische Inhaltsanalysen von diversen Objekten sowohl auf der Erde als auch im Weltraum wurden jetzt möglich. Kirchhoff war dementsprechend auch der Erste, der die Spektren der bis dahin bekannten etwa dreißig Elemente im Detail mit dem Sonnenspektrum verglich. So fand er heraus, dass die Sonne mindestens aus Natrium, Kalzium, Magnesium, Chrom, Eisen und Nickel bestehen musste.

Kirchhoff führte zusammen mit Bunsen weitere fundamentale Arbeiten zur Spektroskopie durch. Unter anderem kombinierte er das bis dahin durch Ångström und Alter schon um 1855 gewonnene Wissen zur Strahlung von heißen Körpern und Gasen und deren Emissionsfähigkeiten mit seinen eigenen Entdeckungen und Erklärungen zur spektralen Absorption. Daraus resultierten Regeln, die auch heute noch erklären, in welchen Fällen ein kontinuierliches Spektrum oder eines mit Emissions- oder Absorptionslinien zu erwarten ist.

Ab 1863 begann der italienische Priester und Astronom Angelo Secchi, systematisch Sternspektren aufzunehmen und zu untersuchen. Ihm lag daran herauszufinden, ob die verschiedenen Sterne auch alle verschiedene Zusammensetzungen haben würden oder nicht. Damit erweiterte er die Arbeit Fraunhofers mit dem Sonnenspektrum auf die weit entfernten Sterne. Insgesamt analysierte er um die 4000 Spektren. So fand er heraus, dass sich alle Spektren aufgrund der Anzahl und Stärke ihrer Absorptionslinien, also den morphologischen Eigenschaften des Spektrums, in bestimmte Gruppen und Untergruppen einteilen lassen. Ganz speziell fand er fünf Gruppen von Spektren, die sehr häufig auftraten. So entwickelte er als Erster ein System zur Klassifikation von Sternspektren, die fünf sogenannten Secchi-Klassen.

Unter anderem erkannte er, dass breite Absorptionsbänder aufgrund von molekularem Kohlenstoff und Kohlenstoffradikalen in Sternspektren auftreten. Für diese speziellen Sterntypen führte er die Klasse der »Kohlenstoff-Sterne« ein, die bis heute beibehalten wurde. Sein gesamtes Klassifikationsschema spielt nach wie vor eine wichtige Rolle in der Astronomie.

Aufgrund dieser entscheidenden Arbeiten war Secchi auch einer der ersten Astronomen, die mit Daten belegen konnten, dass die Sonne tatsächlich ein Stern genau wie alle anderen Sterne ist. Seit ca. 1860 spektroskopierten auch der reiche und an der Astronomie interessierte Engländer William Huggins und seine Frau Margaret mit dem eigenen Teleskop in London viele Sterne, Nebel und Galaxien. Sie waren die Ersten, die herausfanden, dass verschiedene kosmische Objekte unterschiedliche Spektren zeigen. Die Spektren einiger Nebel ähnelten eher den Emissionsspektren von Gasen, die Spektren von Galaxien eher denen von Sternen. Aus der Untersuchung ihrer Sternspektren schlossen sie, dass Sterne zwar oft unterschiedliche Spektren haben, sie aber alle aus den gleichen Elementen zusammengesetzt sind, nämlich aus den Elementen, aus denen auch die Sonne und die Erde bestehen. »Himmel« und »Erde« bestanden also aus der gleichen Materie – im Gegensatz zur fast zwei Jahrtausende lang für wahr gehaltenen Lehre Aristoteles', wonach alles »oberhalb des Mondes« aus Äther bestehen sollte.

Um 1860 war auch der Engländer Norman Lockyer zunehmend von der Spektroskopie fasziniert. So konnte er selbst kosmische Objekte und deren Zusammensetzung mit seinem kleinen Teleskop von nur 16 cm Öffnung studieren. Wie auch dem Franzosen Pierre Jannsen fiel ihm 1868 eine bisher unbekannte, nicht identifizierte, relativ starke Linie im Spektrum der Sonnenkorona auf, die sich ganz in der Nähe der Fraunhofer'schen Natrium-D-Linien bei 588 nm im gelben Spektralbereich befand. Lockyer schlug dementsprechend vor, dass diese »gelbe« Linie auf ein noch unbekanntes Element in der Sonne zurückzuführen sei. Er benannte das Element nach dem griechischen Wort für Sonne (Helios) »Helium«. Auf der Erde wurde Helium, das zweitleichteste aller Elemente, erst ca. zehn Jahre später gefunden. Es ist ein schönes Beispiel dafür, wie die Sternspektroskopie die Entdeckung eines neuen Elements herbeiführte.

Der Schweizer Mathematiker Johann Balmer entdeckte 1885 dann noch, dass die vier starken Absorptionslinien von Wasserstoff, dem leichtesten Element, im sichtbaren Licht sowie anschließend schwächere im ultravioletten Bereich eine zusammenhängende Serie von Linien bilden. Deren Wellenlängen lassen sich durch eine einfache mathematische Formel beschreiben. Der Schwede Johannes Rydberg entwickelte unabhängig hiervon 1888 eine allgemeinere mathematische Beschreibung, die sich auch auf andere Linienserien des Wasserstoffs im ultravioletten und infraroten Bereich anwenden lässt. Die »Balmer«-Serie des Wasserstoffs wird auch heute so genannt, und mit der Rydberg-Formel können Wellenlängen der Linien des Wasserstoffs und weiterer Elemente leicht berechnet werden. Ganz generell sind die Wasserstofflinien in vielen Sternspektren die am stärksten ausgeprägten Linien in jedem Sternspektrum, so dass diese neuen Berechnungen wesentlich zur Interpretation der Spektren beigetragen haben.

Mit dem Aufkommen dieser neuen, ungeheuren Datenmengen zur Spektroskopie von Sternen und anderer Objekte war ein sehr wichtiger Schritt getan, nicht nur in der Astronomie und den Naturwissenschaften generell, sondern auch bezüglich des damaligen Weltbildes: Die Spektroskopie ermöglichte nun, fremde, weit entfernte Objekte am Himmel und deren Zusammensetzung zu studieren. Die Lichtanalyse war auf einmal in der Lage, diese Weiten scheinbar mühelos zu überbrücken. In diesem Sinne war man in die Lage versetzt worden, sich die Sterne vom Himmel zu holen.

2.2. Dem Licht auf der Spur

Gegen Ende des 19. Jahrhunderts benutzte man die Spektrallinien schon fleißig zu Analyse- und Klassifikationszwecken – wie sie entstehen, war aber immer noch ein Rätsel. Es gab viele Phänomene, die immer neue Fragen aufwarfen: Warum hatte jedes chemische Element sein charakteristisches Muster an Spektrallinien? Warum erschienen manche Linien scharf, andere dagegen diffus? Eine ganze Reihe von Wissenschaftlern beschäftigte sich deshalb mit der Natur der Atome. Das Ergebnis waren verschiedenste neuartige Konzepte, die letztendlich zur Quantenmechanik führten.

Der Wunsch, die Natur der großen Sterne zu erklären, welche mit Hilfe der Spektroskopie ja nun zum Greifen nahe war, führte viele zeitgenössische Wissenschaftler in die entgegengesetzte Richtung, zu den kleinen Atomen. Die Zeit schien reif, sich der Frage zu stellen, »was die Welt im Innersten zusammenhält«. So wendete sich schnell das Blatt: Nach den früheren Experimentatoren wie Fraunhofer traten bald die Theoretiker in den Vordergrund. Sie erforschten nun mit Köpfchen, Stift und Papier den sich vor ihnen auftuenden Mikrokosmos. Dies sollte auch Auswirkungen auf die Erforschung des Makrokosmos, also die Astronomie, haben.

Schon um 1890 herum hatte der deutsche Physiker Max Planck sich mit den Strahlungseigenschaften eines sogenannten »schwarzen Körpers« beschäftigt. Er fand heraus, dass ein solcher idealisierter Körper eine charakteristische Energieverteilung im Spektrum aussendet. Die Energieverteilung der Strahlung eines einige tausend Grad heißen schwarzen Körpers ähnelt der Energieverteilung eines Sterns. Die Energieabstrahlung eines schwarzen Körpers hat ein Maximum, das temperaturabhängig ist. Für einen etwa 6000 Kelvin heißen schwarzen Körper liegt dieses Maximum im grünen Spektralbereich, dort, wo auch die Sonne am meisten Energie abstrahlt und das menschliche Auge am empfindlichsten ist. Um die Energieverteilung dieser Strahlung beschreiben zu können, stellte er 1900 die außerordentliche Hypothese auf, dass bei jeglicher Interaktion zwischen Strahlung und Materie Energie nur in diskreten »Portionen« ausgetauscht werden könne. Er nannte diese Portionen »Quanten«. Dabei postulierte er, dass jedes Lichtquant eine bestimmte Energie hat, die proportional zur Strahlungsfrequenz des Lichts ist. So haben z. B. hochenergetische Quanten eine hohe Frequenz und dementsprechend eine kurze Wellenlänge.

Auf der Grundlage dieser Arbeiten entwickelte Albert Einstein Plancks Ideen weiter, um zu zeigen, dass elektromagnetische Wellen auch als Teilchen mit bestimmten Energiequanten beschrieben werden können. Indem auch Einstein das Licht als Teilchen und nicht als eine Welle beschrieb, konnte er 1905 zeigen, dass die neue Theorie mit experimentellen Daten zum »photoelektrischen Effekt« übereinstimmte. Bei diesem Effekt werden von einigen Materialien Elektronen ausgesendet, aber nur, wenn das Material mit Strahlung einer materialabhängigen Mindestenergie bestrahlt wurde. Solche Elektronen werden als Photoelektronen bezeichnet.

Einsteins Erklärung war folgende: Um ein Photoelektron freizusetzen, muss es eine bestimmte Mindestenergie aufnehmen. Erst dann kann es das Atom, an das es bisher gebunden war, verlassen. Die einzelnen Lichtteilchen der einfallenden Strahlung müssen daher diese Mindestenergie mit sich tragen: Ein Elektron im Atom absorbiert ein Photon und bekommt dessen Energie übertragen. Ein Teil der absorbierten Energie, die Mindestenergie, wird dazu verwendet, das Elektron aus dem Atom zu lösen. Eine eventuelle Restenergie wird in Bewegungsenergie des Elektrons umgesetzt. Energieärmere Strahlung mit größerer Wellenlänge als die für das Material charakteristische Grenzwellenlänge vermag keine Photoelektronen freizusetzen – die Elektronen bekämen nicht genug Energie übertragen, um den Atomverband zu verlassen. Damit hängt die Energie der Photoelektronen nur von der Energie der einfallenden Strahlung und nicht von ihrer Intensität ab. Diese von Planck und Einstein gefundene Quantelung der Energie in kleinste Portionen stand im Widerspruch zur bisherigen Vorstellung, dass Energie in beliebige Portionen teilbar sei.

Diese Erklärung führte bald zu einer Revolution in der Beschreibung von Phänomenen auf subatomaren Skalen. Einstein erhielt 1921 für seine Arbeiten zum Photoeffekt den Nobelpreis für Physik. Heute sind die Anwendungen für den Photoeffekt schon ganz alltäglich geworden, z. B. in Solarzellen oder in Sensoren für Digitalkameras.

Für Einstein und seine Zeitgenossen waren die Lehren aus dem Photoeffekt jedoch vollkommen neu und umwälzend. Licht war hier nicht wie in den bisher bekannten Experimenten als Welle aufgetreten, wie es der englische Physiker James Clark Maxwell um 1861 mit seinen Maxwell'schen Gleichungen beschrieben hatte. Der Photoeffekt ließ sich vielmehr am besten verstehen, wenn man annahm, dass die zum Herauslösen eines Elektrons nötige Energie durch ein Licht-*teilchen* übertragen wurde. Licht erscheint uns deswegen unter bestimmten experimentellen Umständen als Welle, unter anderen jedoch als Teilchen. Man spricht von einem Welle-Teilchen-Dualismus, der unserer alltäglichen Erfahrung völlig zu widersprechen scheint. Im Jahr 1924 zeigte der französische Physiker Louis-Victor de Broglie, dass der Welle-Teilchen-Dualismus für jegliche Art von Materie gilt, dass also z. B. auch Elektronen unter gewissen Umständen als Welle erscheinen können.

1905 war in vielerlei Hinsicht ein wichtiges Jahr für die Physik. In diesem seinem »Wunderjahr« veröffentlichte Einstein sage und schreibe vier wichtige Arbeiten, die das physikalische Verständnis der Welt veränderten und enorm vorantrieben. Die Erklärung des Photoeffekts war erst der Anfang. Als nächstes kam seine Erklärung zur Brown'schen Bewegung von Atomen und Molekülen in einer Flüssigkeit.

Gleichzeitig konnte er auf diese Weise indirekt erstmals die Existenz von Atomen nachweisen. Um 1900 war die genaue Natur der Atome nämlich noch unbekannt. Weiterhin beschäftigte sich Einstein mit verschiedenen Vorgängen aus der Klassischen Mechanik, wenn sie nahe oder bei Lichtgeschwindigkeit stattfinden. Diese Arbeit wurde schnell als Spezielle Relativitätstheorie bekannt. Sie half zudem auch, die verschiedenen Ergebnisse zu den Versuchen des Äthernachweises zu verstehen. So wurde zum ersten Mal postuliert, dass die Lichtgeschwindigkeit eine konstante Größe sei.

Schließlich formulierte Einstein noch die Äquivalenz von Masse und Energie. Sie beschreibt ganz allgemein, dass die Masse eines Körpers gleichzeitig auch ein Maß für seine Energie ist. Einstein zeigte also, dass jedes Teilchen eine »Ruhe-Energie« zusätzlich zu seiner kinetischen und potentiellen Energie hat. Dementsprechend dürfen masselose Teilchen auch keine Ruheenergie besitzen. Einstein hatte so die berühmte Formel $E = mc^2$ aus der Speziellen Relativitätstheorie abgeleitet, die in dieser Form für Materie in Ruhe gilt. »E« steht für die interne Energie eines ruhenden Körpers, die dem Produkt der Ruhe-Masse »m« mal der Lichtgeschwindigkeit im Vakuum »c« zum Quadrat entspricht. Die Lichtgeschwindigkeit ist hierbei aber lediglich ein Faktor, um die physikalische Einheit einer Masse mit der einer Energie in Einklang zu bringen. Die relativistische Form sieht ein wenig komplizierter aus, da dann die relativistischen Massen und Energien berücksichtigt werden müssen.

Schon lange vorher hatte Max Planck vorhergesagt, dass ein gebundenes System weniger Masse als die Summe seiner Einzelteile haben würde, nachdem die Bindungsenergie abgegeben worden sei. Planck dachte dabei wahrscheinlich an chemische Reaktionen, bei denen aber die Bindungsenergie zu niedrig ist, um gemessen werden zu können. Chemische Reaktionen waren zu dieser Zeit oft Vorbild für die noch weniger bekannten physikalischen Prozesse. Einstein schlug dann vor, dass radioaktives Material wie z. B. Radium eventuell einen Test seiner Theorie ermöglichen könnte. Aber auch Radium strahlte nicht genügend stark für ein erfolgreiches Experiment. So gab es um 1905 noch keinerlei Möglichkeiten, Einsteins Aussage experimentell zu bestätigen. Erst mit der Entdeckung des Antiteilchens Positron konnte 1932 gezeigt werden, dass die gesamte Masse eines Materie-Antimaterie-Paares komplett in Energie umgewandelt werden kann. Die Erkenntnis der Äquivalenz von Masse und Energie hatte auch eine fundamentale Bedeutung für die Frage, warum die Sterne leuchten.

Der Däne Niels Bohr führte 1913 ein neues, ausgeklügeltes Modell zur Beschreibung des Atoms und dessen Struktur ein. Das war der nächste wichtige Schritt, um der Natur der Atome auf die Spur zu kommen, wusste man doch seit Einsteins Arbeiten von 1905 endlich, dass es Atome auch tatsächlich gab. Nach der Aufstellung der Quantentheorie des Lichts wollte Bohr vor allem das Wasserstoffatom und seine Eigenschaften verstehen. So entwickelte er ein Modell für das einfachste aller Atome, welches er später für schwerere Atome zu einem Schalen-Modell erweiterte. Dazu hatte er das um 1911 von dem englischen Physiker Ernest Rutherford vorgeschlagene Atommodell mit dem Konzept der Lichtquanten von Planck zusammengeführt. Rutherford hatte als Erster angenommen, dass ein Atom aus einem positiv geladenen Kern besteht, das von einer entsprechenden Anzahl negativ geladener Elektronen umkreist wird, um nach außen elektrisch neutral zu erscheinen. Das Elektron und seine negative Ladung waren nämlich schon seit 1897 bekannt. Allerdings führte die klassische Beschreiburg Rutherfords letztendlich zu instabilen Atomen.

Das neue Atommodell, oft auch Rutherford-Bohr-Modell genannt, beschreibt heute noch, wenn auch in vereinfachter Weise, Atome mit nur einem Elektron wie z. B. Wasserstoff. Der Erfolg lag darin, dass die seit einiger Zeit bekannten experimentellen Ergebnisse die Rydberg-Formel zur Beschreibung der Wellenlängen von Wasserstofflinien in Spektren endlich theoretisch erklären konnten. Bohrs Vorschlag war, dass negativ geladene Elektronen den positiv geladenen Atomkern wie die Planeten die Sonne umkreisen würden. Allerdings würde dabei nicht die Gravitation das System zusammenhalten, sondern die elektrostatische Kraft. Eine solche Atomkonfiguration ist in Abbildung 2.2 dargestellt. Zum ersten Mal konnte eine ganze Reihe von schon bekannten Eigenschaften von Atomen durch ein recht umfassendes Modell erklärt werden. Daraus konnte man für schwerere Atome folgern, dass aufgrund der größeren positiven Kernladung auch mehr Elektronen vorhanden sein müssten, um das Atom elektrisch neutral zu halten. Bohrs neuartige Idee war, dass jede Schale nur eine bestimmte Anzahl von Elektronen aufnehmen könne. Wenn eine Schale mit Elektronen voll wäre, müsste eine weitere Schale besetzt werden. Daraus entwickelte sich das Schalenmodell, welches viele Eigenschaften der Elemente des Periodensystems erklärte wie z. B. die zunehmende Größe der Atome von links nach rechts im Periodensystem oder die chemische Trägheit der Edelgase mit ihren komplett gefüllten äußeren Schalen. Die Anzahl der Elektronen in den äußeren Schalen der Atome sagte jetzt etwas über die spektralen und chemischen Eigenschaften des jeweiligen Elements aus.

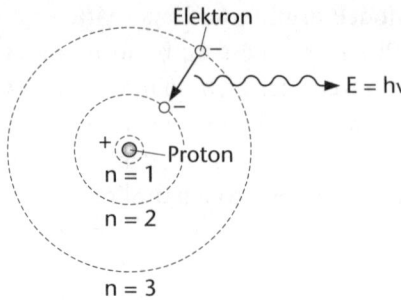

Abb. 2.2: Das Rutherford-Bohr Modell für das Wasserstoffatom (mit Kern-ladungszahl Z = 1) oder für ein wasserstoffähnliches Atom mit Z >1, bei dem das negativ geladene Elektron auf einer vorgegebenen Bahn um den positiv ge-ladenen Kern kreist. Elektronen können zwischen den verschiedenen Bahnen hin- und herspringen und dabei bestimmte Energiemengen aufnehmen oder abgeben. Die Bahnen, auf denen die Elektronen fliegen dürfen, sind gestrichelt dargestellt. Der Atomradius wächst mit n×2, wobei n die von innen gezählte Nummer der Schale ist (in der Quantenmechanik die Hauptquantenzahl). Hier ist der Übergang von der zweiten zur dritten Schale dargestellt, dem im Spek-trum die erste Linie der sogenannten Balmerserie des Wasserstoffs bei 656 nm im roten Spektralbereich entspricht. Da ein Photon bei diesem Beispiel absor-biert wird, entsteht eine Absorptionslinie im Sternspektrum.

Bohr beschränkte die Bewegung der Elektronen auf bestimmte Bah-nen, die bestimmte Abstände zum Kern haben und bestimmten Energien entsprechen. Die Elektronen auf diesen Bahnen würden dabei ohne jeden Energieverlust um den Kern sausen. Diese Bahnen werden heute oft Energieniveaus genannt. Weiterhin wurde postu-liert, dass Elektronen zwischen verschiedenen Bahnen hin- und her-springen können. Bei einem Sprung von einer höherenergetischen Bahn auf eine Bahn mit geringerer Energie wird dabei eine ganz be-stimmte Portion an elektromagnetischer Energie abgegeben. Solche »Lichtteilchen« werden seit dieser Zeit »Photonen« genannt. Findet das Teilchen von einer Bahn mit niedrigerer Energie auf eine höhere, muss ihm dafür Energie zugeführt werden – es »verschluckt« ein Photon mit passender Energie. Die Energie des Photons bestimmt sich dann aus der Energiedifferenz zwischen den Bahnen. Seine Wel-lenlänge wird durch die Rydberg-Formel genau beschrieben.

Photonen sind Elementarteilchen. Sie vermitteln die elektromagnetische Kraft, denn sie tragen Energie und Impuls mit sich. Aufgrund ihrer Masselosigkeit breiten Photonen sich mit Lichtgeschwindigkeit und unendlich weit aus. So wird z. B. das Sonnenlicht durch die Photonen in etwa acht Minuten von der Sonne zur Erde übertragen. Denn das Licht benötigt so lange, um von der Sonne zur Erde zu gelangen.

Mit Hilfe seines Atommodells sagte Bohr zusammen mit anderen Wissenschaftlern 1923 die Existenz des schweren Elements Hafnium (mit Kernladungszahl Z = 72) vorher. Wenig später wurde es tatsächlich experimentell nachgewiesen und nach dem lateinischen Namen für Kopenhagen, Hafnia, benannt. Hafnium kann auch in einigen alten Sternen gemessen werden und wird uns somit später noch einmal begegnen.

Plancks Atommodell und die Lichtquantisierung führten den deutschen Physiker Werner Heisenberg 1925 dazu, eine Erweiterung der Klassischen Mechanik vorzuschlagen, die das Verhalten von Objekten im subatomaren Größenbereich genauer beschrieb. Damit war die Quantenmechanik geboren. Eine zweite Formulierung der Quantenmechanik, basierend auf der Wellentheorie des Lichts, war 1926 unabhängig davon von dem Österreicher Erwin Schrödinger entwickelt worden. Schrödinger hatte nicht an die Teilchentheorie geglaubt und stattdessen seine berühmte »Schrödinger-Gleichung« – eine Wellengleichung – aufgestellt.

Die Quantenmechanik wurde schnell zur Standardbeschreibung der Atomphysik. Ihre physikalischen Folgerungen und Interpretationen wurden noch weiterentwickelt, nachdem 1927 Werner Heisenberg die Unschärfe-Relation entdeckt und Bohr das Komplementaritätsprinzip eingeführt hatte. 1930 erweiterte der englische Physiker Paul Dirac in seinen »Grundlagen zur Quantenmechanik« die Quantenmechanik sogar mit der Speziellen Relativitätstheorie. Sie wurde somit zu einer umfassenden mathematischen Beschreibung des teilchen- und wellenähnlichen Verhaltens des Lichts und der Interaktion von Materie und Energie.

Die Erkenntnisse und neuen Beschreibungen der Atomphysik wurden mit einer ganzen Reihe von Nobelpreisen ausgezeichnet. Das zeigt, wie fundamental diese neuen Ergebnisse waren. Zusammengenommen bildeten sie ein neues Weltbild der Physik, das auch den Weg zur Lösung der Frage nach der Energiequelle der Sterne ebnete. Aber nicht nur für die Beschreibung des Kosmos war diese neue Theorie von Vorteil. Heutzutage machen wir alle jeden Tag unwissentlich von der Quantenmechanik Gebrauch: sei es bei einem USB-Memory-Stick am Computer, bei der Magnetresonanztomographie beim Arzt, bei Transistoren in jedem Schaltkreis, bei einem Laser oder einem Elektronenmikroskop. Auch sollte man nicht vergessen, dass die heutigen Digitalkameras sowie die großen Photonendetektoren der heutigen Teleskope nicht ohne quantenmechanisches Wissen hätten entwickelt werden können. Sie fangen ja schließlich das sich als Teilchen verhaltende Licht auf. Meine Arbeit wäre wesentlich mühsamer, wenn ich für meine Beobachtungen immer noch fotografische Platten benutzen müsste, wie alle Astronomen es noch bis ca. 1990 getan haben. Allerdings bedarf es auch bei dieser Beobachtungstechnik schon der Quantenmechanik, um die Prozesse in einer Silberbromid-Fotoplatte verstehen zu können.

Gegen Ende der 1930er Jahre war das Zusammenspiel der verschiedensten Wissenschaftler und ihrer Arbeitsgebiete nicht nur ganz offensichtlich, sondern auch notwendig, um Fortschritte zu erzielen. So arbeiteten die einen am Kleinen, den Atomen, die anderen am Großen, den Sternen, einige theoretisch und wiederum andere experimentell. Alle Ergebnisse bauten aufeinander auf, egal ob sie aus der Chemie, Physik oder Astronomie stammten.

Gleichzeitig ist die Zeit ab ca. 1900 wohl eines der besten Beispiele dafür, dass es in der Wissenschaft keinen wohlbestimmten, gradlinigen Weg zum Erfolg gibt. Vor allem zeigen aber die Ergebnisse dieser Zeit, dass die Wissenschaftler schon damals für ihre Verhältnisse sehr gut vernetzt waren. Neues Wissen sprach sich schnell herum, wurde sofort aufgegriffen und weiter»verarbeitet«. Das ist auch eines der Grundprinzipien der heutigen Wissenschaft. Mit Hilfe des Internets arbeite auch ich regelmäßig mit Kollegen aus Australien, Europa, Nordamerika und Japan zusammen.

So war das Geheimnis des Lichts und der Photonen gelüftet worden. Nun wandte man sich der Erforschung des Kosmos und der darin befindlichen Objekte zu. Die Türen zum All öffneten sich schlagartig in dieser Zeit, was zu einer fundamentalen Erweiterung des Weltbildes führte. Wie so oft wurde auch auf diesem Gebiet die Entwicklung von einigen wichtigen Persönlichkeiten vorangetrieben.

2.3. Dem Kosmos auf der Spur

Während in Deutschland und Europa in erster Linie die Quantenmechanik entwickelt wurde, wandten sich die amerikanischen Astronomen der intensiven Erforschung des Universums zu. Unter strenger Leitung von Edward Charles Pickering begann Henrietta Leavitt 1893 am Harvard College-Observatorium als eine von mehreren Frauen, wissenschaftlich für ihn zu arbeiten. Diese Frauen wurden später die »Computer« genannt, da ihre Aufgabe darin bestand, verschiedenste Arten von Berechnungen und Messungen von Himmelsbeobachtungen auf fotografischen Platten durchzuführen.

Schon vor Leavitt hatten Williamina Fleming and Antonia Maury unter Pickering an der Erweiterung von Secchis Spektralklassifikationen gearbeitet. Um 1880 war Pickering so unzufrieden mit seinen männlichen Assistenten geworden, dass er verkündete, seine Haushaltshilfe könne bessere Arbeit abliefern. So stellte er Fleming tatsächlich als wissenschaftliche Hilfskraft an. Sie enttäuschte ihn nicht, da sie aus Respekt jede ihr aufgetragene Arbeit erledigte, egal wie viel oder wenig, ob frühmorgens oder spät nachts. Daraufhin stellte Pickering weitere Frauen an, jetzt mit abgeschlossenem Studium in Physik oder Astronomie, um seine Ambitionen auf großangelegte Spektralklassifikation effizient voranzutreiben. Wissenschaftlich ausgebildete weibliche Arbeitskräfte wie Maury und Leavitt waren zu jener Zeit extrem billig und bereit, länger und härter als männliche Assistenten zu arbeiten. So bewies Pickering auf eine etwas sonderbare Art und Weise, dass auch Frauen wissenschaftlich gute Arbeit leisten konnten.

Eine von Leavitts Aufgaben bestand darin, die Helligkeit von Sternen zu katalogisieren. Dabei fand sie Tausende von helligkeitsveränderlichen Sternen in den Magellan'schen Wolken, von denen die helleren Objekte die längsten Perioden zu haben schienen. 1912 bestätigte sie dieses Verhalten mit weiteren Beobachtungen, was seit dieser Zeit als Perioden-Leuchtkraft-Beziehung bekannt ist. Eine ganz besondere Folgerung ergab sich bald aus ihrer Entdeckung. Die intrinsische Strahlungsmenge konnte für diese veränderlichen Sterne berechnet werden, und man konnte natürlich auch deren beobachtete Helligkeit messen. Wenn die Entfernung wenigstens für einige Objekte bekannt wäre, könnte die gesamte Perioden-Leuchtkraft-Beziehung für Entfernungsbestimmungen anderer veränderlicher Sterne geeicht werden.

Nur ein Jahr später gelang dem dänischen Astronomen Ejnar Hertzsprung besagte Eichung mit Hilfe helligkeitsveränderlicher Sterne in der Milchstraße. Die Grundlagen zur galaktischen und extragalaktischen Entfernungsbestimmung waren gelegt. Da zu dieser Zeit noch nicht bekannt war, dass das Universum größer als nur die Milchstraße war, bot diese Methode auf einmal die Möglichkeit zu schauen, ob es vielleicht noch etwas außerhalb der Galaxie geben könnte.

So beobachtete der Amerikaner Edwin Hubble veränderliche Sterne in verschiedenen schwachen Nebeln Nacht für Nacht mit dem 2,5 m Hooker-Teleskop auf dem Mount Wilson in Südkalifornien. Teleskopbeobachtungen waren übrigens bis Mitte der 1960er Jahre nur für Männer zugelassen, damit sie sich dort ungestört ihrer Arbeit widmen konnten. Mit der Perioden-Leuchtkraft-Beziehung für veränderliche Sterne konnte Hubble jedenfalls um 1923 zeigen, dass diese Nebel viel zu weit entfernt waren, um Teil der Milchstraßengalaxie zu sein. Diese Nebel stellten sich nun plötzlich als eigenständige Galaxien heraus, die sich außerhalb der Milchstraße befanden.

Und wieder hatten neue Erkenntnisse das Weltbild wortwörtlich um Lichtjahre erweitert. Bis dahin waren kosmischen Objekten Entfernungen von bis zu etwa 100 Lichtjahren zugesprochen worden. Mit der Entdeckung von anderen Galaxien konnten nun viele Millionen Lichtjahre weit entfernte Objekte gefunden werden. Dadurch stellte sich schließlich heraus, dass die Milchstraße nur ein relativ kleines Objekt in einem viel größeren Universum ist. Das Universum bestand von nun an aus Tausenden oder noch mehr Galaxien und nicht nur einer einzigen. Natürlich stieß auch diese Entdeckung erst einmal auf Widerspruch von anderen führenden Astronomen, besonders von Harlow Shapley von der Harvard-Universität. Dennoch setzte sich das neue Wissen durch, und der Andromeda-Nebel wurde bald zur Andromeda-Galaxie, von der wir heute wissen, dass sie unsere Schwester-Galaxie ist.

Schon 1921 starb Leavitt mit nur 53 Jahren an Krebs. Zu Lebzeiten erhielt der »Computer« wenig Anerkennung für ihre fundamentale Arbeit, die unser Verständnis vom Universum so veränderte. Als »Computer« hatte sie mit 25 bis 30 Cents pro Stunde auch nur schlecht verdient, da dies weniger als das Gehalt einer Sekretärin war. In Unkenntnis ihres Todes wäre sie 1924 fast für einen Nobelpreis vorgeschlagen worden. Da dieser Preis aber nur an lebende Personen vergeben wird, wurde sie letztendlich nie dafür nominiert.

Zur gleichen Zeit war ein weiterer »Computer« dabei, Sternspektren in einer neuartigen Weise zu klassifizieren. Die Amerikanerin Annie Jump Cannon begann nach ihrem Physik- und Astronomiestudium 1896 für Pickering zu arbeiten. Ihre Aufgabe als Astronomin war es, den Draper-Katalog, eine riesige Ansammlung von Sternspektren, zu katalogisieren und ein Klassifikationssystem zu entwickeln.

Cannon war die Erste, die Spektren nach der Temperatur der Sterne einteilte, da sie die Temperaturabhängigkeit der Stärke der Spektrallinien erkannt hatte. Ihr neues System wurde später als das Harvard-Klassifikationsschema berühmt. Sie unterteilte die Spektren unter anderem in die noch heute benutzten O-, B-, A-, F-, G-, K- und M-Klassen, die man sich mit Hilfe des Spruchs »Oh Be a Fine Girl, Kiss Me« merken kann. Sie basieren auf der Stärke der Wasserstofflinien, eines der wichtigsten Merkmale in stellaren Absorptionsspektren. O-Sterne sind dabei die heißesten (mit Oberflächentemperaturen von bis zu 50 000 Grad Kelvin), wohingegen M die kühlsten Sterne (mit manchmal nur 2000 Grad Kelvin an ihrer Oberfläche) bezeichnet. Abbildung 2.3 zeigt Beispielspektren für die verschiedenen Spektralklassen in der Form, wie sie heute benutzt werden.

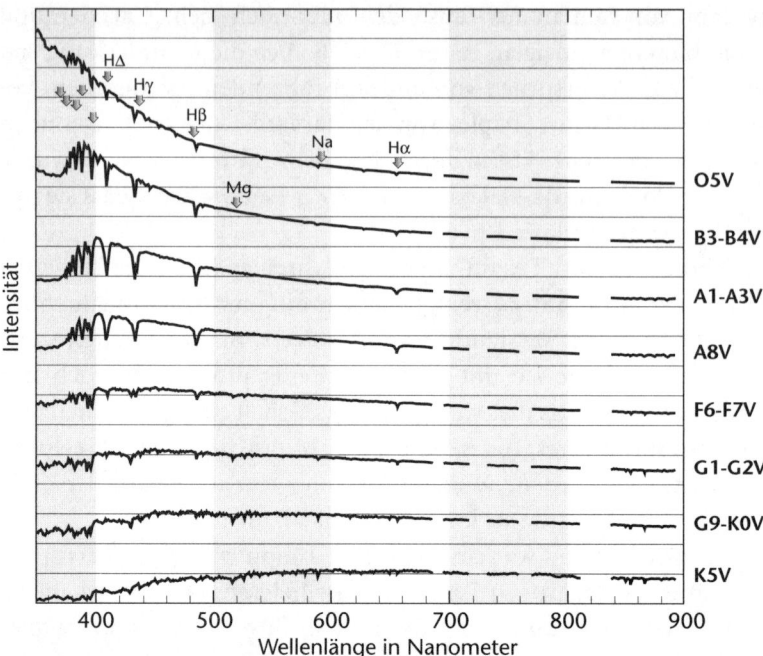

Abb. 2.3: Beispiele für Sternspektren, die die heutigen Spektralklassen illustrieren. Verschiedene Absorptionslinien sind markiert. Je nach Oberflächentemperatur sind nur bestimmte Linien im Spektrum detektierbar. Mit diesen aus den Roh-Spektren (wie z. B. in Abb. 2.1) extrahierten Spektren wird heutzutage gearbeitet.

Die riesige Sammlung von Cannons gebundenen Notizbüchern mit den Sternklassifikationen sowie die Originalfotoplatten mit den zu klassifizierenden Spektren können auch heute noch am Harvard College-Observatorium in Cambridge, MA, eingesehen werden. Ich habe selbst einige der mit »AJC« markierten Notizbücher in der Hand gehabt. Eines war mit 19. Juli 1915 datiert, und viele Seiten mit »Samstag« gekennzeichnet – nur am Sonntag wurde nicht gearbeitet. Diese Einträge sind in Abbildung 2.4 gezeigt.

Cannon wurde bald weltweit für ihre Klassifikationen von mehr als 200 000 Sternen bekannt. Ihre Kataloge wurden zu Standardwerken, und sie erhielt mehrere wichtige Preise und Auszeichnungen, die ein klares Zeichen setzten, dass Frauen genauso wie Männer wis-

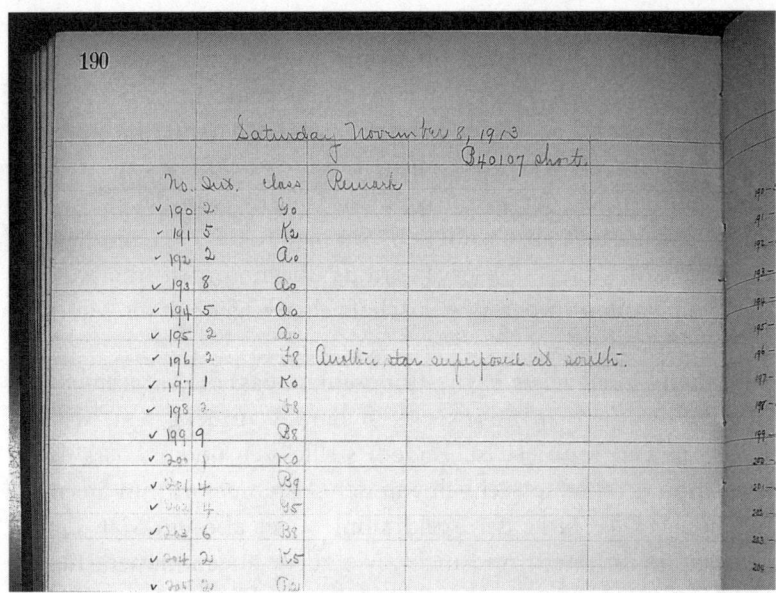

Abb. 2.4: Annie Jump Cannons Notizbucheinträge zu Sternklassifikationen am Samstag, 8. November 1913. Ihre Notizbücher können im »Plate stack«-Archiv (fotografisches Plattenarchiv) am Harvard College-Observatorium in Cambridge, MA, USA, *eingesehen werden.*

senschaftliche Spitzenleistungen vollbringen können. Unter anderem erhielt sie 1925 als erste Frau einen Ehrendoktor der Oxford-Universität und 1931 die Henry-Draper-Medaille von der US National Academy of Sciences. Sogar Harvard erkannte ihre Leistungen 1938 als vollwertig an und machte sie 75-jährig zum »William Cranch Bond Astronomer«, was dem akademischen Grad einer Professorin entsprach. Außerdem war schon 1934 der Annie J. Cannon-Award zur Ehrung von Astronominnen von der Amerikanischen Astronomischen Gesellschaft eingeführt worden, den auch Antonia Maury 1943 erhielt. Cannon publizierte verschiedene Ausgaben ihres riesigen Katalogs und seiner Erweiterungen zwischen 1901 und 1937. Ihre Arbeit wurde auch nach ihrem Tod 1941 weitergeführt.

Auf der anderen Seite des Atlantiks war es für Frauen noch deutlich schwerer, in der Astronomie wissenschaftlich arbeiten zu können. Als junge Frau in England bekam Cecilia Payne-Gaposchkin trotz eines beendeten Studiums weder einen wissenschaftlichen Abschluss, noch konnte sie als Astronomin arbeiten. Auf Anraten Harlow Shapleys wanderte sie nach Amerika aus, um dort ebenfalls am Harvard College-Observatorium als zweite Frau überhaupt unter der ermutigenden Leitung von Shapley 1925 ihre Doktorarbeit abzuschließen. Shapley hatte 1921 die Leitung des Harvard College-Observatoriums übernommen und war der Idee von Frauen in der Wissenschaft eher zugeneigt als sein Vorgänger Pickering.

In ihrer Arbeit zeigte Payne-Gaposchkin, dass die Variationen der Absorptionslinien in Sternspektren darauf zurückgehen, welcher Anteil an Gas ionisiert ist. Zudem stellte sich heraus, dass dieser Ionisationsgrad hauptsächlich von der Gastemperatur im Stern abhängig ist. Die Stärke der Spektrallinien war also ein Maß für die Temperatur im Stern und nicht, wie zuvor angenommen, für die Häufigkeiten der entsprechenden Elemente. Diese Erkenntnis kam etwa zeitgleich mit Cannons Spektralklassifizierungen auf. Somit konnten von nun an die Spektraltypen quantitativ auf die verschiedenen Sterntemperaturen zurückgeführt werden. Daraus leitete Payne-Gaposchkin ab, dass Sterne hauptsächlich aus Wasserstoff und Helium bestehen und nicht, wie bisher angenommen, die gleiche chemische Zusammensetzung wie die der Erde haben. Die Häufigkeiten schwererer Elemente wie Eisen und Silizium erwiesen sich dabei als wesentlich geringer: Sie berechnete, dass die Anzahl der Atome schwererer Elemente in einem Stern ca. eine Million Mal geringer als die der Wasserstoffatome sein müsste.

Was für eine überwältigende Erkenntnis! Heute wissen wir, dass ein Stern tatsächlich zu ~71 % aus Wasserstoff, zu ~27 % aus Helium und zu weniger als zwei Prozent aus schwereren Elementen besteht. Schon zu meiner Schulzeit war das eines der ersten Details, die ich über Sterne gelernt habe. Der amerikanische Astronom Otto Struve hat später zu Recht Payne-Gaposchkins Dissertation als die »zweifellos brillanteste jemals in der Astronomie geschriebene Doktorarbeit« bezeichnet. Struve war von 1939 bis 1950 Gründungsdirektor des McDonald-Observatoriums in Texas. Dort habe auch ich von 2006 bis 2008 gearbeitet, und dieses Zitat wird dort noch heute weitererzählt.

Mit Payne-Gaposchkins Erfolgen war nun der Weg für weitere Frauen in der Astronomie geschaffen worden. Für ihre Arbeiten erhielt sie als erste Preisträgerin 1934 den Annie J. Cannon-Award. Dieser Preis wird auch heute noch, inzwischen jährlich, an eine junge Astronomin vergeben – 2010 habe ich diesen Preis als 41. Preisträgerin für meine Untersuchungen der chemischen Zusammensetzung von alten Sternen mit nur winzigen Spuren von Elementen, die schwerer als Wasserstoff und Helium sind, und der damit verbundenen Erforschung des frühen Universum erhalten.

Genau wie Maury, Cannon und Payne-Gaposchkin habe auch ich von 2009 bis Ende 2011 an ihrer heute als Havard-Smithsonian Center for Astrophysics bekannten Arbeitsstätte gearbeitet. Allerdings hatte ich dort einen elektronischen Computer, der in meinem Büro auf dem Schreibtisch stand und diverse Berechnungen für mich erledigte. Das Harvard College-Observatorium ist ein Teil des großen Center for Astrophysics, und Bilder aller dieser frühen Harvard-Astronominnen im Flur des alten Observatoriums-Gebäudes erinnern an ihre großartigen Leistungen von vor rund hundert Jahren.

Zur gleichen Zeit als die Spektralklassifikation der Sterne durch Cannon und Payne-Gaposchkin etabliert wurde, beobachtete Hubble in Kalifornien weit entfernte Nebel und Galaxien. Mit Hilfe der Spektroskopie untersuchte er deren Geschwindigkeiten. Objekte, die sich schnell bewegen, zeigen eine Verschiebung ihrer gesamten Spektrallinien im Vergleich zu den Wellenlängen eines statischen Objekts. Diese Verschiebung wird in der Astronomie auch Rotverschiebung genannt, da die Spektrallinien von Galaxien zu größeren, also zu röteren Wellenlängen verschoben werden. So entdeckte er 1929, dass sich fast alle Galaxien von der Erde wegbewegen. Darüber hinaus stellte er fest, dass sich eine Galaxie umso schneller von uns wegbewegt, je weiter sie von uns entfernt ist. Daraus konnte geschlossen werden, dass das Universum expandiert.

Wie wir später noch sehen werden, kam diese Entdeckung gerade zur richtigen Zeit, als sich viele Wissenschaftler mit den Anfängen der Kosmologie zu beschäftigen begannen. Die Geschwindigkeits-Entfernungs-Beziehung ist immer noch eine vielstudierte empirische Größe, denn ihre Proportionalitätskonstante bestimmt die Expansionsrate und somit das Alter des Universums. Seit der Entdeckung dieser Beziehung führten Arbeiten auf diesem Gebiet über Jahrzehnte hinweg zu großen Meinungsverschiedenheiten und vielen kontroversen Diskussionen. Heutzutage ergeben die verschiedenen Methoden aber alle sehr ähnliche Ergebnisse, die weder so niedrig noch so hoch wie die umstrittenen ersten Werte sind.

Bis 1930 hatte sich in der Astronomie also viel getan. Fundamentale Eigenschaften von Sternen sowie die Existenz von Galaxien waren entdeckt worden, die ganz wesentlich zu den physikalischen Erkenntnissen der Energiegewinnung von Sternen und der Kosmologie beitragen sollten.

2.4. Der Energiequelle auf der Spur

Die Energiequelle der Sterne, welche die Leuchtkraft der Sonne über Milliarden von Jahren aufrechterhalten konnte, blieb trotz aller Fortschritte in der Physik und Astronomie über lange Zeit ein völliges Mysterium. Chemische Prozesse oder gravitative Kontraktion waren spätestens seit 1907 durch die theoretischen Arbeiten des Schweizer Physikers und Astrophysikers Robert Emden 1907 ausgeschlossen worden. Die Entdeckung der Radioaktivität 1896 läutete zwar das Zeitalter der Kernphysik ein, die letztendlich des Rätsels Lösung liefern sollte. Bis dahin mussten jedoch noch einmal 20 Jahre intensiver Forschung und vieler Entdeckungen vergehen.

1896 hatte der französische Physiker Henri Becquerel herausgefunden, dass verschiedene Uransalze eine unsichtbare Strahlung abgeben, die durch die Belichtung einer Fotoplatte nachgewiesen werden konnte. Die polnisch-französische Chemikerin und Physikerin Marie Curie machte sich daraufhin gemeinsam mit ihrem Mann Pierre Curie auf die Suche nach der Quelle dieser von ihnen so benannten Radioaktivität verschiedener Uranerze. Die Pechblende erwies sich als besonders kräftiger radioaktiver Strahler und somit als vielversprechender Ausgangspunkt für ihre Untersuchungen. 1898 gelang es den Curies in mühevoller Kleinarbeit, kleinste Mengen zweier neuer, stark radioaktiver Elemente aus mehreren Tonnen Pechblende zu isolieren: Polonium und Radium.

Außerdem hatte die Pionierin Marie Curie 1898 auch Thorium als ein radioaktives Element erkannt, obwohl sie mit ihrer Veröffentlichung von dem deutschen Chemiker Gerhard Carl Schmidt um zwei Monate geschlagen wurde. Thorium sowie Uran werden uns in Bezug auf die Sterne wiederbegegnen. Für ihre Arbeiten bekam Marie Curie zwei Nobelpreise, 1903 in Physik zusammen mit Becquerel und Pierre Curie und auch 1911 in Chemie. Damit ist sie die einzige Person, und dann auch noch als Frau, die zwei dieser Nobelpreise für zwei verschiedene naturwissenschaftliche Disziplinen erhalten hat.

Nach der Entdeckung des Radiums benutzte Ernest Rutherford 1899 dieses und andere Elemente zur Untersuchung der immer noch unerklärten Strahlung. 1907 wurde erkannt, dass ein solches ausgesendetes »α-Teilchen« einem ionisierten Heliumatom gleicht. Heute wissen wir, dass der »α-Zerfall« ein spontaner radioaktiver Zerfall eines Atomkerns ist, bei dem ein α-Teilchen ausgesendet wird. Der ursprüngliche Kern ist somit »zerfallen« und der neuentstandene Kern um zwei Protonen und zwei Neutronen leichter. Allerdings wusste 1907 noch niemand etwas von »Atomkernen«, »Protonen« und »Neutronen«, denn diese wurden erst 1910 (von Ernest Marsden, einem Mitarbeiter Rutherfords), 1919 (von Rutherford) und 1932 (von Chadwick, einem Schüler Rutherfords) eindeutig als solche identifiziert. Neben dem α-Zerfall beobachtete Rutherford auch noch den stärkeren β-Zerfall, bei dem statt eines α-Teilchens ein Elektron emittiert wird, und einen γ-Zerfall durch die Aussendung von hochenergetischer »Gamma«-Strahlung. Rutherford fand ebenfalls heraus, dass Radioaktivität zur Bildung von neuen, leichteren Elementen führte, und er war der Erste, der die Gesetze der Halbwertszeiten entdeckte. Auch er erhielt den Chemie-Nobelpreis 1908, noch drei Jahre vor Marie Curie. Erst 20 Jahre später löste Gamow 1928 das Problem des unverstandenen spontanen α-Zerfalls eines Kerns mit Hilfe des quantenmechanischen »Tunnel-effekts«.

Rutherford beschäftigte sich aber auch mit »praktischeren« Dingen. Denn die Energiequelle der Sonne war immer noch ein wichtiges, ungelöstes Problem. Schon um 1850 hatte der deutsche Physiker Hermann von Helmholtz erkannt, dass Energie, ganz generell, erhalten bleibt. Dieses wichtige physikalische Gesetz besagt, dass Energie weder gewonnen noch zerstört werden kann. Energie kann nur ihre Form wechseln, wie zum Beispiel von potentieller Lage-Energie in kinetische Bewegungsenergie und dann in Wärme-Energie: wenn zum Beispiel der Apfel am Baum die potentielle Energie, die sich durch seine Höhe über dem Boden ergibt, beim Fallen zunächst in kinetische Energie umwandelt, diese beim Aufschlag auf den Boden dann in Wärme. Die mit dem Sonnenlicht abgestrahlte Energie muss also ebenfalls durch irgendeinen Prozess im Inneren der Sonne aus einer anderen Energieform umgewandelt und freigesetzt werden.

Noch vor 1900 nahmen der Engländer Lord Kelvin (William Thomson) und der Deutsche von Helmholtz (fälschlicherweise) an, dass sich der Druck im Inneren der Sonne durch stetige Abkühlung verringern würde und diese sich dann unter ihrem eigenen Gewicht langsam kontrahieren würde. Die damit verbundene Umwandlung potentieller Lage-Energie in Strahlungsenergie sollte die Energiequelle der Sonne sein. Allerdings konnte bald gezeigt werden, dass auch diese Art der Energiegewinnung nicht ausreichte, um die Sonne für mehr als ca. 20 Millionen Jahre scheinen zu lassen. Das stand im Widerspruch zu biologischen und geologischen Funden, die ergaben, dass die Erde selbst mindestens 300 Millionen und vielleicht sogar bis zu einer Milliarde Jahre alt sein müsste. 1904 schlug Rutherford dann vor, dass die Sonnenstrahlung auf eine spezielle innere Energiequelle zurückzuführen sein müsse. Es ist nicht verwunderlich, dass er dabei an einen radioaktiven Zerfall in der Sonne dachte. Hatte doch seine Arbeit bestätigt, dass Elemente Strahlen aussenden konnten und dabei ungefähr eine Million Mal mehr Energie freisetzen als chemische Reaktionen. Doch auch eine radioaktive Sonne konnte nicht genug strahlen, um die Frage nach der Energiequelle zu lösen.

Vor diesem Hintergrund beschäftigte sich der englische Physiker Arthur Eddington seit etwa 1916 mit dem inneren Aufbau von Sternen und deren zeitlicher Entwicklung. Er war an einer Erklärung der veränderlichen Sterne interessiert und wollte die Energiequellen von Sternen verstehen. So stellte er eine erste Theorie zu den physikalischen Prozessen im Sterninneren auf, die sich radikal von dem, was bisher über die Mechanismen im Inneren von Sternen bekannt war, unterschied. Auch der deutsche Physiker Karl Schwarzschild hatte schon Arbeiten zum Strahlungsdruck angefertigt, die Eddington aufgriff und erweiterte. Diese Modelle beschrieben einen Stern als eine Gaskugel, die durch inneren Wärmedruck vor dem Gravitationskollaps bewahrt wird. Eddingtons wichtiger Beitrag war dann zu zeigen, dass Strahlungsdruck nötig ist, um eine Sternkugel im Gleichgewicht zu halten.

Es war also nicht die Radioaktivität und auch nicht ein Gravitationskollaps, die der Sonne ihre Strahlungsenergie verliehen. Eddington war mit Einsteins Arbeiten zur Äquivalenz von Masse und Energie vertraut, und obwohl viele Wissenschaftler diesem neuen Konzept skeptisch gegenüberstanden, sah Eddington darin eine mögliche Lösung seines Problems. Nur so konnte in seinen Augen die enorme Strahlung der Sonne erklärt werden. Eine Fusion von Wasserstoff zu Helium schien die einzig mögliche Energiequelle. Denn bei diesem Prozess wird am meisten Bindungsenergie freigesetzt. Zwei Wasserstoffkerne sind nämlich etwas schwerer als ein einzelner Heliumkern. Dieser Effekt ist heute als Massendefekt bekannt. Mit der Einstein'schen Formel $E = mc^2$ sollte man also den »Massenverlust« bei der Entstehung von Helium in Sternen als Energieausstoß messen können. Dennoch gab es bei diesem Konzept einige fundamentale Probleme: 1) Zu jener Zeit war es noch unbekannt, dass Sterne hauptsächlich aus Wasserstoff bestehen. Wie sollte eine Fusion von Wasserstoff zu Helium ausreichen, wenn es kaum Wasserstoff in Sternen gab? 2) Die Idee der Fusion selbst war fragwürdig. Denn zwei Wasserstoffatome sind positiv geladene Protonen und stoßen sich somit gegenseitig ab. Eddington rechnete selbst aus, dass die Temperatur im Sonneninneren mindestens 40 Millionen Grad heiß sein müsste, damit die Protonen ihre Anziehungskraft überwinden könnten. Die Sonne war in ihrem Inneren aber bei weitem nicht so heiß!

Eddington ließ sich von diesen Hindernissen nicht abbringen, an seine Theorie der »Transmutation«, der Wasserstofffusion, als Energiequelle zu glauben. Sein neues Sternmodell benutzte er, um Temperatur, Dichte und Druck an jeder Stelle innerhalb eines Sterns zu berechnen. Auch konnte er zeigen, dass die Temperatur im Sterninneren Millionen Grad heiß sein musste. Eddington glaubte an die Nützlichkeit seines Modells, mit dem er 1924 eine Masse-Leuchtkraft-Beziehung für Sterne vorhersagen konnte. Er war so von der Wichtigkeit seiner Vorhersagen dieser Sternparameter überzeugt, dass er sich sehr für die Verbreitung seines Modells einsetzte. Die physikalischen Hintergründe waren allerdings auch für ihn selbst größtenteils noch unbekannt. Das verschaffte ihm nicht nur Freunde.

Obwohl er später nicht an Eddingtons Modelle glaubte, schlug sein englischer Kollege James Jeans vor, dass Sternmaterie grundsätzlich ionisiert sei. Das stellte sich als wichtige Verbesserung heraus. Trotzdem hielten Jeans sowie andere Wissenschaftler weiterhin am »Kelvin-Helmholtz«-Mechanismus zur Energiegewinnung fest, da dieser auf der klassischen Mechanik basierte. Eddingtons revolutionäre Überlegungen und neue Ideen hingegen befassten sich mit den Konsequenzen von Kernreaktionsprozessen, die über die Klassische Mechanik weit hinausgingen. Trotz teilweise unzureichendem Verständnis entwickelte sich Eddingtons Modell letztendlich zu einem wichtigen Werkzeug in der stellaren Astrophysik, mit dessen Hilfe jetzt z. B. die Entwicklung von Sternen berechnet werden konnte. 1926 veröffentlichte er seine Theorie zum inneren Aufbau von Sternen, welche für viele weitere Jahre zum Standardwerk für Astrophysiker wurde.

In der gleichen Zeit entfaltete sich die Quantenmechanik in Deutschland und ganz besonders in der Universitätsstadt Göttingen um Max Planck herum. Auch der ausgewanderte russische Physiker George Gamow verbrachte dort einige Zeit. Er interessierte sich besonders für das Konzept der Kernfusion, betrachtete das Problem aber aus einer ganz anderen, sozusagen umgekehrten Sicht. So beschäftigte er sich damit, wie radioaktive Elemente ihre Protonen durch den α-Zerfall verlieren. Wenn die Protonen den Kern irgendwie verlassen können, musste der Prozess ja vielleicht auch umgekehrt funktionieren.

Das Tröpfchenmodell zur Beschreibung von Atomkernen wurde ab 1928 von Gamow eingeführt und später von Niels Bohr und anderen weiter verbessert. Es beschreibt einen Atomkern wie einen Tropfen aus einer nicht komprimierbaren »Kern-Flüssigkeit«. Sie besteht aus Protonen und Neutronen und wird von der starken Kernkraft zusammengehalten.

Gemäß den Gesetzen der Klassischen Physik sollte es für Kernteilchen eigentlich keine Möglichkeit geben, die stark bindende Kernkraft zu überwinden und den Atomkern zu verlassen. Genauso wenig sollte es möglich sein, dass zwei Protonen bei stellaren Temperaturen ihre gegenseitige elektrische Abstoßung überwinden und zu einem neuen Atomkern fusionieren. Die Erklärung für diese Prozesse liefert der quantenmechanische Tunneleffekt, der von dem deutschen Physiker Friedrich Hund 1927 zum ersten Mal beschrieben wurde. Dieser Effekt benennt die nicht vernachlässigbare Wahrscheinlichkeit, dass ein Kernteilchen aufgrund der Heisenberg'schen Unschärfe eine Barriere aus abstoßenden Kräften trotz zu geringer Energie überwinden oder eben durchtunneln kann. Gamow erklärte mit diesem Effekt zunächst den radioaktiven α-Zerfall, d. h. wie ein Kernteilchen die starke Anziehung der Kernkraft überwinden kann. Später benutzten Gamow und Max Born unabhängig voneinander den Tunneleffekt, um die Fusion zweier Protonen bei niedrigen Energien zu erklären.

Auf Gamows Anraten wandten der deutsche Physiker Fritz Houtermans und der Brite Robert Atkins 1929 den Tunneleffekt auf die stellare Energieproduktion an. Sie zeigten kurzerhand, dass Eddington mit seinen Ideen zur Kernfusion als Energiequelle recht gehabt haben musste. Gemäß ihrer Arbeit würden schon Temperaturen von »nur« 40 Millionen Grad ausreichen, um mittels des Tunneleffekts gelegentlich Kernfusionsreaktionen zu ermöglichen. Die modernen Werte hierfür liegen sogar bei nur einigen Millionen Grad.

Ohne zu wissen, welche Reaktionen in Sternen ablaufen können, berechneten sie Reaktionsraten für Fusionen von einer ganzen Reihe von Kernen. Sie fanden dabei allerdings heraus, dass nur wenn Wasserstoff in den Reaktionen mitbeteiligt war, genügend Energie freigesetzt werden konnte. Damit war eines klar: Kernfusionen spielten sich in Sternen ab und sorgten so für ausreichend Energie, um sie über lange Zeiträume hinweg strahlen zu lassen. Dennoch waren noch viele Details unbekannt, wie z. B. Antworten auf Fragen, welche Reaktionen sich tatsächlich abspielten, wie viel Energie sie produzierten und wie genau Helium aus zwei Protonen fusioniert werden könnte.

Diese offenen Fragen wurden erst Jahre später wieder von neuem gestellt. Deutschland hatte aufgrund des Aufstiegs des Nationalsozialismus viele seiner besten Wissenschaftler an andere Länder wie die USA verloren. Die USA entwickelten sich daher schnell zu einem neuen Zentrum der Wissenschaften. Dennoch hatten die Geschehnisse in Europa den wissenschaftlichen Fortschritt verlangsamt und die Weiterentwicklung vieler Ideen erschwert.

Der junge in Deutschland gebliebene Physiker Carl-Friedrich von Weizsäcker hatte großes Interesse an den nuklearen Prozessen im Sterninneren und generell an den Bindungsenergien von Atomkernen. Mit der Entdeckung von Protonen und Neutronen, also den Bestandteilen eines Atomkerns, und dem Wissen um den Tunneleffekt konnten endlich Berechnungen zu Bindungsenergien von den verschiedensten Atomkernen angefertigt werden. Seine Arbeiten auf diesem Gebiet führten bald zu fundamentalen Erkenntnissen. 1938 veröffentlichte er die ersten detaillierten Berechnungen zur Energieproduktion durch die Fusion von Wasserstoff zu Helium im sogenannten Kohlenstoff(-Stickstoff-Sauerstoff)-Zyklus (CNO-Zyklus), in dem die schwereren Elemente als Katalysatoren wirken. Mit Hilfe des CNO-Zyklus war es von Weizsäcker gelungen, das Problem zu umgehen, dass eine direkte Fusion zweier Protonen zu einem Zweiprotonenkern ohne Neutronen nicht möglich ist. Aufgrund der hohen gegenseitigen Abstoßung der Protonen würde ein Zweiprotonenkern sofort wieder in zwei einzelne Protonen zerfallen.

Unabhängig von von Weizsäckers Arbeiten war auch der Kernphysiker Hans Bethe an der Energiequelle der Sterne interessiert. Zusammen mit einem Studenten, Charles Critchfield, begann Bethe

1939 an möglichen Fusionsmechanismen zu arbeiten. Er schlug vor, dass eines der Protonen während der Fusion durch einen β-Zerfall in ein Neutron umgewandelt wird. Dadurch ergibt sich Deuterium (»Schwerer Wasserstoff«, ein Kern mit einem Proton und einem Neutron) und nicht ein Zweiprotonenkern als ein erstes Zwischenprodukt in einer ganzen Kette von Reaktionen, die letztendlich zu Heliumbildung führen. So war es ihm möglich, die Proton-Proton (p-p)-Kette zu beschreiben, in der auch Wasserstoff zu Helium fusioniert werden kann.

Nach der quantenmechanischen Berechnung der Reaktionsrate für die neu gefundene Deuteriumproduktion konnte der Energiegewinn bestimmt werden. Ein Vergleich mit der gemessenen Sonnenstrahlung ergab, dass die p-p-Kette als Energiequelle der Sonne in Frage kam. Bethe untersuchte auch den CNO-Zyklus, denn für Sterne, die heißer und massereicher als die Sonne sind, reichte die Energieproduktion der p-p-Kette nicht aus. Aufgrund einer höheren Reaktionsrate konnte er zeigen, dass der CNO-Zyklus die Hauptenergiequelle für solche größeren Sterne ist. Diese beiden Prozesse waren nun dafür verantwortlich, dass Sterne ihre Leben lang mit so großer Leuchtkraft strahlen können. Das Problem war endlich gelöst worden: Sterne strahlen aufgrund von ganz bestimmten Kernreaktionsprozessen in ihrem Inneren!

Damit war die nukleare Astrophysik geboren, in der sich Wissenschaftler mit den Kernfusionen zur Elementsynthese in Sternen beschäftigen. Bethe bekam für seine wichtigen Beiträge zur stellaren Nukleosynthese 1967 den Nobelpreis für Physik. Dennoch konnten sowohl Bethe wie auch von Weizsäcker um 1939 noch nicht erklären, wie die Entstehung von schwereren Elementen vor sich geht. Bethe schlug vor, dass die Elemente, die schwerer als Helium sind wie z.B. Kohlenstoff, schon vor der Sternbildung hätten existieren müssen. Außerdem war er davon überzeugt, dass jegliche Neutronenproduktion in Sternen vernachlässigbar klein sei. Wie wir heute wissen, werden alle schwereren Elemente in verschiedenen Neutroneneinfangprozessen stückweise aufgebaut und brauchen somit enorm kräftige stellare Neutronenquellen. Diese Einsicht kam aber erst mehr als fünfzehn Jahre später.

2.5   Den schweren Atomen auf der Spur

Mit der Erkenntnis, dass im Sterninneren große Mengen an Energie durch die Kernfusion des leichtesten Elementes, des Wasserstoffs, freigesetzt werden, war das Verständnis des Kosmos revolutioniert worden.

Aber auch die Natur der schwersten Elemente war seit 1900 Gegenstand der Forschung: Becquerel und das Ehepaar Curie hatten die Radioaktivität entdeckt und weiter erforscht. Auch die Physikerin Lise Meitner und der Chemiker Otto Hahn begannen um 1905 sich für dieses Thema zu interessieren. Zeitgleich mit der Beschreibung der Kernfusion um 1938 und 1939 führten neue Arbeiten zur Radioaktivität zur Spekulation, dass Energie auch von schweren Elementen freigesetzt werden könne. Allerdings durch eine Kernspaltung und nicht durch Fusion.

Ab 1907 hatte Lise Meitner begonnen, mit Hahn am Kaiser-Wilhelm-Institut für Chemie in Berlin zu arbeiten. Es war der Beginn einer dreißigjährigen Zusammenarbeit, bei der Meitner und Hahn ihre eigenen Abteilungen am Institut führten. Als Physikerin-Chemiker-Duo konnten sie ihr komplementäres Wissen gezielt einsetzen, um gemeinsam auf dem Gebiet der Radioaktivität und den Eigenschaften der schwersten Elemente zu forschen.

Hahn war dabei eher der Experimentator, während Meitner sich meistens mit den physikalischen Hintergründen beschäftigte. 1918 entdeckten sie das langlebige radioaktive Element Protaktinium (mit Kernladungszahl $Z = 91$), welches in der Zerfallsreihe des schweren, radioaktiven Elements Uran-235 noch vor dem Aktinium ($Z = 89$) steht. Hahn entdeckte 1921 dann das erste bekannte Kernisomer des Urans bei seinen Untersuchungen zur Zerfallsreihe dieses natürlich vorkommenden Elements. Isomere sind Nuklide mit gleicher Anzahl von Protonen und Neutronen, deren Kerne sich aber in verschiedenen langlebigen Zuständen befinden. Außerdem experimentierten Hahn und Meitner mit Neutronenbeschüssen auf Uran und Thorium. So waren sie neuen Elementen auf der Spur, die schwerer als Uran sein sollten. Seit der Entdeckung des Neutrons 1932 wurde angenommen, dass es möglich sei, solche transuranischen Elemente im

Labor zu erzeugen. Im Wettstreit um einen möglichen Nobelpreis kam es zu einem Rennen zwischen Hahn und Meitner in Deutschland, Rutherford in England, Irene Joliot-Curie in Frankreich und Enrico Fermi in Italien.

Ab ca. 1930 arbeitete auch der Chemiker Fritz Straßmann mit Hahn und Meitner gemeinsam in Berlin. Er übernahm 1938 Meitners Aufgaben, als sie als Jüdin ihren Universitätsposten verlor und nach Schweden fliehen musste. Hahn and Straßmann führten gemeinsam die Experimente durch, die sie zusammen mit Meitner vor ihrer Flucht begonnen hatten. Hahn schrieb regelmäßig an Meitner, um über die Ergebnisse zu berichten. Es war ihren beiden Kollegen in Berlin gelungen, erste experimentelle Anzeichen einer Kernspaltung zu beobachten. Bei einem Beschuss von Neutronen auf einen Urankern war auf einmal das nur etwa halb so schwere Element Barium (Z = 56) erzeugt worden. Dabei hatten sie sich eigentlich erhofft, durch den Beschuss mit Neutronen schwerere Kerne zu erzeugen und nicht leichtere.

Hahn beschrieb diese neue Reaktion für Meitner als ein »Zerplatzen« des Urankerns und bat sie um eine »phantastische Erklärung« der ihm unerklärlichen Vorgänge. Diese neuen experimentellen Ergebnisse wurden im Januar 1939 ohne Meitner publiziert, da sie als Jüdin nicht mehr von Deutschland aus veröffentlichen durfte. Meitners Neffe, der Physiker Otto Frisch, hatte sie Ende 1938 in Schweden besucht. Somit war er dabei gewesen, als Meitner von den Ergebnissen der neuen Hahn'schen Experimente zu Weihnachten erfuhr. Auf einem Spaziergang im Schnee diskutierten Meitner und Frisch, dass der Urankern wie ein sich teilender Wassertropfen in zwei ähnlich große Kerne getrennt worden war. Das gemessene Barium war also einer dieser beiden neuen Kerne gewesen.

Meitner und Frisch berechneten nun, dass der Prozess energetisch möglich war. Der Massendefekt, also die Differenz aus der Gesamtmasse der beiden neuen Kerne zur Masse des ursprünglichen Urankerns, ergab über die Einstein'sche Formel die gleiche Energie wie die aus dem Abstoßen der beiden gleich geladenen Kerne nach der ungewollten Trennung des Urankerns.

Daraus folgte, dass durch Kernspaltung von nur ein paar wenigen

Kilogramm Uran dieselbe Explosionskraft wie von vielen tausend Tonnen des chemischen Referenz-Sprengstoffs Trinitrotoluol (TNT) möglich sein sollte. Im Februar 1939 publizierten Meitner und Frisch daraufhin die berühmt gewordene physikalisch-theoretische Erklärung dieser Experimente. Sie nannten den neugefundenen Prozess »Kernspaltung«. Frisch war es in der Zwischenzeit schon gelungen, die Spaltungsprodukte direkt zu isolieren und so die Erklärung auch selbst experimentell zu bestätigen. Sein Ergebnis wurde in der folgenden Woche veröffentlicht. Schon wenig später wurde diese Erkenntnis auch auf der ganzen Welt bestätigt.

Die Wissenschaftler hatten die vermeintliche Kernfusion untersucht und dabei die Kernspaltung entdeckt. Sie wollten neue Elemente entdecken und hatten dabei eine neue Energiequelle gefunden. Sie hatten intensive Grundlagenforschung betrieben und veränderten auf ungeahnte Weise nicht nur das Verständnis des Kosmos, sondern in dramatischer Weise auch das Leben auf der Erde.

1944 bekamen Hahn und Straßmann für ihre Arbeiten zur Kernspaltung den Nobelpreis für Chemie, zu Unrecht ohne Meitner. Damit war deren Erklärung der Kernspaltung nicht gewürdigt worden. Immerhin erhielt sie dafür zusammen mit Hahn und Straßmann 1966 den wichtigen Enrico-Fermi-Preis.

Heutzutage gibt es eine ganze Reihe von Preisen und Vortragsreihen, die nach Lise Meitner benannt sind und an ihre Verdienste erinnern sollen. Auch ich durfte 2010 zwei »Lise Meitner Lectures« unter der Schirmherrschaft der Deutschen und Österreichischen Physikalischen Gesellschaften halten. Ich fühlte mich geehrt, in ihre Fußstapfen treten zu dürfen und über den Ursprung der Elemente sowie das Datieren von alten Sternen über den natürlichen radioaktiven Zerfall des langlebigen Uran-238 Isotops zu berichten. Und da es hier um Fußstapfen geht, ist es eine nette Begebenheit, dass das Ehepaar Hahn in den 1960er Jahren in Göttingen in dem gleichen Viertel lebte, in dem meine Mutter aufwuchs. Sie kann sich noch gut daran erinnern, diesem berühmten Herrn manchmal beim Spazierengehen begegnet zu sein. Auch ich habe als Kind meine Großeltern dort oft besucht, wenn ich auch damals noch nicht ahnte, dass ich einmal etwas über Hahn und seine Entdeckungen schreiben würde.

2.6. Der Kosmologie auf der Spur

Mit der Bestätigung, dass es ein ganzes Universum voller anderer Galaxien außerhalb der Milchstraße gibt, wurden nun auch vermehrt Theorien zum Universum als Ganzem, also der Kosmologie, entwickelt. Schon früher hatte es viele philosophische Überlegungen zu diesem Thema gegeben, aber erst jetzt war es möglich, tiefer gehende physikalische Theorien zu formulieren, die auch durch Beobachtungen belegt werden konnten.

Einsteins Arbeiten kulminierten 1916 in der Aufstellung der Allgemeinen Relativitätstheorie, die eine konsistente Beschreibung der Gravitation als geometrischer Eigenschaft von Zeit und Raum darstellt. Die Anwendung der Relativitätstheorie stellte eine neue Möglichkeit dar, das Universum als Ganzes zu betrachten und es mathematisch zu beschreiben. Die moderne Kosmologie hatte ihren Anfang gefunden. Als eine Lösung seiner mathematischen Gleichungen stellte sich Einstein selbst zunächst ein statisches Universum vor, was der generellen Annahme seiner Zeit entsprach. Nach dieser Lösung sollte das Universum mit der Zeit weder größer noch kleiner werden. Damit es unter dem Einfluss der eigenen Schwerkraft nicht in sich zusammenstürzt, benötigte Einstein in seinen Gleichungen noch eine der Schwerkraft entgegenwirkende Kraft: Die kosmologische Konstante war geboren.

Kurz darauf veröffentlichte Willem de Sitter 1917 seine Ideen zur Existenz und Entwicklung des Universums. Sein Modell war allerdings noch etwas verworren und kompliziert, denn es enthielt keine Materie. Dennoch konnten sich Testteilchen von einem Beobachter entfernten, was zu der Vorhersage einer Rotverschiebung von weit entfernten kosmischen Objekten führte. Sofort machten sich die Astronomen dieser Zeit auf die Suche nach Nebeln und Galaxien mit hoher Rotverschiebung, um beobachtbare Beweise für das de-Sitter-Modell zu finden.

Fast zehn Jahre später, nachdem stellare Beobachtungen und Spektralklassifikationen der Entwicklung der Quantenmechanik und ersten Erkenntnissen auf der Suche nach der Energiequelle von Sternen im Gange waren, zeigte der belgische Priester und Physiker

Georges Lemaître ab Mitte der 1920er Jahre ein umfassendes Interesse an Astronomie und dem Kosmos. Er hatte unter Eddington in England studiert, mit dem er später Modelle zur Kosmologie und der Natur des Universums über viele Jahre hinweg diskutieren würde. Lemaître war einer der Ersten, die sich intensiv mit Einsteins Allgemeiner Relativitätstheorie auseinandersetzten, um sie auf das Universum als Ganzes anzuwenden.

Auch der Russe Alexander Friedmann war an Kosmologie interessiert. 1922 entwickelte er eine Lösung, die das Universum erst als expandierend und dann wieder kollabierend darstellt und ohne kosmologische Konstante auskommt. Ein solches zyklisches Universum, das sich ausdehnt und daraufhin wieder schrumpft, umgeht angenehmerweise das Problem des unbekannten Anfangs des Universums. 1924 fand er eine weitere Lösung für ein sich in alle Ewigkeit ausdehnendes Universum.

Seit dieser Zeit suchten auch de Sitter und Eddington gemeinsam in regelmäßigen Diskussionen im Rahmen der Sitzungen der Royal Astronomical Society in England nach einer kosmologischen Interpretation für Hubbles Beobachtungen weit entfernter und rotverschobener Galaxien von 1923. Lemaître las um 1930 einen Bericht dieser Treffen und schrieb daraufhin an Eddington, um ihm von seinen eigenen Ideen zu berichten, die er schon vor 1927 in eigenen Arbeiten entwickelt hatte. Die Feldgleichungen Einsteins lassen sich für den allgemeinen Fall nicht lösen. Durch die Einführung des kosmologischen Prinzips 1933 durch den englischen Astrophysiker Edward Arthur Milne, welches das Universum als homogen und isotrop betrachtet,* vereinfachen sich die Einstein'schen Gleichungen zur Friedmann-Gleichung. Zu dieser vereinfachten Gleichung hatte Lemaître eine Lösung gefunden, in welcher das Universum gleichmäßig expandiert.

---

* »Homogen« meint, dass die gleichen Beobachtungen an unterschiedlichen Stellen im Universum zu erwarten sind. Der Teil des Universums, der beobachtet wird, liefert also ein repräsentatives Ergebnis. »Isotropie« bedeutet, dass die gleichen Beobachtungen für alle Blickrichtungen zu erwarten sind. Die gleichen physikalischen Gesetze sind überall gültig.

Aus der Expansion des Universums leitete Lemaître weiterhin eine lineare Entfernungs-Geschwindigkeits-Beziehung für kosmische Objekte ab. Für ihn ergab sich dieses Gesetz als Konsequenz der relativistischen Kosmologie. Lemaître berechnete auch einen Wert für die »Hubble-Konstante«, die die Expansionsrate des Universums beschreibt. Allerdings war es Lemaître noch nicht möglich, diese Beziehung auch zwischen den Entfernungsdaten von kosmischen Objekten und deren Geschwindigkeitsmessungen zu erkennen. Dafür gab es 1927 noch nicht genügend astronomische Daten.

Alles in allem hatte Lemaître unbeachtet von der restlichen Welt mit Hilfe der damaligen Theorien und Galaxienbeobachtungen als Erster auf die Existenz eines expandierenden Universums geschlossen. Wenn sich das Universum ausdehnt, ergibt sich sofort die Frage nach seinem Anfang. Lemaître und Eddington diskutierten in den folgenden Jahren regelmäßig über diese Frage und ihre Konsequenzen. Mit seiner Idee des expandierenden Universums hatte er aber schon lange den Grundstein für die Urknalltheorie gelegt, von der heute angenommen wird, dass sie den Ursprung des Universums beschreibt. Erst im Nachhinein wurde ersichtlich, wie sehr Lemaîtres neue Theorie des Urknalls das damalige Weltbild eines statischen Universums verändern sollte.

Erst zwei Jahre später, also 1929, entdeckte Hubble das Entfernungs-Geschwindigkeits-Gesetz aus jahrelangen systematischen Beobachtungen weit entfernter Galaxien, die er selbst sowie Milton Humerson und Vesto Slipher gemacht hatten. Das neue Gesetz, das die Expansion des Universums beschrieb, verhalf ihm zu Weltruhm. Viele werden seinen Namen vom Hubble Space Telescope (Hubble-Weltraum-Teleskop) kennen, das in den 1990er Jahren nach ihm benannt wurde. Lemaîtres Arbeiten waren allerdings ursprünglich in einem wenig gelesenen belgischen Journal auf Französisch veröffentlicht worden, zu welchem nur wenige seiner Zeitgenossen Zugang hatten. Auch der Amerikaner Howard Percy Robertson hatte bereits 1928, unabhängig sowohl von Lemaître als auch von Hubble, eine Expansionsrate in seinen kosmologischen Berechnungen benutzt. Die Entdeckung der Expansionsrate wird aber oft allein Hubble zugeschrieben.

Angeregt durch seine Gespräche mit Eddington, entwickelte Lemaître seine Ideen zum Anfang des Universums weiter. Wahrscheinlich inspiriert von der Radioaktivität, führte er 1931 das »Uratom« ein, aus welchem sich aufgrund seines »Zerfalls« das ganze Universum Stück für Stück herausbilden sollte. So postulierte er, dass Raum und Zeit erst mit diesem Zerfall beginnen würden. Dennoch gab es auch ein nicht zu vernachlässigendes Problem mit Lemaîtres Modell. Das Alter seines Universums war mit zwei Milliarden Jahren wesentlich geringer und mit dem wesentlich größeren Alter der Sonne nicht vereinbar. Eddington hatte in der Zwischenzeit selbst ein Modell für ein erst statisches und später expandierendes Universum entwickelt. Obwohl er den Übergang dieser zwei Phasen nicht beschreiben konnte, hatte sein Modell kein Problem mit dem Alter.

Selbst als Einstein 1931 nach Entdeckung des expandierenden Universums der kosmologischen Konstante abschwor, ließen sich sowohl Lemaître als auch Eddington nicht davon abbringen, sie weiterhin zu benutzen. Im Gegenteil, 1933 verfeinerte Lemaître seine Theorien zum expandierenden Universum, was ihn endgültig zum Vorreiter der neuen Kosmologie machte. Schließlich interpretierte er die kosmologische Konstante als Resultat einer »Vakuum-Energie« mit einer perfekten Zustandsgleichung. Wie sich später herausstellte, war dies eine weise Voraussicht von Seiten Lemaîtres.

Wie sich in den 1990er Jahren herausstellte, sollte Lemaître recht behalten. Damals entdeckten zwei große Forschergruppen um Saul Perlmutter, Brian Schmidt und Adam Riess, dass das Universum sich nicht nur ausdehnt, sondern sogar immer schneller expandiert. Diese Entdeckung wurde 2011 mit dem Nobelpreis für Physik ausgezeichnet. Mathematisch lässt sich die beschleunigte Expansion mit der kosmologischen Konstante beschreiben. Was aber physikalisch dahinter steckt, ist derzeit leider immer noch völlig unklar. Diese Ratlosigkeit spiegelt sich auch im Begriff der »dunklen Energie« wieder, der in diesem Zusammenhang verwendet wird. Allerdings wissen wir inzwischen wenigstens, dass die dunkle Energie ca. 72 % zum gesamten Energie-Haushalt des Universums beiträgt.

Während all dieser Diskussionen um den Beginn und die Entwicklung des Universums in Europa beobachtete der Schweizer

Astronom Fritz Zwicky 1933 in Südkalifornien systematisch den Galaxienhaufen Coma Berenices (Haar der Berenike). Er war daran interessiert, die Rotverschiebungen der Einzelgalaxien innerhalb des Haufens zu messen. Diese bewegten sich allerdings so schnell, dass sie eigentlich dem Haufen entwischen sollten, wenn man annahm, dass die Gravitationswirkung seiner beobachteten Leuchtkraft bzw. Masse entsprach. Irgendetwas stimmte da nicht, denn der Coma-Haufen sah nicht so aus, als ob ihm alle seine Galaxien verlorengehen würden. Somit stellte Zwicky kurzerhand die Hypothese auf, dass es jede Menge nichtleuchtende Materie im Galaxienhaufen geben müsse, die ihn mit ihrer zusätzlichen Schwerkraft zusammenhält. Zwickys Ideen gerieten jedoch erst einmal wieder in Vergessenheit, weil sie nicht ausreichend belegt waren. Heute wissen wir, dass es sich tatsächlich um »dunkle Materie« handelt, so wie Zwicky sie vorhergesagt hatte.

Systematische Beobachtungen zu diesem Thema wurden erst gegen Ende der 1970er Jahre von der Amerikanerin Vera Rubin durchgeführt. Um 1964 war sie die erste Frau gewesen, die legal Teleskope auf dem Mount Wilson bei Los Angeles benutzen durfte. Theoretische Arbeiten zur Existenz von dunkler Materie in Galaxien waren zuvor von den Astrophysikern James Peebles und Jeremiah Ostriker erstellt worden. Rubin arbeitete daran, Rotationskurven von einzelnen Galaxien zu bestimmen. Sie fand eine eindeutige Diskrepanz zwischen berechneten Werten und ihren Beobachtungen. Es war ihr somit möglich zu zeigen, dass Galaxien mindestens zehnmal mehr dunkle Materie als leuchtende Stern- und Gasmaterie besitzen mussten. Anders ausgedrückt bedeutete diese schwerverständliche Entdeckung, dass jede Galaxie mindestens zu 90 % aus dunkler Materie besteht. Daraus folgte schnell, dass somit auch das sichtbare Universum nur ein kleiner Teil des ganzen Universums ist. Diese Ergebnisse setzten sich bald durch und etablierten die Erkenntnis, dass dunkle Materie ein wichtiger Bestandteil von Galaxien ist. Heute sind die allermeisten Wissenschaftler tatsächlich von der Existenz dieser »dunklen Materie« überzeugt, die Zwicky postuliert hatte. Aber auch die Natur der dunklen Materie ist noch nicht geklärt. Für die Galaxienstudien und die Kosmologie war die Entdeckung eine fundamentale Erkenntnis, die enormen Fortschritt mit sich bringen sollte.

Was die Aufstellung von neuen kosmologischen Modellen anging, gab es aber nach Mitte der 1930er Jahre erst einmal eine mehr als zehnjährige Durststrecke. In dieser Zeit war herausgefunden worden, warum Sterne leuchten und dass Kernenergie auch auf der Erde durch die Spaltung von schweren Kernen freigesetzt werden kann. Der Zweite Weltkrieg und der Atombombenbau »Manhattan Project« führten ihrerseits zu einem verlangsamten Fortschritt der gesamten Wissenschaften. Erst um 1948 gab es in der Kosmologie wieder Neuigkeiten. Hermann Bondi, Thomas Gold und Fred Hoyle schlugen ein neues Modell vor, das auf dem sogenannten perfekten kosmologischen Prinzip beruht. Das bedeutet, dass das Universum nicht nur räumlich homogen und isotrop ist, also in allen Richtungen über große Distanzen hinweg gleich aussieht, sondern auch noch zeitlich unveränderlich ist. Für räumlich und zeitlich unveränderliche kosmologische Modelle hat sich der Begriff »Steady-State«-Modell eingebürgert. Das Modell von Bondi, Gold und Hoyle kam ohne Einsteins kosmologische Konstante aus. Wenn das Universum expandiert, muss in ihm aber ständig neue Materie entstehen, sonst kann es das perfekte kosmologische Prinzip nicht erfüllen. Im Gegensatz dazu waren Eddingtons und Lemaîtres Modelle nicht homogen, da Materie nur aus dem Urknall kam und sich durch die Ausdehnung des Universums langsam verdünnte.

Fred Hoyle sagte 1950 in einem Radiointerview, dass die Konkurrenztheorie mit einem »Big Bang«, also einem großen Knall, beginnen würde. Der Begriff des »Big Bang«, im Deutschen »Urknall«, setzte sich von da an durch. Damit gab es nun zwei konkurrierende Theorien, die Urknall- und die Steady-State-Theorie. Wie konnte entschieden werden, welche die richtige war? Die Entdeckung der kosmischen Hintergrundstrahlung 1965 durch Penzias und Wilson, erst ein Jahr vor Lemaîtres Tod, war nicht mit dem Steady-State-Modell vereinbar. Eine heiße Anfangsphase des Universums, deren übrig gebliebene Strahlung noch heute messbar ist, war nicht mit dem Modell vereinbar. Die Urknallhypothese war somit bestätigt. Um

1980 wurde auch das Altersproblem endlich gelöst. Der amerikanische Teilchenphysiker Alan Guth sowie der russisch-amerikanische Kosmologe Andrei Linde modifizierten die Urknalltheorie unabhängig voneinander und führten eine frühe inflationäre Zeitspanne ein, in der sich das Universum für kurze Zeit extrem schnell ausgedehnt habe. Verschiedene Vorhersagen dieser Inflationstheorie sind in der Zwischenzeit mehrfach mit großer Genauigkeit bestätigt worden. Die Inflationstheorie ist deshalb heute Bestandteil des Heißen-Urknall-Modells.

Es gibt noch eine dritte Beobachtung, die für die Urknalltheorie spricht. Nach der Urknalltheorie entstehen in den ersten paar Minuten die chemischen Elemente Wasserstoff und Helium im Verhältnis drei Viertel zu einem Viertel und Spuren von Lithium, genau wie es auch in seit dem Urknall unverändertem Gas beobachtet wird.

2.7. Den Elementen auf der Spur

Kehren wir nun zu den Prozessen zurück, die in Sternen vor sich gehen. Seit Ende der 1930er Jahre war klar, dass Sterne Wasserstoff zu Helium fusionieren und aus diesem Prozess ihre Energie gewinnen. Allerdings war noch unklar, woher eigentlich alle anderen Elemente kommen. Zunächst wurde noch angenommen, dass sie nicht in Sternen produziert würden. Aber wo sonst? Die Suche nach einer Antwort begann 1946 mit Fred Hoyle. Er war der Erste, der beschrieb, dass im Prinzip alle Elemente des Periodensystems in Sternen synthetisiert werden könnten. Zudem schlug er vor, dass die neugewonnenen Elemente in Supernovaexplosionen wieder an den interstellaren Raum abgegeben würden, also in den spektakulären Explosionen extrem massereicher Sterne am Ende ihres Lebens. Diese Arbeiten wurden schnell aufgegriffen und weiterentwickelt.

1948 hatten die Physiker Alpher, Bethe and Gamow in ihrem etwas scherzhaft genannten »αβγ-Artikel« und einem ausführlicheren Bericht von Ralph Alpher vorgeschlagen, dass die schwersten Ele-

mente durch schnellen Neutroneneinfang* gebildet werden könnten. Sie nahmen allerdings noch an, dass diese Art der Elementsynthese kurz nach dem Urknall mit Hilfe der Neutronen aus der
primordialen Materie vor sich gehe. Bethe hatte ja angenommen, es
gebe in Sternen keine signifikante Neutronenquelle. Heute wissen
wir, dass die von Alpher, Bethe und Gamow geschilderte Urknallnu-
kleosynthese mit Neutronen so nicht richtig ist. Es zeigte sich allerdings, dass ihre Idee wenigstens für die Synthese der leichtesten Elemente im Urknall, also Wasserstoff, Helium und Lithium, mit den
Beobachtungen übereinstimmt.

Da wir Menschen hauptsächlich aus Kohlenstoff bestehen, machte
sich Hoyle weiterhin Gedanken über den kosmischen Ursprung dieses und anderer Elemente. Der Kohlenstoff musste ja irgendwo her-
kommen. Er war aber nicht der Einzige. Der baltische Astronom
Ernst Öpik und der australisch-amerikanische Astrophysiker Edwin
Salpeter postulierten 1951 bzw. 1952 unabhängig voneinander eine
Dreifach-Fusion von Helium-Kernen, den sogenannten »3α-Pro-
zess«. In einem ersten Schritt sollten zwei Heliumkerne zu einem
sehr schnell wieder zerfallenden Berylliumkern fusionieren. Salpeter konnte zeigen, dass die entsprechende Fusionsreaktion zu Beryllium bei sehr hohen Temperaturen etwas schneller verläuft als der
anschließende Zerfall, so dass sich am Ende ein Gleichgewicht von
einem Berylliumkern auf eine Milliarde Heliumkerne einstellt. In
einem zweiten Schritt sollte das Beryllium dann mit einem dritten
Heliumkern zu Kohlenstoff fusionieren.

Hoyle bemängelte 1953 jedoch an diesen Berechnungen, dass bei
den typischen Temperaturen im Sterninneren nie und nimmer die
beobachtete Menge an Kohlenstoff erzeugt werden könne. Es sei
denn, es gäbe im Kohlenstoffkern gerade bei der für die zweite Fusi-

---

* Wenn Atomkerne mit Neutronen hoher Dichte beschossen werden, können sie Neutronen einfangen. Durch β-Zerfall wandeln sich die eingefange-
nen Neutronen teilweise in Protonen um. Dadurch entsteht ein Kern eines
anderen Elements. Diesen Prozess nennt man auch r-Prozess (von englisch
rapid = schnell). Im Gegensatz dazu verläuft der s-Prozess (von englisch
slow = langsam) bei niedrigen Neutronendichten langsamer. Weitere Details
werden in Kapitel 5 ausführlich beschrieben.

onsreaktion auftretenden Energie eine Resonanz, die diese zweite Reaktion ungemein beschleunigen könnte. 1957 wurde die entsprechende Resonanz in kernphysikalischen Experimenten dann tatsächlich gefunden.

Dies ist ein eindrückliches Beispiel einer Vorhersage von Eigenschaften eines Atomkerns aus rein astronomischen Beobachtungen und Annahmen. Der schnelle Zerfall des Berylliumkerns ist übrigens auch der Grund, weshalb der 3α-Prozess im Urknall nicht funktionieren konnte. Zu der Zeit, als die Heliumkerne entstanden, war das Universum schon zu weit abgekühlt, so dass die Fusion zu Beryllium bereits deutlich langsamer war als sein Zerfall, sich also kein Beryllium mehr aufbauen konnte.

Schon vor der Bestätigung der Resonanzlinie hatte Hoyle 1954 ein weiteres fundierteres Konzept zur Synthese der schwereren Elemente vorgestellt. Dort beschrieb er die Fusionsreaktionen in weit entwickelten Sternen, die die Elemente von Kohlenstoff bis hin zu Nickel produzieren würden. Gamow schlug 1957 aber trotzdem noch einmal vor, alle Elemente seien bereits im Urknall in festen Mengenverhältnissen zueinander entstanden. In Sternen werde nur Wasserstoff zu Helium fusioniert. Nach dem Urknall hätte also keinerlei chemische Entwicklung mehr stattgefunden. Dies steht jedoch im krassen Widerspruch zu heutigen Beobachtungen.

Zur gleichen Zeit wurde eine weitere Arbeit von vier Wissenschaftlern veröffentlicht, die den Ursprungsort der Elemente wieder den Sternen zuschrieben. Margaret Burbidge, Geoffrey Burbidge, William Fowler und Fred Hoyle, die sich inzwischen alle in Kalifornien niedergelassen hatten, betrachteten die Entstehung der Elemente von Beryllium bis Uran. Auch sie stimmten zu, dass Wasserstoff, Helium und Lithium nicht in Sternen, sondern im Urknall entstanden. Das führte schließlich zur Entwicklung der heute noch anerkannten Theorie zur Urknall-Nukleosynthese (Big Bang standard nucleosynthesis). Ihre Arbeit zur »Elementsynthese in Sternen«, die vorangegangene Kenntnisse mit neuen Ergebnissen zu einer über hundertseitigen Ausarbeitung zusammenfasste, wurde schon wenig später zum Nachschlagewerk für Nukleosyntheseprozesse und Elemententstehung. Der berühmte Artikel wird schon seit langem mit »B²FH« abgekürzt, was sich aus den Initialen der Autoren zusammensetzt. Er ist auch als solcher weltweit bekannt.

Im gleichen Jahr, also immer noch 1957, publizierte auch der kanadische Kernphysiker Alistair (Al) Cameron seine eigenen Berechnungen zur stellaren Elementsynthese. Nachdem in Roten Riesensternen das verglichen mit dem Alter dieser Sterne nur kurzlebige radioaktive Element Technetium beobachtet worden war, war sofort klar, dass dieses Element vor kurzer Zeit in diesen Sternen selbst produziert worden sein musste. Cameron machte sich daher auf die Suche nach den für die Produktion des Technetiums im Stern nötigen Neutronenquellen. Durch die Berechnung verschiedenster Reaktionsraten für den sogenannten langsamen Neutroneneinfang identifizierte er tatsächlich die auch heute noch als gültig angenommenen Reaktionswege für die Synthese von Elementen schwerer als Nickel in Riesensternen. Cameron verbrachte sein ganzes Leben damit, die unterschiedlichen Prozesse zur Synthese der verschiedensten leichteren und schwereren Elemente zu verstehen. Bis zu seinem Tod im Jahre 2005 versuchte er mit Hilfe ausgeklügelter Rechnungen den astrophysikalischen Entstehungsorten der schweren Elemente auf die Spur zu kommen. Viele der entsprechenden Fragen bleiben jedoch bis heute unbeantwortet.

Mit der Vorhersage, dass alle schwereren Elemente in Sternen in verschiedenen Prozessen synthetisiert werden, begründeten B²FH und Cameron die stellare Nukleosynthese und somit das Feld der nuklearen Astrophysik. Eine Stärke dieser Theorie war die Vorhersage einer steten chemischen Anreicherung des Universums, also einer chemischen Entwicklung, die kein Modell vor ihnen für möglich gehalten hatte. Mit Hilfe der Spektroskopie verschiedener Arten von Sternen war es jedoch möglich, dieses Modell experimentell zu testen und zu bestätigen.

Die Quantenmechanik erklärt, warum verschiedene Atome bei bestimmten Wellenlängen Licht emittieren oder absorbieren. Die Spektren mit ihren vielen Absorptionslinien geben daher Auskunft über die chemische Zusammensetzung eines Sterns. Die Sternbeobachtungen zeigten aber eine Antikorrelation zwischen dem Alter des Sterns und seinem Anteil an schweren Elementen. Je älter der Stern, desto geringer ist der Anteil an schwereren Elementen. Das war erst einmal verblüffend, konnte aber mit Hilfe der neuentwickelten Theorie vom Urknall und der Urknall-Nukleosynthese verstanden werden. Da im Urknall nur die leichtesten Elemente produziert werden, konnte angenommen werden, dass die allerersten Sterne im frühen Universum nur aus Wasserstoff, Helium und Lithium bestanden. Alle anderen Elemente mussten erst allmählich in Sternen synthetisiert werden. Die neuen Elemente wurden dann in Sternexplosionen wieder an das interstellare Medium abgegeben.

Die Sterne der nächsten Generation bildeten sich aus gering mit schwereren Elementen angereichertem Gas und gaben ihrerseits gegen Ende ihres Lebens ihren erbrüteten Elemente-Cocktail hauptsächlich in Supernova-Explosionen wieder an das interstellare Medium zurück. So ergibt sich ein Kreislauf, der erklärt, warum alte Sterne, die früh entstanden sind, viel kleinere Mengen der schweren Elemente in sich tragen als Sterne, die erst später geboren wurden.

Wie auch Cameron beschrieben B^{2}FH die vielen kernphysikalischen Details der Nukleosyntheseprozesse sowie die astrophysikalischen Bedingungen, unter welchen Elementsynthese stattfinden kann. Es gelang ihnen, verschiedene Sternumgebungen zu beschreiben, in denen charakteristische Prozesse bestimmte Elemente und Isotope synthetisieren können. Im Speziellen sagten sie mehrere Prozesse vorher (z. B. den r- und s-Prozess des schnellen und langsamen Neutroneneinfangs), welche für die Synthese von Elementen schwerer als Eisen und Nickel verantwortlich sind.

Mit Beginn der 1970er Jahre wurden dann mit den immer leistungsfähigeren Computern verbesserte Berechnungen zum quantitativ immer noch recht unerforschten Gebiet der nuklearen Astrophysik durchgeführt. Unter anderem entwickelte der Amerikaner Donald Clayton in dieser Zeit erste zeitabhängige Modelle zum langsamen und schnellen Neutroneneinfang-Prozess. Frühere Berechnungen waren noch für konstante Temperatur und Dichte durchgeführt worden und konnten die möglichen astrophysikalischen Umgebungen der Nukleosynthese nicht richtig berücksichtigen.

Dass Kernfusion Sterne zum Leuchten bringt und dass das Leben der Sterne durch die verschiedenen Phasen der Elementsynthese gesteuert wird, wurde seit 1957 über viele Jahrzehnte hinweg erfolgreich modelliert. Bestätigt wurden diese Modelle letztendlich dadurch, dass sie für den Kollaps des Eisenkerns im Inneren eines alten, massereichen Sterns die Freisetzung von Unmengen von Neutrinos vorhersagten. Solche Neutrinos wurden erstmals für die berühmte Supernova 1987A in der Großen Magellan'schen Wolke experimentell nachgewiesen. Auch die Modellrechnungen des Sonneninneren wurden eindrucksvoll mit zwei unabhängigen Methoden experimentell bestätigt. Zum einen verraten die von der Sonne abgestrahlten Neutrinos, welche Kernprozesse im Zentrum mit welchen Raten ablaufen. Zum anderen kann man aus der Analyse der Schallwellen, die die Sonnengaskugel durchlaufen, auf die Werte von Druck und Temperatur an jeder Stelle im Sonneninneren schließen. Letztere Methode nennt man Helioseismologie in Analogie zur Seismologie auf der Erde, bei der mit Erdbebenwellen das Erdinnere erforscht wird.

Das Thema meiner eigenen wissenschaftlichen Arbeit ist es, die alten Sterne zu finden, die nur eine winzige Menge an schweren Elementen aufweisen können. Damit können wir in einzigartiger Weise in die Vergangenheit schauen, das frühe Universum erforschen und seine diversen Nukleosyntheseprozesse im Detail studieren. Die alten Sterne bescheren uns einen chemischen Fingerabdruck bestimmter Prozesse, den wir nur bei ihnen direkt isolieren können. Gleichzeitig ist jeder neuentdeckte alte Stern eine weitere kleine Bestätigung der B^2FH- und Cameron-Theorien. Sie erinnern uns daran, dass wir noch gar nicht so lange wissen, wie und wo die Elemente im Universum eigentlich entstehen: in den Sternen – wir sind tatsächlich »Kinder des Weltalls«, wie schon Hoimar von Ditfurth 1970 gesagt hat.

2007 wurde eine wissenschaftliche Konferenz zu Ehren des 50. Jahrestages des B^2FH-Artikels in Pasadena in Kalifornien abgehalten. Ich habe an dieser Konferenz als Postdoc teilgenommen und einen Vortrag über spektroskopische Bleihäufigkeitsmessungen in einem speziellen alten Stern gehalten. Ich berichtete darüber, wie uns diese Daten zusammen mit der Blei-Berechnung aus dem Zerfall von Thorium und Uran über kosmische Zeitskalen hinweg neue Details zur

Abb. 2.5: Margaret Burbidge und die Autorin bei der »50 Years of Nuclear Astrophysics«-Konferenz 2007 in Pasadena, CA, USA.

Bleiproduktion direkt im schnellen Neutroneneinfang-Prozess verraten können. Dieser für die nukleare Astrophysik enorm wichtige Stern spielt nach wie vor für meine Arbeit eine wichtige Rolle.

Margaret and Geoffrey Burbidge waren auch anwesend, wenn auch nur Geoffrey einen Vortrag über die B^2FH-Arbeit und ihren Einfluss bis heute hielt. Um zu viel Anstrengung zu vermeiden, nahm das Ehepaar Burbidge nicht am gesamten Konferenzprogramm teil, so dass es nur wenige Möglichkeiten gab, sie kennenzulernen oder sich sogar mit ihnen zu unterhalten. Dennoch war es mir beim gemeinsamen Abendessen am vierten Tag, dem Konferenz-Dinner, möglich, Margaret Burbidge persönlich zu treffen. Da stand ich nun der damals schon achtundachtzigjährigen »Grande Dame« der nuklearen Astrophysik gegenüber: eine kleine, bescheidene Frau mit nettem, wenn auch etwas erschöpftem Lächeln. Ich stammelte etwas von »großer Ehre, Sie einmal treffen zu dürfen« und »Ich arbeite auch am rapiden Neutroneneinfang-Prozess«, aber ich glaube, dass sie aufgrund der vielen Hintergrundgeräusche höchstens die Hälfte verstehen konnte. Im Trubel des Konferenz-Dinners und jeder Menge weiterer »Verehrer« war es nämlich nicht möglich, sich länger als zwei Minuten mit ihr zu unterhalten. Letztlich war mein andächtiges und schwer beeindrucktes Gemurmel auch nicht wirklich wichtig. Mir war wichtig, ihr wenigstens die Hand geschüttelt zu haben und einmal zu sehen, wer diese Margaret Burbidge eigentlich ist.

Ein weiterer besonderer Augenblick folgte dann kurz darauf, als sie sich zu einem gemeinsamen Foto bereiterklärte. Es ist in Abbildung 2.5 zu sehen und beschreibt einen stolzen Moment in meiner Arbeit als Wissenschaftlerin. Immerhin geht mein Forschungsbereich direkt auf die von B^{2}FH entwickelten Grundlagen zurück. Sie beschrieben z. B. den rapiden Neutroneneinfang-Prozess, den ich heute mit meinen Sternen weiter untersuche. Wenn es um meine Arbeit geht, bin ich sozusagen eine Enkelin der Burbidges, die die nukleare Astrophysik »experimentell« mit Sternbeobachtungen weiterführt.

3. STERNE, STERNE, MEHR STERNE

Damit alle Sterne Millionen und Milliarden von Jahren leuchten können, benötigen sie enorme Energiemengen. Diese Energie wird im Inneren der Sterne durch die dort ablaufenden Kernfusionsprozesse freigesetzt. Aber was genau passiert im Sterninneren bei diesen Vorgängen? Verlaufen diese Prozesse bei allen Sternen in gleicher Weise? Und wie sehr gleichen sich alle Sterne überhaupt untereinander? Diese und viele weitere Fragen, die sich mit den physikalischen Vorgängen in den Sternen beschäftigen, zeigen, dass es mit den Sternen eigentlich ähnlich wie mit den Menschen ist. Von weitem betrachtet sehen alle bis auf ihre Helligkeit und ihre Färbung für uns mehr oder weniger gleich aus. Schaut man aber etwas genauer hin, erkennt man, dass jeder seine eigene »Persönlichkeit« hat und dementsprechend ganz individuelle Erscheinungsmerkmale aufweist.

3.1. Der Kreislauf der Materie im Universum

Ein Materiekreislauf von wahrhaft kosmischen Ausmaßen bildet die Grundlage für die Bildung und Entwicklung aller Sterne und Galaxien im Universum. Ein Überblick über diesen gigantischen Kreislauf, der in Abbildung 3.1 dargestellt ist, erleichtert das anfängliche Verständnis.

Der Materiekreislauf begann einige hundert Millionen Jahre nach dem Urknall mit der Bildung der ersten riesigen Sterne. Sie entstanden aus gigantischen Gaswolken, die unter ihrer eigenen Schwerkraft kollabierten und so das Gas zu einem Stern verdichteten. Zu dieser

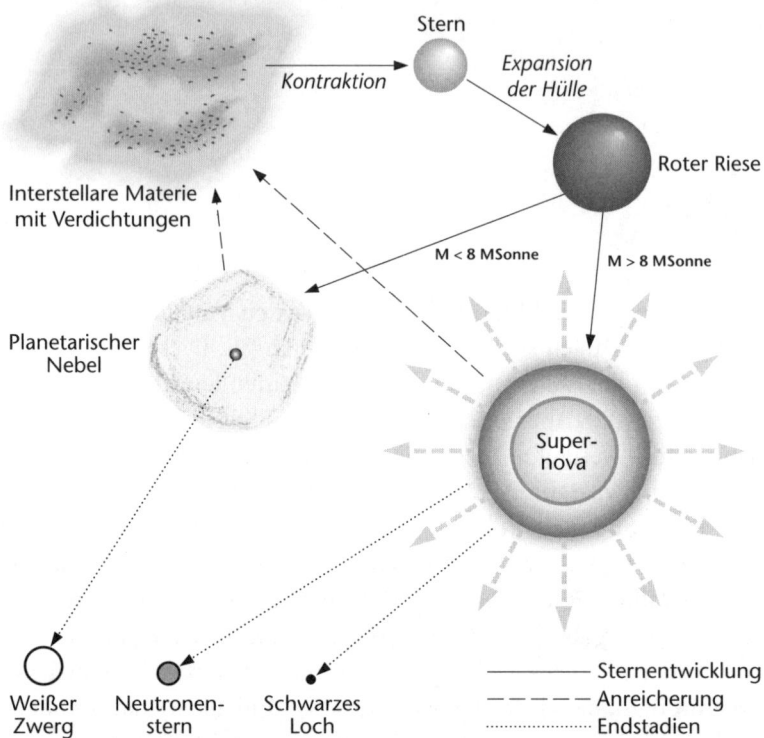

Abb. 3.1: Der kosmische Materiekreislauf: Aus dem interstellaren Gas werden Sterne gebildet. Während ihrer Entwicklung werden neue Elemente in ihrem Inneren synthetisiert, die entweder durch Sternwinde, Planetarische Nebel oder Supernovaexplosionen wieder an das interstellare Medium zurückgegeben werden. Jede nachfolgende Sterngeneration besitzt deswegen einen etwas höheren Gehalt an schweren Elementen, »Metallen«, da sie aus einem immer weiter angereicherten interstellaren Medium gebildet wurden.

Zeit bestand das Universum noch aus der primordialen Materie, also aus rund 75 % Wasserstoff, 24 % Helium und Spuren von Lithium. Nach einem kurzen Leben von nur wenigen Millionen Jahren explodierten diese ersten Elementfabriken bald als mächtige Supernovae. Die schon zu Lebzeiten der Sterne und besonders während ihrer Explosionen neugebildeten Elemente wurden von der Wucht dieser

Supernovae nun weit ins All geschleudert. Die zunächst noch »unverschmutzte« primordiale Materie wurde damit durch die erste Generation von Sternen schlagartig für immer verändert. Die chemische Entwicklung war eingeleitet worden.

Die Existenz neuer Elemente im Universum hatte weitreichende Konsequenzen. So hängen z. B. die chemischen und physikalischen Eigenschaften jedes Gases von seiner jeweiligen chemischen Zusammensetzung ab. Man kann sich das Universum zu diesem Zeitpunkt wie einen großen Suppentopf vorstellen. Eine klare Brühe köchelt langsam vor sich hin. Wenn man etwas davon kosten würde, würde es wahrscheinlich eher fad schmecken. Was fehlt? Etwas Salz natürlich. Die Elemente, die schwerer sind als Wasserstoff und Helium, sind für das Universum, was das Salz für die Suppe ist. Nur in kleinsten Mengen vorhanden, verändern sie doch den »Geschmack«, also das Verhalten des Gases enorm.

Mit dem Vorhandensein dieser ersten schwereren Elemente kam der Materiekreislauf dann richtig in Schwung. Eine nächste Generation von Sternen bildete sich nun aus einem Gasgemisch, das eine etwas andere chemische Zusammensetzung hatte als das der allerersten Sterne zuvor. Diese neuen Sterne bestanden also nicht mehr aus primordialer Materie, sondern aus »gesalzenem« Gas.

Dank der neuen Elemente konnte das Gas erstmals so weit abkühlen, dass auch immer kleinere Anteile einer Gaswolke zu Sternen kollabierten. So konnten leichtere Sterne als die Kolosse der ersten Sterngeneration gebildet werden. In ihrem Inneren produzierten alle Sterne zur Energiegewinnung neue Elemente. Die massereicheren dieser zweiten und der darauf folgenden Stern-Generationen beendeten ihre kurzen Leben in enormen Supernovaexplosionen. Das neu synthetisierte Material wurde durch diese Explosionen wieder in das interstellare Gas gemischt. Dieser chemische Anreicherungsprozess wiederholte sich von einer Generation zur nächsten über viele Milliarden von Jahren hinweg.

Die schwereren Elemente wurden nicht nur während der Supernovaexplosionen schwerer Sterne ins All verstreut, sondern auch durch sogenannte Sternwinde. Sterne blasen kontinuierlich Gas von ihrer Oberfläche in den Weltraum. So können noch während der

Sternentwicklung, also zu »Lebzeiten« eines Sterns, signifikante Mengen z. B. an Kohlenstoff von der Sternoberfläche an das interstellare Medium abgegeben werden. Auch die Sonne verliert durch ihren Sonnenwind geringe Mengen ihres Oberflächenmaterials.

Dieser Masseverlust spielt für die meisten Sterne jedoch zunächst keine große Rolle. In späteren Entwicklungsphasen kann ein Stern, der nicht schwer genug ist, um als Supernova zu explodieren, durch das Abströmen von Oberflächenmaterial dann doch entscheidend verändert werden. Anstatt zu explodieren, stoßen diese leichteren Sterne am Ende ihres Lebens ihre Wasserstoffhülle nahezu vollständig ab. Diese abströmende Hülle kann man bei einigen Sternen direkt beobachten; man nennt sie Planetarische Nebel. Alle neuen Elemente, die während der früheren Entwicklung eines solchen Sterns aus seinem Inneren in die Hülle gemischt wurden, werden mit dem Verlust der Hülle an das interstellare Medium zurückgegeben. Der übrig gebliebene Kern des Sterns ist ein sogenannter Weißer Zwerg. Er besteht größtenteils aus Helium oder Kohlenstoff und Sauerstoff.

Im Gegensatz zu Sternen laufen in Weißen Zwergen keine Kernreaktionen mehr ab. So kühlen sie immer weiter ab, bis sie so kalt und dunkel wie das Universum selbst sind. Ist ein Weißer Zwerg jedoch Teil eines engen sogenannten Doppelsternsystems, kann die Geschichte auch völlig anders enden. Denn wenn der Weiße Zwerg durch zusätzlichen Massentransfer von seinem Begleitstern schwerer als die Sonne wird, bricht er schlagartig unter seiner eigenen Schwerkraft zusammen und explodiert dabei als energiereiche Supernova. Diese Explosion wird durch unkontrolliert ablaufende Kernreaktionen hervorgerufen, die das ursprüngliche Material des Weißen Zwerges vollständig in schwerere Elemente bis hin zu Eisen umwandeln. Diese neu erzeugten Elemente werden dann auch in das interstellare Medium zurückgegeben.

Nicht alle Arten von Sternen und Supernova-Explosionen erzeugen komplett alle Elemente des Periodensystems. Diese »Arbeit« ist unter den verschiedenen Sternarten und unterschiedlichen Supernovaexplosionen aufgeteilt. Aber meistens werden doch relativ umfangreiche Gruppen von Elementen synthetisiert, wie in Kapitel 3.3

im Detail beschrieben ist. Dabei spielen die verschiedenen Nukleosyntheseprozesse eine entscheidende Rolle, weil sie letztendlich bestimmen, welche Elemente synthetisiert werden können und in welchen Mengen.

Von den Elementen, die schon seit der Geburt eines Sterns in seiner Gashülle vorhanden sind, sind aber aus atomphysikalischen und
auch diversen technischen Gründen nicht alle vermessbar. Dennoch
ist es möglich, bis zu etwa 65 Elemente in bestimmten Sternarten zu
detektieren. Insgesamt sind 83 Elementhäufigkeiten für die Sonne
gemessen worden: 64 aus der sogenannten Spektralanalyse sowie 19
weitere aus Meteoriten, von denen angenommen wird, dass sie aus
dem gleichen Gasnebel wie die Sonne gebildet wurden.

Es sind also die Sterne, die den Materiekreislauf stetig und verläss-
lich bis heute vorantreiben. Sie sind für die kosmische Produktion
von Elementen verantwortlich, die schwerer als Wasserstoff und Helium sind. Dadurch steigt der Gesamtgehalt der Elemente in jeder
Galaxie, aber auch im Universum als Ganzem, mit der Zeit immer
weiter an. Als Konsequenz verfügt jede neue Sterngeneration über
eine winzige Menge mehr an schwereren Elementen als die vorher-
gehende.

Die Sonne spiegelt diese chemische Entwicklung wider: Sie besitzt relativ große Mengen aller Elemente, denn sie wurde »erst« vor
4,6 Milliarden Jahren aus Gas geboren, das schon von vielen anderen
Sternen vor ihr angereichert worden war. Denn bei der chemischen
Entwicklung war es nicht möglich, das neu synthetisierte Material in
großem Stil wieder zu vernichten. Der einzige Weg, um diesem Gas-
kreislauf wieder größere Mengen an Elementen zu entziehen, verläuft über kompakte Sternüberreste wie Weiße Zwerge, Neutronensterne, Schwarze Löcher oder auch Planeten. Aber letztlich überwog
die Elementproduktion in Sternen bei weitem. Weitere Details zu allen diesen Vorgängen werden ausführlicher in den nachfolgenden
Kapiteln betrachtet.

Wir Menschen haben also nicht nur eine lange biologische Evolu-
tionsgeschichte auf dem Planeten Erde hinter uns, sondern auch eine
kosmo-chemische Entwicklung der Elemente in unserer Galaxie, die
den Weg für die Existenz der Sonne, der Erde und letztendlich von

Leben bereitet hat. Carl Sagans Botschaft »Wir sind Sternenstaub« fasst prägnant zusammen, dass wir Menschen gemeinsam mit der Sonne und unserem Sonnensystem an der chemischen Entwicklung teilnehmen. Denn als Nachfahren der Sterne tragen wir ihre kosmischen Gene in uns, die chemischen Elemente.

3.2. Die Astronomen und ihre Metalle

In der Astronomie ist man sehr darauf bedacht, möglichst viele Begebenheiten und Eigenschaften des Kosmos vereinfacht zu beschreiben, denn auch so ist das Universum immer noch kompliziert genug. Ein Beispiel ist die chemische Zusammensetzung eines Sterns. Um sie kurz und einfach zu beschreiben, wurde schon vor langer Zeit eine simple Notation eingeführt: »X« beschreibt, welchen Anteil der Wasserstoff an der Gesamtmasse des Sterns hat, »Y« den Heliumanteil, und unter »Z« werden alle restlichen Elemente summiert, die in der Astronomie kurz und knapp als »Metalle« bezeichnet werden. Mit Hilfe von X, Y und Z kann dann sozusagen das »Periodensystem der Astronomen« zusammengestellt werden. Es ist in Abbildung 3.2 gezeigt.

Beim Anblick des Begriffs »Metalle« muss wohl jeder Chemiker mit den Augen rollen, weil im chemischen Sinn bei weitem nicht alle Elemente Metalle sind. Aber jedes Feld hat eben so seine Eigenheiten. Die Astronomie ist sicher eines der eigenwilligeren Gebiete, denn auch heute ist sie noch sehr von historischen Klassifikationen, Notationen und Gebräuchen geprägt. Neue Definitionen setzen sich nur langsam durch.

Die chemische Zusammensetzung eines Sterns kann also durch die Angaben von X, Y und Z charakterisiert werden. Ein typisches Zahlenbeispiel für die Werte von X, Y und Z liefert unsere Sonne mit $X \sim 0{,}715$, $Y \sim 0{,}27$ und $Z \sim 0{,}014$. Da sich ein Stern aus einer interstellaren Gaswolke bildet, entspricht seine Zusammensetzung der der Wolke, die selbst hauptsächlich aus Wasserstoff und Helium besteht ($X \sim 0{,}75$ und $Y \sim 0{,}24$). Dies erklärt, warum der Anteil der

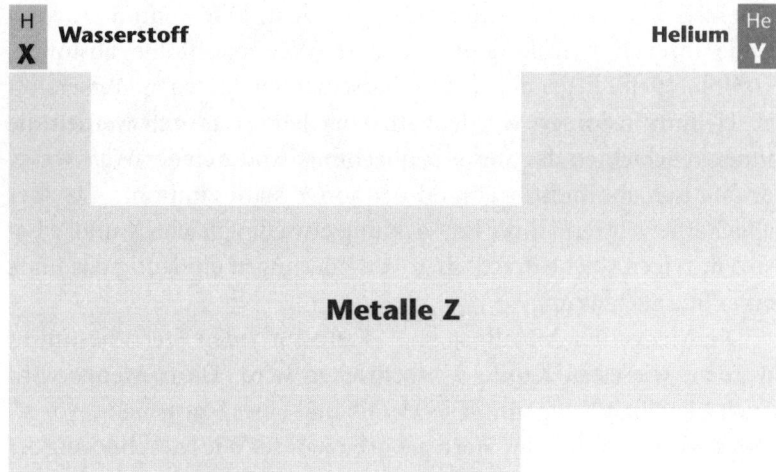

Abb. 3.2: Das Periodensystem der Astronomen. Drei Dinge sind wichtig im Universum: Wasserstoff, Helium und Metalle.

Metalle, also Z, an der Gesamtmasse eines Sterns immer extrem niedrig ist. Die Werte von Z schwanken dabei je nach Stern zwischen $Z \sim 0{,}000001$ und $Z \sim 0{,}04$.

Trotz dieses scheinbar vernachlässigbaren Anteils der Metalle bezeichnet Z eine fundamentale messbare Eigenschaft eines Sterns. Er liefert die ausschlaggebende Information, um den Stern chemisch zu klassifizieren, denn es ist lediglich Z, worin sich letztendlich alle Sterne unterscheiden. Wie schon Kirchhoff, Bunsen oder auch Huggins vor mehr als 100 Jahren, wollen Astronomen auch heutzutage die chemische Zusammensetzung von Sternatmosphären und die Häufigkeiten der darin befindlichen Elemente bestimmen. Was der beobachtende Astronom letztlich bestimmen kann, sind jedoch nicht die Massenanteile X, Y und Z, sondern die Anzahldichten der entsprechenden Elemente, die sich über die Atomgewichte und die Dichte des Gases im Prinzip ineinander umrechnen lassen. In der Praxis ist die Dichte des Gases jedoch oft nicht genau genug bekannt.

Zum Glück verändern sich die Werte von X und Y, die an der Sternoberfläche gemessen werden, bei den meisten Sternen bis kurz vor ihrem Lebensende kaum oder gar nicht. Erst wenn Sterne am Ende ihrer Entwicklung ihre äußere Wasserstoffhülle abstoßen, kommen tiefer liegende, heißere Gasschichten, in denen Wasserstoff zu Helium fusioniert wurde, zum Vorschein. Dadurch werden die inneren Schichten des Sterns beobachtbar, wodurch der Wert von X dramatisch abnimmt, während der von Y stark zunimmt. Da aber alle Sterne während ihrer Entwicklung etwa das gleiche X und Y besitzen, zeigen solche drastischen Veränderungen eindeutig das Ende eines Sternlebens an.

Die Menge der Metalle, also Z, kann für jeden Stern bestimmt werden, wie es in Kapitel 7 beschrieben wird. Diese Menge wird auch Metallizität genannt. Die Metallizität eines Sterns hängt vor allem davon ab, wann der Stern geboren wurde. Wie in Abbildung 3.3 gesehen werden kann, war das Universum zu Frühzeiten noch »metallarm«. Nur wenige Supernova-Generationen hatten zu jener Zeit für eine Elementproduktion gesorgt. Dementsprechend wurden damals Sterne mit extrem niedrigen Metallhäufigkeiten aus diesem metallarmen Gas gebildet. Sie werden als metallarme Sterne bezeichnet.

Der Begriff »metallarmer Stern« ist ein grundlegender und sehr gebräuchlicher Ausdruck in der Stellaren Astronomie. Sterne mit einer

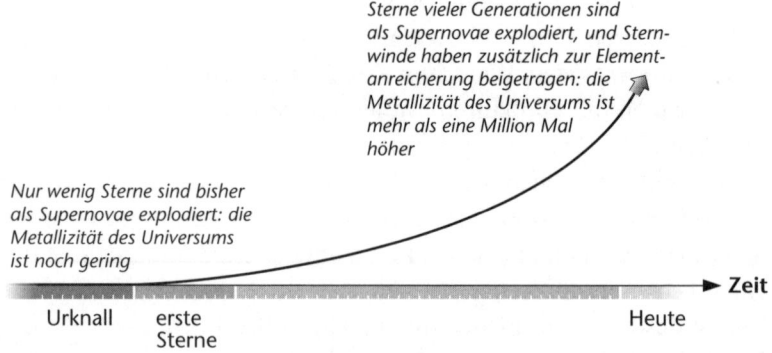

Abb. 3.3: Schematische Darstellung der chemischen Entwicklung. Kurz nach dem Urknall wird die primordiale Materie stückweise mit den neu synthetisierten Elementen durch Supernovae und Sternwinde angereichert. Die metallärmsten Sterne entstanden im metallarmen frühen Universum.

Metallizität, die niedriger als ein Zehntel von der der Sonne ist, werden generell als metallarm bezeichnet. In vielen Fällen werden wir noch über wesentlich metallärmere Sterne sprechen wie die sogenannten extrem metallarmen Sterne. Sie haben weniger als ein Tausendstel an Z verglichen mit der Sonne. Dies bedeutet, dass nur ca. 0,001 % der Atome in diesen Sternen schwerer als Wasserstoff und Helium sind. Um die Metallizitätsklassen zu veranschaulichen, sind in Tabelle 3.1 Definitionen für verschiedene metallarme Sterne aufgelistet.

Tabelle 3.1: Definitionen für metallarme Sterne

Typ	Definition
Sonne	der Referenzstern
Metallarm	1 / 10tel des solaren Eisengehalts
Sehr metallarm	1 / 100stel des solaren Eisengehalts
Extrem metallarm	1 / 1000stel des solaren Eisengehalts
Ultra metallarm	1 / 10 000stel des solaren Eisengehalts
Hyper metallarm	1 / 100 000stel des solaren Eisengehalts
Mega metallarm	1 / 1 000 000stel des solaren Eisengehalts

Anhand der Metallizität kann im Prinzip darauf geschlossen werden, ob der Stern eher jung oder eher alt ist. Denn je niedriger die Metallizität, desto früher muss der Stern gebildet worden sein. Die Sonne dient uns dabei als Referenzstern und ist als »Nullpunkt« definiert, obwohl sie schon ca. 4,6 Milliarden Jahre alt ist. Dementsprechend gibt es jüngere Sterne, die eine höhere Metallizität als die Sonne haben. Sie werden oft als supermetallreich bezeichnet, und der höchste bekannte Wert liegt beim Dreifachen des solaren Wertes. Die niedrigste bekannte Metallizität liegt grob bei einem Hunderttausendstel des Sonnenwertes. Genau diese metallarmen Sterne sind die Botschafter des frühen Universums, die uns zurück in die Zeit kurz nach dem Urknall führen.

Der Erfolg der Stellaren Archäologie basiert auf der grundlegenden Annahme, dass metallarme Sterne aus Gas im frühen Universum gebildet wurden und dieses Gas bis heute in ihren äußeren Schichten unverändert geblieben ist. Indem wir die Sterne als langfristige Gas-Konserven betrachten, können wir noch heute die Zusammenset-zung des ursprünglichen Gases bestimmen. Aus dem Verhalten der chemischen Häufigkeiten der verschiedenen Sterne können wir dann die Anreicherungsgeschichte dieses Gases durch die Zeit verfolgen und weitere seiner Eigenschaften ableiten. Indem wir Sterne mit ver-schiedenen Metallizitäten untersuchen, können wir die chemische Entwicklung des Universums bis hin zur Entstehungszeit der Sonne vor 4,6 Milliarden Jahren und darüber hinaus genau zurückverfol-gen. Diese Details der Vergangenheit können nur mit Hilfe von alten, metallarmen Sternen gewonnen werden, was sie zu einem wertvollen Hilfsmittel in der Astronomie macht.

Diese Informationen liefern wichtige Einblicke in die ersten Stern-entstehungsvorgänge und natürlich in die Nukleosyntheseprozesse, die für die Produktion der ersten Metalle verantwortlich waren. Die Bildung von schwereren Elementen aus leichteren wird als Nukleo-synthese bezeichnet. Es ist spannend, dem Ursprung der chemischen Elemente auf der Spur zu sein, denn wir Menschen mit ca. 30 Ele-menten in unserem Körper sind ja das Ergebnis dieses Jahrmilliar-den andauernden Produktionsprozesses.

3.3. Element-Nukleosynthese in der kosmischen Küche

Die Astronomie wird oft als Teilgebiet der Physik betrachtet und so-mit Astrophysik genant. Aber es gibt noch weitere Arbeitsbereiche, bei denen die Astronomie an andere Wissenschaften angrenzt wie z. B. die Chemie (Astrochemie), die Biologie (Astrobiologie) und natürlich auch an die Informatik (Computersimulationen und sta-tistische Analysen). Das astronomische Forschungsgebiet der alten Sterne ist eng mit den chemischen Elementen und ihrer Entstehung verbunden. Allerdings nicht so sehr mit den Eigenschaften der Ele-mente, sondern eher mit der Kernchemie und dadurch auch mit der Kernphysik, da die physikalischen Vorgänge rund um die Atomkerne von großem Interesse sind. Astronomen, die speziell mit Sternen und deren chemischer Zusammensetzung arbeiten, werden so zu Experten für die Entstehungsprozesse der Elemente. Sie beschäftigen sich dabei mit den Atomen und deren Eigenschaften, um ihren Ursprung zu erforschen. Zusammengefasst wird dieses Gebiet oft als nukleare Astrophysik bezeichnet.

Bei der Erforschung der Elemente wird uns von nun an das Periodensystem der Elemente auf unserer kosmischen Reise ein ständiger Begleiter sein. Auch ich habe in meinem Büro das Periodensystem als Platzdeckchen unter meiner Tastatur liegen. Ab und zu muss ich mal schnell nachschauen, welche Kernladungszahl denn z. B. Thulium, ja genau, Thulium, nun genau hat. 67? 68? 69? Ah, 69 natürlich! Wie konnte ich das nur vergessen?!?

Ein Blick auf des Periodensystems in Abbildung 3.4 zeigt, wie geschickt und aufschlussreich es aufgebaut ist. Jedes Element hat seinen Namen, welcher meistens in abgekürzter Form in dem jewei-

Legende:
- B Feste Elemente
- H Gasförmige Elemente
- Hg Flüssige Elemente (20°C)
- U Radioaktive Elemente
- Ordnungszahl ⇒
- Elementsymbol ⇒
- Rel. Atommasse ⇒

Periodensystem (Hauptgruppen und Nebengruppen):

1	2	3	4	5	6	7	8	9	10	11	12	13	14	15	16	17	18
H 1,008																	**He** 4,003
Li 6,941	**Be** 9,012											**B** 10,811	**C** 12,011	**N** 14,007	**O** 15,999	**F** 18,998	**Ne** 20,180
Na 22,990	**Mg** 24,305											**Al** 26,982	**Si** 28,086	**P** 30,974	**S** 32,066	**Cl** 35,453	**Ar** 39,948
K 39,098	**Ca** 40,078	**Sc** 44,956	**Ti** 47,88	**V** 50,942	**Cr** 51,996	**Mn** 54,93	**Fe** 55,847	**Co** 58,933	**Ni** 58,69	**Cu** 63,546	**Zn** 65,39	**Ga** 69,723	**Ge** 72,61	**As** 74,922	**Se** 78,96	**Br** 79,904	**Kr** 83,80
Rb 85,468	**Sr** 87,62	**Y** 88,906	**Zr** 91,224	**Nb** 92,906	**Mo** 95,94	*Tc* (98)	**Ru** 101,07	**Rh** 102,906	**Pd** 106,42	**Ag** 107,861	**Cd** 112,411	**In** 114,82	**Sn** 118,72	**Sb** 121,75	**Te** 127,60	**I** 126,905	**Xe** 131,29
Cs 132,905	**Ba** 137,327	*La bis Lu*	**Hf** 178,49	**Ta** 180,948	**W** 183,85	**Re** 186,207	**Os** 190,2	**Ir** 192,22	**Pt** 195,08	**Au** 196,967	**Hg** 200,59	**Tl** 204,383	**Pb** 207,2	**Bi** 209,980	*Po* (209)	*At* (210)	*Rn* (222)
Fr (223)	*Ra* 226,025	*Ac bis Lr*	*Rf* (261)	*Db* (262)	*Sg* (263)	*Bh* (262)	*Hs* (265)	*Mt* (266)	*Ds* (281)	*Rg* (272)	112 (277)						

Lanthanoide:

57	58	59	60	61	62	63	64	65	66	67	68	69	70	71
La 138,906	**Ce** 140,115	**Pr** 140,908	**Nd** 144,24	*Pm* (145)	**Sm** 150,36	**Eu** 151,965	**Gd** 157,25	**Tb** 158,933	**Dy** 162,50	**Ho** 164,93	**Er** 167,26	**Tm** 168,934	**Yb** 173,04	**Lu** 174,967

Actinoide:

89	90	91	92	93	94	95	96	97	98	99	100	101	102	103
Ac 227,028	*Th* 232,038	*Pa* 231,036	*U* 238,029	*Np* 237,048	*Pu* (244)	*Am* (243)	*Cm* (247)	*Bk* (247)	*Cf* (251)	*Es* (252)	*Fm* (257)	*Md* (260)	*No* (259)	*Lr* (262)

Abb. 3.4: Das Periodensystem der Elemente.

ligen kleinen Kästchen angegeben ist. Weiterhin werden die Kernladungszahl und das Atomgewicht angegeben. Die Kernladungszahl, auch Ordnungszahl genannt, gibt an, wie viele Protonen ein Atom dieses Elements hat. Jedes Atom setzt sich nämlich aus drei verschiedenartigen Teilchen zusammen: Protonen, Neutronen und Elektronen. Protonen und Neutronen machen den Kern eines Atoms aus, während sich die Elektronen in der Umgebung der Atomkerne bewegen. Um die positive Ladung eines Protons auszugleichen, hat ein Atom genauso viele negativ geladene Elektronen wie Protonen.

Einige Beispiele für Atomkerne sind in Abbildung 3.5 dargestellt. Das Atomgewicht (oder auch die Massenzahl) gibt dann das Gesamtgewicht aus Protonen, Neutronen und Elektronen an. Elektronen wiegen aber im Vergleich zu Protonen und Neutronen nur extrem wenig und tragen daher zum Atomgewicht nur geringfügig bei. Das Wasserstoffatom ist das leichteste Atom und hat nur ein Proton in seinem Kern. Somit ist ein Proton zugleich ein ionisiertes Wasserstoffatom. Wenn der Astronom von einem ionisierten Atom spricht, dann meint er, dass das Atom eines oder mehrere Elektronen aus seiner Hülle verloren hat. Da Wasserstoff nur ein einziges Elektron besitzt, bleibt im Fall einer Ionisation nur das Proton übrig. Dieses Elektron könnte z. B. von einem Photon mit genügend hoher Energie herausgeschlagen worden sein.

Helium hat zwei Protonen, Lithium hat drei Protonen und so weiter. Die Anzahl der Protonen eines Atomkerns bestimmt also, um welches Element es sich handelt. Wasserstoff hat die Kernladungs-

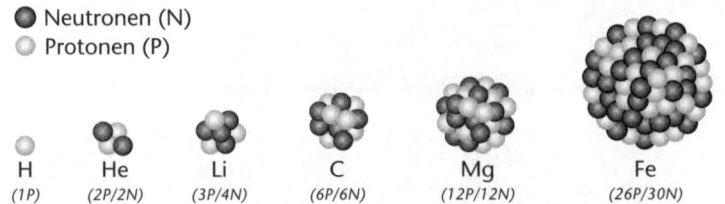

Abb. 3.5: Atomkerne verschiedener Elemente. Wasserstoff (H), Helium (He) und Lithium (Li) stammen aus dem Urknall. Kohlenstoff (C), Magnesium (Mg), Kalzium (Ca) und Eisen (Fe) wurden erst später in Sternen synthetisiert.

zahl 1, Helium 2 und Lithium 3. Das Periodensystem der Elemente ordnet alle chemischen Elemente nach der Anzahl ihrer Protonen, also nach ihrer Kernladungszahl. Daher auch der Name Ordnungszahl. Ein »Element« ist somit nur der Namensgeber für einen Atomkern mit einer ganz bestimmten Anzahl von Protonen und Neutronen. »Leichte« Elemente, also Atome, die nur aus wenigen Protonen und Neutronen bestehen, befinden sich im oberen Teil des Periodensystems. Protonen- und neutronenreichere, »schwerere« Elemente sind im unteren Teil anzutreffen.

In der Chemie interessiert man sich mehr für die stofflichen Eigenschaften der Elemente und Elementgruppen. So machen die Elemente einer Spalte im Periodensystem eine Gruppe aus. Alle Elemente einer Gruppe haben ähnliche chemische Eigenschaften, da die äußerste Schale ihrer Elektronenhüllen dieselbe Anzahl Elektronenhüllen besitzt. Die in einer Reihe nebeneinanderstehenden Elemente werden Perioden genannt. Sie sind für die nukleare Astrophysik besonders interessant und für die Entstehungsgeschichte der einzelnen Elemente ausschlaggebend. Denn ähnlich schwere Atome werden im gleichen oder in ähnlichen nukleosynthetischen Prozessen in Sternen und deren Explosionen erzeugt. Einige bestimmte Elementgruppen, mit denen Astronomen in diesem Zusammenhang immer wieder arbeiten, sind in Tabelle 3.2 aufgelistet.

Wie läuft nun die Elementsynthese im Detail ab? Da ist zunächst ein Blick in die innere Struktur und Energieerzeugung eines Sterns hilfreich. Denn vereinfacht gesehen ist ein Stern ein riesiges, kugelförmiges Objekt im All, welches aus heißem, ionisiertem Gas, also einem Plasma, besteht. Die Sonne ist ein gutes Beispiel für einen typischen Stern, anhand dessen die diversen Vorgänge bei der Elementproduktion erläutert werden können.

Um überhaupt über längere Zeit existieren zu können, muss sich ein Stern im Gleichgewicht befinden: Die Schwerkraft, die die Materie zum Zentrum hin zieht, und die Druckkraft des heißen Sterngases, die das Gas auseinander treibt, müssen sich die Waage halten. Abbildung 3.6 stellt diesen ständigen Wettstreit der Kräfte dar. Ein Stern, bei dem dieses Gleichgewicht gestört ist, stürzt entweder in sich zusammen oder fliegt auseinander.

Tabelle 3.2: Wichtige Elementgruppen in der nuklearen Astrophysik

Elementgruppe	Elemente und Ordnungszahlen	Entstehungsort
CNO-Elemente	C (6), N (7), O (8)	Riesensterne
α-Elemente	Mg (12), Si (14), Ca (20), Ti (22)	Letzte Stadien während der Sternentwicklung
Eisengruppenelemente	Sc (21), V (23) – Zn (30)	Während der Sternentwicklung und der Supernovaexplosion
Neutroneneinfang-elemente		s-Prozess in weit entwickelten Riesensternen und r-Prozess in Supernovaexplosionen
– leicht	Sr (38) – Sn (50)	
– schwer	Ba (56) – U (92)	

An seiner Oberfläche strahlt der Stern jedoch jede Menge Energie in das Universum ab. Wenn der Stern diese verlorene Energie nicht ständig ersetzen könnte, würde dies zu einer Abkühlung des Gases und somit zu einem Druckverlust führen. Der Stern würde kollabieren. Als Energiequelle verwendet der Stern die Kernreaktionen, die in seinem Inneren ablaufen. Bei einer Kernfusion treffen zwei positiv geladene Atomkerne mit hoher Geschwindigkeit aufeinander und bilden einen neuen, schwereren Atomkern. Da sich aber zwei positiv geladene Protonen voneinander abstoßen, muss bei diesem Prozess diese elektrische Abstoßung erst einmal überwunden werden, bevor die auf kurzen Entfernungen stark anziehende Kernkraft wirken kann. Nur dann können sich die Protonen vereinen.

Die für die Kernfusion benötigten Temperaturen entstehen im Sternzentrum durch die Kompression des Gases unter seiner eigenen Schwerkraft. Für eine Wasserstofffusion werden etwa 10 Milliarden Grad benötigt – nur dann kann diese Barriere überwunden werden. Das Zentrum der Sonne ist aber nur etwa 10 Millionen Grad heiß. Wie kann die Fusion dort trotzdem stattfinden? Dank des quantenmechanischen Tunneleffekts kann ein winziger Bruchteil aller Protonen die Barriere auch bei diesen »kühleren« Tempe-

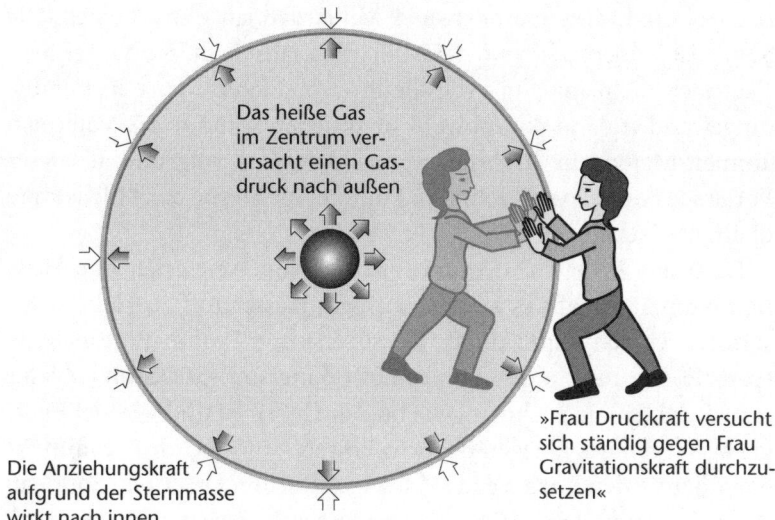

Das heiße Gas im Zentrum verursacht einen Gasdruck nach außen

»Frau Druckkraft versucht sich ständig gegen Frau Gravitationskraft durchzusetzen«

Die Anziehungskraft aufgrund der Sternmasse wirkt nach innen

Abb. 3.6: Bei einem Stern müssen sich die nach außen gerichtete Druckkraft und die nach innen gerichtete Gravitationskraft die Waage halten. Nur so bleibt der Stern im Gleichgewicht und stürzt weder zusammen, noch fliegt er auseinander.

raturen durchtunneln. So verschmelzen genügend Protonen miteinander und gewinnen ausreichend Energie, um die Sonne leuchten zu lassen.

Aber woher kommt die Energie bei der Kernfusion letztlich? Hier liefert Albert Einsteins berühmte Gleichung $E = mc^2$ die Antwort. Die Kernkraft bindet die vier Teilchen eines Heliumkerns sehr stark aneinander. Diese Kraft ist so stark, dass ein Heliumkern leichter als vier einzelne Protonen zusammen ist. Verglichen mit den vier einzelnen Protonen »fehlt« ca. 0,7 % der Masse. Diesem anscheinend winzigen Massendefizit (auch Massendefekt genannt) entspricht nach $E = mc^2$ eine Energie, die bei jeder dieser Kernreaktionen freigesetzt wird. Dies ist die Energiequelle der Sonne.

Angenommen, die Sonne würde zu 100 % aus Wasserstoff bestehen, und hiervon würden 10 % zu Helium fusionieren. Dann würden also 0,7 % der 10 % Wasserstoff in Energie umgewandelt: Dies entspricht etwa 10^{44} Joule. Diese Menge an Energie würde der Sonne reichen, um für insgesamt etwa 10 Milliarden Jahre zu scheinen. Die Sonne ist jedoch erst rund 4,6 Milliarden Jahren alt. Sie hat seitdem also noch nicht mal ein Promille ihrer gesamten Masse in Energie umgewandelt. Und das, obwohl sie in jeder Sekunde 4,2 Millionen Tonnen Materie in Strahlung verwandelt. Nur aufgrund all dieser Vorgänge können wir nachts am Himmel die Sterne der Milchstraße überhaupt sehen.

Nach den Arbeiten von Carl Friedrich von Weizsäcker und Hans Bethe um 1939 gibt es zwei Arten, wie Wasserstoff zu Helium fusioniert werden kann: durch die sogenannte Proton-Proton-Kette (p-p-Kette) und den Kohlenstoff(-Sauerstoff-Stickstoff)-Zyklus (CNO-Zyklus). Je nachdem, wie heiß ein Stern ist und wie viel Energie als Gegendruck gegen die Schwerkraft benötigt wird, dominiert einer der beiden Prozesse die Wasserstofffusion. Da unsere Sonne in ihrem Zentrum nicht so heiß wie andere, massereichere Sterne wird, fusioniert sie ihren Wasserstoff hauptsächlich über die p-p-Kette zu Helium.

Wie in den Teilschritten in Abbildung 3.7 dargestellt ist, verbinden sich bei dieser Reaktion zunächst zwei Protonen zu einem Deuteriumkern, also zu schwerem Wasserstoff. Eines dieser beiden Protonen wandelt sich beim sogenannten inversen β-Zerfall spontan in ein Neutron um und setzt dann ein Positron und ein Neutrino frei. Ta-

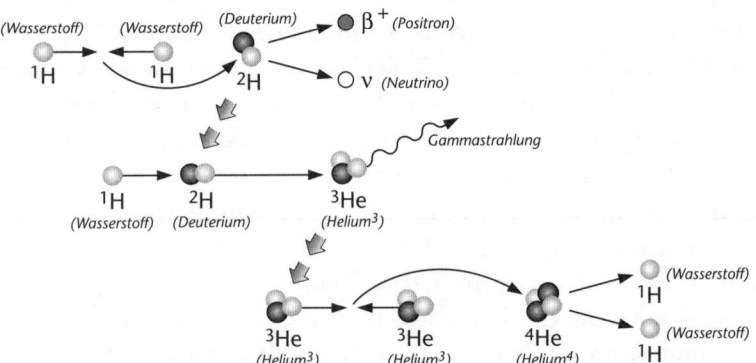

Abb. 3.7: In der Proton-Proton-Kette werden zwei Wasserstoffatome in drei Schritten zu einem Heliumkern fusioniert. Dabei wird Energie freigesetzt.

Tabelle 3.3: Uberblick über Elementarteilchen

Teilchen	Kommentar
Protonen	Positiv geladenes Kernteilchen
Neutronen	Ungeladenes Kernteilchen
Elektronen	Negativ geladenes leichtes Elementarteilchen, das in der Hülle von Atomen vorkommt
Positronen	Positiv geladenes leichtes Elementarteilchen, mit bis auf die Ladung gleichen Eigenschaften wie das Elektron (Antimaterieteilchen des Elektrons); wird bei einem radioaktiven β^+-Zerfall freigesetzt
Neutrinos	Nahezu masseloses, ungeladenes Elementarteilchen, das bei radioaktiven β-Zerfällen freigesetzt wird
Photonen	Lichtteilchen

belle 3.3 beschreibt die diversen Teilchen, die an der Nukleosynthese beteiligt sind.

Der neu entstandene Deuteriumkern besteht aus einem Proton und einem Neutron. Trifft dann ein solcher Kern wieder auf ein Proton, verschmelzen sie zu einem Heliumisotop (^{3}He), das Energie in Form von hochenergetischen Photonen als γ-Strahlung aussendet.

Das entstandene ^{3}He-Isotop besteht aus zwei Protonen und nur einem Neutron, d. h., die Kernladungszahl ist dieselbe wie die des regulären Heliumatoms (^{4}He), welches aus zwei Protonen und zwei Neutronen zusammengesetzt wird. Die Massenzahl von ^{3}He ist jedoch um 1 niedriger. Wenn zwei ^{3}He-Kerne ihrerseits wieder aufeinandertreffen, verbinden sie sich zu einem ^{4}He-Atom. Die zwei übrigen Wasserstoffkerne werden bei dieser Kernreaktion wieder freigesetzt, so dass sie erneut für die Wasserstofffusion zur Verfügung stehen.

Im Gegensatz zur p-p-Kette müssen für den CNO-Zyklus wenigstens kleine Mengen an Kohlenstoff im Stern vorhanden sein, weil Kohlenstoffkerne als Katalysatoren gebraucht werden. Dieser »Anfangs-Kohlenstoff« kommt gewöhnlicherweise direkt aus der Geburtsgaswolke und ist über den ganzen Stern hin verteilt. Um den in Abbildung 3.8 dargestellten CNO-Zyklus zu starten, werden im Sterninneren dann Temperaturen von ca. 30 Millionen Grad Kelvin benötigt.

In einer ersten Reaktion fusioniert ein Wasserstoffkern mit einem Kohlenstoffkern (^{12}C) zu einem Stickstoffkern (^{13}N). Da diese Art des Stickstoffs radioaktiv ist, zerfällt es in einem sogenannten β^+-Zerfall. Dabei wandelt sich ein Proton in ein Neutron um, und zwei leichtere Teilchen, ein Positron und ein Neutrino, werden abgestoßen. Durch diesen Zerfall wird aus dem Stickstoffkern ein Kohlenstoffisotop mit der Massenzahl 13. Dies hat die gleiche Kernladungszahl, aber eine höhere Massenzahl als der Ausgangskern des Kohlenstoffs. Trifft nun wieder ein Proton auf dieses Kohlenstoffisotop, wird daraus ein Stickstoffkern (^{14}N).

Bei einem weiteren Protoneneinfang entsteht daraus ein Sauerstoffkern (^{15}O). Dieser Sauerstoffkern ist wiederum radioaktiv, stößt ein Positron und ein Neutrino ab und verwandelt sich dabei in einen Stickstoffkern mit der Massenzahl 15. Wenn dann schließlich ein letztes Proton auf diesen Stickstoffkern (^{15}N) trifft, kann ein Heliumkern (^{4}He) abgestoßen werden. Heliumkerne werden generell auch α-Teilchen genannt. Bei diesem letzten Vorgang verwandelt sich der Stickstoffkern gleichzeitig wieder in einen Kohlenstoffkern mit der Massenzahl 12, also in den Ausgangskohlenstoffkern.

Der wesentliche Unterschied zwischen der p-p-Kette und dem CNO-Zyklus besteht darin, dass am Anfang der p-p-Kette ein von der Temperatur unabhängiger schwacher Zerfall stattfindet, d. h., die Energieerzeugungsrate der p-p-Kette skaliert nur mit einer kleinen Potenz der Temperatur. Der CNO-Zyklus skaliert mit einer viel höheren Potenz. Dafür sind jedoch die elektrisch abstoßenden Coulomb-Kräfte bei den p-p-Reaktionen dank der geringeren Kernladungszahlen der involvierten Elemente viel kleiner als beim CNO-Zyklus. Bei niedrigen Sterntemperaturen wie denen der Sonne hat die p-p-Kette also einen Startvorteil, der bei steigender Temperatur jedoch schnell von der steileren Temperaturabhängigkeit der CNO-Zyklen wettgemacht wird.

Der Prozess der Wasserstofffusion wird in der Astronomie Wasserstoffbrennen genannt. Es verschafft dem Stern für 90 % seines Lebens die nötige Energie, um das Gleichgewicht zwischen Schwer-

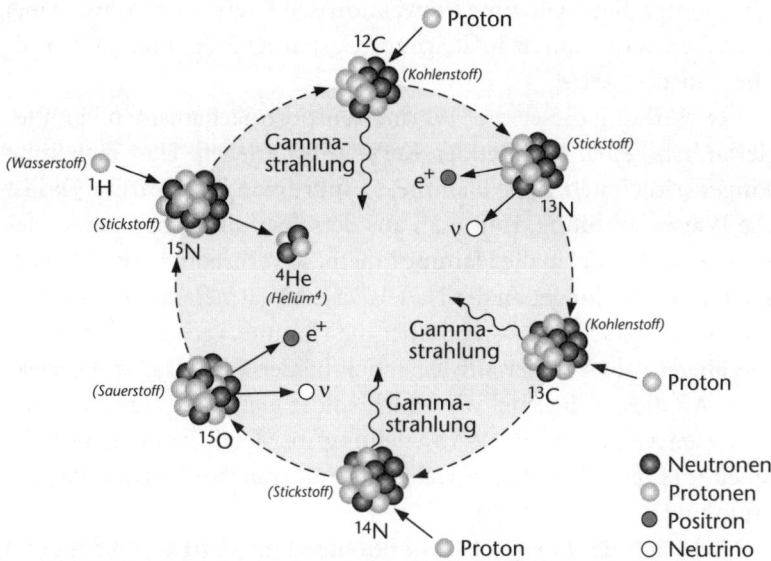

Abb. 3.8: Im Kohlenstoff(-Sauerstoff-Stickstoff)-Zyklus wird durch insgesamt sechs Schritte Helium aus Wasserstoffatomen synthetisiert.

kraft und Druckkraft zu gewährleisten. Seine Temperatur, Größe und Helligkeit kann der Stern auf diese Weise während des gesamten Wasserstoffbrennens in seinem Zentrum relativ konstant halten.

Die vom Wasserstoffbrennen freigesetzte Energie wandert nun durch den gesamten Stern vom Zentrum an seine Oberfläche, wo sie dann als Licht abgestrahlt wird. Für den Transport der Energie vom Sternzentrum nach außen hin gibt es mehrere Möglichkeiten: Energietransport durch Wärmeleitung, durch Strahlung oder durch Konvektion. Wärmeleitung findet in Sternen statt, ist aber nicht besonders effizient. Eine andere Transportart ist die der Strahlung, bei der sich die Photonen, die sich eigentlich mit Lichtgeschwindigkeit fortbewegen, erst einmal durch die Sternmaterie kämpfen müssen. Da die Photonen auf ihrem Weg durch das ionisierte Plasma oft gestreut, verschluckt und wieder ausgesandt werden, ist das Sterninnere für Licht ziemlich undurchlässig. Energietransport durch Strahlung ist daher sehr zeitaufwendig. Außerdem gibt es in allen Sternen Gebiete, die für Photonen völlig undurchlässig sind. Dort übernimmt die sogenannte Konvektion den Energietransport. Dabei wird die Energie durch aufsteigende Gaspakete in Richtung Oberfläche transportiert.

Die Wirkung dieser drei Wärmetransportmechanismen kann jeder anhand einer brennenden Kerze selbst erleben. Hält man seine Finger seitlich neben die Flamme, so spürt man ihre Wärme. Das ist die Wärmestrahlung. Hält man aus derselben Entfernung eine metallene Stecknadel in die Flamme hinein, so verbrennt man sich nach kurzer Zeit die Finger an der Nadel. Das ist Wärmeleitung. Hält man die Finger im selben Abstand über die Flamme, verbrennt man sich die Finger sofort in der aufsteigenden heißen Luft. Das ist Konvektion. An diesem Beispiel wird auch sofort klar, dass Wärmeleitung in Gasen verglichen zu Wärmeleitung in Metall kaum eine Rolle spielt und dass Konvektion viel effizienter transportiert als Wärmestrahlung.

Nach dem zentralen Wasserstoffbrennen im Stern kommt es dann zu weiteren Brennphasen. Der Stern hat ja noch 10 % seiner Lebenszeit vor sich. Nachdem der Wasserstoff im Zentrum des Sterns aufgebraucht ist, frisst sich das Wasserstoffbrennen in einer riesigen brennende Schale langsam aber sicher weiter nach außen fort. Dieser Vorgang wird auch Schalenbrennen genannt. Abbildung 3.9 zeigt das zentrale Wasserstoffbrennen in einem noch nicht sehr weit entwickelten Stern im Vergleich zu einem schon weiter entwickelten Stern in der nächsten Brennphase.

Da der innere, aus Helium bestehende Bereich des Sterns nun keine Energie mehr produziert, sondern nur noch Wärme nach außen abgibt, zieht er sich mit der Zeit zusammen und heizt sich dabei weiter auf. Dies geschieht, bis das Zentrum heiß genug ist, um dort Helium zu schwereren Elmenten zu fusionieren wie z. B. Kohlenstoff und Sauerstoff durch die Fusion von drei bzw. vier Heliumkernen. Die Fusion von zwei α-Teilchen, also von Heliumkernen, führt zu einem Berylliumkern, der durch den Einfang eines weiteren α-Teilchens zu einem Kohlenstoffkern mit der Massenzahl 12 verwandelt wird. Dies ist der sogenannte 3α-Prozess. Wenn ein solcher Kohlenstoffkern noch ein weiteres α-Teilchen einfängt, bildet sich schließlich ein Sauerstoffkern.

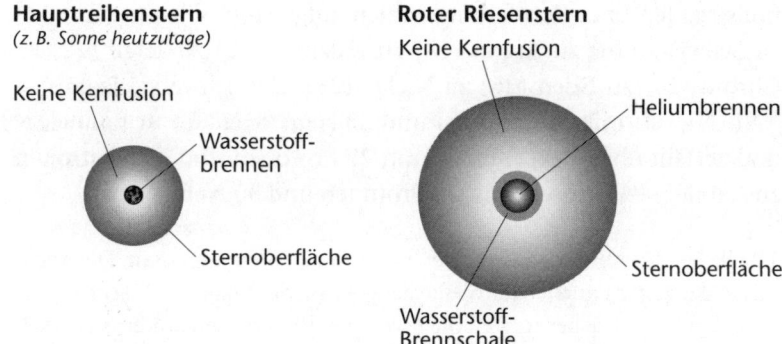

Hauptreihenstern
(z. B. Sonne heutzutage)

Keine Kernfusion

Wasserstoff-
brennen

Sternoberfläche

Roter Riesenstern
Keine Kernfusion

Heliumbrennen

Sternoberfläche

Wasserstoff-
Brennschale

Abb. 3.9: Schematische Darstellung des zentralen Wasserstoffbrennen (links; in einem sogenannten Hauptreihenstern) sowie einer späteren Entwicklungsphase (rechts; in einem Riesenstern), in der Helium zu Kohlenstoff im Kern und Wasserstoff zu Helium in einer Brennschale fusioniert wird.

Nach Abschluss einer Brennphase im Sternzentrum, also wenn das dazugehörige Ausgangselement aufgebraucht ist, wird für kurze Zeit keine Energie mehr produziert. Dadurch gewinnt die Schwerkraft die Oberhand und komprimiert den Stern. Die Dichte im Zentrum des Sterns wird erhöht, was zu einer Aufheizung und zur Zündung der nächsten Kernbrennphase führt. Denn die immer schwerer werdenden Elemente benötigen immer heißere Bedingungen, um miteinander zu fusionieren und dadurch schwerere Atome zu synthetisieren. Das Kohlenstoffbrennen erfordert ca. eine Milliarde Grad, die aber nur von sehr schweren Sternen mit mehr als dem Achtfachen der Masse der Sonne aufgebracht werden können. In dieser Brennphase werden Neon, Natrium und Magnesium erzeugt. Im darauffolgenden Neonbrennen wird weiterhin Magnesium, aber auch Sauerstoff, aus einem energiebedingten Abspalten eines α-Teilchens von Neonkernen synthetisiert. Die Verschmelzung von zwei Sauerstoffkernen führt hauptsächlich zur Bildung von Silizium, aber auch kleineren Mengen von Phosphor und Schwefel. Nur durch die weitere Aufheizung nach Beendigung des Sauerstoffbrennens kann Silizium schließlich durch den sogenannten α-Prozess in eine ganze Reihe von Elementen verwandelt werden. Denn durch den Einfang von α-Teilchen werden Isotope von Elementen mit geraden Ordnungszahlen bzw. Kernladungszahlen aufgebaut: Silizium (Z = 14) zu Schwefel (16) zu Argon (18) zu Kalzium (20) zu Titan (22) zu Chrom (24) zu Eisen (26) zu Nickel (28). Das schwerste Isotop ist ^{56}Ni (Nickel) mit 28 Protonen und 28 Neutronen. Es ist radioaktiv und zerfällt über ^{56}Co (Kobalt) mit 27 Protonen und 29 Neutronen zu stabilem ^{56}Fe (Eisen) mit 26 Protonen und 30 Neutronen.

Tabelle 3.4: Kernbrennphasen eines Sterns mit 20 Sonnenmassen. Die Angaben in der vierten und letzten Spalte hängen von der Masse des Sterns ab. Die letzte Spalte gibt dabei speziell die Masse des hinterlassenen Kerns an, welcher in der jeweiligen Fusionsphase synthetisiert wurde. So besitzt der Stern z. B. nach dem Ende des Wasserstoffbrennens einen 10 Sonnenmassen schweren Heliumkern.

Brenn-stoff	Temp. in Mio Grad K	Dichte in g/cm^3	Dauer in Jahren	Fusions-produkte	Masse in Sonnen-massen $M_\odot$
H	37	4,5	8,1 Mio	He	10
He	190	970	1,2 Mio	C, O	6
C	870	170 000	980	Ne, Na, Mg	5
Ne	1600	300 000	0,6	Mg, O	3
O	2000	6 Mio	1,3	Si, S	2
Si	3300	43 Mio	11,5 Tage	Fe, Ni	1,5

Auf diese Weise werden alle Elemente »aufgebraucht«, bis sich zum Schluss ein gewaltiger Kern aus Eisen und Nickel im Sterninneren gebildet hat. Bis zu diesem Punkt kann dank des Massendefekts Energie aus der Fusion gewonnen werden. Für die Fusion von Elementen, die schwerer als Eisen und auch Nickel sind, wird aber aus kernphysikalischen Gründen Energie *benötigt*. Anstatt Energie aus diesem Prozess zu gewinnen, bedeutet dies also, dass ein Stern Energie aufbringen müsste, um noch schwerere Elemente zu bilden. Dies geschieht natürlich nicht. Deswegen endet das Leben eines Sterns ziemlich abrupt, wenn er einen Eisen-Nickel-Kern in seinem Zentrum erzeugt hat.

Ohne eine weitere Energiequelle siegt letztendlich die Schwerkraft: Das Zentrum kollabiert, und eine riesige Schockwelle wird ausgelöst, die den Stern in einer gigantischen Supernova-Explosion komplett zerreißt. Die Vorgänge der Explosion werden in Kapitel 4 beschrieben. Vor der Explosion gleicht der Stern in seinem fortgeschrittenen Entwicklungsstadium jedoch ganz im Sinne der kosmischen Küche einer riesigen Zwiebel. Ein solches Zwiebelschalenmodell eines massereichen Sterns ist in Abbildung 3.10 anschaulich dargestellt. Denn das Schalenbrennen hat dazu geführt, dass der Stern zu diesem Zeitpunkt von außen nach innen aus vielen Schichten verschiedener Elemente besteht. Außen ist eine Wasserstoffschicht, dann kommen Schichten aus Helium, Kohlenstoff, Neon, Sauerstoff, Silizium sowie diversen anderen Elementen, die in kleineren Mengen im Schalenbrennen synthetisiert wurden. Der Kern aus Eisen und Nickel befindet sich schließlich im Zentrum.

Der durch die Implosion des Eisen-Nickel-Kerns eines massereichen Sterns verursachten Schockwelle folgt zunächst die plötzliche Verdichtung des Sterns nach innen. Nach Auftreffen auf den Kern wird die Schockwelle reflektiert und läuft nach außen durch die vielen Element-Schichten von Silizium, Sauerstoff, Kohlenstoff, Helium und auch Wasserstoff hindurch. Dadurch entsteht eine kurze, aber extreme Aufheizung der Sternmaterie. Durch den Kollaps des Eisen-Nickel-Kerns wird so viel Energie freigesetzt, dass das gesamte, während des früheren Sternlebens in vielen Brennphasen mühselig synthetisierte Eisen und Nickel und Teile des umgebenden Siliziums schlagartig wieder vollständig in Neutronen zerlegt wird. Diese Neutronen bestrahlen das Material in der Sternhülle. Die Bombardierung mit Neutronen und die vorübergehend hohen Temperaturen während der Supernova-Explosion ermöglichen dann die Synthese von Elementen, die schwerer als Eisen und Nickel sind, wenn auch nur in geringen Mengen. Diese sogenannten Neutroneneinfangelemente befinden sich in der unteren Hälfte des Periodensystems. Kapitel 5 ist diesen Elementen gewidmet. Durch die Explosion werden alle neu synthetisierten Elemente aus den inneren Schichten des Sterns ins All geschleudert und mit dem interstellaren Gas vermischt.

Der Lebenslauf eines Sterns und somit der Verlauf der stellaren Elementsynthese hängt jedoch von der Masse des Sterns ab. Sterne mit weniger als acht Sonnenmassen Anfangsmasse durchlaufen nicht alle

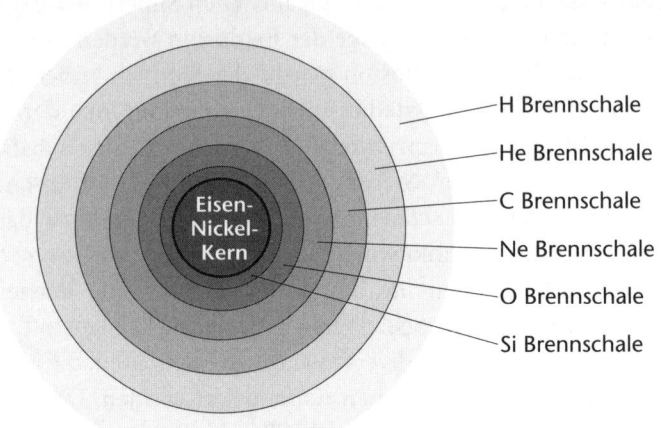

Abb. 3.10: Zwiebelschalenmodell eines massereichen Sterns von mehr als acht Sonnenmassen am Ende seines Lebens. Der übrig gebliebene Eisen-Nickel-Kern ist von Schichten neu synthetisierten Materials umgeben. Aus ihm kann durch Fusion keine weitere Energie mehr gewonnen werden.

diese Brennphasen und enden somit auch nicht als Kern-Kollaps-Supernova. Wie in Kapitel 4 erklärt wird, können in diesen leichteren Sternen nur Elemente bis hin zum Sauerstoff synthetisiert werden, da ihre Masse und die daraus resultierende Schwerkraft nicht ausreicht, um eine genügend hohe Temperatur und den benötigten Druck für weitere Brennphasen zu erzeugen. Es sind also die massereichen Sterne, die ausschließlich für die Produktion der schwereren Elemente verantwortlich sind. Somit haben die massearmen und massereichen Sterne ganz unterschiedliche Rollen in der Elementproduktion und der chemischen Entwicklung des Universums.

Ein anschauliches Beispiel für Sternentwicklung und Nukleosynthese ist der Stern Beteigeuze. Er befindet sich im Sternbild Orion und bildet dort den linken Schulterstern des tapferen Jägers. Abbildung 3.A im Farbbildteil zeigt die Position von Beteigeuze im Orion genau an. Mit bloßem Auge lässt sich leicht erkennen, dass Beteigeuze orangerot leuchtet, ganz im Gegensatz zu den anderen Sternen im Orion, wie der weiß-bläuliche rechte »Fuß-Stern« Rigel. Beteigeuze ist mit etwa 3200 Grad C sehr kühl, was seine rote Erscheinung erklärt. Somit fällt er in die M-Kategorie der Spektralklassifikationen. Dieser ca. 20 Sonnenmassen schwere sogenannte Rote Überriese ist wahrscheinlich nur etwa zehn Millionen Jahre alt und befindet sich schon in den letzten Stadien seines Sternenlebens. Das bedeutet, dass das Wasserstoffbrennen im Kern schon abgeschlossen ist und er im Moment Helium zu Kohlenstoff und Sauerstoff fusioniert. Wahrscheinlich wird er schon bald, also innerhalb der nächsten Million Jahre, als Supernova explodieren. Weiterhin strömen große Mengen von Materie von seiner Oberfläche als Sternwind ins All. Wenn der neue Kohlenstoff und Sauerstoff vom Zentrum an die Oberfläche transportiert worden ist, wird auch Beteigeuze schon vor seinem Lebensende viel von seinem neu synthetisierten Material sofort wieder an seine Umgebung abgeben.

Rigel hingegen befindet sich noch in der Phase des Wasserstoffbrennens. Strenggenommen ist Rigel ein Doppelstern, wenn auch sein Begleiter wesentlich schwächer leuchtet. Der 25 Sonnenmassen schwere Primärstern ist nur etwa eine Million Jahre alt und wird als heißer B-Stern klassifiziert. Deswegen strahlt Rigel im Gegensatz zum kühlen Beteigeuze weiß-bläulich. Anhand dieser Sterne kann man also selbst die verschiedenen Phasen der Sternentwicklung und die Elementsynthese »in Aktion« sehen. Man muss nur genau wissen, wo man am Himmel nach ihnen suchen muss.

Seit einigen Jahren gibt es kleine, einfache und sehr günstige Fernrohr-Teleskope, sogenannte Galileoskope, mit deren 5 cm-Linsen immerhin eine Vergrößerung um das 25- bis 50fache erreicht werden kann. Das Konzept wurde von der Internationalen Astronomischen Union als Aktion im Internationalen Jahr der Astronomie 2009 entwickelt. Die Idee dahinter war, dass möglichst viele Menschen die Möglichkeit haben sollten, mit einfachen Mitteln den Sternhimmel selbst zu erkunden. Mit solchen oder ähnlichen Miniteleskopen oder auch nur einem guten Feldstecher eröffnen sich jedem von uns sofort die Weiten des Alls. Nicht nur verschiedene Sterne mit ihren differenzierteren Färbungen, wie z. B. Beteigeuze und Rigel, sondern auch nebelhafte Sternentstehungsgebiete, Gasnebel und Galaxien werden mit etwas Hintergrundwissen auf einmal visuell erlebbar.

Alle Sterne sind also für die chemische Vielfalt der Elemente im Universum und ihren Mengen im All verantwortlich. Über Jahrmilliarden hinweg haben sie Stück für Stück jedes Element synthetisiert. Dieser Prozess dauert bis heute an und wird auch in Zukunft weiter fortschreiten. Mit diesem Wissen können wir jetzt den kosmischen Ursprung des Periodensystems verstehen. Obwohl die meisten von uns das Periodensystem der Elemente nur aus dem Chemieunterricht in der Schule kennen, ist es letztendlich die Astrophysik zusammen mit der Kernphysik, die uns lehrt, wie alle diese Elemente in Sternen entstanden sind.

3.4. Der Artenreichtum der Sterne

Es gibt jede Menge Sterne in unserer Galaxie, wahrscheinlich zwischen 200 und 400 Milliarden. Das entspricht im Schnitt etwa einer Sterngeburt pro Monat seit dem Urknall. In allen diesen Sternen werden ständig Elemente synthetisiert, so dass die chemische Entwicklung stets vorangetrieben wird. Die gesamte Sternpopulation gleicht einem geschäftigen kosmischen Zoo, in dem es neben den heimischen Tieren vor allem jede Menge exotische Arten gibt: Denn auch wenn es beim Anblick des Himmels oder der Bilder von Sternen nicht immer danach aussieht, gibt es einen enormen Artenreichtum von Sternen in unserer Galaxie. Zu dieser Einsicht muss schon Annie Jump Cannon vor hundert Jahren anhand ihrer Spektralklassifikationen gekommen sein. Denn in der spektralen Signatur jedes Sterns ist seine individuelle »Persönlichkeit« verborgen.

Genau wie in einer Gruppe von Tieren oder Menschen gibt es größere und kleinere Sterne. Zudem können Sterne ihre Größe auch selbst verändern. Denn gegen Ende seines Lebens bläst sich jeder Stern zum sogenannten Roten Riesen auf. So hat z. B. der schwere Riese Beteigeuze einen Radius, der 1200 Mal größer ist als der der Sonne und somit größer als der Radius der Jupiterbahn um die Sonne. Da die leichte Sonne aber noch viele Milliarden Jahre von ihrem eigenem Endstadium entfernt ist, ist sie ein eher kleiner, noch nicht aufgeblähter Stern.

Die Größe eines Sterns sagt aber nicht unbedingt etwas über seine Masse aus. Die Sternmasse ist eine wichtige Größe in der Astronomie, wobei die Sonne mit ihren 2×10^{30} kg (was 333 000 Mal der Masse der Erde entspricht) zur Messeinheit wird: die Sonnenmasse. Der Massenbereich der Sterne ist sehr weit gefächert. Die Mindestmasse für einen Stern liegt bei etwa 0,1 Sonnenmassen, da ansonsten die Kernfusionen im Zentrum nicht zünden kann. Anzahlmäßig gibt es sehr viel mehr massearme als massereiche Sterne. Auf jeden massereichen Stern kommen etwa 1000 mäßig massereiche und 10 000 massearme Sterne. Die meisten Sterne haben dementsprechend Massen von wesentlich weniger als einer Sonnenmasse wie z. B. 0,3 Sonnenmassen oder noch weniger. Im Vergleich dazu gibt es Sterne, die 20 Mal oder noch massereicher als die Sonne sind. Und eine Handvoll Sterne soll sogar noch viel massereicher sein.

Mit der Masse nimmt auch die Rotation der Sterne zu. Im Gegensatz zu massereicheren Sternen mit mehr als fünf Sonnenmassen rotieren die masseärmeren Sterne nur langsam. Mit zunehmendem Alter werden dabei alle Sterne etwas langsamer, was besonders die langlebigen massearmen Sterne betrifft.

Weiterhin haben Sterne aufgrund ihrer verschiedenen Oberflächentemperaturen unterschiedliche Farben. Den Effekt verschiedener Glühfarben bei bestimmten Temperaturen kann man sehr schön bei Holzkohle im Grill beobachten. Normalerweise glühen die Kohlen nur schwach dunkelrot. Bläst man jedoch mit einem Blasebalg frische Luft hinzu, wird die Verbrennung frisch entfacht, die Brenntemperatur steigt, und die Kohlen glühen erst hellrot, dann orange, dann gelblich-weiß.

Je nach der Position der Sterne innerhalb der Milchstraße befinden sich einige in größerer Nähe zur Sonne als andere. Aufgrund ihrer unterschiedlichen Entfernung zu uns erscheinen Sterne trotz gleicher Leuchtkraft für unser Auge unterschiedlich hell. Weiter entfernte Straßenlaternen erscheinen ja auch schwächer als näher gelegene. Aber ein stärker leuchtender, weiter entfernter Stern kann durchaus heller erscheinen als ein schwächeres, näheres Objekt. Deswegen sagt die scheinbare Helligkeit eines Objekts am Himmel noch nicht viel über seine eigentliche Leuchtkraft aus.

Die Leuchtkraft der meisten Sterne verändert sich nur extrem langsam und dann auch nur in den letzten Phasen der Sternentwicklung. Deshalb können solche Veränderung nicht direkt beobachtet werden. Dennoch gibt es viele pulsationsveränderliche Sterne, deren Helligkeit aufgrund von Pulsationen in der Sternhülle in recht kurzen Perioden von Minuten bis hin zu mehreren hundert Tagen variiert. Solche Veränderung können beobachtet werden. Erwähnenswert ist hier die Klasse der sogenannten Delta-Cephei-Sterne. Sie sind sehr helle Riesensterne, deren Helligkeit deutlich messbar in Perioden von einigen Tagen hin und her schwankt. Sie fungieren somit als »Leuchttürme« einer Galaxie. Denn aufgrund ihrer enormen Leuchtkraft können sie sogar in weit entfernten Galaxien beobachtet werden – dies hatte schon Edwin Hubble um 1920 entdeckt.

Unser nächster Stern-Nachbar ist der kleine, sehr kühle Zwergstern Proxima Centauri im Sternbild Zentaur. Er ist »nur« 4,2 Lichtjahre von der Sonne entfernt. Und nebenan befindet sich das Alpha-Centauri-System. Bei diesem System handelt es sich um ein Doppelsternsystem, das aus zwei sonnenähnlichen Sternen besteht. Sie befinden sich ca. 4,3 Lichtjahre weit von uns entfernt. 60 % aller Sterne werden in Doppelsternsystemen geboren – Systeme wie das Alpha-Centauri-System sind also keine Seltenheit.

Doppel- oder Mehrfachsysteme bestehen aus zwei oder mehr Sternen oder einem Stern und einem kompakten Objekt, wie einem Neutronenstern oder einem schwarzen Loch. Weiße Zwerge, Neutronensterne und Schwarze Löcher sind so etwas wie exotischere Varianten von »Sternen«. Kapitel 4 befasst sich weiter mit diesen Objekten, denn strenggenommen sind sie keine Sterne, da sie lediglich die kompakten Überreste von Sternen mit unterschiedlichen Massen sind und selbst keine Kernfusion betreiben.

Aufgrund ihrer Anziehungskraft sind diese Doppelsternsysteme aneinander gebunden und kreisen umeinander. Wenn die Sterne dabei weit voneinander entfernt sind, kreisen sie mitunter für Milliarden Jahre auf ihren Bahnen friedlich vor sich hin. Kreisen sie jedoch relativ nah auf einer engeren Bahn um ihren gemeinsamen Massenschwerpunkt, kann es zu gravitationsbedingten Interaktionen kommen. Bei solchen Sternpaaren kommt es oft zu Massenaustausch, bei dem der jeweils massereichere Primärstern Teile seiner äußeren Hülle an den masseärmeren Partner abgibt. Diesen Austausch von Materie zwischen zwei Sternen könnte man als kosmische »Love Story« betrachten, Details dieser Vorgänge sind in Kapitel 5 ausgeführt. Befindet sich der Primärstern in einem fortgeschrittenen Entwicklungsstadium, besitzt er eine leicht veränderte chemische Oberflächenzusammensetzung im Vergleich zum Sekundärstern. Durch den Massentransfer verändert sich somit auch die Oberflächenzusammensetzung des Sekundärsterns.

Die schon von Angelo Secci vor 1900 gefundene Spektralklasse der Kohlenstoffsterne kann auf eine solche Übertragung von Sternmaterie auf einen masseärmeren Begleitstern in einem Doppelsternsystem zurückgeführt werden. In der Hülle des weit entwickelten Primärsterns kann es alle 10 000 Jahre in einem sogenannten »Helium-Shell-Flash« zu explosivem Heliumbrennen kommen. Durch Konvektion wird der dabei entstandene Kohlenstoff (zusammen mit anderen Elementen) an die Sternoberfläche transportiert. Der Primärstern erscheint danach als »klassischer« Kohlenstoffstern. Wird dieser Riesenstern aber von einem masseärmeren Begleiter eng umkreist, kann es vorkommen, dass der Riesenstern durch seine Ausdehnung nach dem Flash seine Hülle mitsamt dem Kohlenstoff an seinen Begleiter abgibt, der hierdurch dann zum »nicht-klassischen« Kohlenstoffstern wird.

Die Sterne, die wir am Himmel sehen, sind meist Einzelsterne oder Sterne, die sich in einem Doppelstern- oder Mehrfachsystem befinden. Im Unterschied dazu gibt es aber auch viele Sterne, die in Sternhaufen auftreten. So sind z. B. die bekannten »Plejaden« ein offener Sternhaufen, der aus ca. 500 Sternen besteht. Die fünf bis zehn hellsten Sterne sind mit bloßem Auge im Sternbild Stier zu erkennen und machen das berühmte »Siebengestirn« aus. Neben diesen jüngeren offenen Haufen gibt es noch die sogenannten Kugelsternhaufen, die aus ca. einer Million Sterne bestehen. Diese riesigen Gebilde sind generell sehr alt, ca. 10–12 Milliarden Jahre, und befinden sich in äußeren Teilen der Milchstraße. Obwohl die meisten der Einzelsterne

selbst nicht besonders leuchtkräftig sind, erscheinen die Kugelsternhaufen aufgrund ihrer vielen Mitglieder dann doch relativ hell am
Himmel. Mit kleinen Amateurteleskopen können viele als leicht un-
scharfe Kugeln beobachtet werden.

Natürlich gibt es im Universum eine riesige Bandbreite von jungen und alten Sternen. Laufende Sternentstehungen in dichten Gas-
nebeln führen ständig zu neuen Sterngeburten. So gesehen ist die
Sonne mit ihren 4,6 Milliarden Jahren noch relativ jung. Die ältesten
Sterne sind dagegen ca. 13 Milliarden Jahre alt und somit fast so alt
wie das Universum selbst.

Der Vollständigkeit halber sollte hier noch einmal erwähnt werden, dass letztlich natürlich die chemische Zusammensetzung von
Sternen ein wichtiges Unterscheidungsmerkmal ist. Die große Mehrheit aller Sterne hat eine ähnliche Zusammensetzung wie die metallreiche Sonne. Im Gegensatz dazu gibt es nur wenige Sterne mit niedriger Metallizität – je niedriger die Metallhäufigkeit, desto seltener
sind sie. Denn sie stammen aus der Frühzeit des Universums vor vielen Milliarden von Jahren.

Die unterschiedlichen Metallizitäten haben ihrerseits einen Einfluss auf die Farbe der Sterne. So erscheinen metallarme Sterne
blauer als metallreiche Sterne. Denn viele Metalle, wie z. B. Eisen, absorbieren besonders kurzwelliges, blaues Licht. Im Vergleich zu metallreicheren Sternen ist diese Art von Lichtabsorption in einem
metallarmen Stern schwächer ausgeprägt. Somit sendet der Stern
verhältnismäßig mehr blaues Licht als rotes aus. Ferner verdanken
wir der geringeren Konzentration von Metallen und der damit ver-
ringerten Lichtstreuung in der Atmosphäre, dass in tiefere Schichten
des Sterns »hinein« geschaut werden kann. Dadurch erscheint der
Stern heißer und leuchtkräftiger als ein metallreicher Stern und
leuchtet wiederum etwas blauer.

Schließlich sind noch ein paar Dutzend Sterne bekannt, die in allen Charakteristika der Sonne extrem ähnlich sind. Sie werden solare
Zwillinge genannt. Die Sonne ist der Heimatstern für das gesamte
Sonnensystem mit verschiedenen Arten von Planeten. Inzwischen
sind zwar auch andere Sterne mit Planeten gefunden worden, aber
keiner dieser Planeten gleicht bisher der Erde. Auf diesem Gebiet

werden momentan viele Fortschritte erzielt, so dass es wohl nur noch eine Frage der Zeit ist, bis erdähnliche Planeten entdeckt werden. Allerdings lösen solche Entdeckungen nicht gleich die Frage nach Leben im All. Denn unser Wissen über die Details der eigentlichen Planetenbildung und die Rolle des Zentralsterns ist noch zu unspezifisch.

Hinter den kleinen funkelnden Lichtern am Himmel verbirgt sich also ein ungeheurer Artenreichtum an Sternen. Diese Vielfalt bietet Astronomen verschiedenartige Ansatzpunkte für unzählige Möglichkeiten, um den Kosmos zu verstehen und zu erforschen.

4. DIE ENTWICKLUNG EINES STERNS – VON DER GEBURT BIS ZUM TOD

In einer klaren Nacht sieht man bereits mit bloßem Auge einige tausend Sterne. Der Himmel gleicht dabei der Fotoaufnahme einer großen Menschenmenge. Man hat es mit dem Querschnitt einer ganzen Population zu tun und kann anhand einer solchen Aufnahme viel über die Eigenschaften der Menschen bzw. der Sterne lernen. Denn wie auch wir Menschen als kleine Babys geboren werden, als Kinder und Jugendliche aufwachsen und später als alte und erfahrene Menschen sterben, so durchlaufen alle Sterne einen kosmischen »Lebens«-Zyklus, der aus mehreren Phasen besteht.

Aus der Beobachtung verschiedener Arten von Sternen können so geschickt Schlüsse über ihre Natur abgeleitet werden. Dadurch wird deutlich, dass die unterschiedlichen Stadien der Entwicklung eng an die verschiedenen Kernfusionsprozesse im Inneren der Sterne geknüpft sind. Unter diesem Gesichtspunkt können wir jetzt die Sternentwicklung von den Geburten bis hin zu gigantischen Supernovaexplosionen im Detail nachvollziehen.

4.1. Ordnung muss auch bei den Sternen sein!

Genau wie eine Menschenmenge auf den ersten Blick unüberschaubar und unstrukturiert aussieht, kann man mit kleinen Tricks schnell Ordnung in das Durcheinander bringen. Man kann z. B. alle Teilnehmer nach der Farbe ihrer T-Shirts gruppieren. Aber auch nach Körpergröße, Alter oder Geschlecht kann eine Gruppe von Menschen unterteilt werden. Mit diesen Angaben können wichtige und aussagekräftige Schlüsse über die gesamte Gruppe gezogen werden. Bei den Sternen verläuft diese Zuordnung sehr ähnlich, nur dass bei ihnen die Oberflächentemperatur, die Leuchtkraft und ihre chemische Zusammensetzung die charakteristischen Merkmale sind. Wenn diese drei Eigenschaften eines Sterns bekannt sind, kann man ihn grob einordnen und erste Aussagen über seine Natur treffen.

Aber wie können Astronomen Sterne ordnen? Das nach dem dänischen Astronomen Ejnar Hertzsprung und dem Amerikaner Henry Norris Russell benannte »Hertzsprung-Russell-Diagramm« liefert das nötige Hilfsmittel, um Ordnung in die Vielfalt der Sterne zu bringen. Es ist eines der wichtigsten »Arbeitsgeräte« in der Stellaren Astronomie und ist in Abbildung 4.1 dargestellt. Da sich die unterschiedlichen Sterntypen in ihrer Oberflächentemperatur, Leuchtkraft und Zusammensetzung in ganz bestimmter Weise unterschei-

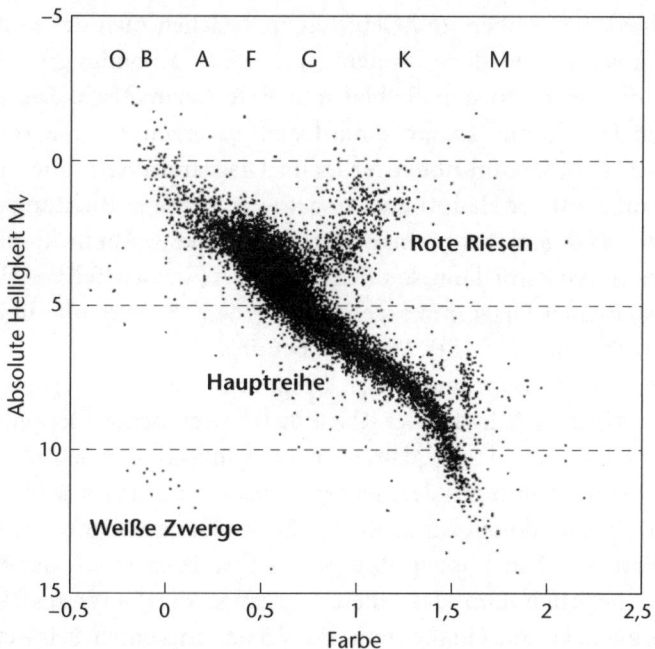

Abb. 4.1: Das Hertzsprung-Russell-Diagramm für Sterne in der Umgebung der Sonne. Die verschiedenen Äste und Gebiete sind deutlich zu erkennen.

den, ordnen sich die Sterne in diesem Diagramm in verschiedenen deutlichen Sequenzen an.

So werden in einem Hertzsprung-Russell-Diagramm die Temperatur der Sterne auf der horizontalen Achse und ihre Leuchtkraft auf der vertikalen Achse aufgetragen. Dabei befinden sich heiße Sterne auf der linken Seite und kühle auf der rechten. Leuchtschwache Sterne sind im unteren Teil anzutreffen, während sich leuchtkräftige im oberen Teil befinden. Temperatur und Leuchtkraft werden entweder theoretisch berechnet oder beruhen auf beobachteten Daten. Es gibt einige äquivalente physikalische Messgrößen, die sowohl die Temperatur als auch die Leuchtkraft beschreiben. Beispiele sind die Farbe oder die Spektralklasse eines Sterns, die seine Temperatur andeuten, und die absolute Helligkeit, die ein Maß für die Leuchtkraft ist. Und auch die Schwerebeschleunigung an der Oberfläche eines Sterns ist ein Maß für seine Leuchtkraft.

Im Hertzsprung-Russell-Diagramm ordnen sich alle Sterne in verschiedenen Reihen und Gebieten an, welchen man der Einfachheit halber verschiedene Namen gegeben hat. Abbildung 4.2 illustriert die verschiedenen Reihen und Äste schematisch. Die sogenannte Hauptreihe ist am einfachsten zu erkennen. Sie verläuft deutlich sichtbar von unten rechts im Diagramm nach oben links. Der Punkt auf der Hauptreihe, an dem die Sterne in Richtung »Riesenast« abbiegen, nennt man Turn-off-Punkt (»Abknickpunkt«). Der Riesenast kann dann deutlich im rechten, kühlen Teil des Hertzsprung-Russell-Diagramms gesehen werden: Er verläuft diagonal nach rechts oben, wie der Ast eines Baumes.

Als das Hertzsprung-Russell-Diagramm um 1910 entwickelt wurde, diente es lediglich der Klassifikation der Sterne. Der physikalische Hintergrund war damals noch gänzlich unbekannt, auch wenn die Anordnungen der Sterne zu (erst einmal hauptsächlich falschen) Spekulationen zur zeitlichen Entwicklung von Sternen führten. Erst mit dem Wissen, dass Sterne ihre Energie aus der Kernfusion beziehen und dass diese Vorgänge die Sternentwicklung bestimmen, konnte ein theoretisches Verständnis entwickelt werden, das den Anordnungen der Sterne im Hertzsprung-Russell-Diagramm zugrunde liegt. Was heutzutage über die physikalischen

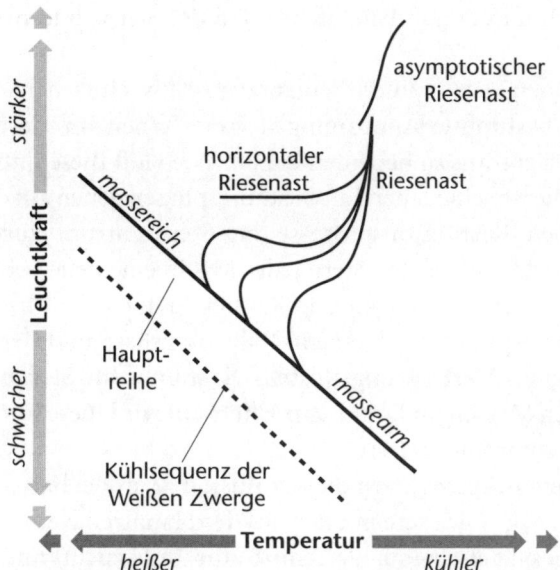

Abb. 4.2: Die Entwicklungswege in einem schematischen Hertzsprung-Russell-Diagramm, die jeder Stern entsprechend seiner Masse während seines Lebens durchläuft.

Zustände dieser unterschiedlichen Stadien in einem Sternleben bekannt ist, basiert größtenteils auf sehr aufwendigen Computer-Modellrechnungen zur Sternentwicklung, einem bewährten Teilgebiet der Astrophysik. Die Ergebnisse dieser Rechnungen werden dann mit den beobachteten Eigenschaften der realen Sterne, z.B. deren Position im Diagramm, verglichen und so Stück für Stück verbessert und optimiert.

Dennoch ist es bemerkenswert, dass wir mit Hilfe des Diagramms in gewisser Weise nachvollziehen können, was in jedem Sternzentrum geschieht und in welcher Entwicklungsphase sich ein Stern befindet. Denn die Position im Hertzsprung-Russell-Diagramm hängt auf ganz bestimmte Art davon ab, welche Elemente im Kern und den darüberliegenden sogenannten Brennschalen fusioniert werden. Der Stern und die Sternoberfläche reagieren dementsprechend, z.B. auf einen Energieverlust im Kern mit einem Aufblähen. Dies ist ein Effekt, dessen Resultat beobachtet wird, denn alle Beobachtungen beziehen sich immer auf den äußeren Teil des Sterns und nie auf sein Inneres.

So können Astronomen heutzutage relativ einfach nachvollziehen, was bestimmte Anordnungen von Sternen im Hertzsprung-Russell-Diagramm zu bedeuten haben. Wie läuft diese Entwicklung nun ab? Die verschiedenen Entwicklungsphasen gehen auf die unterschiedlichen Kernfusionsprozesse im Sternzentrum zurück, die, wenn sie sich ändern, den Stern jedes Mal in eine neue Lebensphase eintreten lassen. Kapitel 4.3 und 4.4 beschreiben die Phasen unter dem Gesichtspunkt der Element-Nukleosynthese und der Position der Sterne im Hertzsprung-Russell-Diagramm für Sterne mit verschiedenen Massen im Detail. Zur Übersicht wird diese Entwicklung hier kurz zusammengefasst.

Nachdem in einem Stern die Kernfusion gezündet hat, nimmt der Stern im Diagramm seinen Platz auf der Hauptreihe ein. Denn erst ab dann besitzt er eine stabile Temperatur und Leuchtkraft. Entsprechend werden die Sterne Hauptreihensterne genannt. Wo genau er aber auf der Hauptreihe steht, richtet sich nach seiner Masse. Es besteht eine enge Beziehung zwischen der Masse und der Leuchtkraft in dieser Lebensphase. Denn rechts unten befinden sich masseärmere Sterne mit niedriger Temperatur und geringer Leuchtkraft. Links oben ist das Gebiet der massereicheren Sterne mit sehr hohen Temperaturen und großen Leuchtkräften. Massereichere Sterne durchlaufen ihre Entwicklung somit weiter oben im Diagramm als masseärmere Sterne. Unsere Sonne ist ein Beispiel für einen massearmen Hauptreihenstern, der etwa ein Drittel vom unteren Ende weg auf der Hauptreihe steht.

Die Zeit auf der Hauptreihe ist die längste Lebensphase für einen Stern. Alle Sterne verbringen dort nämlich 90 % ihres Lebens. Tabelle 4.1 listet die Lebenszeit auf der Hauptreihe für Sterne mit verschiedenen Massen auf.

Da die Sterne so lange auf der Hauptreihe verweilen, ist es nicht verwunderlich, dass in einer nicht speziell ausgewählten Stichprobe von Sternen ca. 90 % der beobachteten Objekte Hauptreihensterne sind. Während dieser 90 % seines Lebens verändert sich der Stern nur wenig, denn er verbrennt währenddessen in seinem Zentrum

Tabelle 4.1: Lebenszeit auf der Hauptreihe und Gesamtlebenszeit von Sternen mit verschiedenen Massen.

Anfangsmasse in Sonnenmassen	Zeit auf der Hauptreihe in Mio Jahren	Gesamtlebenszeit in Mio. Jahren
0,8	$2,0 \times 10^4$	$3,2 \times 10^5$
1	$9,2 \times 10^3$	$1,2 \times 10^4$
2	$8,7 \times 10^2$	$1,2 \times 10^3$
5	78	102
15	11	13
25	6,7	7,5

Wasserstoff zu Helium. Seine Position auf der Hauptreihe verändert sich dementsprechend auch nicht. Mit einer Lebenserwartung von 10 Milliarden Jahren befindet sich die Sonne schon seit 4,5 Milliarden Jahren auf der Hauptreihe. Erst in etwa 4 bis 5 Milliarden Jahren wird sie in ihre nächste Lebensphase eintreten. Sterne mit geringeren Massen als die Sonne verbringen noch wesentlich längere Zeit auf der Hauptreihe, da sie noch viel länger leben. Aufgrund ihrer geringen Leuchtkraft verbrauchen sie ihren Wasserstoff im Zentrum nur sehr langsam. Im Gegensatz dazu verbrennen massereichere, leuchtkräftigere Sterne ihren Wasserstoffvorrat sehr rasch und erreichen ihr Lebensende dementsprechend auch wesentlich schneller. Die unterschiedlichen Zeitskalen der Entwicklung von Sternen mit unterschiedlichen Massen ist in Abbildung 4.3 illustriert.

Nach dem Hauptreihenstadium beginnt der Stern die sogenannte Riesenastphase zu durchlaufen. Dafür muss der Stern zunächst am Turn-off-Punkt von der Hauptreihe abbiegen. Auf dem Roten Riesenast verbringt er dann den größten Teil seiner verbleibenden Lebenszeit. So wird ein Stern mit einer Sonnenmasse für ca. 1 Milliarde Jahre zum Roten Riesen. Im Fall eines Sterns mit 10 Sonnenmassen dauert diese Phase aber nur etwa 1 Million Jahre. Strenggenommen haben Rote Riesen allerdings keine rote Farbe, sondern sind eher orangefarben. Prominente Beispiele, die man mit bloßem Auge am Himmel sehen kann, sind Aldebaran, das »rote« Auge im Sternbild des Stiers, und Beteigeuze, der linke Schulterstern des Orion, der in

Abbildung 3.A im Farbbildteil gesehen werden kann. Auch die Sonne wird sich in geraumer Zeit von ihrer Stelle auf der Hauptreihe zum Riesenast begeben und dann zum Roten Riesen werden.

Die weitere Entwicklung eines Sterns sowie sein Endstadium hängen ganz von seiner Masse ab. Ein Stern wird als massearm bezeichnet, wenn er weniger als ca. 2 bis 3 Sonnenmassen besitzt. Sterne mit Massen zwischen 2–3 und 8 Sonnenmassen sind strenggenommen nicht mehr massearm, aber auch noch nicht wirklich massereich. Wir werden sie als mäßig massereich bezeichnen. Als massereich gilt ein Stern dann, wenn er nach seiner Entstehung mindestens 8 Mal schwerer als die Sonne ist. Einige sind sogar sehr viel wuchtiger und besitzen bis zu 100 Sonnenmassen.

Nach der Riesenastphase gibt es dann noch zwei weitere Äste, den horizontalen Riesenast, kurz auch Horizontalast genannt, und

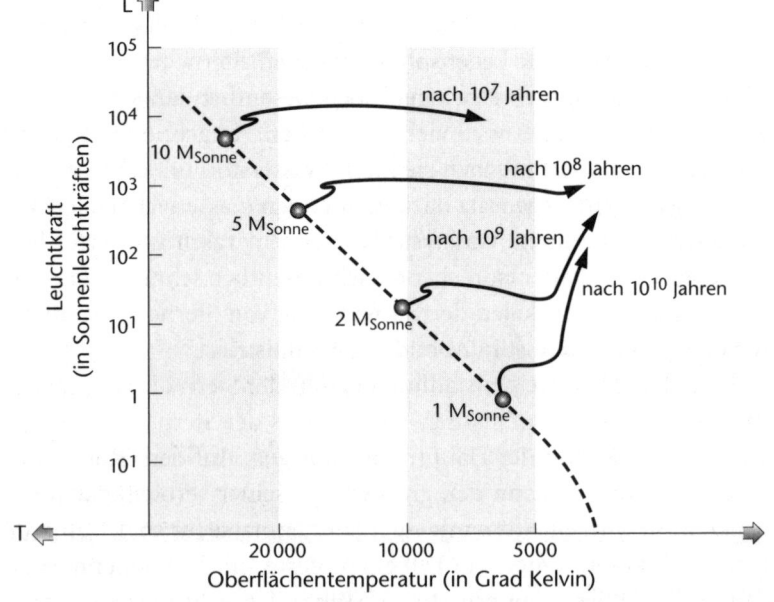

Abb. 4.3: Entwicklungszeiten von Sternen verschiedener Masse von der Hauptreihe weg bis kurz vor ihr Lebensende. Massereichere, leuchtkräftigere Sterne liegen weiter oben auf der Hauptreihe, von der aus sie ihre Entwicklung beginnen. Masseärmere, schwächere Sterne wie die Sonne befinden sich weiter unten.

den asymptotischen Riesenast. Nach Beendigung der Riesenastphase springt der Stern vom Riesenast auf dem Horizontalast. Wie der Name besagt ist der Horizontalast eine Phase, in der sich die Leuchtkraft des Sterns nur wenig ändert. Er befindet sich etwa in der Mitte des Hertzsprung-Russell-Diagramms. Von dort aus wandert der Stern dann auf den asymptotischen Riesenast, der ihn zum rechten oberen Ende des Diagramms führt. In diesem Gebiet erwartet den Stern als kernfusionierendes Objekt dann sein Lebensende. Die Überreste massearmer Sterne, sogenannte Weiße Zwerge, wandern dann von dort durch ihr langsames Abkühlen in den linken unteren Teil des Diagramms.

Ein interessantes Beispiel für ein Hertzsprung-Russell-Diagramm ist das eines Sternhaufens, da man die Verteilung der verschiedenen Sterne dann besonders gut beobachten kann. Da die vielen Mitglieder eines Sternhaufens alle gleich alt sind und die gleiche Zusammensetzung haben, sind es die Massen der einzelnen Sterne und damit ihre Leuchtkräfte, die sie unterscheiden. Die verschiedenen Massen führen zu unterschiedlichen Zeitskalen, mit denen sich die jeweiligen Sterne entwickeln. Die massereichsten Sterne haben die kürzeren Lebensdauern und sitzen weit oben auf der Hauptreihe. Sie verlassen diese aufgrund ihrer großen Masse auch zuerst, um zu Roten Riesen zu werden. Nach und nach folgen immer masseärmere Sterne mit längeren Lebensdauern. Sie befinden sich weiter und weiter unten auf der Hauptreihe.

Wenn man einen Sternhaufen beobachtet und dann ein Hertzsprung-Russell-Diagramm aller Mitgliedersterne anfertigt, wird man, je nach Alter des Haufens, nur noch die masseärmeren Sterne auf der Hauptreihe sehen. Von einer bestimmten Masse an sind also schon alle Sterne zu Roten Riesen geworden oder haben sogar schon ihr Lebensende erreicht. Kapitel 6 beschreibt die Sternhaufen und ihre Hertzsprung-Russell-Diagramme noch weiter.

Abschließend sei gesagt, dass man sich bei der Arbeit mit metallarmen Sternen oft zunutze machen kann, dass man sowohl die Temperatur als auch die Schwerebeschleunigung an der Sternoberfläche mit Hilfe der beobachteten Daten, den Sternspektren, bestimmen kann. Dieses Vorgehen ist in Kapitel 7 weiter ausgeführt. Aber auch andere

Methoden führen zum Ziel, welche bei den verschiedenen Arten von Sternen angewendet werden. So erhält man die beiden physikalischen Messgrößen, die für den Eintrag eines Sterns in das Hertzsprung-Russell-Diagramm benötigt werden. Dadurch kann das Entwicklungsstadium des Sterns bestimmt werden, welches u. a. für die Interpretation der chemischen Zusammensetzung von großer Bedeutung ist.

4.2. Ein Protostern bildet sich

In klaren Winternächten zieht das vielleicht schönste Sternbild über den Himmel – der Jäger Orion. Unterhalb seiner Gürtelsterne stößt man auf ein kleines Nebelfleckchen, das im Fernrohr seine ganze Pracht entfaltet. Dieser sogenannte Orionnebel ist Teil einer riesigen Molekülwolke, die aus Wasserstoff, Helium und einer kleinen Prise Metallen besteht. Der rosa-lila schimmernde, 1600 Lichtjahre entfernte Nebel ist unzählige Male fotografiert worden, u. a. auch mit dem Hubble-Weltraum-Teleskop, da seine gewaltigen Gas- und Staubmassen sehr anmutig und zart aussehen. Eine dieser Aufnahmen kann in Farbabbildung 4.A betrachtet werden. Das Beste ist aber, dass man diesen Nebel sogar mit dem bloßen Auge sehen kann. Man muss nur wissen, wo man danach suchen muss: Der mittlere der drei Schwertsterne ist der Nebel selbst. Bei sehr guter Sicht oder mit einem Feldstecher ist er dort leicht auszumachen.

So kann jeder den Orionnebel am Himmel aufsuchen, um mit eigenen Augen einen Blick auf einen kosmischen Kreißsaal zu werfen. Denn der etwa 20 Lichtjahre ausgedehnte Nebel ist eine der prominentesten Regionen, in der aktive Sternentstehung beobachtet werden kann. Die Wolke aus kühlem und dichtem molekularen Wasserstoff und Staub, in der die neuen Sterne entstehen, ist allerdings für sichtbares Licht undurchlässig. Es ist uns also nicht möglich, eine »Sterngeburt« direkt zu sehen. Dennoch können die genauen Prozesse im Inneren der Wolke im infraroten Wellenlängenbereich beobachtet werden.

In solchen Nebeln, die es zahlreich in der Milchstraße und in anderen Galaxien gibt, können wir miterleben, wie Sterne aus Gas und Staub geboren werden. Diese Molekülwolken kühlen ab, indem die Moleküle ihre Energie z. B. in Form von Radiostrahlung abgeben. Die die Wolke umgebenden Sterne strahlen sie außerdem von außen an, wodurch die Wolke aufgeheizt wird. So kommt es zu Turbulenzen innerhalb der Wolke, wodurch sie auf eine Temperatur von ca. 100 Grad Kelvin (−173 Grad Celsius) erwärmt wird. Zusätzlich befinden sich in dieser Wolke einzelne Verdichtungen, sogenannte Globulen. Sie sind ca. 10 Grad Kelvin (−263 Grad C) kalt und werden durch die sie umgebende Schicht aus Gas und interstellarem Staub vor der Strahlung der anderen Sterne geschützt, so dass sie ihre niedrige Temperatur beibehalten können.

Wenn diese Globulen ihr Gleichgewicht zwischen der nach innen drückenden Gravitationskraft und der nach außen drückenden Wärmestrahlung verlieren, fallen sie in sich zusammen und verdichten sich. Diese und weitere Entwicklungsstadien sind in Abbildung 4.4 schematisch dargestellt. Durch die Komprimierung des Gases wird Gravitationsenergie freigesetzt, die in Wärmestrahlung verwandelt und in die Umgebung abgestrahlt wird. Wenn sich das Gas dann immer mehr verdichtet, kann ein Protostern entstehen.

Die heißen Protosterne sind riesige Gaskugeln, die sich noch in ihrer dichten Molekülwolke befinden. Obwohl sie noch keine Kernfusion betreiben, strahlen sie schon Energie in die Wolke ab. Dieser Energieverlust wird durch die Freisetzung von Gravitationsenergie ausgeglichen, die aus der Kontraktion der Gasmasse während der Sternentstehung stammt. So gelingt es den Protosternen sogar, sich trotz des Strahlungsverlustes noch weiter aufzuheizen.

Während dieses Vorgangs fällt weiterhin neue Materie in Form von Gas auf den rotierenden Protostern ein. Sie stürzt aber nicht direkt auf den Stern, sondern sammelt sich in einer Scheibe um den werdenden Stern herum an. Vom inneren Rand dieser sogenannten Akkretionsscheibe strömt die Materie schließlich auf den Stern. Durch die ansteigende Masse des werdenden Protosterns lastet zunehmend immer mehr Gewicht auf seinem Inneren, so dass es immer weiter aufgeheizt wird.

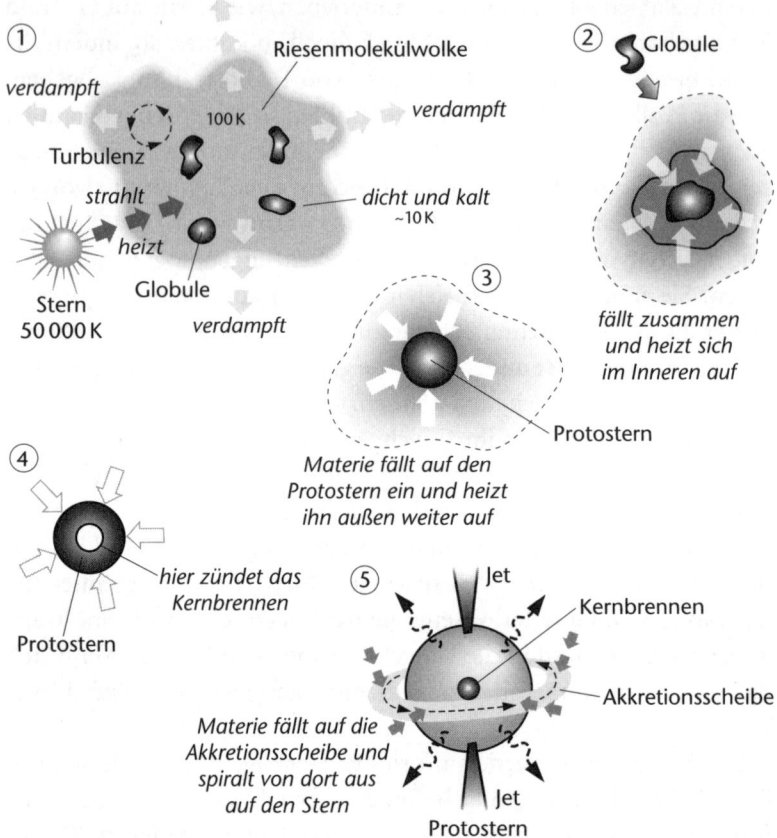

Abb. 4.4: Schematische Darstellung der Bildung eines Protosterns. In mehreren Schritten wird aus einer Gaswolke ein Stern, in dessen Zentrum Wasserstoff zu Helium verbrennt.

Ähnlich wie ein Wal beim Ausatmen eine Fontäne aus Wasser aus-stößt, so blasen auch junge Sterne einen Teil des einfallenden Mate-rials gleich wieder in Fontänen entlang ihrer Rotationsachse zurück in die sie umgebende Wolke. Die Astrophysiker nennen eine solche Fontäne einen Jet. Dort, wo die Materie aus dem Jet mit aller Wucht auf die Materie der umgebenden Wolke trifft, beobachten die Astro-nomen ein helles Aufleuchten, das auch Herbig-Haro-Objekt ge-nannt wird. Mit der Zeit befreit sich der Protostern durch seine zunehmende Strahlung und durch die Wirkung seines Jets mehr und mehr von seinem Molekülwolkenkokon.

Diese jungen so genannten T-Tauri-Sterne sind manchmal bis zu 100 Mal größer als die Sonne – sie besitzen also eine riesige Oberfläche. Entsprechend groß ist die von ihnen pro Zeiteinheit abgestrahlte Energie und damit ihre Leuchtkraft. Die Zentren dieser werdenden Sterne sind noch zu kühl für die Kernfusion, aber die durch den steten Kollaps erhaltene Wärmeenergie reicht aus, um den Stern viele Millionen Jahre lang mit der gleichen Leuchtkraft strahlen zu lassen. Diese wilden Teenager-Sterne rotieren zudem ziemlich schnell, ca. 10 Mal so schnell wie die Sonne heute, stoßen an ihren Oberflächen extrem viel Gas aus und verändern periodisch ihre Leuchtkraft.

Die Sterne werden erst mit der Zeit heiß genug, dass es irgendwann an einigen Stellen in ihrem Inneren zu ersten Kernreaktionen kommt. Bei etwa einer Million Grad Kelvin Zentraltemperatur verschmelzen die aufgrund ihrer Wärmebewegung rasch umherschwirrenden, schon vorhandenen Deuteriumkerne zu Helium. Es beginnt ein Deuteriumbrennen, welches sich langsam durch den Stern frisst und stetig dessen Temperatur erhöht, bevor bei 10 Millionen Grad Kelvin das Wasserstoffbrennen beginnen kann. Ab diesem Zeitpunkt wird Fusionsenergie frei, die von da an für den längsten Teil des Lebens eines Sterns von größter Wichtigkeit ist: Sie ist seine Energiequelle. Mit dem Beginn der Kernfusion wird ein solcher Stern, wenn massearm, nach ca. 100 Millionen Jahren endlich zu einem richtigen »erwachsenen« Stern. Damit hat der Stern, gemäß seiner Masse, seine Position auf der Hauptreihe im Hertzsprung-Russell-Diagramm erreicht.

4.3. Die Entwicklung eines massearmen Sterns

Massearme und mäßig massereiche Sterne mit weniger als 8 Sonnenmassen durchlaufen in ihrem Leben sehr ähnliche Entwicklungsphasen. Sie können hier deshalb gemeinsam betrachtet werden. Nachdem ein solcher Stern die Hauptreihe erreicht hat, fusioniert er für 90 % seines Lebens in seinem Innersten Wasserstoff zu Helium. Da die Temperaturen im Zentrum des Sterns am höchsten sind und das Wasserstoffbrennen dort somit am schnellsten abläuft, sind die Wasserstoffvorräte dort auch als Erstes aufgebraucht. Das Wasserstoffbrennen im Stern kommt also ausgehend vom Zentrum in immer weiteren Bereichen des Sterninneren zum Erliegen, während weiter außen in einer immer dünneren Schale weiterhin Wasserstoff zu Helium fusioniert wird. Das nun unveränderbare, inerte Sterninnere innerhalb dieser Wasserstoff-Brennschale beginnt zu kontrahieren und heizt sich dabei langsam auf, wodurch das Wasserstoffbrennen in der Schale an Intensität zunimmt. Oberhalb der Brennschale bläht sich der Stern dagegen sehr schnell auf und kühlt aus. Innerhalb sehr kurzer Zeit bewegt sich der Stern somit von der Hauptreihe weg an das untere Ende des Riesenasts.

Am Riesenast kontrahiert der inerte Helium-Kern des Sterns und heizt sich dabei weiter auf, während die Wasserstoff-Brennschale immer schmaler und leuchtkräftiger wird. Die Sternhülle oberhalb der Brennschale dehnt sich kräftig aus. Während die Leuchtkraft des Sterns also stark zunimmt, kühlt sich seine Oberfläche um mehrere tausend Grad ab. Wegen seiner extrem großen Ausdehnung verringert sich auch die Schwerebeschleunigung auf der Oberfläche des Sterns.

Auf halber Höhe des Riesenasts werden zum ersten Mal Elemente aus dem Inneren des Sterns durch riesige Konvektionsströme in der Sternhülle an seine Oberfläche transportiert. Dies ist ganz normales Sterngas, das aber nach dem Ablaufen des CNO-Zyklus im Zentrum und der Brennschale weniger Kohlenstoff und mehr Stickstoff als vorher und natürlich auch noch etwas mehr Helium enthält. Diese Elementveränderungen der Oberfläche können beobachtet werden und verraten, dass der CNO-Zyklus im Inneren abgelaufen ist.

Das inzwischen sehr verdichtete Heliumzentrum ist nun heiß genug geworden, so dass bei ca. 100 Millionen Grad Kelvin die Heliumfusion zündet. Nun wird Helium zu Kohlenstoff und Sauerstoff im Kern fusioniert. In massearmen Sternen sorgt dieses Zünden für den sogenannten Helium-Flash. Die neue plötzliche Energiequelle heizt das Zentrum enorm auf und katapultiert den Stern auf eine neue Position im Hertzsprung-Russell-Diagramm, denn eine neue Lebensphase wurde eingeleitet. Im Vergleich zum Wasserstoffbrennen, welches im Fall der Sonne etwa 10 Milliarden Jahre dauert, vollzieht sich das Heliumbrennen innerhalb von nur noch ca. 100 Millionen Jahren, also einhundert Mal schneller.

Das Helium-Kernbrennen sorgt dafür, dass die Leuchtkraft der Wasserstoff-Brennschale und auch die Gesamtleuchtkraft des Sterns wieder abnehmen. Zudem kontrahiert die Sternhülle, was wieder zu höheren Oberflächentemperaturen führt. Der Stern befindet sich nun auf dem Horizontalast. Bei mäßig massereichen Sternen ist das Zünden der Heliumfusion weniger dramatisch, so dass der Stern nicht auf den Horizontalast springt, sondern sich, wenn auch in recht kurzer Zeit, dorthin entwickelt. Die Sternstruktur auf dem Horizontalast ähnelt der auf der Hauptreihe, nur dass der Stern in seinem Inneren nun Helium zu Kohlenstoff und Sauerstoff und weiter außen in einer Brennschale immer noch Wasserstoff zu Helium fusioniert.

Der Horizontalast wird vom sogenannten »klassischen Instabilitätsstreifen« durchzogen, einem streifenförmigen Gebiet im Hertzsprung-Russell-Diagramm, in welchem alle Sterne pulsationsveränderlich sind. Je nach Lage auf dem Horizontalast handelt es sich bei Sternen, die in ihrem Inneren Helium zu Kohlen- und Sauerstoff fusionieren, um pulsierende Sterne. Diese nach ihrem prototypischen Vertreter »Delta-Cepheiden« genannten Sterne spielen aufgrund ihrer Perioden-Leuchtkraft-Beziehung eine wichtige Rolle in der astronomischen Entfernungsbestimmung.

Nachdem der Stern das gesamte Helium in seinem Inneren zu Kohlen- und Sauerstoff verbrannt hat, findet eine ähnliche Entwicklung statt wie am Ende des zentralen Wasserstoffbrennens. Am Rand des Kohlenstoff-Sauerstoff-Kerns bildet sich eine Helium-Brennschale, und der Stern wandert dabei vom Horizontalast zur Basis des sogenannten »Asymptotischen Riesenasts«.

Mit der Zeit wird die Helium-Brennschale jedoch immer dünner und aufgrund dessen thermisch instabil. Dies bedeutet, dass sie auf jegliche Wärmezufuhr oder -abnahme schnell reagiert. Jeder noch so kleine Temperaturanstieg durch die Hitze des darunterliegenden fusionierenden Kerns führt deswegen sofort zu einem unkontrollierbaren Anstieg der Temperatur in der Helium-Brennschale. Aufgrund der hohen Temperaturabhängigkeit des 3α-Prozesses schießt dann die Produktionsrate des Kohlenstoffs in die Höhe, wodurch die Temperatur weiter zunimmt. Dadurch dehnt sich das Gas in und oberhalb der Helium-Brennschale aus.

In der dünnen Helium-Brennschale steigt die Temperatur wegen der thermischen Instabilität trotz ihrer Ausdehnung weiter an. Gleichzeitig sinkt die Temperatur aufgrund der Ausdehnung oberhalb der Helium-Brennschale und somit insbesondere auch am Ort der weiter außen nach wie vor existierenden Wasserstoff-Brennschale. Die Leuchtkraft der Wasserstoff-Brennschale bricht deswegen enorm ein. Nach ein paar dutzend Jahren hat sich die Helium-Brennschale weit genug ausgedehnt, dass sie thermisch wieder stabil wird, d. h., jede weitere Ausdehnung führt dann wieder zu einer Abkühlung und nicht zu weiterer Aufheizung.

Durch die wieder einsetzende Kontraktion der Sternhülle steigt die Temperatur am Ort der Wasserstoff-Brennschale an und bringt die Brennschale ordentlich zum Fusionieren. Solche »thermischen Pulse« der Helium-Brennschale treten in nahezu regelmäßigen Abständen von ein paar tausend Jahren in allen Sternen auf, in denen gleichzeitig eine Helium- und eine Wasserstoff-Brennschale existieren.

Bevor ein solcher thermischer Puls auftritt, wird die Leuchtkraft des Sterns durch die Leuchtkraft der Wasserstoff-Brennschale dominiert. Während des Pulses erreicht die Leuchtkraft der Helium-Brennschale für ein paar Jahrzehnte ein Vielfaches der Wasserstoff-Brennschale. Der größte Teil dieser Energie wird jedoch in die Expansion der Sternhülle gesteckt, so dass die Gesamtleuchtkraft des Sterns während des thermischen Pulses letztendlich trotzdem abnimmt.

Während des Pulses entsteht oberhalb der Helium-Brennschale eine kurzlebige Konvektionszone. Sie reicht während des Pulses nach oben fast bis zur momentanen Lage der Wasserstoff-Brennschale. Dies bedeutet, dass Material zwischen den beiden Schalen in die Helium-Brennschale gemischt wird und weitere Reaktionsprodukte anschließend bis knapp zur Wasserstoff-Brennschale hochgespült werden.

Nach dem Puls senkt sich die Wasserstoff-Brennschale dann wieder tiefer in den Stern und somit in die Region hinein, die während des Pulses durchmischt wurde. Daraufhin senkt sich die Hüllenkonvektionszone des Sterns bis kurz oberhalb der neuen Lage der Wasserstoff-Brennschale, was allerdings tiefer als die Lage der Wasserstoff-Brennschale während des Pulses ist. Durch das Absenken der Wasserstoff-Brennschale gelangen die nach außen gemischten Produkte der Helium-Brennschale dann in die weiter oben liegende Wasserstoff-Brennschale. Und durch das Absenken der Hüllenkonvektionszone werden sie dann wie in einem Fahrstuhl sogar weiter hoch bis an die Sternoberfläche transportiert.

Die Helium-Brennschale fusioniert also Helium (^{4}He) zu Kohlenstoff (^{12}C) und Sauerstoff (^{16}O) und die Wasserstoff-Brennschale dann im CNO-Zyklus diesen Kohlenstoff und Sauerstoff zu Stickstoff (^{14}N). Der Stickstoff bleibt aber unterhalb der Wasserstoff-Brennschale zurück, wenn diese zwischen zwei Pulsen weiter nach außen brennt.

Im nächsten Puls wird dieser Stickstoff durch die kurzlebige Konvektionszone oberhalb der Helium-Brennschale dann aber doch in die Helium-Brennschale gemischt. Dort wird er sofort in einer Reaktionskette zu Fluor (^{18}F) zu Sauerstoff (^{18}O) zu Neon (^{22}Ne) verbrannt. In massereichen Sternen folgt hierauf dann noch eine weitere Verbrennung des Neons zu Magnesium (^{25}Mg). Die hierbei freigesetzten Neutronen sind die Basis für den in Kapitel 5.1 beschriebenen s-Prozess.

Für nur mäßig massereiche Sterne ist nun das Ende ihrer Entwicklung eingeläutet. Sie besitzen nicht genügend Masse, um durch Kontraktion den Kohlenstoff-Sauerstoff-Kern in ihrem Inneren so weit aufzuheizen, dass Kohlenstoff-Fusion zünden könnte. Die einzig verbleibenden Energiequellen sind die Helium- und die Wasserstoff-Brennschale. Je weiter sich die beiden Brennschalen jedoch der Sternoberfläche nähern, desto heftiger machen sich dort die Auswirkungen der thermischen Pulse bemerkbar: Der Stern beginnt, die äußersten Schichten seiner Hülle nach und nach abzustoßen, bis er im letzten Puls die gesamte verbliebene Hülle oberhalb der Helium-Brennschale auf einmal in den interstellaren Raum bläst. Was vom Stern übrig bleibt, ist sein toter, aber noch extrem heißer Kohlenstoff-Sauerstoff-Kern – ein Weißer Zwerg –, umgeben von einem bunt leuchtenden Gasnebel, einem sogenannten Planetarischen Nebel.

Planetarische Nebel? Was für ein merkwürdiger Name – mit Planeten haben diese Nebel aber nichts zu tun. Für die Fernrohrbeobachter des 18. und 19. Jahrhunderts sahen viele dieser Nebelfleckchen auf den ersten Blick aus wie die lichtschwachen Scheibchen der sonnenfernen Planeten Uranus und Neptun. Wie in Abbildung 4.B im Farbbildteil gesehen werden kann, zeigen Planetarische Nebel eine phantastische Farben- und Formenvielfalt, die besonders auf Fotos offenbar wird. Sie wird möglich, da der sich im Zentrum befindliche Weiße Zwerg die Gasschichten des Planetarischen Nebels zum Leuchten anregt.

Während dieses Prozesses des Hüllenabstoßens nimmt die Oberflächentemperatur des Sterns bis 100 000 Grad Kelvin zu, weil seine äußeren, sich ablösenden Schichten immer heißere, tiefer befindliche Schichten freilegen. Am Ende beträgt die Masse des komplett freigelegten Sternkerns, nahezu unabhängig von der Ausgangsmasse des Sterns, zwischen einer halben und einer Sonnenmasse. Dieser übrig gebliebene innere Teil des Sterns hat damit nun die letzte Phase in seinem Sternleben erreicht. Innerhalb von kurzer Zeit wandert der Sternkern vom oberen Ende des asymptotischen Riesenasts im Diagramm waagerecht nach links. Dies geht auf die ansteigende Oberflächentemperatur des freigelegten Kerns zurück. Von dort aus springt er schließlich in das Gebiet der Weißen Zwerge, welches links unten unterhalb der Hauptreihe beginnt. Dieses Gebiet ist eine Art kosmischer Sternenfriedhof, denn dort verweilen alle diese Sternkerne für viele Milliarden Jahre, während sie langsam, aber sicher abkühlen.

Der Vollständigkeit halber sollte hier noch erwähnt werden, dass auch Sterne mit einer Masse von mehr als 8 Sonnenmassen durchaus als Weiße Zwerge enden können. Dies ist der Fall, wenn Sterne über besonders ausgeprägte und lang anhaltende Sternwinde verfügen oder regelmäßig Instabilitäten ausgesetzt sind und somit einen signifikanten Teil ihrer Masse schon während der Hauptreihen- und Roten-Riesenastphase an das interstellare Medium abgegeben haben. Dadurch verlieren sie an Masse und folgen an ihrem Lebensende dem Entwicklungsweg von massearmen Sternen.

Weiße Zwerge sind also nichts anderes als alte Kerne von massearmen Sternen mit weniger als 1,4 Sonnenmassen. Sie betreiben keinerlei Kernfusion mehr und kühlen solange ab, bis sie so kalt wie der Weltraum sind. Das ist 2,7 Grad Kelvin, was −270,4 Grad C entspricht. Schon lange vorher sind sie aber zu kühl, um noch beobachtet werden zu können. Dieser Kühlungsprozess erfolgt jedoch sehr langsam; ein sonnenähnlicher Stern braucht, um von einem Hauptreihenstern zu einem Weißen Zwerg zu werden, 11 bis 15 Milliarden Jahre. Um endgültig abzukühlen, benötigt er nochmals 7 Milliarden Jahre. Da das Universum aber erst rund 14 Milliarden Jahre alt ist, gibt es heute auch noch keine vollständig abgekühlten Weißen Zwerge.

Die meisten Weißen Zwerge bestehen dabei aus Kohlenstoff und Sauerstoff. Diese Materie ist spätestens seit der letzten Sternkontraktion nach Beendigung des Heliumbrennens extrem verdichtet. Sie ist in der Tat so dicht, dass sie nicht mehr weiter in sich zusammenfallen kann. Dies bedeutet, dass der extrem kompakte Weiße Zwerg eine mittlere Dichte von etwa einer Milliarde kg/m^3 aufweist. Bei einer derartig hohen Dichte ist die Sternmaterie »entartet«. Denn dichter kann die aus Protonen, Neutronen und Elektronen bestehende Materie aus quantenphysikalischen Gründen nicht mehr gepackt werden. Seine gesamte Masse von etwa einer Sonnenmasse wird also in ein Volumen gepresst, welches dem der Erde mit einem Durchmesser von ca. 10 000 km entspricht.

Überschreitet der Weiße Zwerg aber z. B. durch das Ansammeln von zusätzlicher Materie seine Masse von 1,4 Sonnenmassen, wird der entartete Stern instabil. Wie Kapitel 4.5 beschreibt, kann der Weiße Zwerg in diesem Fall nicht mehr weiter als solcher existieren und explodiert als Supernova.

4.4. Die Entwicklung eines massereichen Sterns

Obwohl massereiche Sterne einen wesentlich größeren Vorrat an Wasserstoff als masseärmere Sterne besitzen, leben sie nicht länger. Im Gegenteil, diese Kolosse leuchten extrem hell, denn die Leuchtkraft eines Sterns nimmt etwa mit der dritten Potenz seiner Masse zu. Der Fusionsreaktor im Inneren eines massereichen Sterns läuft also ungleich hochtouriger als etwa in der massearmen Sonne. Entsprechend hoch ist der Brennstoffverbrauch. Massereiche Sterne bezahlen ihren extremen Energiehunger dementsprechend mit einer kurzen Lebensdauer. So ist der Energievorrat eines Sterns von 20 Sonnenmassen bereits nach wenigen Millionen Jahren erschöpft. Im Vergleich dazu reicht der Kernbrennstoff bei einem sehr massearmen Stern von nur einem Zehntel einer Sonnenmasse für mehr als eine Trillion Jahre.

Auch massereiche Sterne verbringen 90 % ihres Lebens auf der Hauptreihe, wo sie Wasserstoff zu Helium verbrennen. Genau wie bei massearmen Sternen kontrahiert der entstandene Heliumkern, während sich das Wasserstoffbrennen schalenförmig nach außen frisst. Dadurch wandert der Stern auf den Riesenast und beginnt bald danach das Heliumbrennen in seinem Zentrum. Die nachfolgenden Phasen verlaufen bei massereicheren Sternen jedoch anders: nämlich schneller und extremer, und weitere Kernbrennphasen können stattfinden.

Das Heliumbrennen findet während der Riesenastphase statt. Bei massereichen Sternen ist der so entstandene Kohlenstoffkern genügend groß, so dass in der Kontraktionsphase nach dem Heliumbrennen Temperaturen von über einer Milliarde Grad Kelvin erreicht werden.

Bei derart hohen Temperaturen und Dichten entstehen im Sterninneren große Mengen von Neutrino-Elementarteilchen. Da die Neutrinos kaum mit anderer Materie wechselwirken, verlassen sie den Stern augenblicklich, ohne hierbei wie die immer wieder gestreuten Photonen zum Druck gegen die Schwerkraft beizutragen. Die in die Entstehung der Neutrinos investierte Kernfusionsenergie geht dem Stern also sofort verloren und trägt nichts zu seiner Stabilisierung bei. Das Sterninnere kontrahiert weiter, heizt sich weiter auf, so dass die Kernreaktionen immer schneller ablaufen. Je heißer das Sterninnere, desto mehr Neutrinos werden jedoch erzeugt. Das Kernbrennen im Stern läuft also immer schneller und schneller ab. In einem Stern von 20 Sonnenmassen dauert das Kohlenstoffbrennen deswegen nur noch 100 Jahre; ohne die Neutrino-Energieverluste würde es 10 000 Jahre dauern. Als Beispiele sind Angaben zu den einzelnen Brennphasen und ihren Zeitskalen in einem massereichen Stern in Tabelle 3.4 aufgelistet.

Es folgen weitere nukleare Brennphasen, die sich bei noch höheren Temperaturen vollziehen. Dementsprechend steigen die Neutrinoverluste ins Unermessliche. Die letzte Phase, das Siliziumbrennen, erfolgt bei etwa 3 Milliarden Grad Kelvin, und der Stern strahlt in einer einzigen Sekunde so viel Energie in Form von Neutrinos aus wie die Sonne in Form von Licht während einer Million Jahre. Das gesamte Siliziumbrennen geschieht innerhalb nur eines Tages, wobei aber mehr als eine Sonnenmasse Silizium in Eisen umgewandelt wird. Zu diesem Zeitpunkt besitzt der Stern einen Kern aus Eisen und Nickel, aus dem sich durch Fusion keine weitere Energie mehr gewinnen lässt. Außen um den Kern herum befinden sich die vielen Schalen mit den synthetisierten Elementen aus den verschiedenen Brennphasen. Der Stern ist zu einer riesigen »Element-Zwiebel« geworden, wie in Abbildung 3.10 gesehen werden kann.

Besonders die fortgeschrittenen Brennphasen im Zentrum eines massereichen Sterns spielen sich also in sehr kurzer Zeit ab. Die äußere Hülle des Sterns ist jedoch von diesen Vorgängen im Kern nicht betroffen, da die Hülle gar nicht so schnell auf Veränderungen reagieren kann. Während dieser Vorgänge wandert der Stern im Hertzsprung-Russell-Diagramm deswegen lediglich weiter auf dem asymptotischen Riesenast entlang.

Dann werden die Bedingungen irgendwann zu extrem. Der Stern explodiert als gigantische Supernova. Da sich das Hertzsprung-Russell-Diagramm lediglich auf physikalische Beschreibungen der Sternoberflächen bezieht, lässt sich dieses Ereignis nicht aus dem Diagramm herauslesen. Die Vorgänge während einer solchen Explosion werden in Kapitel 4.5 im Detail beschrieben. Der Stern wird bei dieser Explosion aber nicht vollständig zerrissen. Genauso wie im Falle eines massearmen Sterns ein Weißer Zwerg am Ende des Sternlebens übrig bleibt, entsteht bei massereichen Sterne stattdessen ein sogenannter Neutronenstern.

Während der Supernovaexplosion bricht der Eisen-Nickel-Kern sehr schnell unter seiner eigenen Schwerkraft in sich zusammen. Hierbei werden die anfangs noch freien Elektronen in die Atomkerne hineingepresst, wodurch sich die Protonen durch den inversen β-Zerfall in Neutronen verwandeln. Besitzt der nun ehemalige Eisen-Nickel-Kern eine Masse zwischen 1,4 und 3 Sonnenmassen, so bringt der in diesem Prozess entstandene quantenmechanische Entartungsdruck der Neutronen den Kollaps bei einem Radius von nur 10 bis 20 km zum Stillstand.

Ein stabiler Neutronenstern ist entstanden, der nun ähnlich wie ein Weißer Zwerg im Verlauf der Äonen auskristallisiert und immer weiter abkühlt. Direkt beobachten kann man diese schwach glimmenden Objekte nur schwer. Dennoch machen sich viele von ihnen auf andere Art bemerkbar. Bei der Bildung des Neutronensterns aus einem langsam rotierenden massereichen Stern passiert das Gleiche wie bei einer Schlittschuhläuferin, die eine Pirouette beginnt und durch das Heranziehen ihrer Arme die Drehung beschleunigt. Ein Neutronenstern rotiert somit sehr schnell, da er ein kollabiertes Objekt ist. Bisweilen senden solche Neutronensterne von ihren magnetischen Polen richtungsmäßig stark gebündelte Radio- und Gammastrahlung aus. Wenn die Erde von dem Strahlungskegel getroffen wird, sehen wir den Neutronenstern periodisch einmal pro Rotation wie einen Leuchtturm kurz aufblitzen. Solche Neutronensterne werden Pulsare genannt und wurden im Jahr 1967 von den britischen Astronomen Jocelyn Bell-Burnell und Anthony Hewish zufällig entdeckt.

Ist jedoch die ursprüngliche Masse des Sterns größer als 20 Sonnenmassen, so ist der am Ende der Entwicklung übrig bleibende kompakte Rest zu massereich, um noch ein Neutronenstern zu werden. Genaugenommen können Neutronensterne nur aus ursprünglichen Eisen-Nickel-Kernen mit weniger als 3 Sonnenmassen entstehen. Nur dann kann der Entartungsdruck der Neutronen den

Gravitationskollaps des Kerns letztendlich aufhalten und ein kompaktes Objekt hervorbringen. Doch wie endet der Stern, wenn er nicht zu einem Neutronenstern werden kann? In diesem Fall bricht das Sterninnere unter seinem eigenen extremen Gewicht weiter zu einem unvorstellbar kompakten Objekt zusammen. Wenn drei bis fünf Sonnenmassen Materie auf ein winziges Volumen von weniger als eine Stecknadelkopfgröße zusammengequetscht werden, ist die Raumzeit in der Umgebung nach Einstein sehr stark gekrümmt. Nicht einmal mehr Licht kann die unmittelbare Umgebung verlassen. Dieses superkompakte Gebilde mit der unendlich stark verbogenen Raumzeitumgebung ist nichts anderes als ein Schwarzes Loch. Es kann nur indirekt nachgewiesen werden, indem die Strahlung gemessen wird, die die gerade auf das Loch einfallende Materie abgibt.

4.5. *Supernova und Supernovaüberreste*

Viele Sterne verbringen ihr Sternleben nicht in Einsamkeit, sondern mit einem »Geschwisterstern« zusammen in einem Doppelsternsystem. Innerhalb eines solchen Systems kann es immer wieder zum Austausch von Materie zwischen den Sternen kommen. Dabei wird Gas spiralförmig vom etwas massereicheren Begleitstern auf den etwas masseärmeren übertragen. Wenn beide Sterne massearm sind und der massereichere von ihnen alle seine Entwicklungsstadien durchlaufen hat, wird er zu einem Weißen Zwerg. Dadurch wird der vormals masseärmere Begleiter zum massereicheren Objekt und kann nun Material an den Weißen Zwerg abgeben. Abbildung 4.5 illustriert diese Vorgänge.

Wenn ein solcher Weißer Zwerg etwas zusätzliche Materie von seinem Begleiter erhält, steigt dementsprechend seine Masse an. Übersteigt die Masse die sogenannte Chandraskhar-Grenze von 1,4 Sonnenmassen, kann der Druck der entarteten Elektronen der Gravitationskraft nicht mehr ausreichend entgegenwirken. Der Stern beginnt zu kontrahieren. Mit der ansteigenden Dichte im Zentrum bleibt die Temperatur des Weißen Zwerges aber konstant,

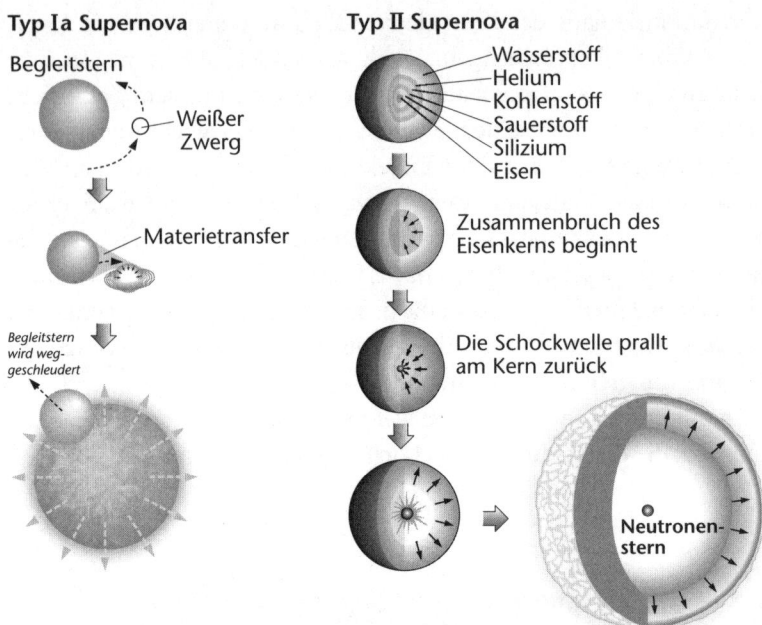

Abb. 4.5: Die beiden verschiedenen Mechanismen, die zur Explosion eines Sterns bzw. eines Weißen Zwerges führen. Links: Das Entstehen einer Supernova vom Typ Ia durch das Explodieren eines Weißen Zwerges nach einem Massentransfer. Rechts: Eine Supernova vom Typ II entsteht am Ende des Lebens eines massereichen Sterns, dessen Kern kollabiert und so die Explosion auslöst.

da der Druck des entarteten Gases temperaturunabhängig ist. Die hohe Dichte führt schließlich zu einer erneuten heftigen Kernfusion: einem Kohlenstoffbrennen. Diese Kernfusion erzeugt Energie und heizt den Stern auf. Da Temperatur und Druck in einem Weißen Zwerg jedoch unabhängig voneinander sind, steigt der Druck nicht weiter an. Das Sterninnere wird nicht durch Expansion gekühlt, sondern heizt sich immer weiter auf, so dass die Kernreaktionen immer schneller ablaufen. Dies führt zu einer unkontrollierbaren Kette von Fusionsreaktionen, in denen Elemente bis hin zu Eisen und Nickel synthetisiert werden.

Diese Fusionen laufen so rasant ab, dass der Weiße Zwerg keine Chance auf Überleben hat. Er explodiert als sogenannte Typ-Ia-

Supernova. In diesem gigantischen Ereignis wird der Weiße Zwerg komplett zerrissen, und die neu synthetisierten Elemente wie Sauerstoff und Eisen werden in das interstellare Medium gesprüht. Da explodierende Weiße Zwerge aufgrund der geringen Masse ihrer Vorgängersterne überall in großer Zahl vorhanden sind, sind sie heutzutage die Hauptproduzenten von Eisen im Universum.

Ein ähnliches Schicksal widerfährt einem Doppelsternsystem, in dem zwei Weiße Zwerge aufeinanderprallen und somit für kurze Zeit zu einem doppelt so schweren Objekt werden. Auch hier wird die Chandrasekhar-Grenze überschritten, was letztendlich zur Explosion des Doppel-Objekts führt.

Das Lebensende eines massereichen Sterns von 8 oder mehr Sonnenmassen gehört ebenfalls zu den spektakulärsten Ereignissen, die es im Kosmos gibt. Ein massereicher Stern enthält am Ende der vielen nuklearen Brennphasen einen Kern aus Eisen und Nickel in seinem Inneren, aus dem sich keine Energie mehr gewinnen lässt. Die Phasen der Explosion sind schematisch in Abbildung 4.5 dargestellt.

Zu diesem Zeitpunkt ist es im Sternzentrum wegen der vorangegangenen Brennphasen schon extrem heiß. Denn das Siliziumbrennen, die letzte Brennphase, hat bei mehr als einer Milliarde Grad im Zentrum stattgefunden. Dies ist so heiß, dass nun die sogenannte Photodisintegration einsetzt. Bei diesem Prozess werden die im Zentrum erzeugten Eisenatome mit Photonen beschossen und so in kürzester Zeit wieder in Protonen und Neutronen aufgebrochen. Die Milliarden Jahre während Eisen-Nukleosynthese wird dadurch schlagartig rückgängig gemacht. Da bei der Fusion von Elementen Energie gewonnen wird, wird nun umgekehrt Energie für die Photodisintegration benötigt. Dieser Energieentzug führt zu einem Druckverlust, was den Kern zum Kollabieren bringt.

Gegen Ende der Brennphasen besitzt der Stern schon einen Kern, der durch den Druck von entartetem Elektronengas im Gleichgewicht gehalten wird. Die neuen, durch die Photodisintegration freigesetzten Protonen können dann von den vielen entarteten Elektronen eingefangen und in Neutronen und Neutrinos verwandelt werden. Aus jedem Protonen-Elektronen-Paar entsteht so ein Neutronen-Neutrino-Paar. Dies bedeutet eine enorme Neutrinoproduktion. Der damit verbundene Energieverlust ist für die nachfolgende Explosion des Sterns von zentraler Bedeutung.

Aber bevor die Rolle der Neutrinos weiter betrachtet wird, müssen die Vorgänge im Kern erläutert werden. Die nun fehlenden Elektronen sorgen für einen Druckverlust im Zentrum, was den Kern immer weiter kollabieren lässt. Der Kollaps geht mit ungeheurer Geschwindigkeit vor sich: mit etwa 70 000 km / s in den äußeren Teilen des Kerns. Zum Vergleich: Das Volumen der Erde würde unter solchen Bedingungen innerhalb von nur einer Sekunde in eine Kugel mit einem Radius von 50 km gepresst werden.

Die Vorgänge im Kern laufen so schnell ab, dass die äußeren Schichten des Sterns von den Veränderungen noch überhaupt nichts bemerken. Währenddessen erreicht der innere Teil des Kerns durch den rapiden Kollaps schnell eine ungeheure Dichte von 10^{17} g / cm^3. Bei dieser Dichte ist die Kernmateriedichte erreicht, d. h., sie ist vergleichbar mit der von Atomkernen. Das kollabierende Zentrum ist zu einem Neutronenstern geworden, der aus den zusammengepressten, nun entarteten Neutronen aus der Photodisintegration besteht. Neutronensterne sind extrem kompakt, haben eine Masse von ein bis zwei Sonnenmassen und einen typischen Durchmesser von 10 bis 20 km. Die Sonne hat dagegen einen Durchmesser von ungefähr 1 400 000 km. Ein Kubikzentimeter eines Neutronensterns, also ungefähr das Volumen eines Stückchen Würfelzuckers von 2 Gramm, wiegt im Vergleich dazu über 10 Millionen Tonnen.

Der Neutronenstern im Zentrum des zusammenbrechenden Sterns kann nicht weiter verdichtet werden. Der entartete Kern stoppt den weiteren Kollaps, in dem das einstürzende Material am »harten« Kern mit aller Wucht abprallt und wieder nach außen geschleudert wird. Die so entstehende, nach außen laufende Schockwelle durchläuft die äußeren Teile des immer noch kollabierenden Sterninneren, was dort zu einer weiteren Aufheizung der Materie und weiterer Photodisintegration führt. Die neue Produktion von Neutronen verursacht einen starken Neutronenfluss, durch den innerhalb von Sekunden viele weitere Elemente gebildet werden. Sie sind schwerer als Eisen und werden Neutroneneinfangelemente genannt. Ihre Rolle wird in Kapitel 5 im Detail geschildert. Die Aufheizung benötigt aber wiederum Energie, die jetzt der Schockwelle entzogen wird. Dadurch verlangsamt sich die Schockwelle und kommt fast zum Stillstand.

Allerdings hat sich in der Zwischenzeit eine riesige Ansammlung von Neutrinos hinter der Schockwelle gebildet. Diese der Schockwelle hinterherlaufende Neutrinowelle injiziert dementsprechend neue Energie von hinten in die zum Stillstand gekommene Schockwelle. Es ist dieser Anstoß durch die Neutrinos, der letztlich zu der Explosion und zum Auseinanderreißen des Sterns führt. Nur so kann die Schockwelle ihren Lauf wiederaufnehmen, um kurz darauf aus dem Kern in die äußere Sternhülle hinein und durch den gesamten Stern hindurchzurasen. Dieser Prozess zerreißt den Stern, wobei die Schockwelle die äußeren Sternschichten zusammen mit den synthetisierten Elementen der verschiedenen Brennphasen vor sich herschiebt. Wenn die Schockwelle das interstellare Medium erreicht hat, werden diese neu synthetisierten Elemente gleichzeitig ins All geschleudert. In dieser Phase können die Neutrinos den auseinandergetriebenen Stern noch vor den Photonen verlassen. Die Explosion eines Sterns mit 20 Sonnenmassen besitzt dann eine Neutrino-Leuchtkraft, die 10 Millionen Mal höher ist als seine spätere maximale Photonen-Leuchtkraft. Diese Art von Supernova, also der Kollaps des Eisenkerns eines massereichen Sterns, die Bildung einer Schockwelle und das darauf folgende Auseinanderreißen der Sternhülle, wird als Typ-II-Supernova bezeichnet.

Erst nach einer Ausdehnung der Schockwelle auf etwa 15 Milliarden km wird das Gas dünn genug, so dass die darin enthaltenen Photonen entfliehen können. Genau dann können wir ein solches Ereignis als eine Supernova beobachten. Während ihres Ausbruchs leuchtet eine Supernova für einige Tage milliardenfach heller als die Sonne. Dies ist so hell wie die gesamte Galaxie, in der sich die Supernova befindet. Für einige Zeit werden diese Energieausbrüche somit zu den hellsten Erscheinungen des beobachtbaren Universums, so dass Supernovae in anderen, weit entfernten Galaxien beobachtet werden können. Die weggeschleuderten Gasschichten bilden später einen sogenannten Supernovaüberrest, der noch einige 10 000 Jahre weiter vor sich hinglimmt und Radiowellen aussendet. Abbildung 4.C im Farbbildteil zeigt als Beispiel den 11 000 Jahre alten Vela-Supernovaüberrest, dessen Gas sich seit der Explosion mit dem interstellaren Gas vermischt.

Egal von welchem Typ, Supernova-Explosionen sind also ungeheure Energieschleudern. Über Wochen hinweg kann man die verglühenden, immer schwächer werdenden Überreste der Explosion mitverfolgen. Das Leuchten wird durch den Zerfall von riesigen Mengen von radioaktivem Nickel (^{56}Ni; Halbwertszeit von etwa sechs Tagen) hervorgerufen, welches über Kobalt (^{56}Co; Halbwertszeit von 78 Tagen) zu Eisen (^{56}Fe) zerfällt. Der zeitliche Verlauf der Helligkeit kann als sogenannte Lichtkurve beobachtet werden, und er spiegelt diese beiden Zerfallsprozesse in der zerrissenen Sternhülle exakt wider.

Abbildung 4.6 zeigt den schematischen Verlauf der Lichtkurven der beiden Supernova-Explosionsmechanismen, also den eines explodierenden Weißen Zwergs (Supernova Typ Ia) und den eines Kern-Kollaps eines Sterns (Supernova Typ II). Die Überreste einer Typ-Ia-Supernova machen sich über längere Zeiten nur durch den radioaktiven Zerfall von Nickel und Kobalt bemerkbar. Dementsprechend fällt die Lichtkurve schneller ab als die der Typ-II-Explosionen. Supernovae vom Typ Ia behalten ihre maximale Helligkeit deswegen nur einige Tage bei. Die sich ausbreitende Schockwelle nach dem Kern-Kollaps führt dazu, dass die Supernova noch länger heller bleibt, da das leuchtende Material bei diesem Vorgang nach außen geschoben wird. Die daraus entstehende Verzögerung der Lichtabschwächung kann in Abbildung 4.6 gesehen werden. Die Kern-Kollaps-Supernovae strahlen somit für mehrere Wochen, bevor auch sie an Helligkeit verlieren.

Je nach Art des Explosionsmechanismus hat die Lichtkurve also eine charakteristische Form, die bei der Identifizierung des Supernovatyps behilflich ist. Diese Tatsache ist auch für die Modellierung von Supernovae wichtig: Denn die Details der vielen verschiedenen derartig komplexen Prozesse, die während einer Supernova ablaufen, können nur mit Hilfe von äußerst ausgeklügelten Computersimulationen nachempfunden werden. Und dennoch ist unser theoretisches Verständnis von diesen Explosionen noch immer begrenzt.

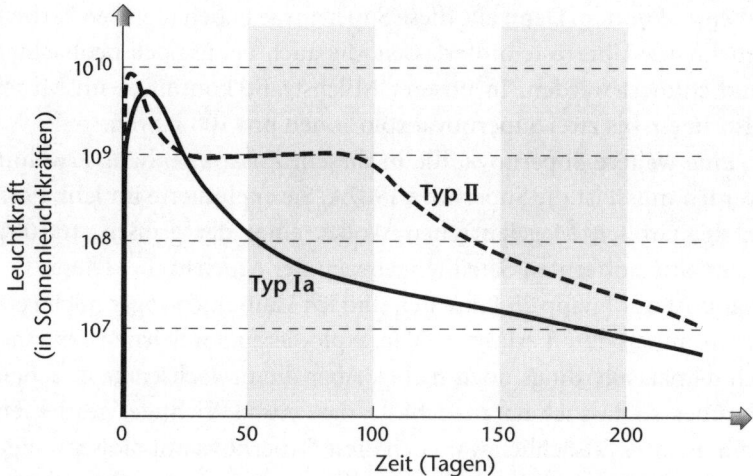

Abb. 4.6: Schematischer Verlauf der Lichtkurven der beiden Arten von Supernovaexplosionen. Die Helligkeit von Typ-Ia-Supernova fällt innerhalb einiger Tage rasch ab, während die von Typ-II-Supernovae erst über einen längeren Zeitraum von mehreren Wochen dunkler wird.

In der Geschichte der letzten 1000 Jahre sind mehrere Supernovaexplosionen in der Milchstraße dokumentiert worden. Im Jahre 1006 gab es die bisher hellste, nur 7000 Lichtjahre entfernte Supernova, die mit bloßem Auge am Himmel sichtbar war. Die Mönche im Kloster St. Gallen haben sie in ihrer Chronik beschrieben. Moderne Beobachtungen haben ergeben, dass es sich bei dieser Supernova um einen explodierten Weißen Zwerg gehandelt haben muss. 1054 erwähnen asiatische Quellen eine sehr helle Supernova, deren Überrest der hübsche Krebs- oder Krabbennebel im Sternbild Stier ist. Abbildung 4.C im Farbbildteil zeigt diesen immer noch leuchtenden Überrest. Heute wissen wir, dass es sich um den Kern-Kollaps eines 6300 Lichtjahre entfernten massereichen Sterns gehandelt haben muss.

500 Jahre später beobachteten der dänische Astronom Tycho Brahe sowie auch andere Astronomen 1572 eine weitere Typ-Ia-Supernova. Nur einige Jahrzehnte später, nämlich 1604, hatte der berühmte Mathematiker und Astronom Johannes Kepler das große Glück, die bisher letzte Supernova in unserer eigenen Galaxie miter-

leben zu können. Denn alle diese Supernovae haben in vielen Farben leuchtende Überreste hinterlassen, die auch heute noch beobachtet und studiert werden. In unserer Milchstraße kommt es im Mittel also zu ein bis zwei Supernovaexplosionen pro 100 Jahren.

Eine weitere Supernova, die in diesem Zusammenhang erwähnt werden muss, ist die Supernova 1987A. Sie explodierte im Jahr 1987 in der Großen Magellan'schen Wolke, einer der großen, 160 000 Lichtjahre entfernten Satellitengalaxien der Milchstraße. Dieses Ereignis ist nur knapp 25 Jahre her, und ich kann mich sogar noch verschwommen daran erinnern. Von explodierenden Sternen verstand ich damals allerdings noch nichts. Aber die Erwachsenen sprachen darüber, so dass ich daraus schloss, dass etwas Wichtiges geschehen sein musste. Tatsächlich war auch diese Supernova mit bloßem Auge auf der Südhalbkugel sichtbar und die am wenigsten weit entfernte Supernova seit der Typ-II-Explosion im Jahr 1604.

Dank moderner Fernsehübertragung konnte zudem jeder Mensch mit einem Fernseher ein Bild des kleinen exotischen Lichtpunktes in einer anderen Galaxie sehen, dessen Licht die letzten 160 000 Jahre zu uns unterwegs gewesen war. Diese Begebenheit war gleichzeitig eine außerordentliche Möglichkeit für professionelle Astronomen, eine Supernova »direkt vor der Haustür« im Detail untersuchen zu können. Besonders die Hypothese des riesigen, die Schockwelle antreibenden Neutrinostroms konnte in diesem Fall experimentell nachgewiesen werden. Da Neutrinos den explodierenden Stern schneller und somit früher als Photonen verlassen, müssten diese auch früher auf der Erde ankommen. Tatsächlich registrierten riesige Neutrinodetektoren in Japan und den USA genau diese Neutrinos etwa drei Stunden vor den Beobachtungen der eintreffenden Photonen, die als Licht mit Teleskopen beobachtet werden konnten.

Wenn Supernova-Ausbrüche heutzutage in fernen Galaxien entdeckt werden, benötigt es aber meist ein zusätzliches Spektrum, um die Supernova eindeutig klassifizieren zu können. Denn spektroskopische Beobachtungen zeigen signifikante Unterschiede: Spektren von Typ-II-Supernovae zeigen prominente Wasserstofflinien, während die Typ-Ia-Objekte keinen Wasserstoff aufweisen. Dementsprechend ist eine eigene Spektralklassifikation für Supernovaspektren

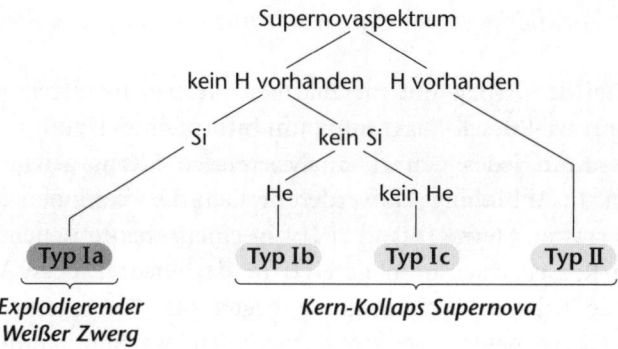

Abb. 4.7: Schema für die Klassifizierung von Supernovaspektren. Der Hauptunterschied zwischen einer Supernova vom Typ Ia und einer vom Typ II macht die Existenz von Wasserstofflinien im Spektrum aus. Die Analyse von Kern-Kollaps-Spektren hat ergeben, dass es noch zwei weitere Untergruppen gibt, Typ Ib und Typ Ic, die aber nur relativ selten auftreten.

eingeführt worden. Abbildung 4.7 zeigt dieses Schema, an dem auch deutlich wird, dass es noch weitere Untergruppen von Supernovaexplosionen gibt.

Aufgrund ihrer enormen Helligkeiten sind beide Supernovatypen nützliche Entfernungsindikatoren, da man sie auch in sehr weit entfernten Galaxien beobachten kann. Dementsprechend sind sie sehr wichtig für diverse kosmologische Studien wie z. B. zur Expansionsgeschichte des Universums. Schließlich verdanken wir den Supernovae vom Typ Ia die erstaunliche Erkenntnis, dass sich das Universum seit ein paar Milliarden Jahren immer schneller ausdehnt. Für dieses wichtige Ergebnis bekamen die amerikanischen und australischen Astronomen Saul Perlmutter, Brian Schmidt und Adam Riess 2011 den Nobelpreis für Physik. Für die beschleunigte Expansion wird die sogenannte dunkle Energie verantwortlich gemacht, deren wahre Natur allerdings noch völlig rätselhaft ist.

4.6. Vorüberlegungen zur Arbeit mit metallarmen Sternen

Auch bei der Arbeit mit metallarmen Sternen benutzen wir das Hertzsprung-Russell-Diagramm, um Informationen zum Entwicklungsstadium jedes neu zu analysierenden Sterns gewinnen zu können. In Abbildung 4.8 werden deshalb die Positionen der 130 metallärmsten Sterne (Stand 2010) in einem theoretischen Hertzsprung-Russell-Diagramm gezeigt. In der theoretischen Version wird die Schwerebeschleunigung gegen die Temperatur aufgetragen. Diese beiden Messgrößen können mit Simulationen zur Sternentwicklung berechnet werden. Dementsprechend sind solche berechneten Entwicklungswege ebenfalls in der Abbildung eingezeichnet.

Diese theoretischen Kurven, sogenannte Isochronen (nach griechisch iso = gleich, chronos = Zeit), beziehen sich auf die Entwicklungswege von Sternen mit verschiedenen Massen, die alle das gleiche Alter haben. Weiterhin können unterschiedliche Metallizitäten für die künstlichen Sternpopulationen gewählt werden. In diesem Fall handelt es sich um 12 Milliarden Jahre alte Sterne mit Metallizitäten von einem Zehntel bis zu einem Tausendstel der solaren Eisenhäufigkeit.

Die Hauptreihe ist der unten, fast waagerecht verlaufende Satz von Linien. Der Turn-off-Abknickpunkt verläuft je nach Metallizität zwischen 6000 und 6700 Grad Kelvin (etwa 5700 und 6400 Grad C). Der Riesenast verläuft von dort schräg nach rechts oben. Der Effekt der Metallizität auf die Sterntemperatur kann aus den Unterschieden der Kurven deutlich abgelesen werden. Metallärmere Sterne sind heißer, also blauer als metallreichere. Denn der Turn-off-Punkt der metallärmsten Isochrone ist erheblich nach links zu höheren Temperaturen hin verschoben. Auf dem Riesenast sind diese Unterschiede mit abnehmender Metallizität aber zunehmend weniger stark ausgeprägt.

Wie weiterhin in der Abbildung gesehen werden kann, ordnen sich alle metallarmen Sterne um den Turn-off-Punkt herum an oder befinden sich auf dem Roten-Riesenast. Wie können wir jetzt mehr über die Massen dieser Sterne herausfinden? Die Sonne hat eine Lebenserwartung von »nur«10 Milliarden Jahren, d. h., sie würde sich

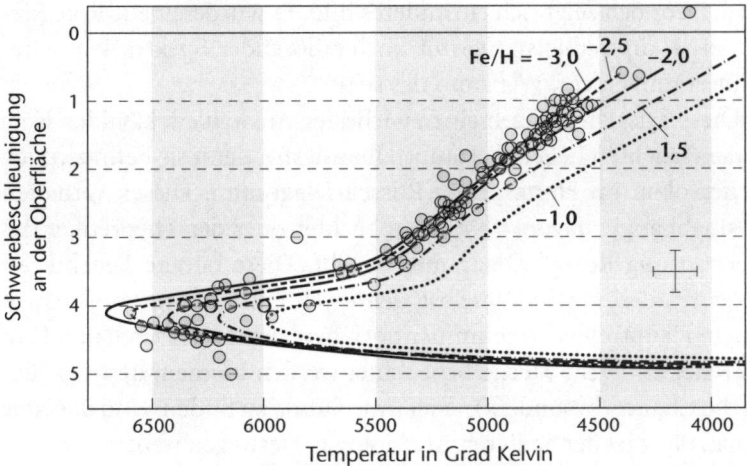

Abb. 4.8: Hertzsprung-Russell-Diagramm, in welches die ~130 metallärmsten bekannten Sterne zusammen mit zwei theoretischen Kurven der Sternentwicklung, eine für extrem metallarme Sterne und eine für metallreiche Sterne wie die Sonne, eingezeichnet sind. Die Roten Riesen haben Oberflächentemperaturen von 5500 bis 4000 Grad Kelvin, während die Hauptreihensterne mit 5800 bis 6600 Grad Kelvin etwas wärmer sind. Alle Sterne folgen der nach links verschobenen metallärmeren Entwicklungskurve, wenn auch einige Datenpunkte abweichen. Dementsprechend sind sogenannte Fehlerbalken rechts unten eingezeichnet, die angeben, was der minimale Messfehler ist. Innerhalb der Fehler stimmen alle Datenpunkte gut mit der theoretischen Kurve überein.

nach 10 Milliarden Jahren nicht mehr auf der Hauptreihe, sondern im Gebiet der Weißen Zwerge befinden. Da sich die metallarmen Sterne aber nach geschätzten 12 Milliarden Jahren immer noch am Turn-off-Punkt und auf dem Riesenast befinden, müssen sie eine geringere Masse als die Sonne haben. So kann abgeleitet werden, dass die Turn-off-Sterne wahrscheinlich etwa 0,6 und die Roten Riesen etwa 0,8 Sonnenmassen besitzen.

Abbildung 4.8 zeigt die Vielfalt der bekannten metallarmen Hauptreihensterne, der Sterne, die schon von dort abgebogen sind, sowie die Roten Riesen. Da die Hauptreihe die bei weitem längste Entwicklungsphase eines Sterns ist, würde man dementsprechend erwarten, dass die meisten bekannten Sterne Hauptreihensterne sind. Dennoch zeigt sich ein anderes Bild. Es wurden mehr Rote Riesen als Hauptreihensterne mit hochauflösender Spektroskopie detailliert untersucht. Wie kann das sein?

Diese Tatsache spiegelt einen wichtigen Auswahleffekt wider. Rote Riesen leuchten heller als Hauptreihensterne, denn sie befinden sich weiter oben im Hertzsprung-Russell-Diagramm. Dieses Verhalten ist unabhängig davon, ob der Beobachter oder der Theoretiker das Hertzsprung-Russell-Diagramm erstellt. Diese höhere Leuchtkraft bedeutet, dass ein Riese, selbst wenn weit entfernt, im Vergleich zu einem Hauptreihenstern immer noch beobachtet werden kann. Und je weiter entfernte Sterne beobachtet werden können, desto größer ist die Chance, besonders metallarme Sterne zu finden. Und das ist ja genau das Ziel der Stellaren Archäologie. Deswegen werden also wesentlich mehr metallarme Rote Riesen als Hauptreihensterne beobachtet und dann analysiert. Diese Art der Analyse wird in Kapitel 7 beschrieben.

Die Roten Riesen haben noch einen anderen Vorteil. Bei der Suche nach metallarmen Sternen muss die Sterntemperatur berücksichtigt werden. Denn bei gleicher Metallizität sind die Absorptionslinien, die im Sternspektrum gemessen werden sollen, in kühlen Roten Riesen stärker ausgeprägt als in einem wärmeren Hauptreihenstern. Das ist besonders für die metallärmsten Sterne wichtig. Denn die sowieso schon schwachen Linien versinken schnell im Rauschen und werden somit als solche unkenntlich. In einem Roten Riesen geschieht dies aber erst bei wesentlich geringeren Metallizitäten, so dass sich die Spektren dieser Objekte oft als einfacher vermessbar erweisen. Somit ist es letztendlich vielversprechender und effizienter, sich aus seiner Kandidatenliste Rote Riesen für die nächste Beobachtung auszusuchen und die Hauptreihensterne auch mal links liegenzulassen.

Die Position der metallarmen Sterne im Hertzsprung-Russell-Diagramm gibt an, in welcher Entwicklungsphase sich jeder Stern befindet. Dieses Wissen ist wichtig, um abschätzen zu können, ob die Zusammensetzung der Sternoberfläche vom Stern selbst eventuell verändert worden ist. Denn das Ziel der Stellaren Archäologie ist es, die chemischen Zustände kurz nach dem Urknall zu untersuchen. Die metallarmen Sterne dienen dabei als langfristige Träger dieses

frühen Materials, denn auch heute noch gleicht ihre Oberflächenzusammensetzung der Zusammensetzung der Gaswolke zur Zeit ihrer
Sterngeburt im frühen Universum. Eine direkte Konsequenz dieser
zentralen Voraussetzung ist, dass alle Prozesse, die die chemische Zusammensetzung der Sternoberfläche verändern, den jeweiligen Stern
für die Stellare Archäologie unbrauchbar machen. Denn dann können keine korrekten Schlüsse auf die frühzeitlichen chemischen Bedingungen gezogen werden.

Auf dem oberen Ende des Riesenastes haben die Sterne schon angefangen, Material aus ihrem Inneren durch Mischungsprozesse an
die Oberfläche zu spülen. Häufigkeitsanalysen solcher Sterne zeigen
diese Veränderungen in der Tat meist sehr deutlich und sind wichtig
für unser Verständnis der Sternentwicklung und der dazugehören-
den Nukleosyntheseprozesse. Dies sind genau die Sterne, die wir in
der Stellaren Archäologie vermeiden wollen.

Es ist also eine wichtige Aufgabe festzustellen, wie weit oben ein
Roter Riese auf dem Riesenast denn nun sitzt. Die Position eines
Sterns im Hertzsprung-Russell-Diagramm wie das in Abbildung 4.8
hilft dabei. Im Gegensatz zu noch kühleren Riesen sind alle dortigen
Roten Riesen von dieser »Selbstanreicherung« der Oberfläche erst
wenig betroffen. Aus diesem Grund sind Sterne, die in ihrer Ent-
wicklung noch nicht so weit vorangeschritten sind, für die Stellare
Archäologie am besten: Hauptreihensterne und nicht zu kühle Rote
Riesen.

Neben dem internen Mechanismus der Oberflächenveränderung
gibt es aber auch externe Möglichkeiten, die die Zusammensetzung
einer Sternoberfläche verändern können. Sowohl Hauptreihensterne
wie auch Riesen sind davon betroffen, und das Hertzsprung-Russell-
Diagramm kann da nicht mehr weiterhelfen. Das Aufklauben kleinster Mengen von interstellarem Gas während der langen Lebensdauer
eines Sterns ist durchaus möglich, würde seine Atmosphäre aber
chemisch verunreinigen. Zum Glück haben metallarme Sterne im
Halo der Milchstraße relativ hohe Geschwindigkeiten im Vergleich
zum Gas, so dass das Aufsammeln von Materie extrem schwierig ist.
Aus einem schnell fahrenden Auto heraus kann man wohl kaum etwas vom Straßenrand aufsammeln, während man z. B. beim Gehen

einfach etwas mitnehmen könnte. Dementsprechend stellen diese beiden Überlegungen kein größeres Problem für die Stellare Archäologie dar.

Schließlich findet innerhalb jedes Sterns über die Jahrmilliarden seines Lebens hinweg eine gewisse Sedimentation statt. Atome aus der Oberfläche, besonders in der Hauptreihenphase, können durchaus – sehr langsam natürlich – herunter in Richtung Zentrum sinken. Auch dieser Prozess kann die chemische Zusammensetzung der Oberfläche ändern, da verschieden schwere Elemente verschieden schnell sinken. Zum Glück sind diese Effekte für alle Sterne ungefähr gleich und können theoretisch auch grob quantifiziert werden.

Obwohl ein weiterer Vorgang ebenfalls zu einer Veränderung der Oberflächenzusammensetzung führt, ist ein Massentransfer zwischen Sternen in einem Doppelsternsystem die einzige Ausnahme. Denn wie in Kapitel 5 ausgeführt wird, macht dieser Vorgang den Empfängerstern für die Stellare Archäologie dennoch nicht unbrauchbar.

5. NEUTRONENEINFANGPROZESSE UND DIE SCHWERSTEN ELEMENTE

Die Nukleosynthese der chemischen Elemente bis hin zu Eisen ist die Energiequelle jedes Sterns. Aus Eisen lässt sich aber keinerlei weitere Energie mehr gewinnen, so dass auf diesem Weg keine schwereren Elemente mehr erzeugt werden können. Doch auf welche Weise konnten so viele schwerere Elemente entstehen, die sich im unteren Teil des Periodensystems befinden? Ihre Entstehung muss also durch andere Prozesse als die Kernfusion vor sich gegangen sein. Paradoxerweise sind es dabei vermehrt radioaktive Zerfallsprozesse, die es letztendlich ermöglichen, diese schweren Elemente zu erzeugen. Die Synthese von Elementen schwerer als Eisen ereignet sich schrittweise, da dieser Vorgang durch einen wiederholten sogenannten Neutroneneinfangprozess ermöglicht wird.

Bei einem Neutroneneinfangprozess wird ein schon vorhandener »Saatkern«, z. B. ein Kohlenstoff- oder Eisenkern, mit Neutronen beschossen. So entsteht im Fall von Eisen zunächst ein extrem neutronenreiches Eisenisotop. Da die Protonenzahl sich jedoch nicht verändert hat, bleibt der Kern ein Eisenkern, der aber durch die erhöhte Anzahl der Neutronen instabil geworden ist. Dies bedeutet nichts anderes, als dass der Kern seine überschüssigen Neutronen wieder verlieren möchte. Dies geschieht durch Zerfallsprozesse, wodurch neue stabile Isotope verschiedener Elemente entstehen. Wenn sich ein Neutron spontan in ein Proton verwandelt (β-Zerfall), entsteht z. B. aus einem neutronenreichen Eisenkern ein um eine Ladungszahl schwereres Element, nämlich Kobalt. Dieser Vorgang ist in Abbildung 5.1 dargestellt.

Eisenkerne oder die Kerne ähnlicher Elemente müssen also mit extrem vielen Neutronen beschossen werden, um Stück für Stück

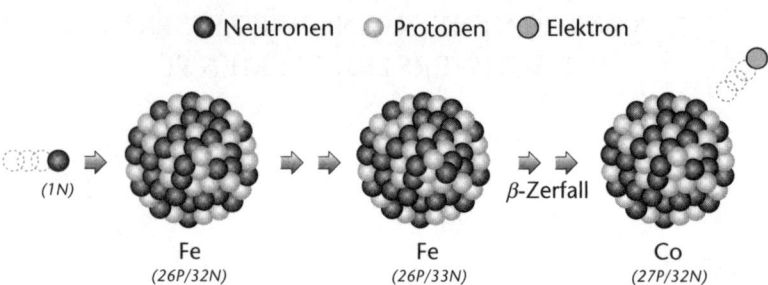

Abb. 5.1: *Ein Eisenatom (ein »Saatkern«) wird durch Neutronenbeschuss und anschließendem β-Zerfall in ein schwereres Kobaltatom verwandelt.*

ein schwereres Element nach dem anderen zu erzeugen. Dieser Prozess läuft bis hin zur Erzeugung der ganz schweren Elemente wie z. B. Bismut, das 83 Protonen und 126 Neutronen besitzt. Bismut ist kein wirklich stabiles Element, denn es zerfällt innerhalb von 19 Trillionen Jahren (entspricht 1 Million Mal dem Alter des Universums) durch einen α-Zerfall in Thallium. Das schwerste wirklich stabile Element ist Blei mit 82 Protonen und 125 bis 127 Neutronen. Als Beispiel für die Elementproduktion zeigt Abbildung 5.2 die Verteilung der Häufigkeiten der Sonne von Wasserstoff bis Blei.

Da die Zeitskalen, in denen dieser Neutroneneinfangprozess durch einen Saatkern stattfindet, eine fundamentale Rolle für die Bildung aller dieser Elemente spielen, unterscheidet man zwischen dem langsamen (»slow«) »s«-Prozess und dem schnellen (»rapid«) »r«-Prozess. Diese beiden Prozesse finden in sehr unterschiedlichen astrophysikalischen Orten statt, an denen die notwendigen Neutronenflüsse auf verschiedene Weisen erzeugt werden können. Sie werden im Folgenden genauer betrachtet.

5.1. Was Neonröhren mit Riesensternen zu tun haben: Die s-Prozess-Elementsynthese

Gegen Ende seines Lebens stößt ein Stern mit weniger als acht Sonnenmassen seine gesamten äußeren Gasschichten ab, welche später als hübscher Planetarischer Nebel beobachtet werden können. Kapitel 4 beschreibt diese Vorgänge ausführlich. Detaillierte chemische Analysen dieser Nebel haben ergeben, dass sie viele schwere Elemente beinhalten. So findet man dort z. B. Neon, Germanium, Selen, Brom, Krypton, Xenon und Rubidium. Die meisten dieser Elemente verbinden sich in unserer Vorstellung vielleicht eher mit Leuchtreklamen und Neonröhren. Denn als Gas in Lampen leuchtet Neon orange-rot, Krypton weiß und Xenon blau-lila. Diese bunten Farbeffekte verdanken wir der Existenz dieser Riesensterne. Denn diese Elemente wurden vor langer Zeit im s-Prozess erzeugt, der in den äußeren Sternschichten vor dem Abstoßen der äußeren Hülle ablief. Lange bevor die Elemente während der Entstehung des Sonnensys-

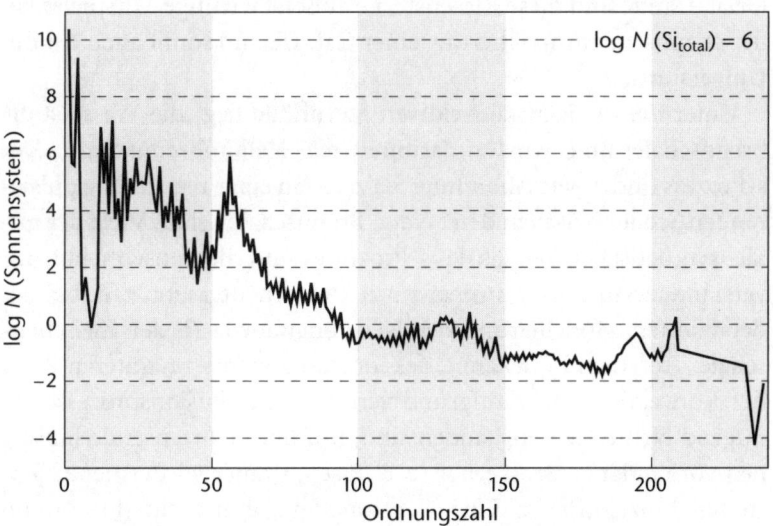

Abb. 5.2: Das Elementhäufigkeitsmuster der Sonne (hier auf Silizium und nicht auf Wasserstoff normiert). Es beschreibt den Stand der chemischen Entwicklung vor 4,6 Milliarden Jahren.

tems und der Erde in unseren eigenen Planeten gelangten und lange bevor sie für Leuchtreklame benutzt wurden.

Der s-Prozess läuft noch während der Sternentwicklung ab. Er findet in Sternen mit etwa zwei bis acht Sonnenmassen statt, die sich in ihrem letzten Entwicklungsstadium auf dem asymptotischen Riesenast befinden. Diese letzte Phase dauert nur noch weniger als 1 % der Stern-Lebenszeit. Der zu einem kühlen Riesen gewordene Stern besitzt eine weit ausgedehnte äußere Atmosphäre, in der der Energietransport zur Oberfläche nur durch Konvektion vor sich geht. Diese Hülle, die inzwischen einige hundert Sonnenradien dick ist, pulsiert regelmäßig, wodurch sie immer wieder mit frischen s-Prozess-Elementen aus tieferen Schichten durchmischt wird. Der Stern ähnelt dabei einer riesigen Beton-Mischmaschine. Durch das Mischen verändert der Stern die chemische Zusammensetzung seiner Oberflächenschichten. Durch starke Sternwinde werden die neuen Elemente dann von der Oberfläche aus in das interstellare Medium entlassen. So verlieren diese massearmen oder mäßig massereichen Sterne etwa alle 100 000 Jahre eine Sonnenmasse an Material. Damit sind diese Riesensterne äußerst wichtige Mitspieler bei der chemischen Anreicherung einer Galaxie und somit auch der des Universums.

Unter der riesigen konvektiven Sternhülle liegt die Wasserstoffbrennschale und wieder darunter die Heliumbrennschale. Der s-Prozess findet, wie Abbildung 5.3 zeigt, in einer regelmäßig pulsierenden Schale zwischen den beiden Brennschalen statt. Viele der nukleosynthetischen Details des s-Prozesses sind theoretisch schon gut verstanden, obwohl es immer noch Unklarheiten gibt, z. B. bei der detaillierten Modellierung der Neutronenquelle in der Zwischenschale. Trotzdem ist bekannt, dass dort, besonders am unteren Rand der Konvektionszone, aufgrund verschiedener Fusionsprozesse genügend Neutronen vorhanden sind, um über Jahrtausende hinweg den vorhandenen Saatkernen, z. B. Eisen, immer wieder neue Neutronen hinzuzufügen. Eine Neutronenquelle entsteht dort, wenn Kohlenstoff- (^{13}C) oder auch Neonisotope (^{22}Ne) α-Partikel, also Heliumkerne, einfangen. Und bei jedem Einfang wird ein Neutron freigesetzt. So kommt es zur relativ niedrigen, aber länger anhaltenden Neutronendichte von, je nach Sternmasse, mindestens ~10^8 Neutronen/cm^3. Es sind diese Neutronen, die die Saatkerne mit der Zeit in schwere Elemente verwandeln.

Nach dem Einfangen eines neuen Neutrons zerfällt das neu entstandene, instabile, also radioaktive Atom wieder. Dies passiert noch, bevor es wieder mit einem weiteren Neutron beschossen wird. Das ständige Neutronen-Einfangen und wieder -Zerfallen führt langsam, aber sicher zum Aufbau eines schwereren stabilen Atomkerns. So wird im s-Prozess ungefähr die Hälfte aller Isotope synthetisiert, die schwerer als die des Eisens sind. Abbildung 5.4 zeigt diesen Aufbau schematisch. Viele dieser Isotope werden allerdings sowohl im s- wie auch im r-Prozess erzeugt. Und dennoch gibt es einige Isotope, die ausschließlich aus dem s-Prozess kommen, wie z. B. ^{86}Sr (Strontium), ^{96}Mo (Molybdän), ^{104}Pd (Palladium) und ^{116}Sn (Zinn).

Die absoluten Mengen an Neutroneneinfangelementen, die im s- und im r-Prozess synthetisiert werden, sind extrem klein. Typische Neutroneneinfangelemente wie z. B. Strontium, Barium und Europium werden ca. 1 Million Mal weniger hergestellt als die Elemente der Eisengruppe. Und trotzdem sind diese Elemente enorm wichtig. Nicht nur, um die Anfänge der chemischen Entwicklung im Kosmos zu erforschen, sondern auch für uns Menschen. Das Spurenelement Selen wird in der Schilddrüse benötigt. Es ist ein s-Prozess-Element aus einem Riesenstern.

Die Gesamtmenge der neuen Elemente hängt nicht nur vom Neutronenfluss ab, sondern auch von der Anzahl der vorhandenen Saatkerne im Stern selbst. Verglichen zum Beispiel mit der Sonne, gibt es in metallarmen Sternen wenig Eisenatome. Denn der metallarme Stern bildete sich aus Gas mit einer geringeren Metallizität. In einem metallarmen Stern stehen also viel mehr Neutronen zu Verfügung, um die wenigen vorhandenen Saatkerne vor dem Versiegen der Neutronenquelle durch die gesamte s-Prozess-Kette bis nach Bismut und Blei zu verwandeln. In metallreicheren Sternen kommen weniger Neutronen auf einen Saatkern, so dass der s-Prozess beim Versiegen der Neutronenquelle meist auf irgendwelchen Zwischenstufen zum Stillstand kommt.

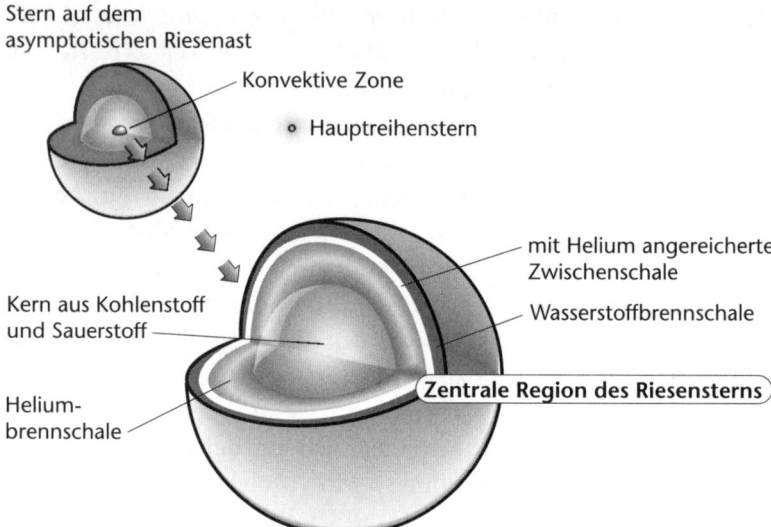

Stern auf dem
asymptotischen Riesenast

Konvektive Zone

Hauptreihenstern

mit Helium angereicherte
Zwischenschale

Kern aus Kohlenstoff
und Sauerstoff

Wasserstoffbrennschale

Zentrale Region des Riesensterns

Helium-
brennschale

Abb. 5.3: Der s-Prozess findet über der Heliumbrennschale in einer mit Helium angereicherten Zwischenschale statt. Dieser pulsierende Bereich ist noch unter der Wasserstoffbrennschale am unteren Ende der Konvektionszone. Der Kern eines solchen Riesensterns besteht aus Kohlenstoff und Sauerstoff. Angenommen, er wäre nur 1 cm groß, dann würde die Oberfläche noch 500 m weit entfernt sein.

Aber wie kommen diese schweren Elemente in die metallarmen Sterne, die wir beobachten? Natürlich dann, wenn solche weitentwickelten Riesensterne schon vor der Bildung eines neuen metallarmen Sterns das Gas durch ihre Sternwinde mit s-Prozess-Elementen angereichert haben. Aber im sehr frühen Universum, also der Zeit der metallärmsten Sterne, konnte der s-Prozess aufgrund von starkem Eisenmangel wahrscheinlich gar nicht stattfinden. Denn es werden wenigstens kleinste Mengen an Atomkernsorten wie z. B. Eisen in der Sternatmosphäre selbst benötigt, die als Saatkerne fungieren können. Daher ist unklar, wann der s-Prozess zum allerersten Mal im Universum auftrat. Weiterhin dauerte es fast eine Milliarde Jahre, bis sich überhaupt erst einmal die ersten Sterne zu Riesensternen entwickelt hatten, so dass s-Prozess-Elemente zum ersten Mal synthetisiert werden konnten.

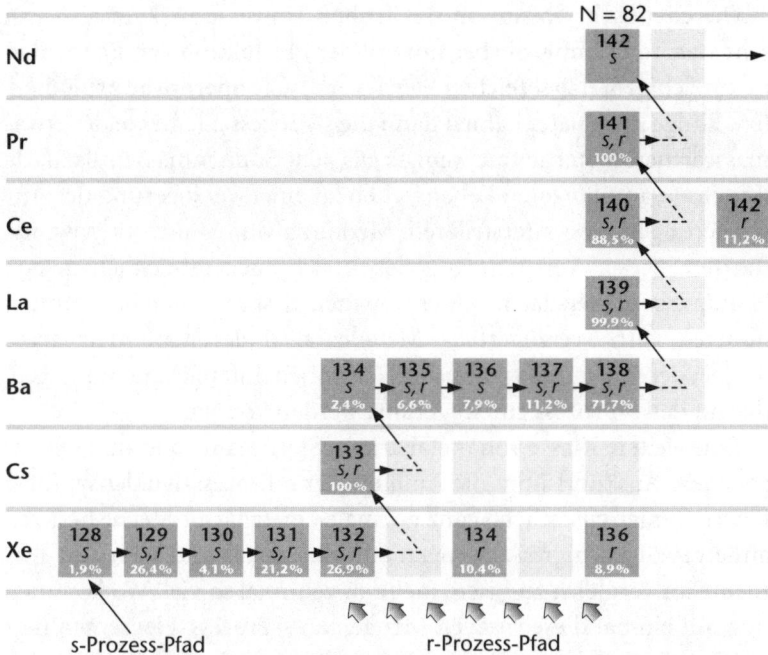

Abb. 5.4: Beispiele für die Synthese von verschiedenen Neutroneneinfangelementen im s- und im r-Prozess. Dunkelgraue Kästchen sind stabile Elemente, hellgraue instabile. Die obere Zahl gibt die Neutronenzahl des Isotops an. Die Prozentzahlen geben den Anteil des Isotops in einem Element an. Weiterhin ist angegeben, ob das Isotop nur im s-Prozess oder nur im r-Prozess oder in beiden Prozessen erzeugt werden kann. So wird dann im s-Prozess z. B. ein Xenonatom mit Neutronen Stück für Stück angereichert. Entsteht ein instabiles Isotop β-zerfällt es zu einem Cäsiumisotop. Nach einem weiteren Neutroneneinfang zerfällt dies zu Barium. Die stabilen Bariumisotope fangen ihrerseits weitere Neutronen ein, bevor das schwerste, instabile zu einem Lanthanisotop zerfällt. Dieses Einfangen und Zerfallen läuft weiter bis zu Neodynium und noch weiter, was aber nicht mehr gezeigt wird. Einige Xenon- und Ceriumisotope können nur im r-Prozess aus dem Zerfall von wesentlich schwereren neutronenreichen Isotopen erzeugt werden, die aber aus Platzgründen nicht eingezeichnet sind.

Die chemische Evolution des frühen Universums kam also erst schrittweise in Gang. Sie begann mit der Produktion von Elementen in kurzlebigen, massereichen Sternen, die als Supernovae explodierten. Einige Zeit später kamen dann die s-Prozess-Elemente der etwas masseärmeren Sterne mit weniger als acht Sonnenmassen dazu, da ihre insgesamt längeren Lebenszeiten zu einer Verzögerung der Anreicherungen des interstellaren Mediums durch ihre Sternwinde führten. Diese »Verspätung« spiegelt sich auch tatsächlich in den Häufigkeiten metallarmer Sterne wider. Erst ab einer bestimmten höheren, also »verzögerten« Metallizität findet man metallarme Sterne, deren Häufigkeitsmuster Neutroneneinfangelemente zeigen, die auf den s-Prozess zurückgeführt werden können.

Eine weitere Klasse von metallarmen Sterne kann allerdings etwas genauere Auskunft über die Anfänge der s-Prozess-Nukleosynthese liefern. Einige eigentlich »ganz normale« metallarme Sterne besitzen außergewöhnlich große Mengen an Kohlenstoff und s-Prozess-Elemente im Vergleich zu Eisen: mehr als zehnmal so viel. Wo kommen nun auf einmal diese riesigen Mengen an s-Prozess-Elementen her?

Wie ausgiebige Beobachtungen ergeben haben, befinden sich diese sogenannten s-Prozess-Sterne in Doppelsternsystemen. In solchen Partnerschaften kreisen zwei Sterne eng umeinander. Dies kann z. B. mit Messungen der stellaren Radialgeschwindigkeiten, also der Sterngeschwindigkeiten in Richtung der Sichtlinie des Beobachters, herausgefunden werden. Die Massen der chemisch identischen Sterne, die aus der gleichen Gaswolke gebildet wurden, sind jedoch verschieden groß. Der massereichere Stern wurde aufgrund seiner kürzeren Lebenszeit schon vor langer Zeit zu einem aufgeblähten Riesen und wanderte irgendwann auf den asymptotischen Riesenast. In jener Phase produzierte dieser Begleitstern s-Prozess-Elemente in seinem Inneren, welche nach und nach an seine Oberfläche gespült wurden. Da beim s-Prozess Kohlenstoff als Neutronenquelle eine wichtige Rolle spielt, gelangten zusätzlich zum s-Prozess-Material auch noch große Mengen an Kohlenstoff mit an die Oberfläche.

In einem kosmischen Balance-Akt gab der Riesenstern dann einen Teil seines äußeren Atmosphärenmaterials an seinen masseärmeren

Begleitstern ab. Dieses »Geschenk« ist der Grund, warum sich heutzutage s-Prozess-Elemente im Spektrum eines sonst eher unauffälligen metallarmen Sterns befinden können. Denn was heute beobachtet wird, ist allein das Licht des masseärmeren Sterns. Der einstige Riesenstern hat sich in der Zwischenzeit längst zu einem nur noch schwach leuchtenden Weißen Zwerg entwickelt. Somit überstrahlt er seinen Begleiter nicht mehr.

Produziert wurden die s-Prozess-Elemente in diesem Fall nicht vom beobachteten Stern selbst, sondern von dessen Doppelstern-»Kollegen«, der sie im Rahmen des langsamen s-Prozesses erzeugte. Dieser besondere Anreicherungsprozess erklärt also die Beobachtung von ungewöhnlich großen Mengen von s-Prozess-Elementen in Zusammenhang mit viel Kohlenstoff in einigen metallarmen Sternen. Beobachtungen der metallärmsten s-Prozess-Sterne haben weiterhin gezeigt, dass sie tatsächlich wie vorhergesagt riesige Bleimengen besitzen. Das Blei, das z. B. in Tauchergürteln steckt oder aus dem Bleischürzen gemacht sind, ist vornehmlich im s-Prozess erzeugt worden.

Die Existenz der s-Prozess-Sterne ist ein wahrer Glückstreffer für Astronomen und Nuklearphysiker. Denn diese metallarmen Sterne agieren als Träger des s-Prozessmaterials, so dass der s-Prozess und dessen Elementproduktion sehr genau untersucht werden können. Während man in Planetarischen Nebeln nur eine geringe Anzahl an s-Prozess-Elementen messen kann, findet man in metallarmen s-Prozess-Sternen bis zu 20 dieser Neutroneneinfangelemente. Detaillierte Häufigkeitsanalysen der s-Prozess-Sterne haben inzwischen schon sehr zur Verbesserung der theoretischen Nukleosynthese-Modelle sowie des Verständnisses des astrophysikalischen Produktionsorts in Riesensternen beigetragen.

5.2. Thorium, Uran und die r-Prozess-Elementsynthese

Während der s-Prozess in Umgebungen mit relativ geringen Neutronendichten in den Riesensternen abläuft, benötigt man für den r-Prozess wesentlich stärkere Neutronenflüsse. Es wird daher angenommen, dass solche extremen Bedingungen nur in einer Supernova oder eventuell auch in zwei aufeinanderstürzenden Neutronensternen erreicht werden können. Bestimmte massereiche Sterne mit 8 bis 10 oder mehr als 20 Sonnenmassen, die als Typ-II-Supernova explodieren, sind die vielversprechendsten Kandidaten für den astrophysikalischen Ort, an dem sich der r-Prozess abspielt. Da die erste Phase der chemischen Entwicklung erst einmal nur durch Supernovaexplosionen vorangetrieben wurde, lief der r-Prozess wahrscheinlich schon zu den frühesten Zeiten im Universum ab. Trotzdem ist es noch nicht gelungen, den astrophysikalischen Produktionsort eindeutig zu bestimmen, da viele Details der r-Prozess-Nukleosynthese noch immer unzureichend verstanden sind. Dennoch sind die groben Eigenschaften des r-Prozesses schon seit Jahrzehnten bekannt. So findet ein vollständiger r-Prozess innerhalb von nur zwei bis drei Sekunden statt! In dieser kurzen Zeit werden Saatkerne, z. B. Kohlenstoff- oder Eisenkerne, heftigst mit Neutronen bombardiert. Angeblich sind ~10^{22} Neutronen pro Quadratzentimeter pro Sekunde nötig. ~10^{22} ist eine ziemlich große Anzahl, und zwei Sekunden sind eine erstaunlich kurze Zeit – ein ordentlicher Atemzug dauert länger.

Der Aufbau der Kerne muss vor allem deswegen so schnell ablaufen, weil jeder Kern immer dann, wenn er ein Extra-Neutron bekommen hat, schnell wieder zerfallen möchte. Dieser Vorgang geschieht im s-Prozess. Wenn jetzt aber weitere Neutronen rasend schnell hinzugefügt werden bevor der Kern wieder zerfällt, kann man kurzfristig ein sehr neutronenreiches Isotop herstellen. Diese großen, instabilen Kerne sind allerdings radioaktiv, d. h. auch sie zerfallen sofort wieder, sobald der Neutronenfluss versiegt. Auf diesem Weg wird die andere Hälfte der Isotope aller schweren Elemente im Periodensystem synthetisiert.

Man kann sich den r-Prozess etwa so vorstellen, als ob man eine herunterfahrende Rolltreppe hochlaufen wollte. Die Rolltreppe mit ihren einer nach der anderen verschwindenden Stufen gleicht den zerfallenden Kernen. Wenn man einen schweren Kern erstellen möchte, muss man also ziemlich schnell die Rolltreppe hinauflaufen, schneller, als sie herunterfährt, sonst kommt man nicht oben an. Ist man nicht schnell genug, trampelt man auf der »Stelle«. Dies würde dem s-Prozess entsprechen.

Aus verschiedenen kernphysikalischen Gründen kann der r-Prozess aber keine beliebig schweren Elemente erzeugen. Wird ein Atomkern während des r-Prozesses zu schwer, zerfällt er instantan durch Kernspaltung in leichtere Atomkerne. Nachdem der r-Prozess zum Stillstand gekommen ist, besitzen die schwerstmöglichen Isotope knapp 100 Protonen und bis zu 160 Neutronen, sind radioaktiv und zerfallen über eine längere Zerfallskette (meist durch α-Zerfälle) über viele verschiedene Isotope schließlich zu Blei. Blei hat 82 Protonen und um die 100 Neutronen, je nach Isotop. So entstehen nicht nur die schwersten stabilen Elemente, sondern auch die schwersten langlebigen radioaktive Kerne, ^{232}Thorium, mit einer Halbwertszeit von 14 Milliarden Jahren, und ^{238}Uran, mit einer Halbwertszeit von 4,7 Milliarden Jahren. Diese langen Halbwertszeiten sind von kosmischer Dauer und zur Messung von kosmischen Zeitskalen verwendbar.

Alles in allem führt der r-Prozess zu ganz bestimmten, charakteristischen Häufigkeitsverhältnissen der schweren Elemente untereinander. An dieser Signatur ist der r-Prozess eindeutig zu erkennen. Der s-Prozess hat ebenfalls ein charakteristisches Muster, welches sich aber von dem des r-Prozesses deutlich unterscheidet. Diese Muster werden im Folgenden genauer beschrieben.

Die Häufigkeiten der chemischen Elemente in der Sonne sind das aufaddierte Produkt von acht Milliarden Jahren an chemischer Entwicklung, vom Urknall bis zur Entstehung der Sonne vor etwa 4,6 Milliarden Jahren. Dementsprechend sind die schwereren Elemente in der Sonne ein Gemisch aus Isotopen, die im s- und r-Prozess hergestellt werden. Da das s-Prozess-Muster theoretisch sehr gut bekannt ist, kann es vom solaren Muster abgezogen werden. Was danach übrig bleibt, ist die r-Prozess-Komponente. Das solare r-Prozess-Muster kann so mit theoretischen Vorhersagen zur r-Prozess-Nukleosynthese verglichen werden.

Das solare s-Prozess-Muster war für lange Zeit die einzige Möglichkeit, empirische Daten zum r-Prozess aus dem Kosmos zu gewinnen. 1995 wurde dann aber der erste extrem metallarme »r-Prozess-

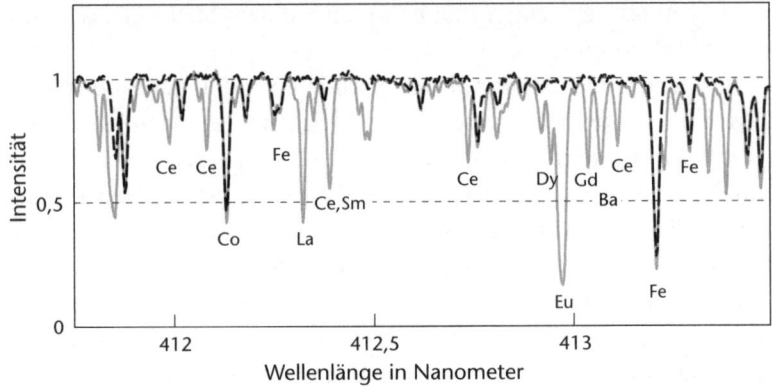

Abb. 5.5: Ausschnitt aus hochaufgelösten Spektren zweier metallarmer Sterne, von denen der eine ein normaler metallarmer Stern ist (schwarze gestrichelte Linie) und der andere ein r-Prozess-Stern (graue Linie). Die unterschiedlichen Absorptionslinien gehen auf die Existenz der zusätzlichen Neutroneneinfangelemente im r-Prozess-Stern zurück. Die starke r-Prozess-Europiumlinie bei 412.97 kann besonders gut gesehen werden.

Stern« gefunden. Im Spektrum von CS 22892–052 wurden Absorptionslinien von bis zu 70 Elementen des Periodensystems gemessen. Dies beinhaltet nicht nur die »üblichen« leichteren Elemente wie Kohlenstoff, Sauerstoff, Magnesium, Natrium, Titanium, Eisen und Nickel, sondern vor allem die Neutroneneinfang-Elemente wie Strontium, Barium, Europium, Gadolinium, Dysprosium, Präseodinium und Osmium. Einige dieser sehr seltenen Art von Sternen weisen sogar Thorium und Uran auf. Abbildung 5.5 vergleicht die Spektren von einem r-Prozess-Stern mit einem normalen metallarmen Stern. Nur für die Sonne können noch mehr Elemente als in r-Prozess-Sternen gemessen werden.

Aufgrund seiner geringen Metallizität muss dieser metallarme r-Prozess-Stern schon im frühen Universum gebildet worden sein. Da zu diesen Frühzeiten noch keine s-Prozess-Nukleosynthese stattfand, muss der Stern also aus einer Gaswolke entstanden sein, die schon vor seiner Geburt mit r-Prozess-Elementen angereichert worden war. Somit kann geschlossen werden, dass r-Prozess-Ereignisse schon bald nach dem Urknall stattgefunden haben müssen.

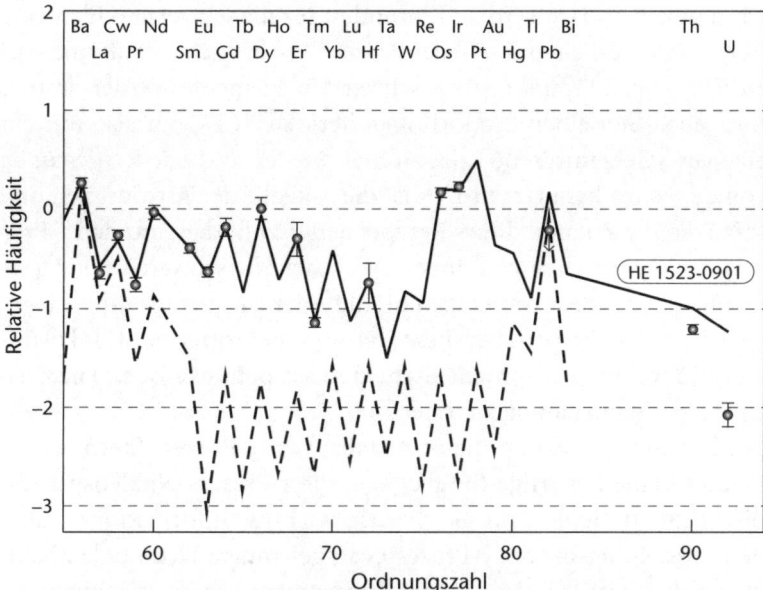

Abb. 5.6: Vergleich der Häufigkeiten von Elementen schwerer als Barium im r-Prozess-Stern HE 1523–0901 (Kreise) mit dem skalierten Muster der solaren r-Prozess-Komponente (Linie). Die Übereinstimmung ist erstaunlich gut. Zum Vergleich ist die solare s-Prozess-Komponente (gestrichelt) gezeigt, die aber nicht mit den beobachteten Werten übereinstimmt.

Dies bedeutet, dass die metallarmen r-Prozess-Sterne also den direkten chemischen Fingerabdruck eines r-Prozess-Ereignisses in sich tragen. In der Tat stellte sich schnell heraus, dass die beobachteten Häufigkeiten der schweren Elemente der metallarmen r-Prozess-Sterne mit denen des solaren r-Prozess-Musters bis auf einen Skalierungsfaktor *genau* übereinstimmen. Dies ist besonders der Fall bei Elementen, die schwerer als Barium sind (Ordnungszahl 56). Wie Abbildung 5.6 zeigt, sind die Muster eines r-Prozess-Sterns und der Sonne nahezu identisch.

Aber wie können alte Sterne und die Sonne über das gleiche Element-Muster verfügen? Angesichts der Tatsache, dass die Sonne ca. acht Milliarden Jahre später als die alten, metallarmen r-Prozess-Sterne geboren wurde, ist dies eine erstaunliche Entdeckung. Sie kann nur so erklärt werden: Zumindest für die schwersten Elemente ist der r-Prozess ein universeller Prozess. Wo er auch abläuft und egal zu welchem Zeitpunkt, diese schwersten Elemente werden immer mit genau denselben Proportionen hergestellt. Es gibt also nur ein einziges »Geheimrezept«, das immer wieder und wieder genau so von der Natur benutzt wird. Es ist die Aufgabe der Astronomen und Physiker, die Zutaten dieses Rezepts herauszufinden, um den r-Prozess genau verstehen zu können. Weil sich die schweren r-Prozess-Elemente im Labor nur eingeschränkt oder gar nicht synthetisieren lassen, nutzen die Forscher diese Sterne dementsprechend als kosmisches Labor, um kernphysikalische und astrophysikalische Theorien zur Elemententstehung zu testen.

Chemische Analysen dieser metallarmen r-Prozess-Sterne eröffnen also eine neuartige Möglichkeit, die r-Prozess-Nukleosynthese direkt zu studieren und gleichzeitig wichtige Informationen über den Entstehungsort des r-Prozesses zu gewinnen. Denn es kann angenommen werden, dass es eine Supernova gewesen sein muss, die die r-Prozess-Elemente produzierte und in das interstellare Gas schleuderte, aus dem sich der spätere r-Prozess-Stern bildete. Die solare Häufigkeit der r-Prozess-Elemente erlaubt diesen einfachen Schluss allerdings nicht, da unzählige Generationen von Sternen die Geburtsgaswolke der Sonne mit s- und r-Prozess-Elementen angereichert haben. Somit helfen die metallarmen r-Prozess-Sterne in ganz besonderer Weise, den Ursprung der schwersten Elemente im Detail zu rekonstruieren.

Die leichteren Elemente bis hin zu Eisen und Nickel zeigen in ihrer zeitlichen Entwicklung ein wohldefiniertes kontinuierliches Verhalten, wie in Abbildung 5.7 gesehen werden kann. Dies kann auf ein schon zu frühen Zeiten gut durchmischtes, homogenes interstellares Gas zurückgeführt werden. Die Entwicklung der Neutroneneinfang-Elemente zeigt dagegen ein anderes Bild. Sie ist alles andere als wohldefiniert und zeigt eine große Streuung. Besonders im frühen Universum müssen also sehr unterschiedliche Mengen an r-Prozess-Elementen in jeder Supernova synthetisiert worden sein, auch wenn die Elementverhältnisse untereinander identisch waren. Nur dann kann die Streuung eventuell erklärt werden.

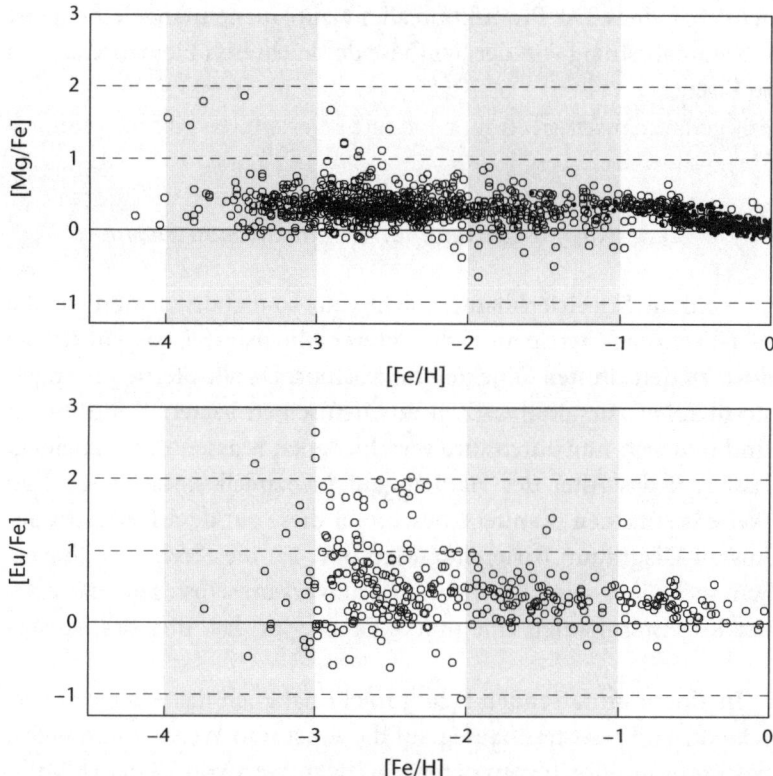

Abb. 5.7: Das Verhalten von [Mg/Fe] und [Eu/Fe] mit ansteigender Metallizität könnte für diese beiden Elemente nicht unterschiedlicher sein. Magnesium besitzt einen wohldefinierten Trend (wenn es auch Ausnahmen gibt), der auf seine immer gleich ablaufende Synthese in Kern-Kollaps-Supernovae zurückgeführt werden kann. Europium hingegen hat erst bei wesentlich höheren Metallizitäten einen klar erkennbaren Trend, da das Gas zu späteren Zeiten schon sehr gut durchmischt war. Im frühen Universum muss Europium also in sehr verschiedenen Mengen hergestellt worden sein.

Aber wahrscheinlich ist dies nicht die einzige Erklärung für das Häufigkeitsdurcheinander dieser Elemente. Momentan wird heftig spekuliert, ob es noch weitere Prozesse gibt, die z. B. nur die leichteren der Neutroneneinfang-Elemente herstellen können. Der grobe Unterschied des Verhaltens dieser beiden Elementgruppen verdeutlicht aber eines: Die Produktion aller Neutroneneinfangelemente ist völlig unabhängig von der Synthese der leichteren Elemente bis hin zu Eisen.

5.3. Kosmo-Chronometrie: Die ältesten Sterne

Obwohl die Kugelsternhaufen nicht ganz so metallarm sind wie die metallärmsten Sterne im Halo unserer Milchstraße, so gehören sie doch zu den ältesten Objekten im Kosmos. Da alle Sterne im Kugelsternhaufen zur gleichen Zeit aus demselben Material entstanden sind und sich nur durch ihre verschiedenen Massen unterscheiden, lässt sich das Alter des Haufens auf prinzipiell einfache Art und Weise bestimmen. Kapitel 6 beschreibt diese auf dem Hertzsprung-Russell-Diagramm basierende Methode. Da die Sterne im Universum nicht älter sein können als das Universum selbst, setzt das Alter der Kugelsternhaufen eine untere Grenze für das Alter des Universums.

In einem umfassenden Schulprojekt habe ich das Alter von verschiedenen Kugelsternhaufen auf diese Art und Weise einmal selbst bestimmt und mich vom damals gültigen Wert von 12 bis 14 Milliarden Jahren selbst überzeugen können. Das Alter des Universums wurde damals noch auf 15 Milliarden Jahre geschätzt.

Erst 2003 ist berechnet worden, dass das Universum 13,7 Milliarden Jahre alt ist. Dieses Alter basiert auf der Analyse der vom Urknall hinterlassenen kosmischen Hintergrundstrahlung, die mit dem WMAP-Satelliten vermessen wurde. Diese neue, sehr präzise Altersbestimmung ist aber nicht unbedingt ein Problem für die Kugelsternhaufen, die auf einmal älter als das Universum erschienen. Denn alle diese Altersmessungen der Sternhaufen sind mit Unsicherheiten von mehreren Milliarden Jahren behaftet. Neuere Bestimmungen der Kugelsternhaufen liefern aber inzwischen Alter von 10–12 Milliarden Jahren. Diese Werte sind gut mit dem WMAP-Alter des Universums verträglich. Damit bleiben sie nach wie vor einige der ältesten bekannten Objekte.

Die metallärmsten Einzelsterne im Halo unserer Milchstraße entstanden zu einer Zeit, als das Universum noch sehr wenig Metallverschmutzung durch Supernovaexplosionen erfahren hatte, also schon sehr bald nach dem Urknall. Es wird daher vermutet, dass die metallärmsten Sterne, genau wie die Kugelsternhaufen, fast so alt sind wie das Universum. Leider lässt sich das Alter von Einzelsternen in den allermeisten Fällen jedoch nicht bestimmen. Mit einer speziellen Ausnahme: wenn im Stern mehrere verschiedene radioaktive Isotope zerfallen, deren Halbwertszeiten den kosmischen Zeitskalen und somit dem Alter des Sterns ähneln. Denn wenn radioaktives Material zerfällt und der Anfangswert bekannt ist, kann dieser Vorgang als eine Art Uhr dienen. So ähnlich wie Archäologen ihre historischen Funde mit der ^{14}C-Radiokohlenstoffmethode datieren, können Astronomen so das Alter von Sterngreisen bestimmen.

Diese Methode funktioniert allerdings nur, wenn sichergestellt werden kann, dass es lediglich eine einzige Quelle für das radioaktive Material gab. Ansonsten ist es unmöglich zu berechnen, wie groß die Anfangsmenge des Materials gewesen sein muss, dessen übrig gebliebener Rest heutzutage gemessen wird.

In welchen Sternen können nun radioaktive Elemente in messbaren Mengen im Sternspektrum vorgefunden werden, die aus nur einer Quelle stammen? Alte metallarme r-Prozess-Sterne sind die Antwort. Denn glücklicherweise können die Häufigkeiten des langlebigen radioaktiven Elements Thorium (Halbwertszeit 14 Milliarden Jahre) in einer Handvoll von r-Prozess-Sternen gemessen werden. Auch Urandetektionen (Halbwertszeit 4,7 Milliarden Jahre) sind inzwischen in einigen wenigen dieser Sternen möglich.

Die Halbwertszeiten von Thorium und Uran sind ausreichend lang, um Objekte aus dem frühen Universum zu datieren, denn auch nach 13,7 Milliarden Jahren sind noch lange nicht alle diese Isotope zu Blei zerfallen. Weiterhin kann aufgrund der geringen Metallizität der Sterne angenommen werden, dass nur eine einzige Supernova im frühen Universum für die Produktion der radioaktiven und stabilen schweren r-Prozess-Elemente verantwortlich war.

Das Elementhäufigkeitsmuster des Sterns zeigt also an, wie viel des radioaktiven Thoriums und Urans seit ihrer Synthese in der Supernova bis heute übrig geblieben sind. Aber wie viel Thorium und Uran konnte in einer solchen Supernova produziert werden? Auf diese Frage gibt es keine einfache Antwort. Da angenommen wird, dass r-Prozess-Elemente in bestimmten Arten von Typ-II-Supernovaexplosionen synthetisiert werden, sind aufwendige theoretische Modelle zum r-Prozess nötig, um die astrophysikalischen Zustände während der Supernovaexplosion zu simulieren. Da die r-Prozess-Nukleosynthese hochgradig komplex und extrem schwierig zu modellieren ist, gibt es nur Approximationen, wenn diese auch vielversprechend sind. Sie versuchen, diesen Prozess so gut wie möglich zu beschreiben, denn nicht umsonst ist der r-Prozess eines der schwierigsten kernphysikalischen Probleme, an denen Physiker schon seit fünf Jahrzehnten arbeiten.

Die r-Prozess-Modelle können also dazu benutzt werden, Vorhersagen für die Menge an r-Prozess-Material zu machen, so wie es eventuell in einer Supernovaexplosion im frühen Universum vor sich gegangen sein könnte. Die Modelle machen dabei von der Universalität des r-Prozesses Gebrauch, um Vorhersagen für die relativen Anteile jedes Elements im Vergleich zu den anderen zu treffen. Daraus können die sogenannten Anfangshäufigkeiten jedes Elements zueinander bestimmt und mit den heutigen stellaren Verhältnissen verglichen werden.

Da es viel einfacher ist, Häufigkeitsverhältnisse vorherzusagen, werden bei der Altersbestimmung dann die Häufigkeiten verschiedener stabiler r-Prozess-Elemente, z. B. Europium, Osmium und Iridium zu Thorium oder auch zu Uran ins Verhältnis gesetzt. Jedes dieser Häufigkeitsverhältnisse ist ein sogenannter Kosmo-Chronometer, mit dem ein individuelles Alter bestimmt werden kann. So ist man in der Lage, denselben Stern gleich mehrfach zu datieren, sofern mehrere der Kosmo-Chronometer zur Verfügung stehen. Chronometer-Beispiele sind Thorium:Europium, Thorium:Osmium und Uran:Iridium. Aber auch Uran:Thorium kann als Chronometer benutzt werden, da man die Zerfallsrate beider Elemente kennt.

Das Prinzip der Altersbestimmung ist nun ganz einfach. Angenommen, die Modellrechnungen für den r-Prozess ergeben für zwei Isotope X und Y (in diesem Fall Thorium und Uran) ein anfängliches

Verhältnis ihrer Häufigkeiten von 2:1. Wenn das Isotop X nun eine Halbwertszeit von 1 Milliarde Jahren und das Isotop Y eine Halbwertszeit von 2 Milliarden Jahren hat, dann ergibt sich nach den Gesetzen des radioaktiven Zerfalls, dass nach 4 Milliarden Jahren radioaktiven Zerfalls das Isotopenverhältnis X zu Y nun 1:8 geworden ist. Wird nun zu einem beliebigen späteren Zeitpunkt das Isotopenverhältnis X zu Y gemessen, so lässt sich hieraus umgekehrt auch sofort die Zeitdauer des radioaktiven Zerfalls und somit das Alter des Sterns bestimmen. Bei Verhältnissen mit einem stabilen Element vereinfacht sich diese Rechnung noch einmal.

Strenggenommen bestimmt man mit diesem Verfahren das Alter des Ereignisses, bei dem die r-Prozess-Elemente erzeugt wurden – also das Alter der Supernova. Die niedrige Sternmetallizität deutet aber darauf hin, dass der Zeitraum zwischen der Supernova und der Geburt des Sterns im Vergleich zum Sternalter sehr kurz gewesen sein muss. Da die Messunsicherheiten des Sternalters wesentlich größer als diese Zeitspanne sind, ist diese Annahme auch nicht weiter problematisch.

Betrachten wir einige Beispiele für diese Art der Altersbestimmungen. Für den ersten extrem metallarmen r-Prozess-Stern, CS 22892–052, der vor mehr als 15 Jahren in der HK-Durchmusterung gefunden wurde und in dem Dutzende von r-Prozess-Elementen gemessen werden konnten, wurde ein Alter von 14 Milliarden Jahren bestimmt. Es konnte mit Hilfe des Thorium:Europium-Chronometers gewonnen werden. Thorium besitzt mehrere recht starke Absorptionslinien im optischen Spektrum. Sie werden messbar, wenn man es mit einem Stern zu tun hat, der so große Mengen von r-Prozess-Material enthält.

Ein zweiter r-Prozess-Stern, CS 31082–001, wurde im Jahr 2000 in der gleichen Durchmusterung gefunden. In seinem Spektrum konnten nicht nur Thoriumlinien detektiert werden, sondern auch die einzige, extrem schwache Uran-Linie, die im gesamten optischen Spektrum zwischen 300 und 800 nm vorkommt. Uran konnte somit zum ersten Mal in einem metallarmen Stern nachgewiesen werden. Dieser Stern wurde dann mit dem Uran:Thorium-Chronometer auf 14 Milliarden Jahre datiert.

Aber selbst im Fall von CS 31082–001 lieferte nur der Uran:Thorium-Chronometer ein physikalisch sinnvolles Alter. Andere Häufigkeitsverhältnisse, wie Thorium:Europium, lieferten entgegen allen Erwartungen keine brauchbaren Altersmessungen. Der Thorium: Europium-Chronometer lieferte für CS 31082–001 ein *negatives* Alter. Da selbst Astronomen nicht in die Zukunft schauen können – denn ein negatives Alter würde das, falls korrekt, erfordern –, ist dies ein klassisches Beispiel für ein »unphysikalisches« Ergebnis. Aus dieser Tatsache heraus wurde klar, dass es noch viele Details im r-Prozess und seinem astrophysikalischen Herstellungsort gibt, die dringend erforscht werden müssen. Dafür werden weitere r-Prozess-Sterne benötigt, besonders solche, in denen mehrere verschiedene Chronometer gemessen werden können. Nur so können sowohl die Details wie auch die Ausnahmen der r-Prozessnukleosynthese verstanden werden.

Diese beiden r-Prozess-Sterne sowie mehrere etwas metallreichere und wesentlich weniger r-Prozess-angereicherte Sterne waren bis dahin nur aus Zufall in den jeweiligen Stichproben entdeckt worden. Um systematisch nach weiteren Exemplaren dieser besonderen Sterne zu suchen, wurde 2001 eine große Kampagne mit einem der vier 8 m Very Large Telescopes der Europäischen Südsternwarte gestartet. Ziel war es, grobe Spektren von 350 Sternen aus der neueren Hamburg/ESO-Durchmusterung aufzunehmen, um sie auf ihre Europiumlinie bei 412.9 nm hin zu untersuchen. r-Prozess-Sterne zeigen eine starke Europiumlinie, da die verschiedenen Isotope dieses Elements fast ausschließlich im r-Prozess synthetisiert werden. Eine sichtbare starke Europiumlinie im Spektrum ist der beste Indikator dafür, dass man einen weiteren r-Prozess-Stern gefunden hat. Denn normale metallarme Sterne zeigen normalerweise keine Europiumlinie in ihrem Spektrum oder, wenn überhaupt, nur eine sehr schwache Linie.

Die mehrere Jahre dauernde Suche war in der Tat erfolgreich. Ein Dutzend r-Prozess-Sterne mit sehr hohen Europiumhäufigkeiten von mehr als zehnmal mehr Europium als Eisen wurde ausfindig gemacht sowie weitere Sternen mit etwas weniger hohen Überhäufigkeiten. Alles in allem ergab sich, dass ca. 5 % der metallarmen Sterne extreme r-Prozess-Sterne sind. Die meisten dieser Neuentdeckungen konnten mit dem Thorium:Europium-Chronometer auf ein ähnliches Alter wie die beiden ersten Sterne datiert werden. Allerdings konnte in keinem Stern Uran nachgewiesen werden. Denn es war unmöglich, für die durchweg eher schwächeren Sterne die extrem hohe Datenqualität zu erlangen, die für die Uranmessungen benötigt werden würde.

Eine Urandetektion ist nämlich nur möglich, wenn ein r-Prozess-Stern mehrere Bedingungen erfüllt:

1) Natürlich muss der Stern zuerst einmal eine große Menge an r-Prozess-Elementen im Vergleich zu Eisen in sich tragen.

2) Der Stern sollte möglichst hell sein, damit die nötige extrem hohe Datenqualität innerhalb einer angemessenen Teleskopzeit erreicht werden kann.

3) Der Stern muss extrem metallarm sein, damit die Absorptionslinien der anderen, leichteren Elemente wie z. B. Eisen oder Titan die Linien der r-Prozess-Elemente im Spektrum nicht unnötig verdecken.

4) Der Stern muss sehr kühl sein und sich somit am mittleren oder oberen Ende des Roten-Riesenastes befinden. Oberflächentemperaturen zwischen 4500 und 5000 Grad Kelvin sind erwünscht, denn dann sind die Absorptionslinien stärker ausgeprägt als in wärmeren Sternen. Nur dann ist die winzige Uranlinie etwas stärker im Spektrum ausgeprägt und kann etwas einfacher detektiert werden.

5) Schließlich muss der Stern nur eine geringe Kohlenstoffhäufigkeit besitzen. Denn direkt neben der Uranlinie befindet sich eine relativ starke molekulare Kohlenstofflinie, die bei hohen Kohlenstoffhäufigkeiten sehr stark ist und die Uranlinie vollständig verdeckt.

Eine Uranmessung ist dann unmöglich. Der erste r-Prozess-Stern, CS 22892–052, ist ein solcher Fall: Eigentlich ein perfekter Kandidat, aber da er zusätzlich kohlenstoffreich ist, ist keine Uranmessung möglich. Weiterhin ist eine geringe Kohlenstoffhäufigkeit auch für die Bestimmung der Thoriumhäufigkeit von Vorteil. Denn auch in dieser spektralen Region lauern, sogar mehrere, molekulare Kohlenstofflinien. Da die Thoriumlinie aber stärker als die Uranlinie ist, ist die Überdeckungsgefahr wesentlich geringer ausgeprägt.

Angesichts all dieser Bedingungen sind Kandidaten für die Alters-bestimmung mit einem Uran-Chronometer extrem selten. Aus diesem Grund gibt es nach wie vor insgesamt nur drei metallarme Sterne, in denen Uran detektiert werden konnte, obwohl eine der drei Detektionen umstritten ist. Fast ein Lehrbuchbeispiel ist dagegen der im Jahr 2005 entdeckte Stern HE 1523–0901. Der in der Hamburg / ESO-Durchmusterung gefundene helle Stern war eines der Objekte in der Stichprobe, die die Grundlage meiner Doktorarbeit bildete. Ich konnte später die bislang größten relativen Häufigkeiten von r-Prozess-Elementen in diesem Stern messen – unter ihnen auch Thorium und Uran. In Abbildung 5.8 ist die Spektralregion mit der winzigen Uranlinie in HE 1523–0901, auch im Vergleich zu CS 31082–001, gezeigt. HE 1523–0901 ist der erste Stern, für den mehr als ein Chronometer benutzt wurde. So konnte ich sein Alter mit sieben verschiedenen Chronometern auf 13,2 Milliarden Jahre bestimmen. Ein solches Alter stimmt gut mit dem vom WMAP-Satelliten berechneten Alter des Universums von 13,7 Milliarden Jahren überein.

Alle einzelnen stellaren Altersbestimmungen unterliegen unter Umständen aber großen Messunsicherheiten, welche sowohl auf die Häufigkeitsbestimmungen der Elemente als auch auf den berechneten Anfangswert der Elementhäufigkeiten in der Supernova zurückgehen. Sie können bei mehreren Milliarden Jahren liegen, je nachdem, mit welchem Chronometer ein Alter bestimmt wurde.

Trotz der Unsicherheiten der Einzelmessungen kann mit der gesamten Gruppe der extrem metallarmen r-Prozess-Sterne und allen ihren Chronometern die entscheidende Frage nach dem Alter der ältesten Sterne nun endlich beantwortet werden: Sie sind fast so alt wie das Universum selbst. Denn Sternalter von 12 bis 14 Milliarden Jahren sind in allen diesen Sternen gemessen worden. Diese Tatsache macht die Unsicherheiten der einzelnen Altersbestimmungen wieder wett.

Ein für die Stellare Archäologie enorm wichtiger Punkt ist nun folgender: Sind alle metallarmen Sterne tatsächlich fast so alt wie das Universum? Dies ist ja eine der Annahmen, auf denen die Stellare Archäologie aufbaut. Die Frage kann generell mit »Ja« beantwor-

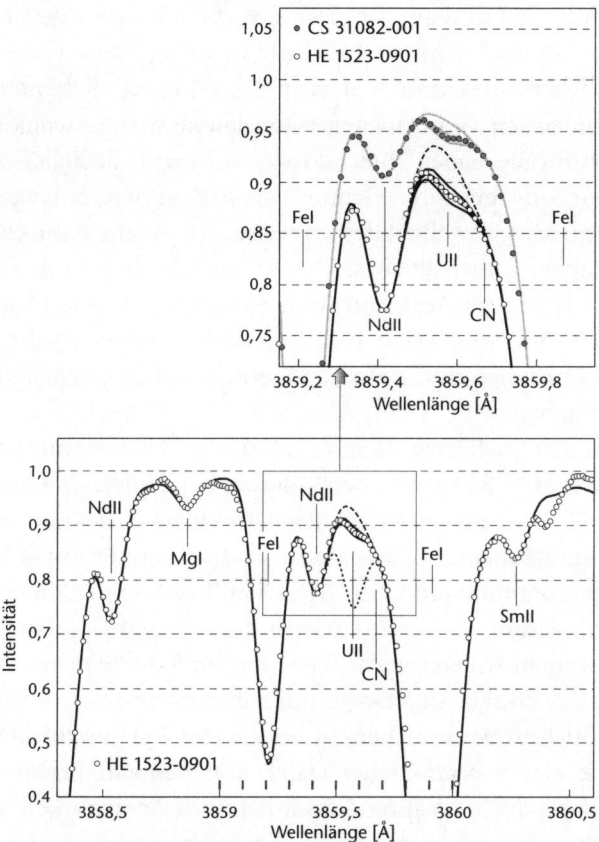

Abb. 5.8: Unten: Region im Spektrum von HE 1523–0901 um die Uranlinie bei 385.9 nm herum. Runde Punkte geben das beobachtete Spektrum wieder, während die durchgezogene Linie das am besten passende synthetische Spektrum darstellt. Die gepunktete Linie zeigt an, wie stark die Uranlinie ausgeprägt sein würde, wenn Uran nicht über die letzten 13 Milliarden Jahre zerfallen wäre. Oben: Detailausschnitt direkt um die Uranlinie herum. HE 1523–0901 wird mit dem anderen »Uran-Stern« CS 31082–001 verglichen. CS 31082–001 ist HE 1523–0901 sehr ähnlich, nur dass er 200 Grad Kelvin wärmer ist. Dementsprechend sind seine Absorptionslinien bei gleicher Häufigkeit schwächer ausgeprägt als in HE 1523–0901. Die durchgezogenen Linien zeigen mehrere synthetische Spektren mit unterschiedlichen Uranhäufigkeiten. Die mittlere passt am besten und bestimmt so die Uranhäufigkeit. Die gestrichelte Linie zeigt, wie das Spektrum aussehen würde, wenn kein Uran im Stern vorhanden wäre; dieses Spektrum stimmt aber nicht mit der Beobachtung überein.

tet werden. Grund dafür ist, dass sich die r-Prozess-Sterne in den Häufigkeiten der leichteren Elemente in keiner Weise von anderen, gewöhnlichen metallarmen Sternen mit sehr viel niedrigeren Häufigkeiten in den Neutroneneinfangelementen unterscheiden. Die r-Prozess-Sterne haben ihre r-Prozess-Elemente lediglich als eine »Extraportion« bei ihrer Geburt dazubekommen. Solange Sterne ähnlich niedrige Metallizitäten aufweisen, ist es sehr wahrscheinlich, dass sie auch ähnlich alt sind. Ein Nebeneffekt dieser Erkenntnis ist die Bestätigung der Annahme, dass metallarme Sterne Massen von 0,6 bis 0,8 Sonnenmassen haben. Nur wenn Sterne eine solche Masse haben, können sie als die ältesten Sterne seit dem Urknall bis heute überlebt haben.

Bei meiner Suche nach den metallärmsten Sternen war die Entdeckung von HE 1523–0901, dem ältesten bekannten und am besten datierten Stern, sehr spannend. Ich hatte einem befreundeten Astronomen einige meiner hellen Sterne als Lückenfüller für sein Beobachtungsprogramm am 6,5 m-Magellan-Teleskop in Chile mitgegeben. Kurz darauf war ich zusammen mit meinem Doktorvater zum 4 m-Australian Astronomical Telescope am Siding Spring-Observatorium in Australien unterwegs, um selbst nach r-Prozess-Sternen in meiner Stichprobe zu suchen. In einer dieser Aprilnächte bekam ich dann die ersten bearbeiteten Daten von meinem Bekannten per E-Mail zugeschickt. Während einer langen Belichtung konnte ich es mir nicht verkneifen, die neuen Spektren sofort zu inspizieren. Hoppla-hopp, was ist denn das? Die riesige Europiumlinie haute mich fast aus den Socken. Da so starke Europiumlinien aber durchaus auch bei sehr metallreichen Sternen auftreten können, beschloss ich nervös, schnell einige Tests durchzuführen, um sicherzustellen, dass mein Kandidat auch tatsächlich ein metallarmer Stern war. So weit war dann auch erst einmal alles in Ordnung, und ich wurde ganz aufgeregt. Gemeinsam mit meinem Doktorvater inspizierten wir weitere Regionen im Spektrum, um uns zu vergewissern, dass wir es wirklich mit einem r-Prozess-Stern zu tun hatten.

Dann sahen wir uns an, und eines war klar: Wir saßen in einem Teleskop, wir suchten nach r-Prozess-Sternen, und genau so einer war mir gerade geschickt worden. Zufall? Schicksal? Fügung? Ganz egal, wir beschlossen, den Stern sofort zu beobachten, um ad hoc bessere Daten zu bekommen. Leider war das Wetter von unserem Plan weniger überzeugt. In jener Nacht war es etwas diesig, und alle unsere Versuche, Daten aufzunehmen, die besser als das Magellan-Spektrum meines Bekannten waren, schlugen komplett fehl. In einer Wissenschaft, die vom Wetter abhängt, ist das eben manchmal so. Da kann man dann nur ein paarmal tief Luft holen; ärgern bringt leider gar nichts.

Letztendlich war das schlechte Wetter aber kein wirkliches Hindernis. Denn wieder zu Hause in Canberra angekommen, hatte ich Zeit, eine vorläufige Analyse des Magellan-Spektrums anzufertigen. Mit den Ergebnissen wollte ich mich dann für sofortige Teleskopzeit mit dem Very Large Telescope bewerben. In besonderen Fällen gibt es die Möglichkeit, dort kurzfristig etwas Teleskopzeit zu bekommen, damit man nicht ein ganzes Jahr lang warten muss, bis das Objekt wieder beobachtbar wird. Dieser Antrag wurde dann auch genehmigt. Da aber seit der ersten Beobachtung inzwischen fast drei Monate vergangen waren, war HE 1523–0901 nur noch für kurze Zeit bis Mitte August beobachtbar. Immerhin wurde die Hälfte der beantragten Einzelbeobachtungen im sogenannten *Service Mode* ausgeführt, bevor der Stern für ein gutes halbes Jahr vollständig hinter dem Horizont verschwand. Daraufhin musste ich dann noch einen weiteren Antrag schreiben, um auch die restliche Teleskopzeit zu erhalten.

Ganz im Sinne von »was lange währt, wird endlich gut« erhielt ich dann den gesamten Datensatz auf einer DVD im folgenden Spätsommer. Das war fast eineinhalb Jahre nachdem der Stern zum ersten Mal von meinem Bekannten beobachtet worden war. Zu dieser Zeit war ich in Uppsala in Schweden, um dort im Astronomie-Department für mehrere Wochen mit Kollegen zu arbeiten. Noch in der gleichen Woche hielt ich einen informellen Vortrag am Freitag zum Nachmittagstee, um meinen dortigen Kollegen vor Ort als Ersten die vorläufigen Ergebnisse zum neuen Spektrum mitzuteilen.

Wie das Schicksal so spielt, stellte sich später heraus, dass sich ein weiterer Stern, den mein Bekannter zusammen mit HE 1523–0901 am Magellan-Teleskop beobachtet hatte, ebenfalls als ziemlich ungewöhnlich und interessant herausstellte: ein kohlenstoffreicher s-Prozess-Stern, der zusätzlich Anzeichen von r-Prozess-Anreicherung aufzeigte. In der Aufregung um HE 1523–0901 war dieser Stern für einige Zeit in Vergessenheit geraten. Als er mir wieder in die Hände fiel, übergab ich ihn schmunzelnd an eine meiner Studentinnen, damit jetzt sie eine Häufigkeitsanalyse anfertigen konnte.

5.4. Nukleare Astrophysik

Die r-Prozess-Sterne bringen die Astrophysik und die Kernphysik auf besondere Weise miteinander in Berührung. Für die Astrophysik sind diese Objekte aufgrund ihres Alters von kosmologischer Bedeutung. Gleichzeitig bilden diese Sterne ein kosmisches Labor, in dem die Nukleosynthese der chemischen Elemente in einzigartiger Weise studiert werden kann. Die stellaren Altersbestimmungen führen diese beiden Forschungsrichtungen zusammen, da sie direkt von unserem kernphysikalischen Wissen zum Aufbau und Verhalten von Atomkernen abhängen. Aus diesem Grund sind sowohl die r-Prozess-Sterne wie auch die s-Prozess-Sterne Beispiele für das, was in der sogenannten nuklearen Astrophysik studiert wird.

So arbeiten Astronomen, theoretische Kernphysiker und Experimentatoren zusammen, um aus den Elementhäufigkeiten dieser Sterne möglichst viele Informationen z. B. über den r-Prozess und seinen Produktionsort abzuleiten. Denn weder der extreme Neutronenfluss noch die einzelnen neutronenreichen, radioaktiven Isotope, die während eines r-Prozesses auftreten, können im Labor synthetisiert werden. So liefern die metallarmen Sterne als Träger der chemischen Fingerabdrücke der diversen Nukleosyntheseprozesse wichtige experimentelle Daten zur Synthese der schwersten Elemente im Universum.

In diesem Zusammenhang dient Blei nochmals als Beispiel. Obwohl Blei zu späteren Zeiten im Universum hauptsächlich im s-Prozess synthetisiert wird, gab es auch schon zu Frühzeiten eine gewisse Bleiproduktion durch den r-Prozess. Blei wird einerseits direkt während des r-Prozesses durch den β-Zerfall der schwersten, neutronenreichsten Isotope im transuranen Bereich erzeugt. Andererseits entsteht es auf kosmischen Zeitskalen durch den langsamen α-Zerfall von Thorium und Uran.

Eine Bleimessung in einem r-Prozess-Stern ist noch schwieriger als die einer Uranlinie. Denn die einzige Bleilinie bei 405.8 nm ist noch schwächer und benötigt somit eine noch höhere Datenqualität. Dennoch konnte die Bleilinie in CS 31982–001 und HE 1523–0901 detektiert werden. Da unterschiedliche r-Prozess-Modelle durchaus verschiedene Häufigkeitsverteilung der allerschwersten Elemente vorhersagen, sind Tests auf Selbstkonsistenz der Modelle in sich und auf Übereinstimmung mit den Beobachtungen besonders wichtig und informativ.

Können in ein und demselben Stern Thorium-, Uran- und Bleihäufigkeiten gleichzeitig bestimmt werden, liegt ein Konsistenztestfall vor, da die Häufigkeiten dieser drei Elemente sowohl über den r-Prozess als auch über den radioaktiven Zerfall miteinander gekoppelt sind.

Um die drei beobachteten Häufigkeiten zu erklären, müssen also der Bleianteil, der direkt im r-Prozess erzeugt wird, plus der Anteil, der durch den radioaktiven Zerfall über viele Milliarden Jahre langsam vor sich geht, vorhergesagt werden. Gleichzeitig müssen die Thorium- und Uranhäufigkeiten nach etwa 13 Milliarden Jahre langem Zerfall richtig vorhergesagt werden. Mit diesem Test können die verschiedenen r-Prozess-Modelle weiter verbessert werden. Dies wird zu verbesserten Vorhersagen der r-Prozesshäufigkeiten in der Supernova führen, was letztendlich für verbesserte stellare Altersbestimmungen mit geringeren Unsicherheiten sorgen wird.

6. WILLKOMMEN IN UNSERER MILCHSTRASSE

Unsere Heimatgalaxie, die Milchstraße, mag dem Betrachter unvorstellbar groß am Himmel erscheinen. Ihr Ausmaß übertrifft unser Vorstellungsvermögen bei weitem. Wenn man aber genauer hinschaut, stellt sich heraus, dass auch eine so große Galaxie über eine deutliche Struktur verfügt, so dass sie einem am Ende doch nicht mehr so groß erscheint. Die Struktur kann man auf das Gas und den Staub, die Millionen von Einzelsternen sowie große Sternhaufen und sogar Zwerggalaxien zurückführen. Somit kann die Galaxie in verschiedene Komponenten aufgeteilt werden, von der jede einzelne ihre eigene Geschichte hat. Das macht es interessant, die jeweiligen Regionen der Galaxie mit ihren kosmischen Bewohnern im Detail zu untersuchen.

6.1. Eine Milchstraße über uns

Wer die Milchstraße von der Nordhalbkugel aus schon einmal gesehen hat, war vielleicht genauso davon beeindruckt wie ich. Es war immer spannend, sich vorzustellen, wie viele Sterne dort oben wohl leuchten mögen. Als ich dann Jahre später die Milchstraße in einer kalten, winterlichen, aber extrem klaren Nacht in Australien das erste Mal in ihrer ganzen Pracht sehen konnte, wurde mir sofort klar, dass die Astronomie wirklich meine Sache ist. Denn wie in Farbabbildung 6.A zu sehen ist, sieht die Milchstraße auf der südlichen Hemisphäre wesentlich dramatischer aus und zeigt mehr Sterne und Struktur. Das motivierte mich sehr, das Handwerkszeug dieser Wissenschaft auch gleich weiter in Australien zu erlernen.

Wiederum einige Jahre später nutzte ich eines der Großteleskope in Chile für meine Arbeiten zu Zwerggalaxiensternen, nämlich das 6,5 m-Magellan-Clay-Teleskop. In einer sternenklaren Nacht hatten dort einige meiner Kollegen ein kleines vollautomatisches Amateurteleskop in einer entlegenen Abstellkammer gefunden und beschlossen, es auszuprobieren. Da die Kollegen selbst Teleskopinstrumente bauen und eigens zur Installation eines neuen Instruments für eines der beiden Magellan-Teleskope nach Chile geflogen waren, wollten sie ihren Spaß mit dem kleinen Teleskop haben. Denn sie mussten nachts ja keine Beobachtungen durchführen. Sie riefen mich oben in »meinem« Teleskop an, um mir mitzuteilen, sie würden jetzt Sterne gucken und ich sei herzlich willkommen vorbeizuschauen. Während einer langen, fünfundfünfzigminütigen Beobachtung einer meiner Zwerggalaxiensterne beschloss ich also, mich den halben Berg hinunter zu begeben, um auch mal einen direkten Blick in den Kosmos mit meinen eigenen Augen zu werfen. Mein professionell computergesteuertes Magellan-Teleskop konnte auch kurz ohne mich und nur mit dem Teleskoppersonal auskommen.

Ich wusste, dass ein kleiner Trampelpfad, teilweise aus hölzernen Treppenstufen bestehend, direkt vom Teleskop den Berg hinunterführte. Allerdings hatte ich ihn schon seit einiger Zeit nicht mehr benutzt. Die Alternative war die geteerte Straße, die weiter außen um den Berg herum führte und somit weniger steil war. Ich war etwas unsicher, ob ich den kleinen Weg schnell im Dunkeln finden würde, aber da ich nur maximal 55 Minuten Zeit hatte, war es eindeutig der schnellere Weg hinunter und später wieder hinauf. Autofahren war nicht wirklich eine Option, denn selbst die Parkleuchte am Auto sowie die Rücklichter beim Ausparken können schon eine signifikante Lichtverschmutzung für die Belichtung meiner kostbaren Beobachtungen verursachen, die ich nicht aufs Spiel setzen wollte.

Also los – es war gegen 22 Uhr und eine Spätsommernacht in den Anden auf ca. 2500 m Höhe. Trotz einer leichten Brise war es noch relativ warm. Der Mond war nirgendwo zu erkennen. Es war zappenduster und schwarz vor meinen Augen. Nur ein paar rote und orangefarbene kleine Lichter an den Teleskopgebäuden blinkten mich wie kleine rote Augen an. Es dauerte einige Minuten, bis ich mich an die Dunkelheit gewöhnt hatte. Aber mit Hilfe meiner Taschenlampe fand ich bald den richtigen Weg.

Das kleine, ausgeklügelte Teleskop stellte sich als ziemlich interessantes »Spielzeug« heraus. Per Knopfdruck surrte es von einem Objekt zum nächsten. Dabei blinkten mehrere winzige Lichter in verschiedenen Farben, und es fehlte nur noch ein blechernes Stimmchen, wie das von R2D2, dem kleinen Roboter aus Star Wars, das Erklärungen abliefern würde. Wahrscheinlich gibt es solche Teleskop-Programme sogar schon, aber unser Teleskop schwieg brav vor sich hin. Im Menü des an der Seite angebrachten kleinen Computers konnte man auswählen, welches der vielen einprogrammierten Objekte man als Nächstes sehen wollte. Einen hübschen Kugelsternhaufen vielleicht? Einen farbigen Planetarischen Nebel? Oder doch lieber eine Galaxie? Es gibt jede Menge Interessantes am Himmel zu sehen – auch mit kleinen Teleskopen.

Wir fühlten uns alle wie richtige Stern-»Gucker« und hatten Spaß daran, das Teleskop wieder und wieder von einem Himmelspunkt zum nächsten zu kommandieren. Rrrrrsssst, rrrrrrrssst und dann gleich noch mal und noch mal und noch mal. Dann war meine Zeit auch schon wieder um, und ich musste zurück zu meinem Teleskop, um mein neues Spektrum zu inspizieren und eine weitere Belichtung zu starten. Da ich heil den Weg heruntergekommen war, nahm ich an, es auf diesem Weg auch wieder den Berg hinauf zu schaffen.

Beim Sternegucken mit den Kollegen war es bis auf ein paar gelegentlich angeknipste Taschenlampen stockfinster gewesen. Dementsprechend waren meine Augen sehr gut an die Dunkelheit gewöhnt. Trotzdem lief ich mit meiner Taschenlampe in der Hand los, um den Weg zu finden. Aber schon gleich bemerkte ich, dass ich sie gar nicht brauchte. Ich blieb stehen und holte tief Luft, als ich direkt hochschaute. Die Milchstraße prangte leuchtend über mir. Sie war so hell, dass ich den im Zickzack verlaufenden Weg zwischen jeder Menge kleinem Gestrüpp und anderen kleineren Stolperfallen vor mir erkennen konnte. Vom Mond war weiterhin nichts zu sehen. So stellte ich schnell und überrascht fest, dass ich wirklich auch ohne Taschenlampe genügend sehen konnte, um meinen Weg zurück zum

Teleskop zu finden. Nur von Sternenlicht geleitet, erreichte ich kurze Zeit später staunend den Kontrollraum. Abbildung 6.B im Farbbildteil zeigt die Magellan-Teleskope »Clay« und »Baade« im Licht der Milchstraße und einem letzten bisschen rotem Sonnenlicht am Horizont. Da die Augen nicht so lange wie eine Kamera belichten können, erscheint so ein Foto natürlich um einiges heller als das, was ich in jener Nacht erkennen konnte.

Auf meinem Weg erinnerte ich mich an Geschichten, die ich in Australien über die Ureinwohner im australischen Busch gehört hatte. Auch sie sollen über die Jahrtausende hinweg nachts viel umhergewandert sein. Natürlich ohne jegliche Lichtquellen, mal vom Mond abgesehen, der durchaus sehr hell sein kann. Aber die brauchten sie auch gar nicht. Sie hatten ja die Milchstraße über sich. Auch die alten Ägypter orientierten ihren Lebensrhythmus an den Sternen, und alle frühen Seefahrer waren bei ihrer Navigation gänzlich auf die Sterne angewiesen. In diesem Moment wusste ich nun aus eigener Erfahrung, dass das Sternenlicht in einer Gegend ohne Licht- und Luftverschmutzung tatsächlich ausreicht, um sich auch nachts ohne weitere Lichtquellen wenigstens zu Fuß umherzubewegen. Seitdem achte ich abends noch etwas mehr darauf, möglichst wenig zur Lichtverschmutzung beizutragen und unnötige Lichter einfach auszuschalten. Das spart auch Energie. Die populären »Erde bei Nacht«-Poster sehen als solche toll aus, denn man erkennt alle Großstädte und die besiedelten Kontinente. Bei genauerem Nachdenken stellt dieses Maß an Beleuchtung aber ein zunehmendes Problem dar. Die Erhaltung des dunklen Nachthimmels hat heutzutage nur wenig Priorität. Dennoch gibt es zum Glück einige Organisationen, die auf dieses Problem und die diversen negativen Auswirkungen, z. B. auf die Flugstrecken von Zugvögeln, aufmerksam machen. Denn es sind nicht nur Astronomen und Astronomiebegeisterte von diesem Problem betroffen.

Für Reisen nach Australien, Südafrika oder Südamerika sollte jeder Urlauber unbedingt »Sterne gucken« auf die Liste der attraktiven Sehenswürdigkeiten setzen. Dieses Gratis-Schauspiel kann man während einer wolkenlosen Nacht außerhalb jeder Stadt genießen. Wenn es nur dunkel ist – pechschwarz ist es heutzutage ja nur noch an wenigen Stellen auf der Erde. Aber schon nach 20 bis 30 Minuten Autofahrt aus der Stadt heraus, auf einen Berg hinauf oder auch entlang der Küste, gelangt man schnell in recht dunkle Gebiete. Bei der Planung eines solches Trips sollte man weiterhin beachten, dass die Milchstraße in der Jahresmitte, also im Winter in der südlichen Hemisphäre, direkt über einem steht und somit am schönsten ist. Zu anderen Jahreszeiten sieht man sie nur nahe am Horizont und dann auch nur zu Beginn oder am Ende der Nacht.

In unserer heutigen, oft doch sehr hektischen Welt sollten wir uns öfter erinnern, dass da ein Naturschauspiel über uns stattfindet, und ab und zu daran teilnehmen. Wer Glück hat, wird zusätzlich mit der momentanen Blitzbeobachtung einer oder sogar mehrerer Sternschnuppen belohnt. Dann darf man doch darauf hoffen, dass einem ein Wunsch in Erfüllung geht … oder? Wer möchte das nicht auch einmal ausprobieren!

6.2.　Die Struktur der Milchstraße

Da wir uns innerhalb der Milchstraße befinden, ist unser Blick nach draußen in den Kosmos leider beschränkt. Man muss sich somit schon einiges einfallen lassen, um herauszufinden, wie die Galaxie wohl im Detail aussehen mag. Denn aufgrund ihrer enormen Größe werden wir sie nie als Ganzes von außen betrachten können. Uns geht es also so ähnlich wie einem Goldfisch, der herausfinden will, ob sein Aquarium in einer Garage oder einem Hochhaus im zwölften Stock steht. Zum Glück liefern diverse Beobachtungen von Sternen und anderen Galaxien, z. B. der Andromeda-Galaxie, einige Antworten auf diese wichtige Frage.

Schon die alten Griechen und viele Naturvölker vor ihnen begannen, den Nachthimmel mit dem einfachsten optischen Instrument zu studieren: dem Auge. Was wir heutzutage sehen können, von Lichtverschmutzung oder hellem Mondlicht einmal abgesehen, ist, dass sich die Sterne vor allem in einem breiten, diffusen Band am Himmel ansammeln.

Der Name »Milchstraße« geht auf die alten Griechen zurück. In den klassischen Sagen lesen wir, wie die Milchstraße entstand: Wieder einmal hatte der notorische Schürzenjäger und oberste Götterboss Zeus bei einem seiner Seitensprünge einen Sohn gezeugt, Herakles (oder von den Römern Herkules genannt). Verständlicherweise war seine Gattin, die Göttin Hera, rasend vor Wut und Eifersucht. Da Herakles wegen seiner irdischen Mutter aber nicht unsterblich wie die Götter war, griff Zeus zu einer List. Ausgerechnet die Milch seiner schlafenden Göttergattin Hera sollte dem kleinen Herakles zur Unsterblichkeit verhelfen, natürlich ganz gegen deren Willen. Doch der kleine Säugling trank so ungestüm, dass Hera erwachte und den Knaben voller Entsetzen von ihrer Brust riss. Dabei spritzte die Milch weit heraus bis an den Himmel, wo sie noch heute als Milchstraße zu sehen ist. Eine nette Geschichte – doch was ist die Milchstraße wirklich?

Der Italiener Galileo Galilei untersuchte 1610 als erster Mensch die Milchstraße mit dem damals gerade neu erfundenen Fernrohr und stellte fest, dass das fahl schimmernde Band am Himmel aus unzähligen lichtschwachen Sternen besteht. Im 19. Jahrhundert veröffentlichte der englische Astronom William Herschel die erste Karte, wie die Milchstraße wohl von außen aussehen könnte. Heute wissen wir, dass die meisten Sterne der Milchstraße in einer flachen diskusförmigen Scheibe angeordnet sind. Aber warum ordnen sich die Sterne ausgerechnet in dieser Art und Weise an?

Seit 1900 versuchten die Astronomen u. a. mit stellar-statistischen Methoden den Bau der Milchstraße zu erforschen. Trotz ungeheurem Arbeitsaufwand war dies jedoch schwierig. Den entscheidenden Fortschritt brachte Henrietta Leavitts Perioden-Leuchtkraft-Beziehung. Für Sterne, die periodisch ihre Helligkeit verändern, z. B. die sogenannten Cepheiden, beschreibt diese Beziehung den Zusammenhang zwischen der Periode des Lichtwechsels und der Helligkeit des Sterns. Um 1912 wendete Harlow Shapley diese Beziehung erstmals an, um Entfernungsmessungen zu Cepheiden durchzuführen. So konnten ab ca. 1920 erstmals die Entfernungen zu kosmischen Gebilden inner- und außerhalb der Milchstraße gemessen werden, solange dort Cepheiden gefunden werden konnten.

Um 1927 herum konnten Jan Oort und andere Wissenschaftler die Bewegungsvorgänge der Milchstraße rein geometrisch mit nur wenigen Beobachtungen weitgehend aufklären: Die Sterne umkreisen das galaktische Zentrum unter dem Einfluss der Gravitation der dort ziemlich stark konzentrierten Massen. Die Sterne sind dabei in einer Scheibe angeordnet und verhalten sich wie eine Flüssigkeit, die im Zentrum schneller rotiert als weiter draußen.

So wurde bald erkannt, dass die Galaxie eine detaillierte Spiralstruktur aufweist, da sich die Sterne, das Gas und der Staub der Scheibe in mehreren Spiralarmen anordnen. Die folgenden Jahrzehnte brachten unzählige Beobachtungen, die die Scheibennatur der Milchstraße eindeutig bestätigten. Ein Beispiel dafür ist die Radioastronomie, mit der das Wasserstoffgas, aus welchem die Spiralarme hauptsächlich bestehen, sehr gut nachgewiesen werden kann. So konnte die Spiralstruktur der Milchstraße über Jahrzehnte hinweg kartiert werden, und es wird angenommen, dass die Milchstraße der Andromeda-Galaxie und besonders der Galaxie NGC 6744 sehr ähnlich sein muss, die auch in Farbabbildung 6.C zu sehen ist. Die Milchstraße wird somit als Spiralgalaxie klassifiziert. Im Gegensatz dazu gibt es auch andere Arten von Galaxien, die keine Scheiben bilden.

Man kann sich die Milchstraße in etwa wie einen recht dicken, luftigen Pfannkuchen vorstellen, der oben und unten ordentlich mit Marmelade und Sahne bestrichen ist und dessen Mitte noch eine dicke Eiskugel krönt. Die Marmelade und die Sahne symbolisieren verschiedene Sternpopulationen, die sich um die Scheibe herum verteilen und den Pfannkuchen verdicken. Die Kugel Eis entspricht dem sogenannten »Bulge« unserer Galaxie. Der Bulge ist eine große, dicke Verdichtung von besonders vielen Sternen im Zentrum und somit der leuchtkräftigste Teil der Galaxie. Zusätzlich wird inzwischen angenommen, dass die Spiralarme im Inneren in eine balkenförmige Struktur übergehen. Im Zentrum gibt es weiterhin ein riesiges Schwarzes Loch von vier Millionen Sonnenmassen. Dieses Monster verschlingt dort Unmengen von Sternen und Gas in der Zentralregion im Inneren des Bulges.

Die Scheibe mit den Spiralarmen hat einen Durchmesser von mehr als 100 000 Lichtjahren und ist ca. 1000 Lichtjahre dick – 1000

Lichtjahre entsprechen 9,5 Billiarden km. Wo aber sitzen wir auf unserer Erde in Bezug auf das Zentrum der Galaxie? Zum Glück befindet sich das Sonnensystem relativ weit außerhalb, so dass uns das Schwarze Loch nicht gefährlich werden kann. Unser Standort ist 28 000 Lichtjahre weit draußen, also ca. zwei Drittel der Strecke zwischen Zentrum und Rand. Dies ist in Abbildung 6.D im Farbbildteil dargestellt. Während wir mit der Erde mit 30 km/s um die Sonne kreisen, bewegt sich die Sonne gleichzeitig mit dem Sonnensystem mit etwa 220 km/s auf einer leicht elliptischen Bahn in ihrem Spiralarm um das galaktische Zentrum mit dem Bulge herum. Eine solche Umrundung dauert ca. 250 Millionen Jahre. Die Sonne mit ihren 4,6 Milliarden Jahren hat das Zentrum also schon ca. 20 Mal umkreist. Die Entwicklungsphase zu höheren Lebewesen auf der Erde wie z. B. Säugetieren in den letzten rund 200 Millionen Jahren entspricht also nicht mal einem »Galaktischen Jahr«.

Unser Standort in der Milchstraße befindet sich in dem lokalen Spiralarm, der auch Orion-Cygnus-Arm genannt wird. Die Sonne und das Sonnensystem liegen am inneren Rand dieses Arms. Denn insgesamt gibt es vier größere und zwei kleinere Arme, die schematisch in Abbildung 6.D dargestellt sind. Der Spiralarm, der von uns aus gesehen in Richtung des Zentrums liegt, ist der Sagittarius-Arm, und der »hinter« uns liegende heißt Perseus-Arm.

Da wir in einem der Spiralarme drinnen sitzen, sehen wir am Himmel den Ausschnitt von drei Spiralarmen – also Sterne unseres eigenen Arms sowie die Sterne und das Gas der beiden benachbarten Arme. Es ist die Spiralnatur der Galaxienscheibe, die zum Bandcharakter der »Milchstraße« an unserem Nachthimmel führt. So kommt es, dass wir von der Nordhalbkugel aus direkt in den weiter außen liegenden Perseus-Spiralarm hineinschauen.

Dem Betrachter auf der Südhalbkugel erscheint die Milchstraße allerdings noch prächtiger, weil man von dort aus durch den Sagittarius-Arm hindurch in Richtung des Zentrums unserer Heimatgalaxie schaut. Dort ist astronomisch gesehen ordentlich viel los – die unzähligen Sterne in der Region des Bulges sorgen für das milchige Hintergrundlicht, das die südliche Milchstraße noch heller und schöner erscheinen lässt.

Aus der Tatsache, dass die Milchstraße den Himmel in zwei etwa gleichgroße Teile teilt, können wir folgern, dass sich die Sonne mit dem Sonnensystem ungefähr in der Hauptebene der Scheibe befindet. Wir sitzen also inmitten des Pfannkuchens – wenn wir nach oben oder unten blicken, können wir aus dem Pfannkuchen herausschauen, aber wenn wir in der Pfannkuchenebene um uns herumschauen, sehen wir nichts anderes als »Pfannkuchen« – also das Milchstraßenband um uns herum.

Bei längerem Hinsehen erkennt man schnell, dass die Milchstraße nicht homogen erhellt ist, sondern sehr viele kleinere und größere Strukturen aufweist. Dunkle Regionen wechseln sich mit helleren ab, und die Anzahl der sichtbaren Sterne kann sehr unterschiedlich sein. Die dunkleren Flecken – ein besonders prominenter wird der »Kohlensack« genannt – sind Gebiete, in denen das Sternenlicht auf dem Weg zu uns von interstellarem Gas und sehr dichten Staubwolken komplett blockiert wird. Dadurch bleibt das galaktische Zentrum für uns hinter dichten interstellaren Dunkelwolken verborgen und ist nur mit Hilfe der Radioastronomie für direkte Beobachtungen zugänglich. »Staub« bezieht sich auf kleinste Partikel wie Staubkörner oder auch zusammengeklumpte Staubkörner, die größere Partikel bilden, die aus verschiedenen Elementen wie Kohlenstoff oder Silizium bestehen. Entgegen dem ersten Eindruck werden die dunklen Bereiche im Band der Milchstraße nicht durch Wolken in der Erdatmosphäre oder Effekte im Auge verursacht, sondern durch diese riesigen Staubwolken. Vor allem an Orten der Sternentstehung in der Scheibe befindet sich jede Menge Staub. Staub hilft bei der Sternentstehung, da er das Gas kühlt, damit es sich überhaupt zu Sternen verdichten kann.

Die von jungen Sternen dicht besiedelte Scheibe – 95 % aller Sterne befinden sich dort – ist zusätzlich von der größeren, sogenannten dünnen Scheibe umgeben, die wiederum von der »dicken Scheibe« eingehüllt wird. Abbildung 6.1 zeigt die Seitenansicht der Milchstraße, so dass die verschiedenen Scheiben erkennbar werden. Weiterhin sind alle Scheibenkomponenten von einer großen kugelförmigen Region umgeben, die als stellarer Halo bezeichnet wird. Der Halo hat eine wesentlich geringere Sterndichte als die Scheibe und enthält vornehmlich ältere Sterne sowie Sternhaufen und einige Zwerggalaxien. Alle Halo-Objekte umkreisen die Milchstraße weit draußen auf großen, meist kreisförmigen Bahnen. Denn der Halo erstreckt sich über mehrere Hunderttausende von Lichtjahren um die Milchstraße herum. Die Population der Halosterne ist für die Stellare Archäologie besonders wichtig, denn dort befinden sich die ältesten und metallärmsten Sterne.

Die Anzahl der in der Milchstraße vorhandenen Sterne ist nur schwer abschätzbar, da der Übergang von einer Galaxie zum interstellaren Raum fließend und nur schwer erfassbar ist. Bei unserem Pfannkuchen ist es ganz deutlich, wo er aufhört. Eine Galaxie hat hingegen keinen scharfen Rand. Mit Computermodellen kann die Verteilung der Sterne in einer Galaxie simuliert werden, aber verschiedene Annahmen, wie zum Beispiel zur Sterndichte mit zunehmendem Abstand vom galaktischen Zentrum, führen schnell zu unterschiedlichen Ergebnissen. Zudem tragen die verschiedenen Sternpopulationen unterschiedlich zur Sterndichte in den verschie-

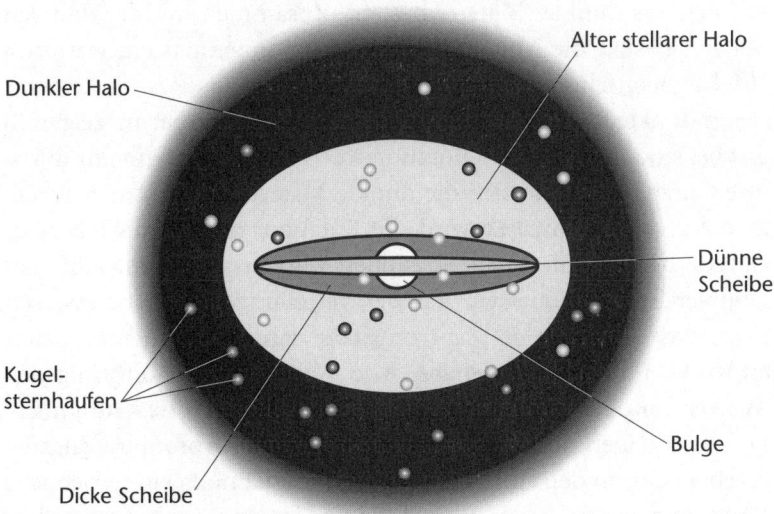

Abb. 6.1: Seitenansicht der Milchstraße, die die verschiedenen Komponenten der Galaxie verdeutlicht.

denen Teilen der Galaxie bei. Die Sterndichte im Halo ist z. B. wesentlich geringer als die der Scheibe. Die verschiedenen Sterntypen spielen letztendlich auch noch eine wichtige Rolle, denn es muss abgeschätzt werden, wie viele Sterne von jedem Typ und jeder Klasse in der Galaxie vertreten sind. Dennoch ergibt dieses riesige Puzzlespiel, dass es zwischen 200 und 400 Milliarden Sterne in unserer Heimatgalaxie geben muss, von denen sich die meisten in der Scheibe und der dichten Zentralregion befinden. Die Sonne ist somit nur ein Stern unter vielen. Verglichen mit unserer Schwestergalaxie Andromeda ist die Milchstraße aber ein kleinerer Fisch im Universum. Die Andromeda-Galaxie hat ungefähr eine Billion Sterne, also drei- bis fünfmal soviel.

Schließlich ist die gesamte Milchstraßengalaxie in einen Halo aus dunkler Materie eingebettet. Der dunkle Halo ist noch viel größer als der sogenannte stellare Halo der Milchstraße, obwohl er direkten Beobachtungen unzugänglich ist und nur indirekt vermessen werden kann. Jede Galaxie ist von einem dunklen Halo umgeben, der sie gravitativ zusammenhält. Somit ist der leuchtende Teil der Milchstraße nur ein kleiner Teil der eigentlichen Galaxie, die letztendlich hauptsächlich aus dunkler Materie besteht. Zusammen mit der dunklen Materie besitzt die Milchstraße ca. 10^{12} Sonnenmassen, was etwa 10^{42} kg entspricht (eine Eins mit 42 Nullen).

Die dunkle Materie in einer und um eine Galaxie herum zeigt sich erst bei einer sogenannten Rotationskurvenanalyse. Denn nur durch ihre Gravitation kann sich die dunkle Materie bemerkbar machen. In einer solchen Analyse wird die Rotationsgeschwindigkeit einer Galaxie bei verschiedenen Abständen vom Zentrum mit Hilfe des Doppler-Effekts gemessen. Aus der Verteilung der Sterne erwartet man, dass Galaxien in Zentrumsnähe schneller rotieren, weiter außen eher langsamer, genauso wie Wasser, das spiralförmig den Ausguss hinunterläuft. Ganz weit draußen rotieren sie kaum noch. Dennoch haben verschiedenste Beobachtungen von Spiralgalaxien ergeben, dass in den äußeren Gegenden immer noch eine erhebliche Rotation messbar ist. Der leuchtenden Materie nach zu urteilen, kann das nicht möglich sein. Geht man aber von der Existenz von zusätzlicher dunkler Materie aus, die sich vor allem in dem äußeren Teil der Galaxie befindet und zusammen mit der leuchtenden Materie rotiert, können die Beobachtungen dann jedoch schnell erklärt werden.

Als Astronomen arbeiten wir schon mehrere Jahrzehnte mit dunkler Materie, obwohl sie keine weiteren Wechselwirkungen mit leuchtender Materie hat. Simulationen der Entwicklung der dunklen Materie im Universum sind dabei für unser Verständnis zur Bildung von Galaxien und ihrer Entwicklung von großer Bedeutung. Aber sowohl Astronomen wie auch Physiker wissen nicht, aus was die dunkle Materie tatsächlich besteht. Viele Experimente werden zur Zeit mit der großen Hoffnung durchgeführt, die dunkle Materie direkt als Elementarteilchen detektieren zu können. Die beste Chance haben wohl die postulierten WIMPs, die »Weakly interacting massive particles« (auf Deutsch »schwach wechselwirkende massereiche Teilchen«), aber die genaue Antwort wird sich erst noch herausstellen müssen.

6.3. Zwerggalaxien

Die Milchstraße befindet sich nicht allein in dieser Gegend des Universums. Zusammen mit der Spiralgalaxie-Schwester im Sternbild Andromeda, der etwas leuchtschwächeren Dreiecksgalaxie (auch einer Spiralgalaxie) und den mehr als 60 weiteren kleineren Galaxien bilden sie zusammengenommen die sogenannte Lokale Gruppe. Abbildung 6.2 zeigt die räumliche Anordnung der Lokalen Gruppe. Diese Gruppe wird durch ihre eigene Anziehungskraft zusammengehalten und bildet somit eine Art Galaxien-Familie. Diese Familie ist Teil des Virgo-Superhaufens, der wiederum aus einigen großen Galaxienhaufen und weiteren Galaxien-Familien besteht.

Nach den drei Hauptgalaxien sind die nächst größeren Galaxien die »Magellan'schen Wolken«. Sie befinden sich in der Nachbarschaft der Milchstraße und werden generell als die größten Beispiele der sogenannten »Zwerggalaxien« betrachtet. Man sieht diese beiden Galaxien bereits mit bloßem Auge als mäßig helle Lichtfleckchen am Südhimmel. Ihren Namen verdanken sie dem Seefahrer Ferdinand Ma-

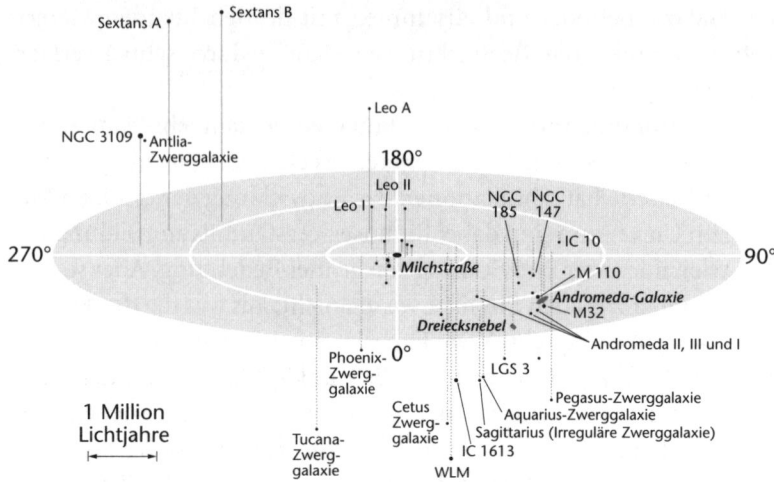

Abb. 6.2: Die räumliche Anordnung der Lokalen Gruppe. Sie erstreckt sich über 10 Millionen Lichtjahre und besteht aus der Milchstraße, der Andromeda-Galaxie, dem Dreiecksnebel sowie den vielen kleineren Zwerggalaxien.

gellan, der sie im 16. Jahrhundert für die Europäer entdeckte und dem sie nachts den Weg wiesen. Zwerggalaxien sind, wie der Name ausdrückt, wesentlich kleiner als die Milchstraße und haben eine Masse von weniger als 100 Mio. Sonnenmassen.

Viele der Zwerggalaxien der Lokalen Gruppe befinden sich direkt im Halo der Milchstraße. Da sie gravitativ an die Galaxie gebunden sind, rotieren sie somit auch um das galaktische Zentrum. Während die Milchstraße nur ca. 25 solcher Begleiter besitzt, enthält die Andromeda-Galaxie wesentlich mehr. Allerdings gibt es auch einige dieser Zwerggalaxien, die nicht an eine größere Galaxie, also entweder die Milchstraße oder Andromeda, gebunden sind.

Aber Zwerggalaxie ist nicht gleich Zwerggalaxie. Inzwischen ist eine ganze Bandbreite von Zwerggalaxien mit unterschiedlichen Eigenschaften bekannt. Entsprechend können Zwerggalaxien in verschiedene Arten eingeteilt werden: irreguläre, kugelförmige (»sphäroidale«) und elliptische Zwerggalaxien. Die irregulären Zwerggalaxien sind mit nur einigen Milliarden Jahren relativ jung und besitzen sehr viel Gas, so dass sie auch heute noch Sterne bilden können. Im

Gegensatz dazu sind kugelförmige Galaxien alt und gasarm. Alle Sterne wurden vor langer Zeit gebildet, bevor die Galaxie ihren Gasvorrat aufgebraucht hatte. Elliptische Zwerggalaxien sind eher länglich geformte Galaxien, die auch noch über ausreichend Gas für die Bildung von Sternen verfügen.

Wenn auch die Beziehungen zwischen diesen Galaxientypen noch weitgehend ungeklärt sind, zeigen detaillierte Studien der gesamten Zwerggalaxienpopulation der Lokalen Gruppe, wie die Sternentstehung in verschiedenen Untergruppen verlief oder welche Eigenschaften das interstellare Medium hat. Dies wiederum verschafft Informationen, um die Entstehung der Lokalen Gruppe und der großen Spiralgalaxien besser zu verstehen.

Die kugelförmigen Zwerggalaxien aus der Lokalen Gruppe weisen eine große Bandbreite an Leuchtkräften auf. Die Leuchtkraft der schwächsten heute bekannten Zwerggalaxien wird dabei von ihren hellsten Sternen dominiert. Damit ist ihre Leuchtkraft nur einige tausend Mal größer als die der Sonne. Hier sollte nicht vergessen werden, dass die Sonne kein besonders heller Stern ist. Im Gegensatz dazu gibt es andere kugelförmige Zwerggalaxien mit bis zu zwanzigmillionenfacher Sonnenleuchtkraft. Die bekannten Magellan'schen Wolken sind noch leuchtkräftiger, denn sie gehören zu der Gruppe der irregulären Zwerggalaxien.

Diese Leuchtkräfte sind aber alle immer noch ziemlich gering im Vergleich etwa zu der der Andromedagalaxie. Diese Spiralgalaxie hat eine Leuchtkraft von 10 Milliarden Sonnenleuchtkräften. Somit wird schnell klar, woher Zwerggalaxien ihren Namen haben: Sie sind die Glühwürmchen des Universums. Dafür sind sie aber überall anzutreffen, so dass man sie dennoch nicht unterschätzen sollte. In großer Anzahl tragen sie in Galaxiengruppen, wie z.B. in der Lokalen Gruppe oder in noch größeren Galaxienhaufen, deutlich zur Gesamthelligkeit bei.

Wir werden uns hier hauptsächlich mit den alten kugelförmigen Zwerggalaxien beschäftigen, denn es sind diese Galaxien, die alte metallarme Sterne enthalten. Damit wird eine ganze Klasse von Galaxien für die Stellare Archäologie interessant. Die meisten der kugelförmigen Sternsysteme umkreisen die Milchstraße – sie werden deshalb oft als Satelliten bezeichnet. Trotzdem sind alle Zwerggalaxien, kurz auch Zwerge genannt, eigenständige Galaxien aus leuchtender Materie, also aus Sternen und Gas, welche zudem von einem Halo aus dunkler Materie umgeben sind. In dieser Eigenschaft unterscheiden sich Zwerggalaxien von Sternhaufen, die keinen dunklen Halo besitzen.

Schon um 1938 entdeckte Harlow Shapley zwei dieser kugelförmigen Zwerggalaxien: Fornax und Sculptor. Sie sind nach den Sternbildern benannt, in denen sie stehen, also dem »chemischen Ofen« und dem »Bildhauer«. Abbildung 6.3 zeigt die Sculptor-Zwerggalaxie. Interessanterweise wird Fornax von mehreren Kugelsternhaufen umkreist, was zeigt, dass sich Kugelsternhaufen unter verschiedenen Bedingungen bilden können. In den 1950er Jahren wurden dann Leo I und Leo II sowie Draco und Ursa Minor gefunden. Schließlich kamen 1977 Carina und 1990 Sextans dazu. Da sie aus Hunderttausenden von Sternen bestehen und schon vor Jahrzehnten entdeckt wurden, werden diese Satelliten heute oft als »klassische« Zwerggalaxien bezeichnet. Sie besitzen Gesamtleuchtkräfte zwischen 200 000 (Draco) und 20 Millionen (Fornax) Sonnenleuchtkräften.

Ein großer Vorteil dieser Satelliten sowie der meisten Zwerge in der Lokalen Gruppe ist, dass sie im Vergleich zu anderen Galaxien nicht zu weit von uns entfernt sind: »nur« zwischen 200 000 und 800 000 Lichtjahre. Dagegen ist z. B. Andromeda 2,5 Millionen Lichtjahre weit entfernt. Das bedeutet, dass detaillierte Beobachtungen von den Zwergen gerade noch möglich sind. So können z. B. einzelne Sterne in fotografischen Aufnahmen noch aufgelöst werden, während noch schwächere Galaxien nur als diffuses Etwas erscheinen. Für spektroskopische Beobachtungen sind auch die Satelliten schon ziemlich weit entfernt und dementsprechend fast zu lichtschwach. Trotzdem können die hellsten Sterne in diesen Galaxien gerade noch beobachtet werden.

Die kugelförmigen Zwerggalaxien sind relativ einfache Systeme – mit der Betonung auf relativ. Obwohl sie im Vergleich zu den gasreichen Zwergen als ziemlich simpel erscheinen, haben unzählige Studien während der letzten fünf Jahrzehnte ergeben, dass sie sehr alte Systeme sind, die mehrere frühe Sternentstehungsepisoden durch-

Abb. 6.3: Die Sculptor-Zwerggalaxie im Sternbild des Bildhauers. Sie ist eine der leuchtkräftigeren »klassischen« Zwerggalaxien.

laufen haben. Weiterhin sind sie aufgrund einer verlangsamten chemischen Entwicklung generell metallarme Galaxien. Eine langsame Entwicklung bedeutet, dass diese Galaxien ihr Gas für Sternentstehung aufgebraucht hatten, bevor sie wie andere Galaxien metallreiche Sterne in großen Mengen produzieren konnten. Somit ist der Metallizitätsdurchschnitt dieser Galaxien geringer als z. B. der von Irregulären Systemen, die immer noch über sehr viel Gas für Sternentstehung verfügen.

Das ist der Grund, warum alle diese Zwerggalaxien einem Metallizitäts-Leuchtkraft-Gesetz folgen. Leuchtstarke Zwerge haben eine höhere Metallizität als schwächere Galaxien. Für die Stellare Archäologie bedeutet dies, dass genau die dunkelsten, kleinsten Zwerge besonders interessant sein könnten. Denn dort müsste die Konzentration von alten metallarmen Sternen am höchsten und von metallreichen am niedrigsten sein.

Seit etwa 2005 wurden mehr als zehn weitere Satelliten-Galaxien gefunden. Diese sind allerdings extrem leuchtschwach und konnten nur aufgrund von neuen, großflächigen Beobachtungen von hoher Qualität gefunden werden. In den meisten Fällen können nicht mehr als einige Dutzend der hellsten Sterne ausgemacht werden, da diese Galaxien aufgrund ihrer Lichtschwäche nur als kaum bemerkbare räumliche Stern-Verdichtungen am Himmel auftreten. »Sehen« kann man diese Galaxien nicht mehr – es benötigt ausgeklügelte Computerprogramme mit speziellen Suchalgorithmen, um die Mitglieder einer derartig extremen Zwerggalaxie überhaupt am Himmel zwischen den vielen Vordergrundsternen finden zu können. Denn diese Galaxien leuchten zehn- bis hundertmal schwächer als die klassischen Zwerge.

Diese ultraschwachen »Minigalaxien« verdoppelten schlagartig die Zahl der bekannten Satelliten in der Umgebung der Milchstraße, so dass wir nun von insgesamt 25 Zwerggalaxien wissen. Diesen Erfolg verdanken wir dem Sloan Digital Sky Survey, der mit einer Weitfeld-Kamera am 2,5-Meter-Teleskop am Apache Point im US-Bundesstaat New Mexico ein Viertel des nördlichen Himmels erfasste. Andere systematische Durchmusterungen vor allem in der südlichen Hemisphäre werden hoffentlich bald weitere dieser kleinen Glühwürmchen entdecken.

Bedeutet das nun, dass die neuen ultraschwachen Minigalaxien entsprechend dem Metallizitäts-Leuchtkraft-Gesetz allesamt sehr metallarm sind? Die Antwort ist eindeutig »ja«. Denn wie einige Studien ergeben haben, besitzen diese Zwerge kaum Sterne mit hohen solaren Metallizitäten, sondern hauptsächlich metallarme Sterne. Diese Minigalaxien sind also eine wahre Goldgrube für Stellare Archäologen. Mit ihren relativ vielen metallarmen Sternen haben sie in den letzten drei Jahren schon zu einigen Entdeckungen von extrem metallarmen Sternen geführt. Inzwischen befinden sich etwa 30 % aller bekannten extrem metallarmen Sterne in Zwerggalaxien. Die meisten dieser extrem metallarmen Sterne haben meine Kollegen und ich mit dem Magellan-Clay-Teleskop in Chile und dem Keck-Teleskop auf Hawaii beobachtet, um deren Metallizitäten zu ermitteln und detaillierte Häufigkeitsanalysen anzufertigen. Es war einer dieser wertvollen Sterne, was ich während meines Nachtspaziergangs unter der Milchstraße in Chile beobachtet hatte. Abbildung 6.E im Farbbildteil zeigt das Teleskop und den prächtigen Nachthimmel während einer weiteren dieser Beobachtungen.

Bemerkenswert ist auch, dass die ultraschwachen Zwerggalaxien eine besonders hohe Konzentration an dunkler Materie haben. Das macht sie zu begehrten Beobachtungsobjekten, um dunkle Materie vielleicht dort irgendwann direkt detektieren zu können. Bisher haben sie nämlich schon interessante Ergebnisse zur Verteilung von dunkler Materie in Galaxien sowie deren Eigenschaften geliefert.

Durch die großangelegten Durchmusterungen, wie den Sloan Digital Sky Survey, wurden nicht nur neue Zwerggalaxien entdeckt, sondern auch eine ganze Reihe von riesigen Sternströmen, die über den ganzen Himmel verteilt sind (siehe Abb. 1.D im Farbbildteil). Das sind dünne Bänder, die aus Sternen bestehen und sich über große Teile des Himmels ziehen. Es wird angenommen, dass es sich dabei um zerriebene Zwerggalaxien handelt, die im Schwerefeld der Milchstraße ein jähes Ende gefunden haben. Über Milliarden von Jahren hinweg wurden wahrscheinlich relativ viele Zwerggalaxien von unserer Milchstraße »aufgefressen«. Das ist für kleinere Objekte im Gravitationsfeld einer größeren Galaxie nicht ungewöhnlich.

Aus detaillierten Beobachtungen der Sterne in den Strömen kann allerdings rekonstruiert werden, was für eine Art von Zwerggalaxie zerrieben wurde und wie groß sie ungefähr gewesen sein muss. Diese Erkenntnisse helfen uns zu verstehen, was genau die Entwicklungsgeschichte der Milchstraße beeinflusst hat und was zum andauernden Aufbau des galaktischen Halos beigetragen hat. Auch in der Zukunft wird die Milchstraße langsam, aber sicher noch weitere Zwerggalaxien in ihren Halo einverleiben. Das ist ein Zeichen dafür, dass die Entwicklung einer großen Galaxie wie der Milchstraße nie wirklich abgeschlossen sein wird. Umgekehrt kann man so von verschiedenen Halobeobachtungen auch auf die Entwicklung der Galaxie in der Vergangenheit schließen.

6.4. Sternhaufen

Die meisten Sterne, die wir am Nachthimmel beobachten können, scheinen einzeln und für sich allein zu stehen. Dennoch gibt es viele Sterne, die sich in engen, sichtbaren Gruppen am Himmel anordnen. Man nennt diese Gruppen »Sternhaufen«, die neben den Zwerggalaxien ebenfalls den Halo bevölkern. Je nach Anzahl der enthaltenen Sterne unterscheidet man zwischen offenen Sternhaufen und Kugelsternhaufen. Ein prominentes Beispiel sind die Plejaden im Sternbild Stier, die auch Siebengestirn genannt werden. Sie sind ein junger offener Sternhaufen mit einem Alter von etwa 115 Millionen Jahren, dessen sechs bis neun Hauptsterne leicht mit bloßem Auge erkennbar sind und in Farbabbildung 6.F gezeigt sind. Ein offener Sternhaufen hat »nur« bis zu einigen hundert Mitglieder, während ein Kugelsternhaufen aus bis zu einer Million Sternen bestehen kann.

Ein weiterer Unterschied besteht darin, dass sich offene Sternhaufen nur in der Scheibe der Milchstraße befinden, während Kugelsternhaufen großzügig im Halo verteilt sind. Da die Mitglieder eines Sternhaufens alle aus der gleichen Gaswolke entstanden sind, haben sie alle das gleiche Alter, die gleiche chemische Zusammensetzung, und sie sind alle gleich weit von uns entfernt.

Kugelsternhaufen gehören zu den ältesten Objekten im Universum. Abbildung 6.G zeigt M15, der etwa 12 Milliarden Jahre alt ist. Aber was kann man von diesen Greisen über die Entwicklungsgeschichte der Milchstraße lernen? Aus der Anordnung und dem Alter der offenen Sternhaufen und der Kugelsternhaufen in unserer Milchstraße konnte man schon vor Jahrzehnten auf die grobe Struktur der Galaxie schließen. Denn vereinfacht gesagt, kann man sich vorstellen, dass die Milchstraße aus einer riesigen Gaswolke entstand, in der gewaltige Gebiete langsam in sich zusammenfielen und die zentrale Region bildeten. Um stabil zu bleiben, begann sich das Gas in einer riesigen Scheibe anzusammeln und um deren Zentrum zu rotieren. Die alten Kugelsternhaufen deuten an, dass diese Prozesse wohl vor sehr langer Zeit stattgefunden haben müssen. Seitdem entstanden unzählige Sterne in offenen Sternhaufen in der Scheibe, die sich in den entstehenden gasreichen Spiralarmen anordneten.

Da die offenen Sternhaufen relativ jung sind, ist anzunehmen, dass sie sich noch nahe an dem Ort befinden, an dem sie entstanden sind. Daraus kann man wiederum schließen, dass die Spiralarme Gebiete mit sehr vielen Vorräten an Gas und Staub sein müssen, so dass dort häufig neue Sterne geboren werden. Als man Entfernungen zu offenen Sternhaufen messen konnte, zeigte sich, dass sich die Sternhaufen in drei dickeren Reihen um das Milchstraßenzentrum anordneten. Diese leicht gekrümmten Reihen waren nichts anderes als Teilstücke der Spiralarme, in denen die Sternhaufen sitzen. Und so wurde die Spiralstruktur der Milchstraße historisch mittels solcher offenen Sternhaufen entdeckt und kartiert. Weiterhin lieferten die Entfernungen der Sternhaufen Auskunft über die Größe und Entfernung der einzelnen Spiralarme zueinander. Auf diese Weise kann letztendlich die gesamte Größe der Milchstraße abgeschätzt werden. Heutzutage wird die Kartographie mit Hilfe der Radioastronomie und der Vermessung des Wasserstoffgases in der Scheibe vorgenommen.

Sternhaufen spielen eine große Rolle in der Astrophysik. Da ihre Mitglieder praktisch alle gleich alt, gleich zusammengesetzt und gleich weit von der Sonne entfernt sind, eignen sie sich vorzüglich, um die ganze Bandbreite von Sterneigenschaften zu studieren. Es ist ein bisschen wie bei Menschen: Menschen sind sehr verschieden, schon rein äußerlich. In einer Schulklasse sieht man die Bandbreite menschlicher Eigenschaften in einer Stichprobe von etwa gleich alten Individuen. Verschiedene Schulklassen zeigen die Alterungseffekte beim Menschen. In diesem Sinne können wir Sternhaufen als die Schulklassen des Universums ansehen – sie zeigen uns die Fülle der Sterneigenschaften und Alterungseffekte, wenn wir verschiedene Sternhaufen miteinander vergleichen.

Jeder Stern nimmt gemäß seinem Entwicklungsstadium eine bestimmte Position im Hertzsprung-Russell-Diagramm ein. Die Details sind in Kapitel 4 beschrieben. Mit Hilfe einer Helligkeit (Leuchtkraftindikator) und einer Farbe (Temperaturindikator) kann ein solches Diagramm auch für einen Sternhaufen erstellt werden. Es wird dann Farben-Helligkeits-Diagramm genannt, hat aber die gleiche Aussagekraft wie ein Hertzsprung-Russell-Diagramm. Mit Vorwissen zur Sternentwicklung kann man anhand des Farben-Helligkeits-

Diagramms eines Sternhaufens dessen momentanes Entwicklungsstadium ermitteln, denn alle Haufensterne ordnen sich in den uns bekannten Reihen und Gebieten an. Ein Stern befindet sich weiter links oben auf der Hauptreihe, wenn er massereicher und leuchtkräftiger ist, oder weiter rechts unten. Dort sitzen die masseärmeren, schwächer strahlenden Sterne. Weiterhin hängt die Lebensdauer eines Sterns von seiner Masse ab: Massereichere Sterne haben kürzere Lebenszeiten als masseärmere.

Das Farben-Helligkeits-Diagramm eines sehr jungen Sternhaufens, etwa der Plejaden, zeigt eine stark ausgeprägte Hauptreihe. Die 115 Milliarden Jahre jungen Sterne haben noch keine wesentlichen Entwicklungsphasen durchlaufen, so dass sich noch kein Stern im Bereich des Riesenastes befindet. Dieses Verhalten kann in Abbildung 6.4 (oben) betrachtet werden.

Ein etwas älterer Sternhaufen, wie z. B. Praesepe mit 730 Millionen Jahren, zeigt in seinem Farben-Helligkeits-Diagramm schon einige Merkmale für Sternentwicklung. In Abbildung 6.4 (Mitte) ist deutlich zu sehen, dass der obere Teil der Hauptreihe nicht mehr ganz besetzt ist und sich die massereicheren Sterne mit ihrer kürzeren Lebensdauer stattdessen schon im Gebiet der Roten Riesen befinden. Auf dem unteren Abschnitt der Hauptreihe bleibt alles unverändert, da die masseärmeren Sterne die Hauptreihe noch nicht verlassen haben.

Ein alter Sternhaufen, wie z. B. der Kugelsternhaufen M15 mit 12 Milliarden Jahren, zeigt nur noch ein unteres Teilstück der Hauptreihe. Wie in Abbildung 6.4 (unten) gesehen werden kann, haben sich alle Sterne bis auf die masseärmsten schon zu Roten Riesen entwickelt. Deswegen erscheint der Riesenast sehr ausgeprägt. Weiterhin sind schon einige Sterne als Supernova explodiert und daher im Farben-Helligkeits-Diagramm nicht mehr anzutreffen.

Die Entfernung eines jüngeren offenen Sternhaufens ist am einfachsten im Vergleich zu einem Haufen schon bekannter Entfernung zu bestimmen. Durch Übereinanderschieben der stark ausgeprägten Hauptreihen gegeneinander in vertikaler Richtung erhält man eine Helligkeitsdifferenz zwischen dem Vergleichshaufen und dem zu vermessenden Sternhaufen. Diese Helligkeitsdifferenz der beiden

Hauptreihen im Farben-Helligkeits-Diagramm ist ein Maß für die Entfernungsdifferenz der beiden Haufen.

Die Entfernungsbestimmung von alten Kugelsternhaufen erfolgt über RR-Lyrae-Sterne. Wie die Cepheiden verändern auch diese Sterne periodisch ihre Helligkeit und werden daher oft als pulsierende Haufenveränderliche bezeichnet. Sie stehen im Farben-Helligkeits-Diagramm an einer charakteristischen Stelle auf dem Horizontalast. Die Existenz dieser Sterne im Farben-Helligkeits-Diagramm deutet auf ein schon fortgeschrittenes Alter hin, denn der Horizontalast wird erst in Spätstadien der Sternentwicklung erreicht. Sie sind besonders hilfreich bei der Bestimmung von Entfernungen, da über die Perioden-Leuchtkraft-Beziehung ihre tatsächliche Leuchtkraft erhalten werden kann. Gleichzeitig kann die beobachtete Helligkeit der RR-Lyrae-Sterne im Farben-Helligkeits-Diagramm am Horizontalast abgelesen werden (siehe Abbildung 6.4, unten). Die Differenz zwischen der beobachteten Helligkeit und der Leuchtkraft der Sterne lässt auf ihre Entfernung schließen.

Für die Altersbestimmung von offenen Sternhaufen benötigt man den Farbenwert des Abknickpunktes (Turn-off-Punkt) von der Hauptreihe im Farben-Helligkeits-Diagramm, denn die Farbe des Abknickpunktes im Farben-Helligkeits-Diagramm ändert sich ja im Laufe der Entwicklung einer Sternhaufenpopulation. Sie wird mit zunehmendem Alter immer röter, weil sich immer masseärmere Sterne von der Hauptreihe weg in Richtung Riesenast entwickeln (siehe Abbildung 6.4). Somit wandert der Abknickpunkt nach rechts.

Das Alter eines Haufens wird mit Isochronen bestimmt. Isochronen sind die theoretischen Linien im Hertzsprung-Russell-Diagramm bzw. im Farben-Helligkeits-Diagramm, auf denen Sterne gleichen Alters, aber unterschiedlicher Masse liegen (siehe Abb. 4.8). Sie beruhen auf Sternentwicklungsrechnungen. Diese Art von Berechnungen verfolgen die zeitliche Entwicklung von Sternen. Ein Sternhaufen ist also nichts anderes als eine »beobachtete« Isochrone, da alle Sterne das gleiche Alter und auch die gleiche Metallizität haben. Die Lage und Form der Isochronen ist von der chemischen Zusammensetzung der Sterne abhängig. Junge Sterne sind metallreich,

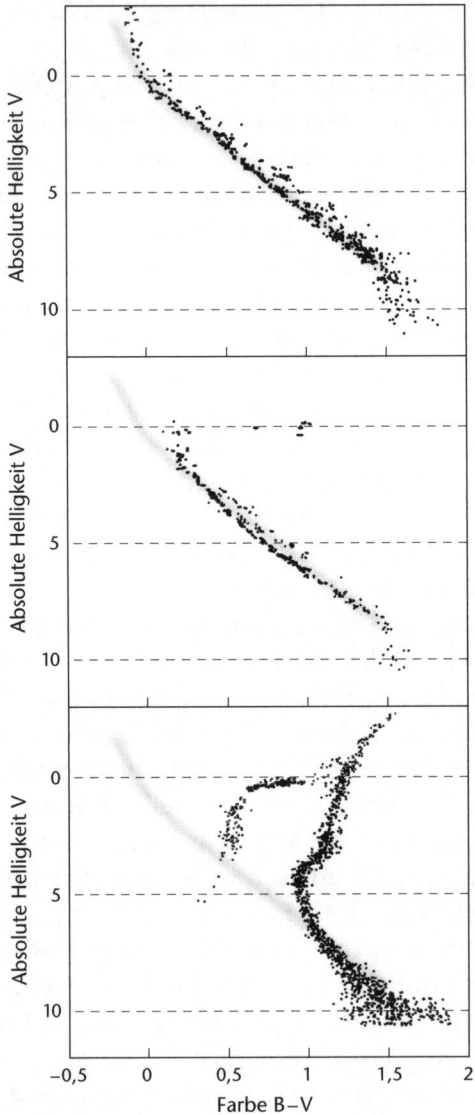

Abb. 6.4: Farben-Helligkeits-Diagramme dreier verschiedener Sternhaufen. Oben: Der offene Sternhaufen der Plejaden ist erst 115 Millionen Jahre alt. Mitte: Der 730 Millionen Jahre alte offene Sternhaufen Praesepe. Unten: Mit 12 Milliarden Jahren ist der Kugelsternhaufen M15 eines der ältesten Objekte im Universum.

etwa so wie die Sonne. Der Vergleich der Position der Haufensterne im Farben-Helligkeits-Diagramm, insbesondere der Turn-off-Region, mit mehreren Isochronen von solarer Metallizität, aber mit verschiedenen Altern, führt direkt zu einer Altersbestimmung.

Für die Altersbestimmung der Kugelsternhaufen benötigt man nun verschiedene Sätze von Isochronen mit unterschiedlichen Metallizitäten und Altersstufen. Denn Kugelsternhaufen zeigen eine Vielfalt von Metallizitäten, und man muss die richtige auswählen. Auch die jeweilige Position des Turn-off im Farben-Helligkeits-Diagramm hängt von der Metallizität des Sternhaufens ab. Die im Farben-Helligkeits-Diagramm eines Kugelsternhaufens erkennbaren Positionen aus Hauptreihe, Riesenast und Horizontalast werden so lange gegen die Isochronen der zugehörigen Metallizität verschoben, bis eine Isochrone passt. Die »richtige« Isochrone repräsentiert wiederum sofort das Alter des Kugelsternhaufens.

Sternhaufen sind nach wie vor sehr beliebte Studienobjekte – für weitere Beobachtungen wie auch für theoretische Projekte, z. B. zur Bildung von Kugelsternhaufen. Denn viele neu entdeckte Details werfen ständig Fragen auf. Durch verbesserte Datenqualität konnten in den letzten zehn Jahren kleine, aber wichtige Unterschiede herausgekitzelt werden: So verfügen die Sterne in drei bestimmten Sternhaufen nämlich doch nicht alle über ganz genau dieselbe Metallizität, wie normalerweise für einen Sternhaufen angenommen wird. Dies könnte auf kleine Inhomogenitäten in der Gaswolke, aus der der Haufen entstand, zurückgehen. Weiterhin zeigen einige Haufen bis zu fünf verschiedene Untergruppen von Sternen mit unterschiedlichem Alter und verschiedenen Metallizitäten. Einige der massereichsten Kugelsternhaufen zeigen somit mehrere separate Hauptreihen in ihren Farben-Helligkeits-Diagrammen, wie z. B. Omega Centauri in Abbildung 6.5. Das entspricht jeder Menge sitzengebliebener Schüler, wenn wir uns wieder den Vergleich mit Schulklassen vornehmen. Wenn es aber mehr sitzengebliebene als eigentliche Schüler in der Klasse gibt, wird es für einen Beobachter schwierig festzustellen, um was für eine Klasse es sich denn eigentlich handelt. Die Gründe für diese verschiedenen Untergruppen sind auch nach vielen Jahren nach wie vor unzureichend geklärt.

Schließlich zeigt eine Reihe von Elementhäufigkeiten, dass Kugel-
haufensterne ein ganz anderes chemisches Häufigkeitsmuster haben
als typische Halosterne besitzen. Diese Unterschiede können nur
verstanden werden, wenn eine Art »Schlammschlacht« im Haufen
stattgefunden hat: eine Art von besonderer, haufeneigener chemischer Entwicklung, bei der frühe Sterngenerationen Metalle produzieren, die den Haufen aber nie verlassen haben. Weiterhin können
Sternwinde, die aus neu synthetisierten Metallen bestehen, zur Ver-
schmutzung des Haufengases beigetragen haben. Nachfolgende Generationen wurden somit aus chemisch verändertem Gas gebildet.

Kugelsternhaufen sind also so etwas wie Kleinstaaten, für die
eigene Gesetze gelten. Sie sind äußerst kompliziert, so dass Astrono-

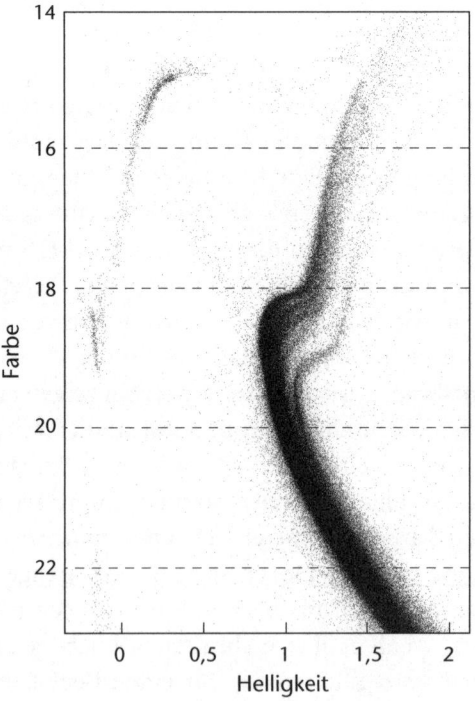

*Abb. 6.5: Farben-Helligkeits-Diagramm von Omega Centauri. Die verschiede-
nen Populationen dieses ungewöhnlichen Sternhaufens manifestieren sich in
den drei Hauptreihen.*

men weit davon entfernt sind, sie völlig zu verstehen. Alles in allem sind schon viele verschiedene Modelle zur Entstehung von Kugelsternhaufen postuliert worden, aber keine Idee kann alle Beobachtungen erklären. Weiterhin muss noch herausgefunden werden, welche kosmologische Rolle die Kugelsternhaufen spielen. Denn es ist auch unklar, aus was für Gaswolken und unter welchen Bedingungen diese riesigen Objekte im frühen Universum entstanden.

6.5. Namensgebung von Sternen

Ich werde oft gefragt, ob die Sterne, die meine Kollegen und ich finden, eigentlich schon Namen haben oder ob wir sie selbst benennen können. Die kurze Antwort ist, dass alle Objekte eigentlich schon Namen haben, nämlich ihre Koordinaten oder irgendeine andere Zahlenkombination. Diese Aussage führt bei den Fragenden meist zu sichtlicher Enttäuschung. Denn es hätte ja schon etwas für sich, Sternen schöne Namen zu geben anstatt sie mit trockenen Nummerierungen zu kennzeichnen. Dennoch ist die Namensgebung von Himmelsobjekten nicht ganz so nüchtern.

Viele hellere Objekte, die man mit dem bloßen Auge am Himmel sehen kann, haben im allgemeinen Sprachgebrauch griechische, lateinische oder arabische Eigennamen. Denn schon die alten Römer und Griechen kannten und benannten viele Sterne. So hatte z. B. Ptolemäus im 2. Jahrhundert n. Chr. schon 1022 Sterne mit Namen in seinem Katalog. Sie bedienten sich dabei gern bildhafter und anschaulicher Vergleiche z. B. für die Sternbilder oder stellten eine Verbindung zu ihrer Mythologie durch Götternamen her. Auch heute werden viele dieser Namen (auch von Wissenschaftlern) noch benutzt. Beispiele sind die Hauptsterne in den Sternbildern, wie z. B. Aldebaran, der Rote Riesenstern, der das Auge des Stiers in den Mythen repräsentieren soll. Polaris, der Nordstern, der uns den Weg nach Norden weist, ist ein anderes Beispiel. Andere hellere Sterne, Galaxien und Nebel haben ebenfalls Namen, denn sie sind schon seit langer Zeit bekannt und beliebt.

Der französische Astronom Charles Messier erstellte um 1770 eine erste größere Liste von hellen, im Fernrohr als Nebelflecken erscheinenden Himmelsobjekten. Er katalogisierte rund 100 Sternhaufen, Nebel und Galaxien. Sie wurden in der Reihenfolge der Entdeckung einfach durchnummeriert, beginnend mit dem Krabbennebel M1 und so weiter. Das M steht dabei für den Messier-Katalog. Besonders bekannte Einträge sind z. B. die Andromeda-Galaxie M31, der Orionnebel M42, die Plejaden M45 und die Whirlpool-Galaxie M51. Diese M-Namen werden bis heute von Astronomen verwendet und gehen direkt auf Messier zurück. 1888 veröffentlichte der irische Astronom John Louis Emil Dreyer einen wesentlich umfassenderen Katalog, den New General Catalogue (NGC), der knapp 8000 Einträge enthält und noch heute der Standard-Katalog für nicht-stellare Objekte ist. Die Durchnummerierung dieser Objekte beginnt somit mit NGC 0001.

Alle nachfolgenden Beobachtungskampagnen entwickelten eigene Namensschemata, um ihre Objekte zu kennzeichnen. Und natürlich gibt es auch jede Menge weiterer Kataloge, in denen Sterne verzeichnet sind. Meine metallarmen Hamburg / ESO-Sterne beginnen entsprechend alle mit der Abkürzung HE, gefolgt von einer abgekürzten Schreibweise für deren Koordinaten. Andere Durchmusterungen benannten alle Sterne nach der fotografischen Platte in Kombination mit einer Laufnummer. Offensichtlich gibt es unzählige Möglichkeiten, Sterne mit Namen zu versehen.

Die Internationale Astronomische Union kümmert sich um die Vergabe von Namen an kosmische Objekte und stellt Empfehlungen zur Namensgebung bereit. So wurde schon vor einigen Jahren vorgeschlagen, alle Objekte mit ihren komplett ausgeschriebenen Koordinaten zu bezeichnen. Viele der riesigen photometrischen Durchmusterungen sind dieser Vorgabe auch gefolgt, da es sich oft um Millionen von Objekten handelt, die alle eindeutig gekennzeichnet werden müssen. Der Nachteil ist, dass diese Koordinatennamen zu extrem langen und hässlichen Zahlenkombinationen führen. Besonders wenn man mit Einzelsternen arbeitet, wird das schnell unpraktisch.

Ein Beispiel ist CD −38° 245, unser allererster Vertreter der metallärmsten Sterne, der schon 1984 als solcher identifiziert wurde. Seine

Entdeckung wird in Kapitel 10.1 weiter ausgeführt. In der Koordinatenschreibweise würde er J00463619–3739335 heißen – nicht gerade sehr griffig. Zum Glück ist es aber möglich, althergebrachte Namen, wie in diesem Fall CD –38° 245, beizubehalten und weiterhin zu verwenden. J00463619–3739335 ist aber nicht der einzige andere Name für CD –38° 245: Da dieser Stern relativ hell ist, wurde er über die Jahre hinweg von vielen Himmelsdurchmusterungen immer wieder hauptsächlich photometrisch beobachtet und katalogisiert. 11 weitere Bezeichnungen können zur Zeit gefunden werden, wenn sie sich teilweise auch kaum unterscheiden:

CD –38° 245 (Cordoba-Durchmusterung 1892)

SB 319 (Slettebak & Brundage-Durchmusterung 1971)

CS 22188–0048 (HK-Durchmusterung für metallarme Sterne, 1985)

GSC 07532–00548 (Guide Star-Katalog für helle Sterne 1990)

HE 0044–3755 (Hamburg/ESO-Durchmusterung 1991)

HIP 3635 (Hipparcos Satellite-Katalog 1997)

DENIS-P J004636.1–373933 (Deep Near-Infrared Survey, Provisionary designation, 1997)

uvby98–003800245 (Photelektrischer Photometrie-Katalog, 1998)

2MASS J00463619–3739335 (Two Micron All-Sky Survey Nahinfrarotdurchmusterung, 2003)

USNO-B1.00523–00009596 (US Naval Observatory-Durchmusterung 2003)

RAVE J004636.2–373933 (Radial Velocity Experiment-Durchmusterung 2008).

Wie aus der Liste hervorgeht, hat CD –38° 245 seinen gebräuchlichsten Namen also schon 1892 erworben. Denn in vielen Fällen wird die Bezeichnung des ersten Katalogs weitergeführt. Je heller ein Stern ist, desto höher ist die Chance, dass der Stern tatsächlich mehrmals beobachtet wurde.

Viele Durchmusterungen liefern immer wieder verschiedene neue Zusatzinformationen für einen Stern. So stellt die 2MASS-Durchmusterung z. B. Photometrie im nahen Infrarotbereich zur Verfügung. Die USNO-Durchmusterung bestimmte wiederum die Eigenbewegung vieler Sterne, die z. B. für deren Entfernungsbestimmungen wichtig sind. Ein weiteres Beispiel ist HE 1327–2327, der eisenärmste Stern mit 1 / 250 000stel der solaren Eisenhäufigkeit, der in Kapitel 9 und 10 ausführlich beschrieben wird. Er ist um einiges schwächer als CD −38° 245 und hat dementsprechend nur zwei weitere Bezeichnungen. HE 0107–5240, der erste Stern mit weniger als 1 / 100 000stel der solaren Eisenhäufigkeit, ist noch mal wesentlich lichtschwächer und somit nur in einem weiteren Katalog enthalten.

Eine zentrale astronomische Datenbank* sammelt alle diese Informationen. Mit der Angabe von Koordinaten oder einem Objektnamen kann schnell herausgefunden werden, was schon zu einem Objekt von den großen Durchmusterungen bekannt ist und welche wissenschaftlichen Artikel sich mit dem Objekt befassen. Daher ist diese Datenbank ungemein hilfreich, um herauszufinden, ob ein Objekt z. B. schon spektroskopisch beobachtet wurde oder ob es in einem größeren Katalog verzeichnet ist.

Trotz allem kommt es immer wieder unbeabsichtigt zu Wiederentdeckungen schon bekannter Objekte. Das ist nicht nur frustrierend, sondern kann im Zweifelsfall auch viel Teleskopzeit kosten. CD −38° 245 und einige andere sehr metallarme Sterne wurden auch in der Stichprobe während meiner Doktorarbeit gefunden. Tatsächlich freute ich mich zu früh, einen interessanten Stern gefunden zu haben – die Ernüchterung kam aber schnell, als ich kurz darauf feststellte, dass ich »nur« einen schon bekannten Stern wiederentdeckt hatte. In einigen Fällen kann dies allerdings auch etwas Gutes bewirken. Denn bei der Benutzung einer neuen Suchmethode kann man so zeigen, dass metallarme Sterne gezielt gefunden werden können und wie erfolgreich die neue Prozedur ist. Somit war die Wiederentdeckung von CD −38° 245 in meiner Stichprobe dann doch sehr zufriedenstellend. Denn er ist ja einer der metallärmsten Sterne und somit ein sehr geeignetes Beispiel für die Sterne, die ich eigentlich finden wollte.

Je komplizierter der Sternname ist, desto mehr wird er, zumindest im Sprachgebrauch, z. B. in Unterhaltungen oder in Konferenzvorträgen, abgekürzt oder vereinfacht. Das gilt für die »Koordina-

---

* SIMBAD, http://cdsweb.u-strasbg.fr.

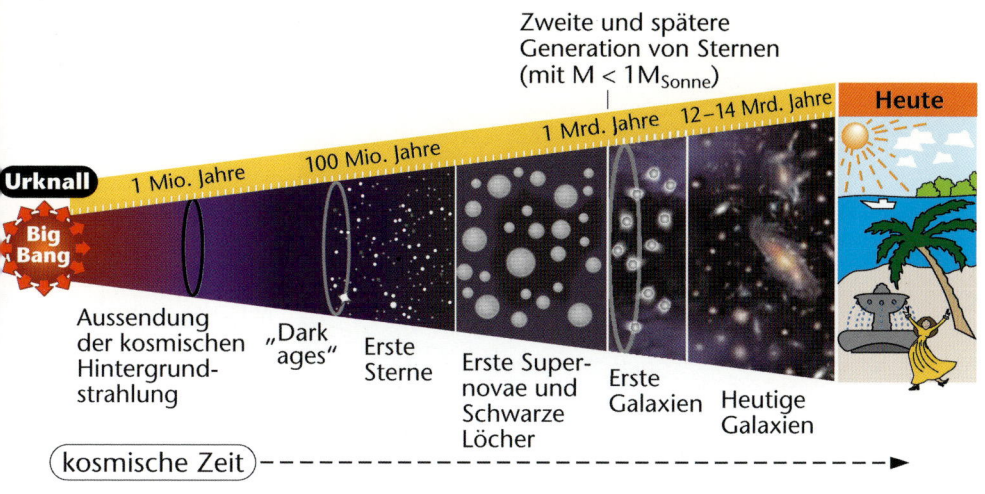

Zweite und spätere
Generation von Sternen
(mit $M < 1M_{Sonne}$)

Heute

Urknall   1 Mio. Jahre   100 Mio. Jahre   1 Mrd. Jahre   12–14 Mrd. Jahre

Big Bang

Aussendung
der kosmischen   "Dark
Hintergrund-   ages"   Erste
strahlung   Sterne

Erste Super-
novae und
Schwarze
Löcher

Erste
Galaxien

Heutige
Galaxien

kosmische Zeit ─ ➤

Abb. 1.A: Die Entwicklung des Universums: vom Urknall über die ersten Sterne zu den ersten Galaxien und schließlich zu Leben auf der Erde.

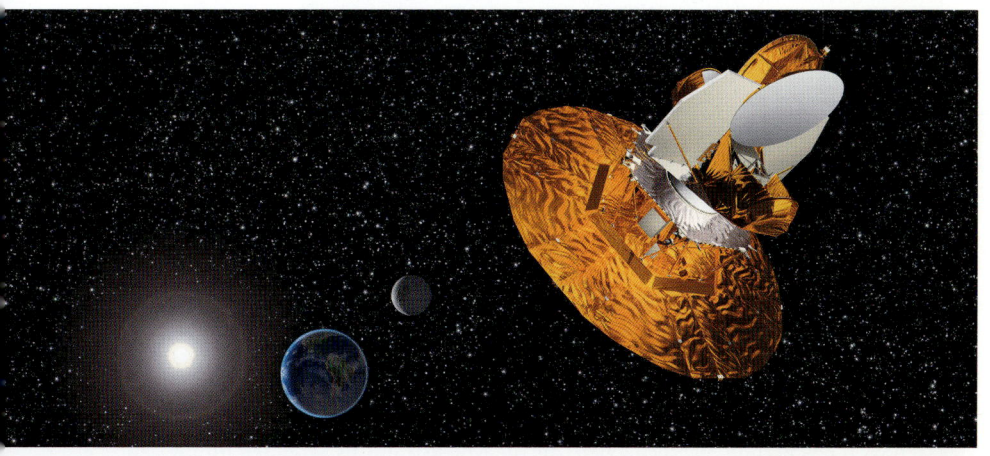

Abb. 1.B: Oben: Illustration des Wilkinson Microwave Anisotropy Probe (WMAP) Satelliten im Kosmos. Die Sonne, die Erde und der Mond sind im Hintergrund gezeigt.
Unten: Foto des Hubble Weltraum-Teleskops in seiner Erdumlaufbahn. Dort ist es von der Discovery Raumfähre aus fotografiert worden.

Abb. 1.C: Andromeda – die Schwester-Galaxie der Milchstraße. Eine größere Satelliten-Zwerggalaxie ist im Vordergrund erkennbar.

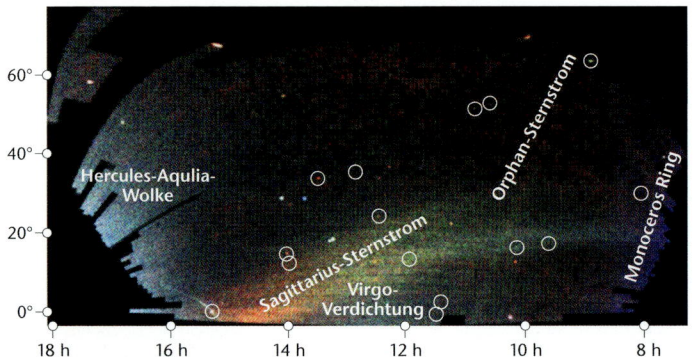

Abb. 1.D: Das sogenannte »Field of Streams«, welches die Sterndichte des Halos der Milchstraße zeigt. Der untere Rand schaut in die Ebene der Galaktischen Scheibe, während nach oben hin in den Halo geschaut wird. Die helleren Gebiete geben lokale Verdichtungen von Sternen wieder, die sich in riesigen langgezogenen Strömen manifestieren. Die Namen der Ströme sind angegeben sowie die Orte und viele schwach leuchtende Zwerggalaxien, die die Milchstraße als Satelliten umkreisen. Die schwarzen Gebiete an den Rändern bedeuten, dass es dort keine Daten gibt.

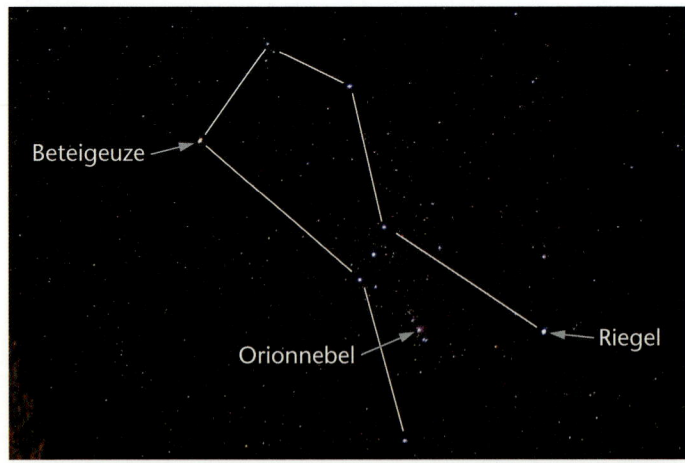

Abb. 3.A: Der rote Überriese Beteigeuze im Sternbild Orion. Nach dem weiß-bläulich schimmernden Riegel ist Beteigeuze der zweithellste Stern im Orion. Das Sternbild ist am Winterhimmel zu sehen.

Abb. 4.A: Im Orionnebel entstehen auch heute noch neue Sterne.

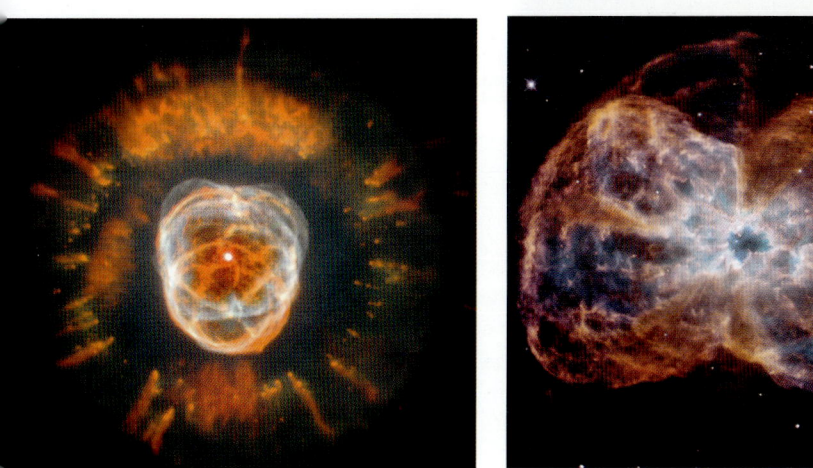

Abb. 4.B: Planetarische Nebel gibt es in vielen schönen Farben und beeindruckenden Formen.

Abb. 4.C: Links: Der mit schweren Elementen angereicherte »Vela-Supernovaüberrest« einer Supernova vom Typ II. Rechts: Der Krebsnebel (manchmal auch Krabbennebel genannt) ist ebenfalls der Überrest der Explosion eines massereichen Sterns.

Abb. 6.A: Die Milchstraße, wie man sie von der südlichen Hemisphäre aus betrachten kann.

Abb. 6.B: Die Magellan-Teleskope (links »Clay«, rechts »Baade«) im Licht der Milchstrasse. Die Magellanschen Wolken sind deutlich links oben zu erkennen.

Abb. 6.C: Die Spiralgalaxie NGC 6744. Es wird angenommen, dass die Milchstraße von außen etwa so aussieht.

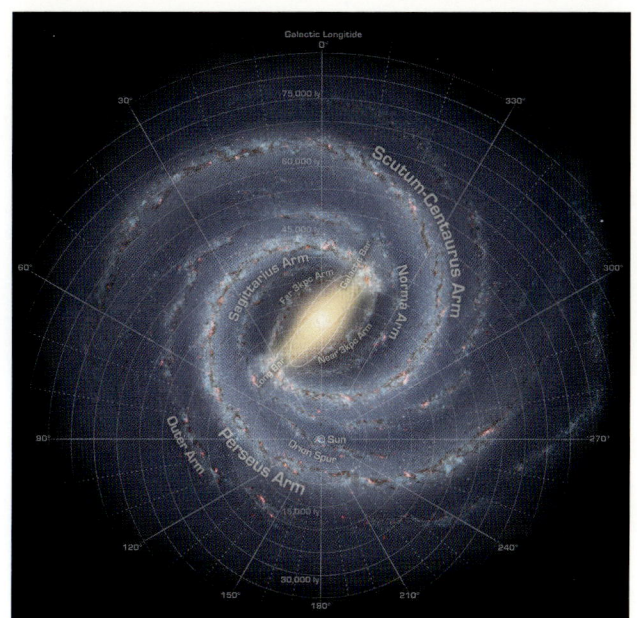

Abb. 6.D: Die Spiralstruktur der Milchstraße und unsere Position (bei »sun« = Sonne) im Orion-Cygnus-Arm (»Orion«-Spur).

Abb. 6.E: Die Autorin vor dem Magellan-Clay-Teleskop während der längeren Belichtung eines Zwerggalaxien-Sterns. Die Milchstraße ist deutlich am sternenübersäten Himmel zu erkennen.

Abb. 6.F: Die Plejaden, oder auch Siebengestirn genannt, im Sternbild des Stieres. Es ist ein junger offener Sternhaufen, dessen Hauptsterne auch mit bloßem Auge sichtbar sind.

Abb. 6.G: Der 12 Milliarden Jahre alte Kugelsternhaufen M15 im Sternbild Pegasus.

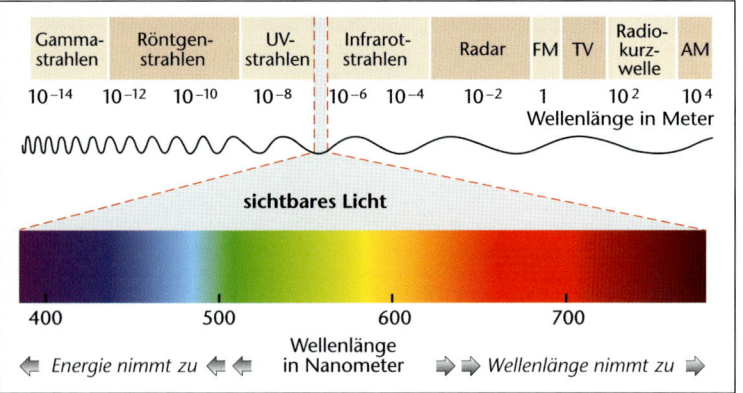

Gamma-strahlen	Röntgen-strahlen	UV-strahlen	Infrarot-strahlen	Radar	FM	TV	Radio-kurz-welle	AM

10^{-14} 10^{-12} 10^{-10} 10^{-8} 10^{-6} 10^{-4} 10^{-2} 1 10^2 10^4
Wellenlänge in Meter

sichtbares Licht

400   500   600   700

Wellenlänge in Nanometer

⬅ *Energie nimmt zu* ⬅⬅   ➡➡ *Wellenlänge nimmt zu* ➡

Abb. 7.A: Das sichtbare Spektrum mit seinen Regenbogenfarben. Es ist nur ein kleiner Teil des gesamten elektromagnetischen Spektrums, dessen verschiedene Wellenlängenbereiche gekennzeichnet sind.

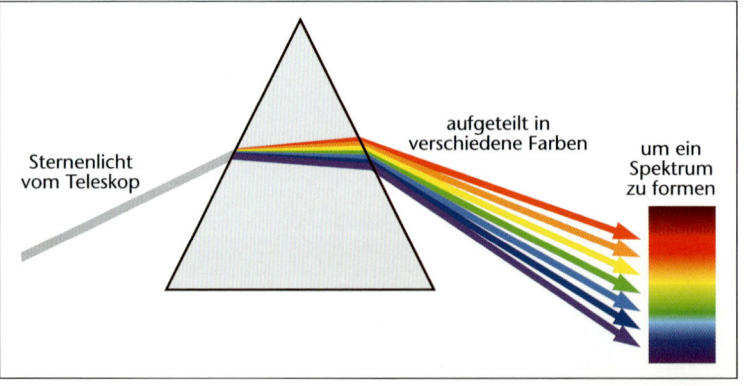

Sternenlicht vom Teleskop

aufgeteilt in verschiedene Farben

um ein Spektrum zu formen

Abb. 7.B: Schematische Lichtbrechung im Prisma. Ein Spektrograph spaltet in gleicher Weise das Sternlicht in ein Spektrum auf, welches dann bearbeitet und analysiert werden kann.

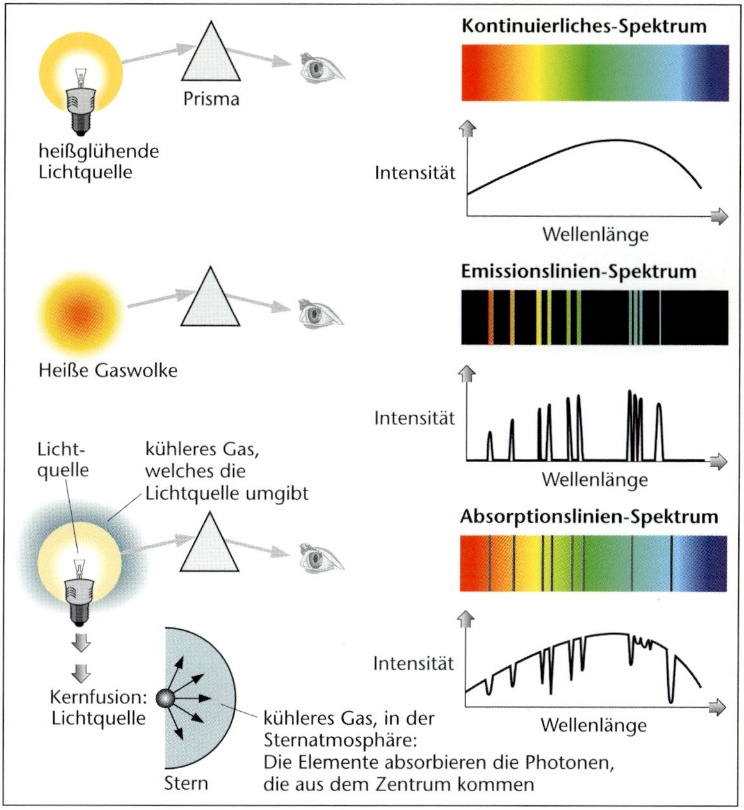

Kontinuierliches-Spektrum

Intensität

Wellenlänge

Prisma

heißglühende
Lichtquelle

Emissionslinien-Spektrum

Intensität

Wellenlänge

Heiße Gaswolke

Absorptionslinien-Spektrum

Intensität

Wellenlänge

Licht-
quelle

kühleres Gas,
welches die
Lichtquelle umgibt

Kernfusion:
Lichtquelle

kühleres Gas, in der
Sternatmosphäre:
Die Elemente absorbieren die Photonen,
die aus dem Zentrum kommen

Stern

Abb. 7.C: Schematischer Ablauf der Entstehung von Spektrallinien
in Sternen.
Oben: Kontinuierliches Spektrum einer heißglühenden Lichtquelle.
Mitte: Emissionslinienspektrum eines heißen Gases.
Unten: Absorptionslinienspektrum eines Sterns.

Abb. 7.D: Die beiden
6,5 m Magellan-Tele-
skope werden im
Sonnenuntergang
zum Beobachten
vorbereitet.
Links steht »Baade«,
rechts »Clay«.

Abb. 7.E: Oben links: Über den Wolken: 4000 m oben auf dem Mauna Kea-Berg, Hawaii, USA.
Oben rechts: Das japanische 8 m Subaru-Teleskop mit dem Kontrollgebäude daneben.
Unten: Die benachbarten 10 m Keck-Teleskope.

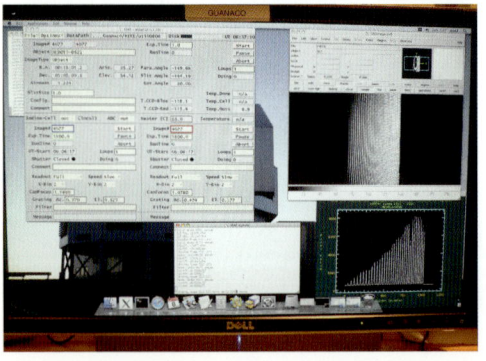

Abb. 7.F: Oben: Kontrollraum des Clay-Teleskops mit Beobachter (die Autorin) und Teleskopbedienungs-Personal.
Unten: Computerbildschirm mit der Steuerungssoftware für den Spektrographen (links), ein neu aufgenommenes Sternspektrum (rechts oben) und eine erste Datenanalyse zur Kontrolle der richtigen Belichtungszeit (rechts unten).

Abb. 8.A: Oben: Willkommen am Siding Spring Observatorium der Australischen National-Universität! Das Observatorium gleicht einer Teleskop-Landschaft mit einer ganzen Reihe von Teleskopen. Unten: Das eckige 2,3 m Teleskop mit seiner Außentreppe befindet sich im Vordergrund.

Abb. 8.B: Oben: Das 2,3 m Teleskop in seinem eckigen, drehbaren Gebäude.
Mitte: Der Kontrollraum mit jeder Menge Bildschirme und Süßigkeiten, um wach zu bleiben.
Unten: Zwei übernächtigte Beobachter.

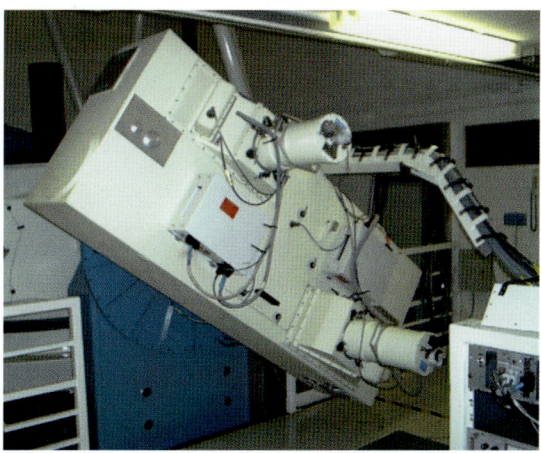

Abb. 8.C: Beobachten mit dem 2,3 m Teleskop.

Oben: Mit dem Teleskop schaut man durch die große Öffnung der Kuppel auf den zu beobachtenden Stern. Schon in der Dämmerung können sehr helle Sterne beobachtet werden.

Unten links: Das Teleskop in seiner Parkposition. Der Spiegel ist zum Schutz mit großen Klappen bedeckt, die sich um die schwarze Röhre herum befinden. Das Licht fällt erst auf den Hauptspiegel und dann auf den kleinen Sekundärspiegel. Von dort aus wird es durch die schwarze Röhre zu den Instrumenten geleitet.

Unten rechts: Der »Double Beam Spectrograph«, der rechts unten am Teleskop auf Spiegelhöhe montiert ist. In ihm wird das Licht in rotes und blaues Licht aufgespalten und dann gleichzeitig durch zwei Spektrographen geschickt.

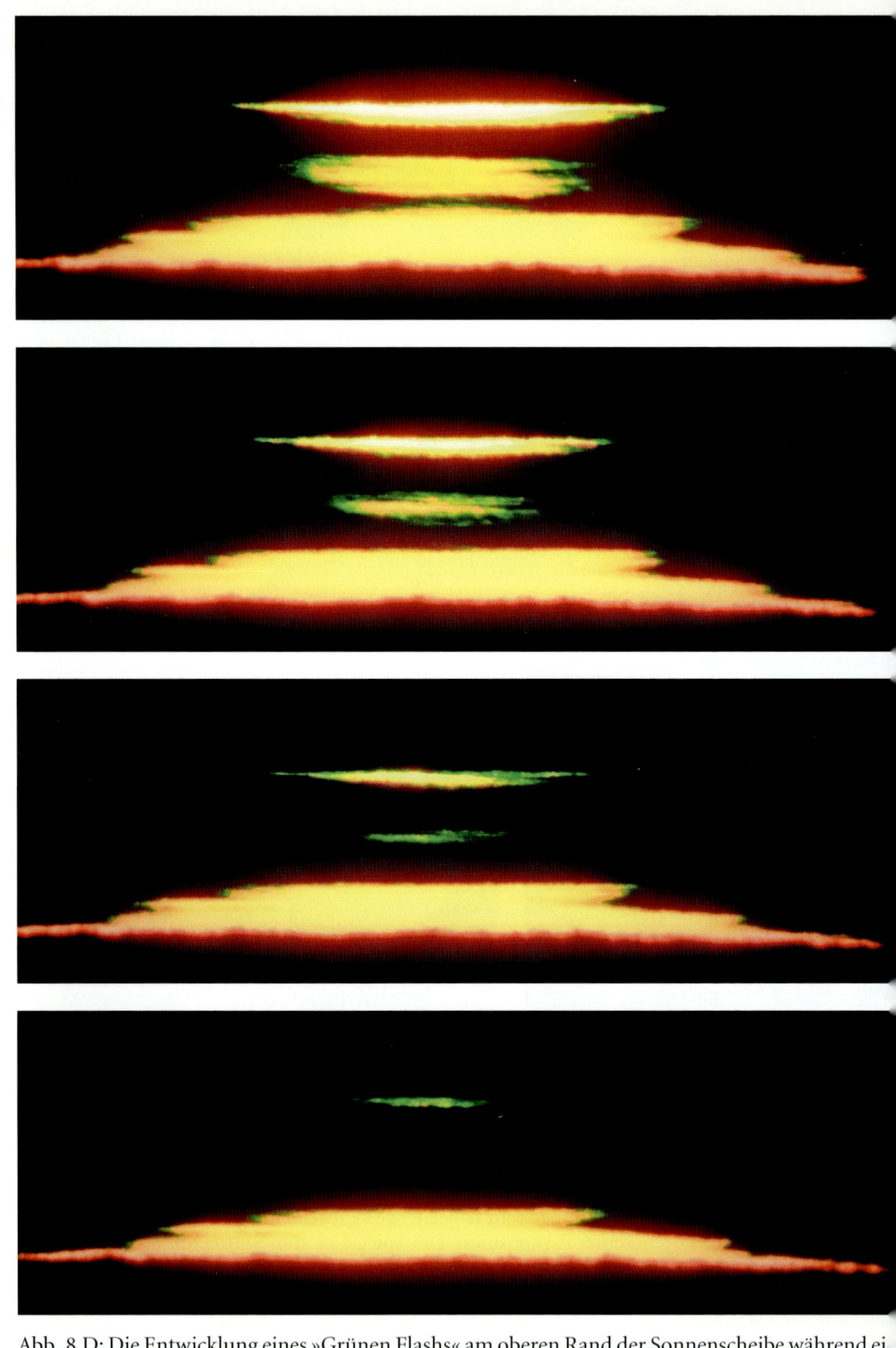

Abb. 8.D: Die Entwicklung eines »Grünen Flashs« am oberen Rand der Sonnenscheibe während eines Sonnenuntergangs. Stück für Stück wird während dieses für nur eine Sekunde andauernden Spektakels das obere Ende der Sonnenscheibe dunkelgrün.

Abb. 8.E: Ein dramatischer Sonnenuntergang in Chile. Die Wolken sorgen für eine beeindruckende Dämmerung. Für Beobachtungen sind Wolken aber natürlich nicht erwünscht.

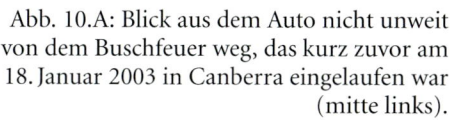

Abb. 10.A: Blick aus dem Auto nicht unweit von dem Buschfeuer weg, das kurz zuvor am 18. Januar 2003 in Canberra eingelaufen war (mitte links).
Mitte rechts und unten: Viele Häuser wurden in kürzester Zeit in Schutt und Asche gelegt. Verkohlte Autos und Trümmerhaufen aus Backsteinen waren übriggeblieben.

Abb. 10.B: Der traurige Anblick abgebrannter Teleskope am Mt. Stromlo Observatorium, welches zuvor mit einem Besucherzentrum und Picknickbänken ausgestattet und ein beliebtes Besuchsziel von Einheimischen und Touristen gewesen war.
Oben und Mitte: Gebäude des Columbia-Teleskops. Unten: Der abgebrannte Refraktor.

Abb. 10.C: Das »Commonwealth Solar Observatory«-Gebäude vor dem Buschfeuer im Januar 2003, direkt nach dem Brand und nach dem Wiederaufbau, bei dem darauf geachtet wurde, dass das neue Gebäude dem Originalbau möglichst ähnlich werden würde.

Abb. 10.D: Ein komplett mit Büchern verbranntes Regal im abgebrannten »Commonwealth Solar Observatory«-Gebäude.

Abb. 11.A: Das 1,3 m Sky-Mapper Teleskop am Siding Spring Observatorium in der Abenddämmerung.

Abb. 11.B Künstlerische Darstellung des geplanten Giant Magellan Telescopes mit seinem riesigen segmentierten Spiegel von 25 m Durchmesser, mit dem ab 2018 beobachtet werden soll.

ten«-Namen wie auch für alle anderen. Denn vor allem wenn es um Sterne in Stichproben geht, können meine Kollegen und ich uns nicht immer alle diese »Telefonnummer«-Bezeichnungen merken. Der Einfachheit halber beziehen wir uns deshalb oft auf den Erstautor der Veröffentlichung und nennen dann den Stern nach dem Autor. So ist HE 1327–2326 von meinen Kollegen meist einfach kurz als HE 1327 oder ab und zu auch als »Frebel-Stern« bezeichnet worden.

7. GESCHICHTEN, DIE DAS LICHT ERZÄHLT

Eigentlich ist die Astronomie eine einfache Wissenschaft. Denn alles, was wir messen können, ist die Strahlung der verschiedenen Objekte, die aus dem All kommt. Nicht mehr und nicht weniger. Genau diese Tatsache ist die große Herausforderung, der man sich stellen muss, wenn man den Kosmos erforschen möchte. Um dieser Strahlung jedes kleine Quäntchen an Informationen abzujagen, benötigen Astronomen ausgeklügelte Methoden und hochtechnologische Geräte. Bevor wir die chemische Zusammensetzung eines Sterns entschlüsseln können, müssen wir uns aber erst einmal darüber Gedanken machen, welche Informationen wir von den kosmischen Objekten erhalten und wie diese verarbeitet werden können. Bei der Arbeit mit metallarmen Sternen ist hauptsächlich das sichtbare Licht von Interesse, weswegen wir uns im Folgenden meist auf diesen Bereich der elektromagnetischen Strahlung beschränken werden.

Alles, was wir über den Kosmos lernen können, basiert also auf der einen oder anderen Form der Lichtanalyse. Astronomen können die Anzahl, die Richtung und die Energie der Photonen messen, die von einem Objekt zu uns kommen. Dementsprechend ist das wichtigste Hilfsmittel der Astronomen das Teleskop mit verschiedenen Instrumenten, um das Licht auch von einem meist sehr weit entfernten und somit lichtschwachen Objekt einzufangen. Im Anschluss daran kommt heutzutage der Computer zum Einsatz, mit dem die beobachteten Daten elektronisch aufgenommen und verarbeitet werden. Schließlich ergänzen theoretische Arbeiten das auf den »Licht-Daten« beruhende Wissen und helfen bei der Interpretation der Ergebnisse.

Letztendlich ist es erstaunlich, wie viele Details über ein Himmelsobjekt auf diese Weise herausgefunden werden können. Denn der erste Blick in den Nachthimmel offenbart noch lange nicht, welche Eigenschaften kosmische Objekte besitzen. Erst mit der Sprache der Physik und mit Hilfe der sogenannten Spektroskopie werden wir befähigt, genau zu übersetzen, was uns das Licht über einen Stern oder andere kosmische Objekte verrät.

7.1. Kleines Lexikon vom Licht

Licht, wie wir es nennen, ist nichts anderes als elektromagnetische Strahlung. Wenn ihre Wellenlänge innerhalb eines bestimmten Bereichs liegt, wird sie für das menschliche Auge sichtbar und somit zu »Licht«. Jede Wellenlänge wird vom Auge als eine andere Farbe wahrgenommen – so verläuft das sichtbare Licht von Violett-Blau bei etwa 390 Nanometern über Grün bei ca. 510 nm, Orange bei ca. 600 nm bis zu Dunkelrot bei etwa 740 nm. Der Bereich des sichtbaren Lichts ist in Farbabbildung 7.A schematisch dargestellt. Die Farben des Regenbogens zeigen somit die ganze Bandbreite an Wellenlängen, die wir mit dem Auge wahrnehmen können. Wenn Licht von allen diesen Farben gleichzeitig auftritt, wird es als weiß empfunden, da es nichts weiter als eine Komposition aller Wellenlängen ist.

Elektromagnetische Strahlung tritt aber auch in anderen Wellenlängenbereichen auf. Wir alle kennen die sogenannten Röntgenstrahlen, mit denen Knochen im Körper sichtbar gemacht werden können, Mikrowellenstrahlung aus der Küche, Radiowellen und auch Infrarotstrahlung, die wir z. B. von einem Feuer kommend als Wärme fühlen können. Ultraviolette Strahlen können ebenfalls nicht gesehen werden, aber nach einem Sonnenbrand sind die Folgen einer solchen Bestrahlung schmerzhaft zu spüren. Abbildung 7.1 zeigt den gesamten Wellenlängenbereich mit den verschiedenen Strahlungsarten.

Die Wellenlänge bestimmt also das Verhalten von elektromagnetischer Strahlung, die ab jetzt vereinfachend als Licht bezeichnet wird, unabhängig davon, um welche Wellenlänge es sich handelt.

Durchlässigkeit der Erdatmosphäre

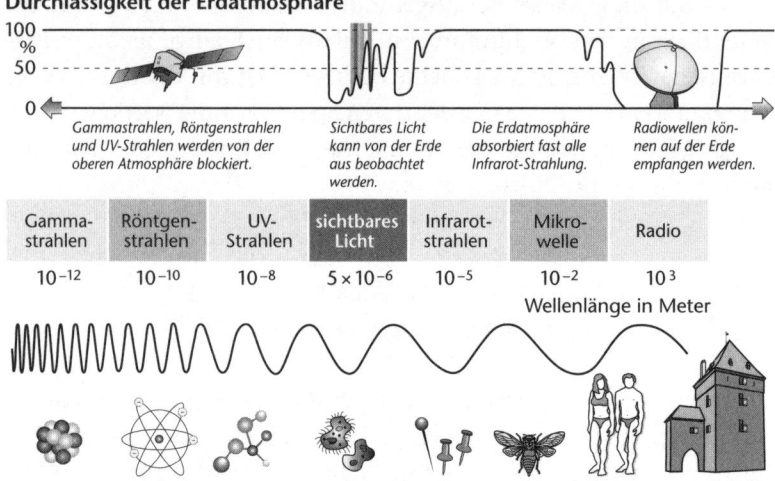

Abb. 7.1: Das elektromagnetische Spektrum vom Gammastrahlenbereich über das sichtbare Licht zu langen Radiowellen. Wie durchsichtig die Erdatmosphäre bei verschiedenen Wellenlängen ist, wird oben illustriert. Für viele Beobachtungen sind deswegen Weltraumteleskope nötig.

Licht besitzt gleichzeitig eine Wellen- und eine Teilchennatur. Je nach Wellenlänge besitzen die Photonen, also die Licht-Teilchen, eine bestimme Energie. Da entweder die Wellenlänge oder die Frequenz von Licht gemessen werden kann, kann so auf die Energie geschlossen werden. Energiereicheres Licht hat kürzere Wellenlängen und somit eine höhere Frequenz. Langwelliges, energieärmeres Licht besitzt dementsprechend niedrigere Frequenzen. Generell kann Licht durch seine Wellenlänge, Intensität, Ausbreitungsrichtung und -geschwindigkeit beschrieben werden. Die Lichtgeschwindigkeit im Vakuum mit etwa 300 000 km / s ist dabei eine bekannte Naturkonstante. Nichts bewegt sich schneller als Licht im Vakuum. Fast alle kosmischen Objekte senden elektromagnetische Strahlung über einen weiten Wellenlängen- bzw. Energiebereich aus, der auch sichtbares Licht beinhaltet. Mit unterschiedlichen Arten von Teleskopen können diese verschiedenen Wellenlängen beobachtet werden – auch weit außerhalb des sichtbaren Bereichs.

Der Begriff »Körper« steht im Folgenden für alle Objekte – denn wie sich zeigt, »leuchtet« alles auf die eine oder andere Weise um uns herum. Die Temperatur eines Körpers bestimmt, welche Art von elektromagnetischer Strahlung hauptsächlich ausgesendet wird, also welche Wellenlängen das von ihm ausgehende Licht besitzt. Dies bedeutet, dass ein kühlerer Körper hauptsächlich, aber nicht ausschließlich bei längeren Wellenlängen als ein heißerer Körper strahlt. Mit ansteigender Temperatur verschiebt sich die Verteilung des Lichts dann aber zu kürzeren Wellenlängen.

Ein weiteres Beispiel ist der Mensch. Mit 37 Grad C ist ein Mensch ein relativ kalter Körper. Aber auch er strahlt – im langwelligen Infrarotbereich bei 10 000 nm oder 10 Mikrometer. Nachtsichtgeräte sind so konzipiert, dass sie genau in diesem Wellenlängenbereich funktionieren. Auch Feuerwerkskörper strahlen in diesem Bereich. Bei Beobachtungen auf dem Mauna Kea-Berg in Hawaii während des 4. Juli, des Nationalfeiertags der USA, beobachteten meine Kollegen und ich aus 4200 m Höhe neben den Sternen auch das am Strand vor sich gehende Feuerwerk mit einem Nachtsichtgerät. Denn Feuer strahlt hauptsächlich im infraroten und nur relativ wenig im sichtbaren Bereich. Herkömmliche Glühbirnen strahlen ebenfalls im infraroten Bereich und geben nur ca. 10 % ihrer Energie als sichtbares Licht ab. Das erklärt, warum sie immer so warm werden und warum Energiesparlampen, die weniger im Infraroten strahlen, so viel energiesparender sind.

Wie kann diese Regel jetzt auf die Sternbeobachtung übertragen werden? Ein Stern strahlt genauso wie jeder andere Körper – verschieden stark bei verschiedenen Wellenlängen, gemäß einer charakteristischen Energieverteilung. Das Maximum dieser Energieverteilung ist ein Maß für die Oberflächentemperatur des Sterns. Abbildung 7.2 illustriert das Beispiel unserer Sonne, die eine Temperatur von 5500 Grad C hat. Die 5500 Grad heiße Oberfläche der Sonne strahlt die meiste Energie etwa in der Mitte des sichtbaren Wellenlängenbereichs bei rund 500 nm, also im blau-grünen Bereich ab. Insgesamt können wir allerdings nur 40 % des Sonnenlichts mit unseren Augen wahrnehmen. Die restlichen 60 % werden in anderen Wellenlängenbereichen abgestrahlt, wie in der Abbildung erkennbar ist.

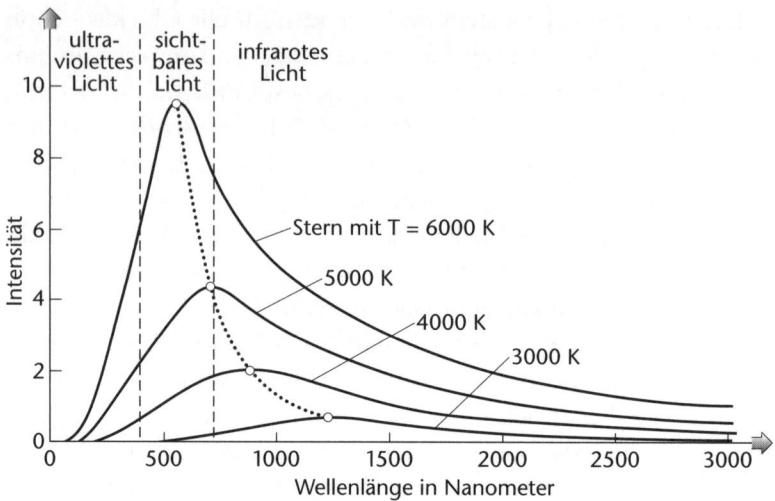

*Abb. 7.2: Die spektrale Energieverteilung von Sternen mit verschiedenen Ober-
flächentemperaturen. Das Maximum jeder Verteilung verschiebt sich bei kühlen Temperaturen zu größeren Wellenlängen. Die Sonne hat mit 5500 Grad C
ihre maximale Intensität etwa in der Mitte des sichtbaren Wellenlängenbereichs.*

Kühlere Rote Riesensterne strahlen ihre Energie überwiegend im roten und infraroten Bereich ab, also bei größeren Wellenlängen als die
Sonne. Wenn die Sonne ein Roter Riese und kühler wäre, würde sie
auch hauptsächlich rotes Licht aussenden. Hier sollte angemerkt
werden, dass die Sonne natürlich nicht jeden Abend und Morgen
beim Sonnenuntergang und -aufgang zum kühlen Roten Riesen
wird, nur weil sie uns zu diesen Zeiten intensiv rot erscheint. In diesen Fällen sorgt der Staub in der Erdatmosphäre dafür, dass der blaue
Lichtanteil auf dem Weg zu uns »weggestreut« wird und nur der
gelb-rote Teil übrig bleibt. Dieser Effekt hat also nichts mit dem Wellenlängenbereich des Lichts zu tun, mit dem die Sonne selbst strahlt.

Mit speziellen Filtern kann man einen Stern in bestimmten Wellenlängenbereichen gezielt beobachten und dort seine Helligkeit
messen. So erscheint ein Roter Riese im ultravioletten Bereich sehr
viel schwächer als im roten Bereich, da der Stern im dazugehörigen
kurzwelligen Bereich nur gering strahlt. Abbildung 7.2 zeigt die so-

genannte spektrale Energieverteilung eines Sterns. Die Differenz zweier über gewisse Wellenlängenbereiche gemittelter Helligkeiten wird als »Farbe« bezeichnet. Diese Farben verraten, wie steil die Energieverteilungskurve ist und welche Temperatur der Stern hat. Die Temperatur verrät wiederum Fakten zum Entwicklungsstadium des Sterns und zu seinen Eigenschaften.

Die Helligkeit eines Sterns wird in der Astronomie in sogenannten Magnituden oder Größenklassen angegeben. Nach der historischen Definition gehören die hellsten Sterne zur ersten Größenklasse und die schwächsten, gerade noch mit bloßem Auge sichtbaren Sterne zur sechsten. Merkwürdigerweise bedeutet dies, dass schwächere Sterne eine größere scheinbare Magnitude am Himmel haben. Ausgehend von dieser historischen Festlegung besagt die moderne Definition, dass die Helligkeit zweier Sterne, die sich in beobachteter Lichtintensität um den Faktor 100 unterscheiden, um 5 Magnituden verschieden ist. Dadurch bekommen der Vollmond und die Sonne negative scheinbare Helligkeiten, nämlich -13^m und -27^m, da sie wesentlich heller als die Sterne sind, auf denen das System ursprünglich basierte. Sirius, der hellste Stern am Himmel, hat -1^m, Jupiter hat -3^m, und die Venus, unser Abend- oder auch Morgenstern, hat -5^m. Die Venus erscheint somit 40 Mal heller als der Sirius, die Sonne leuchtet sogar etwa 15 Milliarden Mal heller als Sirius.

Es gibt viele verschiedene Methoden, um das Licht der Sterne eingehend zu analysieren. Aber eines haben sie alle gemeinsam: Sie basieren auf Daten, die mit Teleskopen aufgenommen wurden. Grundsätzlich lassen sich dabei zwei Arten von astronomischen Beobachtungen unterscheiden: Das Abfotografieren des Himmels dient der Messung der Sternhelligkeiten und positiven Positionen. Und die Spektroskopie ermöglicht die Aufspaltung des Lichts über große Wellenlängenbereiche in ein sogenanntes Spektrum. Diese Art der Lichtanalyse ermöglicht die Bestimmung der physikalischen Eigenschaften des Objekts, wie Temperatur, Druck, chemische Zusammensetzung und Geschwindigkeit im Raum.

7.2. *Spektroskopie: Sternlicht entschlüsseln*

Ein Regenbogen am Himmel ist ein beeindruckendes Naturschauspiel, dessen Farbenspiel man immer wieder gerne bewundert. Bei einem solchen Ereignis wird das Sonnenlicht in kleinen Wassertröpfchen in der Atmosphäre gebrochen und reflektiert. Die verschiedenen Wellenlängen des weißen Sonnenlichts werden dabei innerhalb der vielen Tropfen auf dem Weg zu unserem Auge unterschiedlich gebrochen. Als Ergebnis sehen wir, wie sich das Licht in einem Regenbogen vor uns aufspaltet. Ein einfaches Prisma funktioniert auf die gleiche Weise. Wie in Farbabbildung 7.B schematisch dargestellt ist, werden die Wellenlängen des Lichts an der Glasfläche unterschiedlich stark gebrochen, aber nicht auch noch reflektiert. Kurzwelliges violettes Licht erfährt die stärkste Brechung, während langwelliges rotes Licht weniger stark abgelenkt wird. Das Resultat: Weißes Licht wird in seine Spektralfarben aufgespalten.

Diese Technik des Lichtaufbrechens machen sich Astronomen schon seit langem zunutze, indem sie das Sternlicht aufspalten und als Spektrum aufnehmen. Fraunhofer konnte so schon um 1800 Wichtiges über die Natur der Sonne erkennen. Bald darauf etablierte sich die Spektroskopie als naturwissenschaftliche Untersuchungsmethode. Parallel dazu wurden allerlei Spektrometer und Spektrographen entwickelt, die bald in jedem besseren Labor zu finden waren. In der Astronomie ermöglichte die Spektroskopie zum ersten Mal, die Physik und Chemie ferner Himmelskörper genauer zu studieren und sie trotz ihrer großen Entfernungen gewissermaßen ins Labor zu holen. Auch aus der modernen Astrophysik sind Spektrographen nicht wegzudenken. Die heutigen Apparaturen sind nur wesentlich größer als die zu Fraunhofers Zeiten, und unsere zu beobachtenden Objekte sind viel, viel weiter entfernt.

Die moderne Spektralanalyse basiert immer noch auf den gleichen Prinzipien und Erkenntnissen, die Fraunhofer eingeführt hat. Ein prominentes Beispiel sind die Fraunhofer-Linien des Kalziums, auch H und K genannt. Sie sind zwei der am stärksten ausgeprägten Linien in den meisten Sternspektren und helfen somit, sich in einem linienreichen Spektrum zu orientieren.

Aber was hat es mit den Spektrallinien grundsätzlich auf sich? Die Spektroskopie ist auch Thema in Kapitel 2.2, dort in erster Linie aber unter historischen Aspekten. Machen wir nun noch einmal einen kleinen Abstecher in die Atomphysik und betrachten, was genau mit dem Sternlicht auf dem Weg zum Spektrographen passiert. Zugunsten einer zusammenhängenden Darstellung ist die eine oder andere Wiederholung hier nicht ganz vermeidbar.

Spektroskopiert man das Licht eines glühenden, festen oder flüssigen Körpers wie z. B. eines Wolframdrahts in einer Lampe oder einer Eisenschmelze, erhält man ein sogenanntes kontinuierliches Spektrum, das sehr hübsch alle Regenbogenfarben zeigt. Ein Beispiel wird in Farbabbildung 7.C gezeigt. Ein Sternspektrum sieht bei näherem Hinsehen allerdings etwas anders aus. Wie Fraunhofer schon beobachtet hatte, befinden sich dunkle Linien in diesen Spektren. Kein Wunder, denn ein Stern mit seinen vielen Gasschichten ist komplizierter aufgebaut als ein einfacher glühender Körper. Das Licht des Sterns kommt aus dem heißen Zentrum, wo die Kernreaktionen ablaufen. Auf seinem Weg zu uns muss das Licht also durch eine dicke Schicht von kühlerem Gas in der äußeren Sternatmosphäre hindurch. Aber dies geschieht nicht ohne Verluste.

Erinnern wir uns daran, wie ein Atom aufgebaut ist. Die positiv geladenen Atomkerne werden von negativ geladenen Elektronen umschwirrt. Im Grundzustand gibt es gleich viele Elektronen wie Protonen im Kern, so dass das Atom nach außen hin elektrisch neutral ist. Die Elektronen sausen auf verschiedenen Bahnen, die ihren Energien entsprechen. Statt von Bahnen, die im Bohr'schen Atommodell doch zu sehr an Planetenbahnen erinnern, sollte man in der Atomphysik eher von Energieniveaus sprechen. Niederenergetische Elektronen halten sich dabei meist näher am Kern auf, während sich Elektronen mit höherer Energie weiter vom Kern entfernt bewegen. Normalerweise befinden sich alle Elektronen auf Niveaus mit der niedrigstmöglichen Energie. Dies ist der Grundzustand, der für das Atom am energiesparendsten ist. Wenn aber das Licht aus dem heißen Sternzentrum die kühlere Sternatmosphäre durchstrahlt, fangen die Elektronen an, auf höhere Energieniveaus zu springen. Das kann man sich folgendermaßen vorstellen: Die Lichtteilchen – Photonen –

aus dem Sterninneren haben alle möglichen Energien. Wenn ein solches Photon auf ein Atom trifft und es genügend Energie besitzt, die für einen Elektronensprung zwischen zwei Energieniveaus im Atom benötigt wird, nutzt das Elektron die Situation und springt auf das höhere Niveau. Das Photon verschwindet dabei. Jedem Elektronensprung entspricht eine ganz bestimmte Energiedifferenz und damit auch eine ganz bestimmte Lichtwellenlänge, mit der der Sprung angeregt werden kann.

Die Sprünge zwischen den Energieniveaus haben also zur Folge, dass Photonen mit ganz bestimmten Energien – Wellenlängen – aufgebraucht werden, während andere überhaupt nicht betroffen sind. Dementsprechend »fehlen« dem Sternlicht nach Durchqueren der Sternatmosphäre plötzlich bestimmte Wellenlängen. Genau dieser Effekt ist in Sternspektren beobachtbar: Die dunklen Fraunhofer-Linien sind nichts anderes als die fehlenden Wellenlängen, die das Licht sozusagen als »Zollzahlung« beim Verlassen des Sterns zurücklassen musste. Astronomen nennen diese Linien Absorptionslinien. Die Entstehung eines Absorptionslinienspektrums ist schematisch in Farbabbildung 7.C gezeigt.

Umgekehrt funktioniert es aber auch: So genannte Emissionsspektren entstehen, wenn man ein gleichmäßig heißes Gas beobachtet. Dort befinden sich alle Elektronen auf hochenergetischen Niveaus. Ab und zu springen die Elektronen auf ein niedrigeres Niveau, wobei sie die jeweilige Energie in Form eines Photons wieder abgeben. Das Licht des Gases erhält somit zusätzliche Energie bei den entsprechenden Wellenlängen. Spiralgalaxien und irreguläre Galaxien sowie Planetarische Nebel zeigen viele Emissionslinien, da sie einem riesigen Gasnebel ähneln. Die Entstehung eines Emissionslinienspektrums ist in Farbabbildung 7.C in der Mitte schematisch dargestellt.

Obwohl Gustav Kirchhoff noch nichts von den Details des Atomaufbaus und den Niveauübergängen wusste, konnte er aufgrund seiner Experimente schon um 1860 die drei Haupttypen von Spektren unterscheiden. Damit konnte er generell vorhersagen, ob ein kontinuierliches Spektrum, ein Emissionsspektrum oder ein Absorptionsspektrum bei der Beobachtung von verschiedenen Lichtquellen erwartet werden kann. Erst mit dem Bohr'schen Atommodell konnte dieses Verhalten der Spektrallinien physikalisch erklärt werden, was einen weiteren Schritt auf dem Weg zur Quantenmechanik bedeutete. Diese drei Regeln von Kirchhoff sind heute noch genauso aktuell wie vor 150 Jahren und finden besonders in der analytischen Chemie und natürlich in der Astronomie Anwendung. Sterne haben grundsätzlich Absorptionsspektren, es sei denn, sie haben eine besonders aktive Oberfläche oder sind aus irgendeinem Grund von heißem Gas umgeben, was z. B. in einem Doppelsternsystem vorkommen kann. Dann sieht man neben den Absorptionslinien zusätzlich Emissionslinien, die auf das heiße Gas zurückzuführen sind.

Mit astronomischen Beobachtungen kann man zunächst nur die äußere Hülle des Sterns untersuchen – das gilt auch für die Spektroskopie. Das Sterninnere bleibt verborgen, genauso wie man bei einem Menschen auch nur das Äußere, also die Haut, und nicht die inneren Organe sehen kann. Zum Glück gibt es verschiedene Möglichkeiten, doch noch an wichtige Informationen über das zu gelangen, was im Sterninneren vor sich geht. Nur so können Rückschlüsse auf das Sterninnere gezogen werden.

Mit Hilfe von Spektroskopie kann also etwas über die Eigenschaften des Sternatmosphärengases herausgefunden werden. Denn jedes chemische Element zeigt ein charakteristisches Linienmuster im Spektrum. Die Gesamtheit der Absorptionslinien in einem Spektrum verrät somit, welche Elemente sich in der Atmosphäre durch das Absorbieren bestimmter Wellenlängen bemerkbar gemacht haben. Die wichtigsten und oft auch stärksten Linien in einem Sternspektrum sind die Wasserstofflinien der sogenannten Balmerserie. Die stärkste dieser Linien, Hα genannt (H steht für Wasserstoff, α für die stärkste dieser Wasserstofflinien), befindet sich bei einer Wellenlänge von 656 nm im roten Spektralbereich. Die ganze Serie entsteht, wenn Elektronen vom zweiten Niveau auf weiter außen liegende Niveaus springen (siehe auch Abb. 2.3). Denn der Übergang vom zweiten zum dritten Niveau benötigt ein Photon mit der Wellenlänge von 656 nm. Viele hübsche Nebel verdanken ihre rote Farbe dem Wasserstoff und dabei besonders der Hα-Emissionslinie. Weiterhin sind die Fraunhofer'schen Kalziumlinien H und K extrem stark ausgeprägt. Sie befinden sich bei 397 und 393 nm im violetten Spektralbereich. Die Kalzium-H-Linie überlappt fast komplett mit einer der Balmerlinien, Hε. Zusätzlich können die Elemente in neutraler und ionisierter Form in der Sternatmosphäre vorkommen. Kalzium H und K gehen auf ionisiertes Kalzium zurück. Dagegen befindet sich die stärkste Linie des neutralen Kalziums bei ~422.6 nm. Drei charakteristische Magnesiumlinien um 528 nm im grünen und zwei ausgeprägte Natriumlinien bei 589 nm im gelben Bereich sind weiterhin in fast jedem Sternspektrum anzutreffen. Darüber hinaus gibt es, je nach Sterntyp, unzählige Linien von diversen anderen Elementen, also weiteren Metallen.

Zurechtfinden kann man sich in diesem Liniendschungel nur, weil die Spektren der verschiedenen Elemente ausführlich im Labor untersucht wurden. Die Angaben zu vielen tausend Spektrallinien und den atomphysikalischen Details des zugehörigen Übergangs füllen dicke Kataloge und umfangreiche Datenbanken.

Die physikalischen Bedingungen in der Sternatmosphäre sind entscheidend dafür, ob und in welcher Ausprägung eine Linie im Spektrum erscheint. So hängen die Linienstärken wesentlich von der Temperatur ab. Bei Sternen mit Oberflächentemperaturen um die 10 000 Grad Kelvin sind Wasserstofflinien am stärksten ausgeprägt. Das Umgekehrte gilt für Metalllinien, die so schwach geworden sind, dass sie kaum mehr im Spektrum anzufinden sind. Allerdings tauchen in Spektren von Sternen mit mindestens 10 000 Grad Oberflächentemperatur dafür Heliumlinien auf. Bei kühleren Sternen reicht die Lichtenergie nicht aus, um die Elektronen der Heliumatome in höhere Niveaus zu stupsen. Bei kühleren Sternen wie der Sonne, die ein 5500 Grad C heißer Hauptreihenstern ist, sind die Balmerlinien ebenfalls schwächer, aber immer noch dominant im Spektrum vertreten. Die Metalllinien sind deutlich ausgeprägt. Dieses Verhalten ist in Abbildung 7.3 gezeigt. Kühle Rote Riesen haben wiederum schmalere Wasserstofflinien, aber dafür stärker ausgeprägte Metalllinien. Bei noch viel kühleren Sternen, z. B. mit nur 2000 Grad Kelvin, finden sich schließlich sogar Bänder von unzähligen übereinanderlappenden Titanoxidlinien im Spektrum, da die niedrige Temperatur die Bildung von Molekülen in der Sternatmosphäre zulässt.

Jedes Spektrum ist somit der »Fingerabdruck« des Sterns, anhand dessen man auf seine Natur und seine Eigenschaften schließen kann. Schon vor 1900 wurden die ersten sogenannten Spektralklassen eingeführt, um eine systematische Ordnung in die Vielfalt der Spektren zu bringen. Bald darauf wurde die verfeinerte O B A F G K M-Sequenz mit zusätzlichen Nummerierungen für Untergruppen vorgeschlagen. Zur gleichen Zeit wurden Tausende von Sternen durch Annie Jump Cannon klassifiziert (siehe auch Kapitel 2.3). Es stellte sich heraus, dass die Spektralklassen mit den unterschiedlichen Linienstärken im Wesentlichen eine Temperatursequenz darstellen. Die noch heute benutzten Spektralklassen und die dazugehörigen Sterntemperaturen sind in Tabelle 7.1 aufgelistet. Sterne des O-Typs haben eine Oberflächentemperatur von 40 000 Grad Kelvin. M-Sterne sind dagegen weniger als 3000 Grad Kelvin »kühl«.

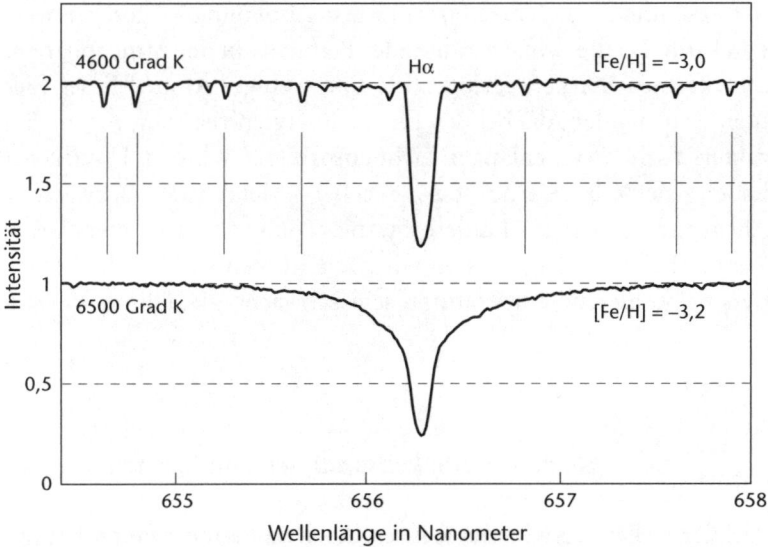

Abb. 7.3: Spektren zweier verschieden heißer Sterne mit gleicher Metallizität. Die Linienstärken sind trotz gleicher Metallhäufigkeiten unterschiedlich.

Tabelle 7.1: Zusammenhang zwischen Spektraltyp und Temperatur.

Spektraltyp	Farbe	Temperatur (in Grad K)
O	Blau	30 000 – 50 000
B	Blau, blau-weißlich	10 000 – 3 000
A	Weiß	7 500 – 10 000
F	Gelb-weißlich	6 000 – 7 000
G	Gelb	4 500 – 6 000
K	Rötlich-orange	3 500 – 4 500
M	Rot	2 000 – 3 000

Moderne Spektralanalysen haben gezeigt, dass die meisten Sterne eine Vielfalt von Elementen in ihren Atmosphären aufweisen und dass ihre Metallizität der der Sonne sehr ähnlich ist. Dennoch gibt es auch metallarme Sterne, die geringere Metallizitäten als die Sonne besitzen. Wie sehen dann die Spektren von Sternen mit unterschiedlichen Metallizitäten aus? Betrachtet man zwei gleich heiße Sterne, einen so metallreich wie die Sonne und einen hundertmal metallärmeren, wird der Unterschied sofort deutlich: Der metallarme Stern hat wesentlich schwächere Linien, wie in Abbildung 7.4 gesehen werden kann. Da die Konzentration der Elemente in der Atmosphäre in metallarmen Sternen geringer ist, sind weniger Atome dieser Elemente vorhanden, die bei den für die Energieniveaus im Atom charakteristischen Wellenlängen Licht absorbieren würden. Umgekehrt haben heißere Sterne bei gleicher Metallizität schwächere Absorptionslinien als kühlere Sterne. Wenn wir also metallarme Sterne finden wollen, müssen wir nach Sternen suchen, die besonders bei kühleren Temperaturen sehr schwache Metalllinien zeigen.

7.3. Elementhäufigkeitsanalysen von Sternen

Ziel der Stellaren Archäologie ist es, die detaillierten Elementhäufigkeitsmuster der metallärmsten Sterne zu bestimmen. Hinter dem etwas sperrigen Begriff Elementhäufigkeitsanalyse verbirgt sich das

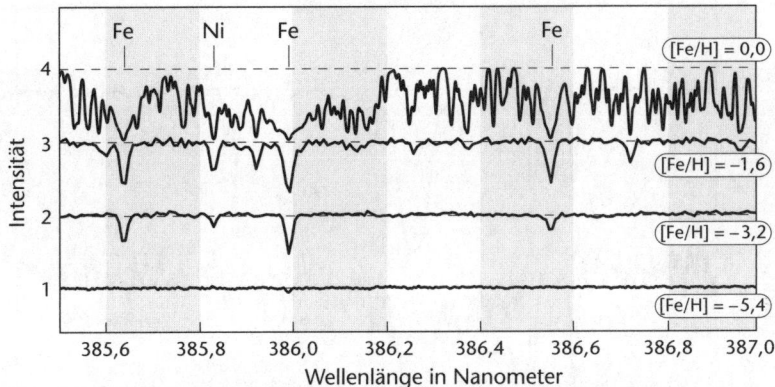

Abb. 7.4: Spektren mit ähnlichen Temperaturen, aber unterschiedlichen Metallizitäten. Oben: die metallreiche Sonne mit [Fe/H] = 0. Mitte: zwei Sterne mit niedrigeren Metallizitäten. Unten: der eisenärmste Stern mit [Fe/H] = –5,4. Die Bedeutung von »[Fe/H]« wird in Kapitel 7.3 beschrieben.

Verfahren, das uns verrät, wie die äußeren Gasschichten eines Sterns quantitativ zusammengesetzt sind. Mit diesem Verfahren gelingt es schließlich, metallarme Sterne als solche zu identifizieren und mehr über das junge Universum und die damaligen Nukleosyntheseprozesse in ihm zu erfahren.

Für eine vollständige Häufigkeitsanalyse benötigt man zunächst ein hochaufgelöstes Spektrum des betreffenden Sterns. Das ist einfacher gesagt als getan: Meist ist der Stern lichtschwach, und man braucht große Teleskope und lange Belichtungszeiten, bis sich das gewünschte Spektrum (Signal) ausreichend deutlich gegenüber allen Störungen, etwa dem Rauschen der aufnehmenden Kamera, abzeichnet. Abbildung 7.5 zeigt Spektren eines Sterns mit verschiedenen Signal-Rausch-Verhältnissen und den entsprechenden Beobachtungszeiten. Daran lässt sich sofort erkennen, dass längere Belichtungen zu besserer Datenqualität mit einem höheren Signal-Rausch-Verhältnis führen. Leider steigt das Signal-Rausch-Verhältnis nur mit der Wurzel der Beobachtungszeit an: Für ein doppelt so gutes Signal-Rausch-Verhältnis muss die Beobachtungszeit viermal so lang sein. Besonders bei schwächeren Sternen führt diese Tatsache oft dazu, dass die Spektren eher »verrauscht« sind.

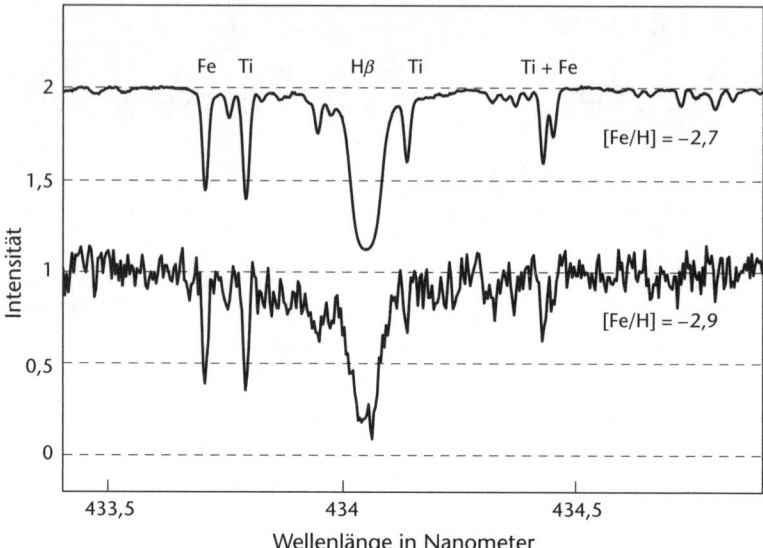

Abb. 7.5: Spektren mit verschiedenen Signal-Rausch-Verhältnissen (S/N) im Bereich der Hβ-Linie. Oben: Spektrum mit hohem S/N von ~ 300. Unten: Spektrum mit (S/N) von ~ 13. Um das hohe S/N zu erhalten, müsste der schwächere Stern etwa 530 Mal länger beobachtet werden oder sieben Magnituden heller sein.

Wie kann nun die chemische Zusammensetzung eines Sterns mit Hilfe seines Spektrums bestimmt werden? Die Hauptarbeit einer Analyse basiert auf der Vermessung der Absorptionslinien im beobachteten Spektrum. Dabei wird die Stärke der Linien bestimmt, was mathematisch gesehen der Fläche der Linienkurve entspricht. Die Stärke einer Linie ist ein Maß dafür, in welchen Mengen das jeweilige Element in der Sternatmosphäre vorkommt. Bevor man nun die Linien im Spektrum mit verschiedenen Computerprogrammen vermessen kann, muss man allerdings erst einmal wissen, welche Linien zu welchen Elementen gehören. Dank der umfangreich katalogisierten atomphysikalischen Eigenschaften jedes Elements kann man genaue Angaben zu den Wellenlängen und weiteren Details der einzelnen Spektrallinien eines jeden Elements nachschlagen. Dadurch ist es relativ einfach, die Linien im Sternspektrum zu identifizieren.

Wenn man dann Linien eines bestimmten chemischen Elements im Spektrum eines Sterns gefunden hat, ist das der Beweis dafür, dass dieses Element tatsächlich in der Sternatmosphäre vorkommt. Mit Hilfe eines Sternatmosphärenmodells können diese Linienmessungen dann später in Häufigkeitsangaben umgewandelt werden.

In der Praxis wird allerdings oft der umgekehrte Weg eingeschlagen. Wir wissen, bei welchen Wellenlängen sich wichtige Spektrallinien befinden, und so suchen wir gezielt nach diesen bestimmten Linien, um sie dann zu vermessen. So wird jedes neue Spektrum noch am Teleskop z. B. auf die Neutroneneinfangelemente Strontium, Barium und Europium hin untersucht. Strontium hat seine stärkste Linie bei 4077 Ångström, Barium bei 4554 Ångström und Europium bei 4129 Ångström. Die meisten metallarmen Sterne zeigen nur Rauschen an der Stelle, wo die Europiumlinie sein soll. Die Präsenz einer starken Europiumlinie bedeutet deswegen, dass der Stern sehr wahrscheinlich ein r-Prozess-Stern oder anderweitig interessant ist. Aber auch besonders starke oder nicht existente Strontium- und Bariumlinien deuten auf eine unter Umständen sehr interessante nukleosynthetische Herkunft des Sterns hin.

Ångström? Lichtwellenlängen sollten in der Physik der Konvention nach in Nanometern (nm) angegeben werden. In guter historischer Tradition verwenden Astronomen für die Wellenlängen der Spektrallinien aber immer noch die Einheit »Ångström« (abgekürzt Å). Zehn Ångström entsprechen einem Nanometer. Astronomen scheinen Kommastellen nicht besonders zu mögen. Die Verwendung der Einheit Ångström vermeidet sehr kleine Zahlen oder zu viele Kommastellen, die beim Gebrauch von Nanometern unvermeidbar wären. So hat z. B. die wichtige Uranlinie (siehe Kapitel 5.3 und auch Abbildung 5.8) auf der Ångström-Skala eine Wellenlänge von 3859,57 Ångström, was 385,957 nm entspricht.

Der Unterschied in der Schreibweise mag eher trivial erscheinen – aber dennoch ist die Ångström-Schreibweise hier hilfreich, denn die schwache Uranlinie befindet sich zwischen drei weiteren Linien. Bei den »Nachbar«-Linien handelt es sich um eine Eisenlinie bei 3859,21 Å und eine Neodyniumlinie bei 3859,43 Å auf der linken, kurzwelligeren Seite der Uranlinie sowie eine starke Eisenlinie bei 3859,91 Å auf der anderen Seite. Die Wellenlängen unterscheiden sich lediglich in den Kommastellen, da sie so nah beieinanderliegen und sich teilweise überlappen. In der Nanometer-Schreibweise würden sich die Wellenlängen erst in der zweiten Kommastelle unterscheiden, und auch die dritte Kommastelle wäre noch sehr wichtig, um die genaue Position einer Linie zu beschreiben.

Ein weiterer Vorteil der Verwendung von Ångström wird bei der Vermessung der Absorptionslinien deutlich. Die schwächsten von ihnen sind oft nur wenige Milli-Ångström breit, während die stärkeren bis hin zu 200 Milli-Ångström zeigen. Beispiele für verschiedene Absorptionslinien können in Abbildung 7.5 gesehen werden. Einige Linien wie die Balmerlinien sind noch viel stärker, aber aus sternatmosphärentechnischen Gründen für eine detaillierte Häufigkeitsbestimmung unbrauchbar. In Nanometern würden die Linienstärken von 0,001 nm bis 0,02 nm reichen. Die unkonventionelle Längeneinheit Ångström ist in der Spektroskopie also einfach praktischer als die SI-Einheit nm.

Eisen hat im Gegensatz zu anderen Elementen den Vorteil, dass es ein sehr reichhaltiges Absorptionslinienspektrum besitzt. Das bedeutet, dass im gesamten visuellen Spektralbereich zahlreiche Eisenlinien zu finden sind. Bei metallreicheren Sternen sind es Tausende von Linien, während bei metallärmeren Sternen nur noch mehrere hundert übrig bleiben. Bei besonders metallarmen wärmeren Sternen sind nur noch eine Handvoll Eisenlinien im Spektrum sichtbar. Aus verschiedenen Gründen können nicht alle Linien vermessen werden, schon gar nicht in metallreichen Sternen, da sich die vielen Linien dann alle überlappen. Aber dennoch ist Eisen das Element, für welches bei weitem die meisten Linienmessungen vorgenommen werden können. Die große Anzahl der Linien erleichtert die Bestimmung der Stern-Metallizität ungemein, da man für die Messung nicht auf einen bestimmten Spektralbereich angewiesen ist. Weiterhin haben diese vielen Einzelmessungen zur Folge, dass der Gesamtfehler der Eisenhäufigkeit meist sehr niedrig ist.

Dies ist enorm wichtig, denn mit wenigen Ausnahmen beschreibt die Eisenhäufigkeit eines Sterns seine gesamte Metallhäufigkeit – also die Häufigkeit aller Elemente außer Wasserstoff, Helium und

Lithium. Eisen dient aus diesem Grund auch als Referenzelement für alle weiteren Häufigkeitsverhältnisse. Astronomen lieben es, Häufigkeitsverhältnisse zu berechnen, statt absolute Einzelhäufigkeiten zu verwenden, denn Häufigkeits*verhältnisse* haben u. a. den großen Vorteil, dass sich verschiedene systematische Messunsicherheiten größtenteils gegenseitig aufheben.

Aber wie häufig kommt Eisen, etwa im Verhältnis zu Wasserstoff oder anderen Elementen, vor? In den Spektren metallarmer Sterne können in der Regel Absorptionslinien von etwa 15 bis 20 Elementen identifiziert und vermessen werden. Dies beinhaltet Linien von den CNO-Elementen, α-Elementen und Eisengruppenelementen (siehe auch Tab. 3.2). Weiterhin sind die Neutroneneinfang-Elemente Strontium und Barium in den meisten metallarmen Sternen vertreten, solange die Oberflächentemperatur nicht zu warm ist, so dass die Linienstärken deswegen zu schwach für eine Detektion werden. Schließlich werden dann die Häufigkeitsverhältnisse wie C:Fe, O:Fe, Mg:Fe und so weiter gebildet. In einigen Fällen sind auch Verhältnisse wie C:O oder Sr:Ba hilfreich, um bestimmte Nukleosynthesevorhersagen zu testen.

Wie erhält man denn nun die Werte für die Elementhäufigkeiten aus den Messungen der Linienstärken? Dafür benötigt man aufwendige Computerprogramme, die die Sternatmosphäre simulieren. Bei diesen Modellrechnungen werden die äußeren Schichten eines Sterns nachempfunden und die darin ablaufenden physikalischen Prozesse berechnet, die zur Absorption im Spektrum des simulierten Sterns führen. Wenn ein neuer Stern analysiert wird, braucht man also eine Modellatmosphäre, die genau zu diesem Stern passt und seine Eigenschaften gut beschreibt.

Sternatmosphären unterscheiden sich hauptsächlich in den Parametern Temperatur, Schwerebeschleunigung und chemische Zusammensetzung. In der Atmosphäre eines Riesensterns herrscht z. B. eine geringere Schwerebeschleunigung, also ein geringerer Druck als in einem Hauptreihenstern – diese Unterschiede müssen berücksichtigt werden. Also müssen die stellaren Parameter, die Oberflächentemperatur, die Schwerebeschleunigung an der Oberfläche und die Metallizität des Sterns für die Modellatmosphäre bestimmt werden. Dass die Temperatur grundlegend für die Elementhäufigkeitsbestimmung ist, wurde schon angedeutet: Denn die Linienstärken im Spektrum hängen nicht nur von der chemischen Zusammensetzung ab, sondern auch von der Oberflächentemperatur des Sterns. Benutzt man bei dem Modell eine falsche Temperatur, verfälschen sich dadurch die Häufigkeiten. Das Gleiche gilt für die Schwerebeschleunigung, die an der Oberfläche herrscht.

Mit etwas Erfahrung kann man einem Spektrum schon ansehen, ob es sich bei dem Stern um einen Riesen- oder einen Hauptreihenstern handelt. Die genaue Oberflächentemperatur kann so aber nicht bestimmt werden. Stattdessen kann man die Oberflächentemperatur entweder mit Hilfe der gemessenen Sternhelligkeit durch verschiedene Temperaturkalibrationen bestimmen oder von der Tatsache Gebrauch machen, dass die Häufigkeiten aller Eisenlinien, als Funktion ihrer Anregungspotentiale alle gleich sein müssen. Sonst würden verschiedene Linien sehr verschiedene Eisenhäufigkeiten liefern, obwohl der Stern ja nur eine einzige Eisenhäufigkeit besitzt. Ein ähnliches Argument wird bei der Bestimmung der Schwerebeschleunigung verwendet. Die Stärke der Absorptionslinien von einfach ionisiertem Eisen ist von der Schwerebeschleunigung abhängig, die der neutralen Eisenlinien aber nicht. Sowohl die Linien von neutralen wie auch ionisierten Eisenatomen müssen aber die gleiche Eisenhäufigkeit, die des Sterns, liefern. So kann die richtige Schwerebeschleunigung gefunden werden.

Diese Prozedur ist ein gewisses Puzzlespiel. Aber nach einigen Durchgängen und Versuchen kommt man ans Ziel und hat dann bestimmt, welche Temperatur, Schwerebeschleunigung und letztendlich auch Metallizität ein Stern hat. Mit den richtigen Parametern passt die Modellatmosphäre schließlich zum beobachteten Stern. Dann können endlich die individuellen Häufigkeiten aller Elemente berechnet werden, deren Linien im Spektrum vermessen wurden.

In der Praxis wird dieses Verfahren der Elementhäufigkeitsbestimmung auch in umgekehrter Reihenfolge ausgeführt. Viele Linien im Spektrum überlappen sich und formen komplizierte Absorptionsgebilde. Möchte man die Häufigkeit eines Elements aus einer solchen überlappenden Linie ermitteln, muss dies auf andere Weise als mit der direkten Linienvermessungstechnik erfolgen. Aus der vorhergehenden Analyse der Linienstärken ist schon bekannt, welche Modellatmosphäre den Stern am besten beschreibt. Diese Tatsache kann man sich hier zunutze machen: Wir können das Modell verwenden, um ein synthetisches Spektrum zu erzeugen. Die verschiedenen Elementhäufigkeiten können dabei in der Modellatmosphäre variiert werden. Damit »bastelt« man eine komplizierte Absorptionsregion im Spektrum nach. Einzig und allein die verschiedenen Häufigkeiten der beteiligten Elemente bestimmen nun die Stärke der Linien, die sich überlappen. Abbildung 7.5 und auch Abbildung 5.8 zeigen eine solche spektrale Region zusammen mit einem synthetisierten Spektrum, welches das beobachtete Spektrum gut wiedergibt. So können die individuellen Häufigkeiten der beteiligten Elemente trotz Überlappungen der Linien bestimmt werden.

Letztendlich beschreiben alle gemessenen Häufigkeiten die Anzahl der Atome eines Elements in der Sternatmosphäre im Verhältnis zur Anzahl der Wasserstoffatome. Als praktisches Kürzel hat sich für das Häufigkeitsverhältnis zweier Elemente A und B eine Klammernotation eingebürgert: [A/B]. Die Klammernotation drückt zudem aus, dass die Häufigkeit relativ zur Sonne bestimmt wurde. Mathematisch gesehen kann ein solches Verhältnis mit

$$[A/B] = \log_{10}(N_A/N_B)_{\text{Stern}} - \log_{10}(N_A/N_B)_{\text{Sonne}}$$

ausgedrückt werden. Das sieht auf den ersten Blick kompliziert aus, drückt aber nichts anderes aus als das logarithmische Verhältnis der Anzahl N der Atome eines Elements A geteilt durch die des Elements B in der Atmosphäre des Sterns im Vergleich zur Sonne.

Betrachten wir dazu ein paar Beispiele, die veranschaulichen, dass diese Schreibweise sehr praktisch und einfach zu verstehen ist. Die Eisenhäufigkeit wird ja als Indikator für die Metallizität des Sterns herangezogen. In diesen Fällen wird also das Verhältnis von Eisen zu Wasserstoff ermittelt und dann mit dem solaren Wert verglichen. Die zugehörige Klammernotation sieht so aus: [Fe/H]. Einem Stern, der das gleiche Verhältnis von Eisen zu Wasserstoff wie die Sonne aufweist, wird eine Metallizität von $[Fe/H] = 0$ zugeordnet. Sonnenähnliche metallreiche Sterne haben dementsprechend $[Fe/H] \sim 0$.

Enthält ein Stern doppelt so viele Eisenatome pro Wasserstoffatom wie die Sonne, beträgt seine Metallizität $[Fe/H] = 0{,}3$ (nicht 2, weil die Notation logarithmisch ist). Wenn umgekehrt die Metallizität unter 0 liegt, enthält der Stern weniger Metallatome als die Sonne und gilt somit grundsätzlich als metallarm. Ein Stern mit $[Fe/H] = -1$ hat dann nur noch zehnmal weniger Eisenatome als die Sonne. Extrem metallarme Sterne haben $[Fe/H] = -3$ oder weniger. Tabelle 3.1 enthält diese Informationen schon indirekt, denn -3 als logarithmischer Wert bedeutet $1/1000$stel des solaren Eisenwertes. Sterne mit $[Fe/H] = -5$ haben somit nur ein $1/100\,000$stel des solaren Eisenwertes. Insgesamt haben Astronomen mittlerweile $[Fe/H]$-Werte im Bereich zwischen $-5{,}4$ und $+0{,}5$ für Sterne der Milchstraße und diversen Zwerggalaxien ermittelt.

Während der $[Fe/H]$-Wert die Metallizität eines Sterns beschreibt, geben andere Verhältnisse wie z. B. $[Mg/Fe]$ an, wie sich die anderen Elemente im Vergleich zu Eisen und zur Sonne verhalten. Ist $[Mg/Fe] = 0$, ist das Verhältnis von Magnesium zu Eisen genau dasselbe wie in der Sonne. Wäre $[Mg/Fe] = +1$, würde dies bedeuten, dass der Stern im Vergleich zur Sonne zehnmal mehr Magnesium als Eisen besäße.

Aus der Definition der Klammernotation folgt, dass sich eine Metallizitätsangabe nicht auf die absoluten Verhältnisse der jeweiligen Atome in der Sternatmosphäre bezieht, sondern immer auf den entsprechenden Wert für die Sonne. Astronomen benutzen die Sonne also ständig als Referenzstern. Damit ist auch klar, dass die stellaren Häufigkeiten direkt von den solaren Häufigkeiten abhängen. Ändern sich diese, ändern sich auch die Werte der Sterne. Von Zeit zu Zeit werden die solaren Häufigkeiten in der Tat neu bestimmt. Die sich dabei ergebenden Änderungen spiegeln natürlich keine realen Änderungen in der Sonne wider, sondern zeigen, wie schwierig es auch heute noch ist, die solaren Häufigkeiten, und Sternhäufigkeiten generell, mit sehr hoher Präzision zu messen.

Was passiert nun, nachdem die Elementhäufigkeiten eines Sterns bestimmt wurden? Sie erlauben eine detaillierte Rekonstruktion der Nukleosyntheseprozesse, die in den vorangegangenen Sterngenerationen abgelaufen sind und somit die chemische Entwicklung vorantrieben. Ergebnisse zur Natur der allerersten Sterne im Universum, die mit Hilfe der eisenärmsten Sterne gewonnen werden konnten, werden in Kapitel 9.1 ausgeführt. Kapitel 9.4 beschreibt dann weiter, wie die Häufigkeiten vieler verschiedener metallarmer Sterne mit unterschiedlichen Metallizitäten benutzt werden, um die chemische Entwicklung der leichteren Elemente in der Milchstraße Stück für Stück nachzuvollziehen. Schließlich werden die Entstehung und Entwicklung der Neutroneneinfangelemente, also der schwersten Elemente, in Kapitel 5 im Detail betrachtet.

7.4. Die größten Teleskope der Welt

Wir suchen nach den ältesten Sternen aus einer Zeit kurz nach dem Urknall. Wir hoffen, dass sie uns etwas über die Entwicklung des frühen Universums, die ersten Sterngenerationen und den Anbeginn der chemischen Evolution verraten. Doch ohne großangelegte Beobachtungsprogramme lassen sich die seltenen alten Sterne in den Weiten des Kosmos nicht auffinden. Teleskope auf allen Kontinenten werden für die Suche benutzt, so dass länderübergreifende Projekte heute die Regel sind. Nicht nur Wissenschaftler aus vielen Ländern arbeiten heute in Teams zusammen, auch der Betrieb großer Teleskope ist nur noch auf internationaler Basis zu stemmen.

Licht ist Mangelware in der astronomischen Forschung. Die Teleskope müssen deshalb so groß wie möglich sein, um möglichst viele Photonen von den kosmischen Objekten aufzufangen. Die größten Teleskope für astronomische Beobachtungen im optischen und auch infraroten Wellenlängenbereich haben Spiegel mit Durchmessern von 6,5 m bis 10 m. Der Begriff »optisch« bezieht sich in der Astronomie auf den Bereich des sichtbaren Lichts. Es hängt dann von den einzelnen Instrumenten ab, welcher Wellenlängenbereich bei einer Beobachtung abgedeckt wird. So gibt es verschiedene Instrumente für den optischen und nahinfraroten Bereich, mit denen bestimmte Beobachtungen ausgeführt werden können.

Der gesamte Wellenlängenbereich, der von der Erde aus beobachtbar ist, reicht von etwa 310 nm bis zu einigen Mikrometern. Die Erdatmosphäre verhindert Beobachtungen im UV-Bereich bei kürzeren Wellenlängen als 310 nm. Dem Leben auf der Erde kommt diese Tatsache allerdings zugute, denn sonst würden die schädlichen UV-Strahlen ungehindert auf der Erde ankommen, so dass auch Sonnenschutzcreme unserer Haut nicht mehr helfen könnte. Beobachtungen im ferneren, noch kurzwelligeren UV-Bereich müssen demnach von Weltraumteleskopen mit speziellen Detektoren im All ausgeführt werden. Dazu gehören auch Beobachtungen von Röntgen- und Gammastrahlung, die noch sehr viel kurzwelliger sind.

Möchte man über den nahinfraroten Bereich hinausgehen, müssen sich die optisch-infraroten Teleskope auf sehr hohen Bergen mit extrem trockener Luft oder besser noch im Weltraum befinden. Denn der Wasserdampf in der Erdatmosphäre absorbiert große Anteile der Infrarotstrahlung. Für Beobachtungen von Strahlung mit noch größeren Wellenlängen werden Radioteleskope nötig. Anstelle von Spiegeln verwendet man bei dieser Art von Teleskopen riesige Antennenschüsseln mit Durchmessern bis zu 100 m, um die kosmische Radiostrahlung aufzufangen.

Der technische Aufwand, optische Spiegel herzustellen, ist enorm groß. Nur wenige Werkstätten auf der Welt sind den außerordentlichen technischen Anforderungen gewachsen, Spiegel von mehreren Metern Durchmesser herzustellen. Da der Aufwand mit der Größe des Spiegeldurchmessers stark ansteigt, sind einige der größten Teleskope nicht mit einem einzelnen Riesenspiegel ausgestattet, sondern bestehen stattdessen aus einem ganzen Satz von kleineren Einzelspiegeln, die wabenförmig zusammengesetzt werden. Da es technisch nicht möglich ist, Einzelspiegel mit mehr als etwa 8 m Durchmesser herzustellen, sehen die Pläne für die nächste Generation von Riesenteleskopen mit bis zu 40 m Hauptspiegeldurchmesser alle Hauptspiegel aus vielen Segmenten vor.

Aber ein großer Spiegel ist nicht alles – er allein garantiert noch keine guten Beobachtungen. Denn die Standorte für Teleskope müssen sehr sorgfältig ausgesucht werden. Die klimatischen, umwelt-technischen und politischen Bedingungen sind äußerst wichtig für den späteren Erfolg eines so aufwendigen Projekts. Generell sind auch für Beobachtungen im sichtbaren Wellenlängenbereich hohe Berge und Hochebenen in trockenen Gebieten von Vorteil. Neben wenig Wasserdampf ist die Luft dort klar und enthält wenig Schwebeteilchen. Denn für Astronomen ist es besonders wichtig, dass die Luftströmung am und über dem Teleskopstandort möglichst gleichförmig und unverwirbelt ist – andernfalls sieht man durch das Teleskop nur noch ein Lichtgeflimmer ohne wertvolle Details. Außerdem ist es wichtig, dass die Observatorien weit von städtischen Gebieten entfernt liegen, so dass die Beobachtungen nicht durch Lichtverschmutzung gestört werden. Und schließlich spielt das Land, welches man als Standort wählt, eine Rolle. Es sollte politisch stabil sein, da Teleskopprojekte langfristige Unternehmungen sind und vor allem in der Konstruktionsphase erhebliche Unterstützung von Seiten der lokalen Region benötigen.

Die beiden Magellan-Teleskope (je 6,5 m Spiegeldurchmesser) vom amerikanisch betriebenen Las Campanas-Observatorium stehen zwei Autostunden von den Städten La Serena und Coquimbo entfernt auf etwa 2500 m Höhe in der chilenischen Atacamawüste ca. 600 km nördlich von Santiago de Chile. Die vier identischen 8 m-Teleskope der Europäischen Südsternwarte (ESO) befinden sich zwei Flugstunden nördlich von Santiago, in der Nähe von Antofagasta auf dem Berg Paranal im Norden Chiles (sie sind in Abbildung 7.D im Farbbildteil gezeigt). Die Klimabedingungen in dieser trockenen Wüstenlandschaft sind, astronomisch gesehen, die besten, mit durchgehend stabilen Temperaturen von 10 bis 15 Grad C, niedriger Luftfeuchtigkeit und sehr wenig Niederschlag. Auch der 4200 m hohe Gipfel des Mauna Kea auf Hawaiis Big Island ist ein Astronomenparadies mit idealen Wetterbedingungen. Dort stehen das japanische Subaru-Teleskop (8 m) und die beiden amerikanischen Keck-Teleskope (je 10 m, aber mit segmentierten Spiegeln), die beide in Farbabbildung 7.E zu sehen sind.

Weiterhin gibt es die zwei 8 m Gemini-Teleskope, von denen eines auf dem Mauna Kea auf Hawaii steht und das andere in der Nähe von

La Serena, Chile, wo es vom Cerro-Tololo Interamerican Observatorium betrieben wird. Das Large Binocular Telescope besitzt einen 8,4 m segmentierten Spiegel und befindet sich im US-Bundesstaat Arizona. Und auf der Kanarischen Insel La Palma steht das Gran Telescopio Canarias mit seinem 10,4 m segmentierten Spiegel. Diese Teleskope sind allerdings nicht oder noch nicht mit optischen Spektrographen ausgestattet und deshalb momentan nicht für die Suche von metallarmen Sternen benutzbar.

Schließlich gibt es das segmentierte 6,5 m MMT-Teleskop im US-Bundesstaat Arizona und das Hobby-Eberly-Teleskop, welches sich im Westen des US-Bundesstaats Texas befindet. Es hat ebenfalls einen segmentierten Spiegel, der einen Gesamtdurchmesser von 9,2 m hat. Aufgrund seiner weniger flexiblen Bauweise kann es nicht überall hinschwenken. Dadurch können die Objekte jeweils nur für relativ kurze Zeit und nicht mit der gesamten Fläche des Spiegels beobachtet werden. Eine Kopie dieses Teleskops befindet sich in Süd-Afrika (South African Large Telescope, SALT). Zusätzlich gibt es unzählige kleinere Teleskope auf allen Kontinenten inklusive der Antarktis.

Wie schon angedeutet, gibt es für astronomische Beobachtungen in einem bestimmten Wellenlängenbereich an jedem Teleskop verschiedene Arten von Instrumenten, die sich generell in zwei Klassen unterteilen lassen. Zum einen sind das sogenannte Imagers, mit denen man Himmelsregionen abfotografieren kann. Sie funktionieren wie gigantische Digitalkameras. Bei modernen Digitalkameras schaut man heutzutage nicht mehr durch das Objektiv, sondern auf den kleinen Bildschirm, um das aufgenommene Bild anzuschauen. Bei professionellen Teleskopen ist das genauso. Bei den Imagers wird das astronomische Bild direkt auf einem Computerbildschirm ausgegeben. Mit Hilfe verschiedener Programme kann der Beobachter sofort beurteilen, ob es z. B. genügend lange belichtet wurde. Mit solchen Bildern vermisst man die Helligkeiten von Objekten (Photometrie) und / oder ihre Positionen (Astrometrie). Die verschiedenen Imager-Instrumente ermöglichen verschiedene Arten von Beobachtungen wie z. B. Weitwinkelaufnahmen, Detailaufnahmen oder Aufnahmen mit Wellenlängenfiltern, also in bestimmten »Farben«, je nachdem, was für die zu beantwortenden wissenschaftlichen Fragen benötigt wird.

Die andere Klasse von Instrumenten sind die Spektrographen, die das Licht in ein Spektrum über alle Wellenlängen aufspalten. Auch hier wird ein Bild erzeugt, das nach jeder Beobachtung auf dem Computerbildschirm ausgegeben wird. Farbabbildung 7.F zeigt den Computerbildschirm am Magellan-Teleskop mit einem gerade aufgenommenen Spektrum. Für die spätere Auswertung der Daten muss das Absorptionslinienspektrum (oder auch Emissionslinienspektrum) allerdings noch aus diesem Rohdaten-Bild aufbereitet werden. Speziell angefertigte Computerprogramme werden dazu verwendet, einen aufsummierten Querschnitt des Spektrumbildes zu erzeugen. Beispiele für solche Rohspektren können in Abbildung 2.1 gesehen werden. Obwohl die Absorptionslinien auch in der Originalaufnahme als viele dunkle Linien zu erkennen sind, wird das Spektrum so, wie es für die Weiterverarbeitung nötig ist, erst nach der Extraktion und Aufsummierung als solches für uns benutzbar.

In den letzten beiden Jahrzehnten ist es möglich geworden, nicht nur ein Objekt nach dem anderen zu spektroskopieren, sondern mit Hilfe von »Weitwinkel«-Spektrographen auch bis zu mehrere hundert nah beieinanderliegende Objekte gleichzeitig zu beobachten. Dies wird z. B. mit Hilfe von speziell angefertigten Spalt-Masken ermöglicht. Das Licht jedes zu beobachtenden Objekts fällt dann durch »seinen« Spalt auf der Maske und wird dann von dort durch optische Fasern in den Spektrographen weitergeleitet. Beobachtungsbeispiele hierfür wären Mitglieder eines Kugelsternhaufens oder Sterne in kleinen Zwerggalaxien. Diese neue Beobachtungstechnik verringert die Gesamtbeobachtungszeit drastisch, vor allem wenn eine größere Anzahl von Objekten beobachtet werden soll. Der Nachteil dieser Multi-Objekt-Spektroskopie ist, dass alle Objekte nur über einen kleinen, sehr begrenzten Wellenlängenbereich beobachtet werden können. Bei der Arbeit mit metallarmen Sternen kann dies aufgrund der relativ wenigen Spektrallinien problematisch werden. Da die meisten metallarmen Halosterne aber zu weit voneinander entfernt am Himmel stehen, ist diese Beobachtungsmethode grundsätzlich nur für Zwerggalaxiensterne interessant.

Die astronomischen Aufnahmen, die mit den Instrumenten gemacht wurden, egal ob Spektrum oder Bild, werden mit einem Detektor-Chip, also einer riesigen Kamera, im Inneren des Instruments festgehalten. Der Detektor-Chip ist ein sogenannter CCD-Chip (Charge Coupled Device) und gleicht prinzipiell dem in einer normalen Digitalkamera. Unter einem CCD kann man sich eine Art Schachbrett vorstellen, wobei jedes Feld mit einem Elektronenzähler ausgestattet ist. Die Photonen (Lichtteilchen), die z. B. von einem Stern kommen, treffen einige Felder des CCD. Dort setzen sie Elektronen frei. Die Schachbrettfelder entsprechen den Bildelementen, den sogenannten Pixeln. In jedem Pixel kann dann mit geeigneten Computerprogrammen abgelesen werden, wie viele Elektronen freigesetzt worden sind und wie vielen Photonen dies entspricht. Astronomen beobachten also Photonentreffer. Das klingt ziemlich unromantisch, wenn man das Universum studieren will. Aber genau das ist die einzige Information, die den so weit entfernten kosmischen Objekten abgerungen werden kann. Die gesamte beobachtende Astronomie basiert auf dieser Technik.

Die moderne Digitalfotografie für jedermann ist ein Beispiel dafür, wie die Gesellschaft vom Fortschritt in der astronomischen Forschung und Entwicklung profitiert: Die Entwicklung und Massenproduktion von Digitalkamerachips geht auf die technisch immer anspruchsvolleren Entwicklungen von astronomischen Beobachtungstechniken für die Astronomie in den letzten 20 Jahren zurück.

Der Betrieb und die Nutzung dieser Teleskope mit ihren Instrumenten ist natürlich nicht kostenlos. Deswegen werden Großteleskope von mehreren wissenschaftlichen Instituten, oft aus verschiedenen Ländern, betrieben. So kann man sich die Kosten für Planung, Bau und laufenden Betrieb teilen. Die Anzahl der Beobachtungsnächte wird je nach der Größe des Beitrags des jeweiligen Institutes aufgeteilt. Normalerweise variieren solche Anteile zwischen 5 und 20 %, was bei ca. 300 Nächten pro Jahr (365 minus schlechtes Wetter und technische Auszeiten für Wartung von Teleskop und Instrumenten) etwa 15 bis 60 Nächten entspricht. Jede Nacht z. B. an einem 8 m-Teleskop kostet dann zwischen USD 50 000 und 100 000, was von den Instituten aufgebracht wird. Die Wissenschaftler an den

Partner-Instituten haben automatisch Zugang zu den jeweiligen Teleskopen und können sich innerhalb ihres Departments für Beobachtungszeit bewerben. Meistens gibt es zwei Antragsfristen pro Jahr, und es muss ein mehrseitiger Antrag an ein internes Komitee eingereicht werden. Der Antrag muss das wissenschaftliche Projekt beschreiben und ausführen, welche Bedeutung die Resultate für die Astronomie als Wissenschaft haben werden, welche Beobachtungsstrategie verfolgt wird und wie die technischen Details aussehen.

Da die Beschaffung von neuen Daten die Basis der beobachtenden Astronomie ist, gibt es immer mehr Anfragen, als Teleskopzeit verfügbar ist. Besonders an den leistungsfähigsten Teleskopen liegt die Nachfrage nach Beobachtungszeit um ein Vielfaches höher als das Angebot, so dass letztlich nur die vielversprechendsten wissenschaftlichen Projekte zum Zuge kommen. Der Grund für diesen Mangel vor allem an größeren Teleskopen lässt sich leicht erklären. Teleskope sind gigantische technische Projekte, die diverse Technologien vorantreiben und bisher unmögliche Forschungsarbeiten ermöglichen. Es liegt also im Wesen des wissenschaftlichen Fortschritts, dass die meisten aktuellen Fragen nur noch mit den besten Instrumenten zu bearbeiten sind – sonst wären sie ja schon längst früher beantwortet worden. Aktuelle Wissenschaft spielt sich immer an der Grenze des Machbaren ab. Spitzentechnologie für die Forschung ist aber auch sehr kostspielig.

Nach einem erfolgreichen Antrag bekommt ein Beobachter meist zwei bis drei Nächte zur Verfügung gestellt. Abgesehen davon, dass es oft nicht einfach ist, diese Teleskopzeit überhaupt zu bekommen, ist es dann entsprechend wichtig, diese kostbare Beobachtungszeit möglichst effizient zu nutzen. Da kosmische Objekte nur weniger als ein halbes Jahr lang beobachtbar sind, bedeutet dies zusätzlichen Druck, die Beobachtungen erfolgreich abzuschließen. Denn bei Misserfolgen muss erst wieder neue Teleskopzeit für das nachfolgende Jahr eingeworben werden. Obwohl man seine Beobachtungen oft sehr genau vorbereiten kann, kann das Wetter natürlich nicht genau vorhergesagt oder gar geändert werden. Wenn die Wolken sich einfach nicht verziehen wollen, es gar regnet oder schneit, hat man einfach Pech gehabt. In solchen Fällen bleibt dem Beobachter nichts anderes übrig, als auf besseres Wetter zu warten und einen neuen Beobachtungsantrag vorzubereiten. Einige der kleineren Teleskope, um die der Wettbewerb für Beobachtungszeit weniger groß ist, vergeben automatisch zusätzliche Nächte, um das schlechte Wetter gegebenenfalls auszugleichen. Eine Garantie ist dies allerdings auch nicht. Im Falle von technischen Problemen, die leider immer mal wieder auftreten, gilt das Gleiche. Verlorene Zeit wird offiziell in den Beobachterbericht eingetragen, aber Ersatzzeit gibt es nicht.

Um diesem Problem entgegenzuwirken und die Beobachtungen effizienter und wetterunabhängiger zu gestalten, sind an einigen Teleskopen bestimmte Beobachtungsstrategien eingeführt worden. Dabei beobachtet der Astronom seine Objekte nicht mehr selbst vor Ort, sondern lässt dies vom Teleskoppersonal erledigen. Dieses sogenannte »queue«-Beobachten, eine Art Warteschlangenstrategie, ermöglicht, dass die verschiedensten Beobachtungsprogramme genau auf die jeweiligen Wetterbedingungen abgestimmt werden können. Denn verschiedene Beobachtungen benötigen sowohl verschieden gute Wetterbedingungen wie auch unterschiedliche Mondphasen und bestimmte Nachtzeiten, in denen das Objekt beobachtet werden kann. Für diese Art des Beobachtens ist es vonnöten, dass alle Beobachtungen schon vor Beginn eines Beobachtungssemesters genauestens geplant und an die Teleskopbetreiber weitergeleitet wurden. Dieses geschieht mittels ausgeklügelter Software, die man auf seinen eigenen Computer herunterladen kann. Dann wird jede einzelne Belichtung z. B. als sogenannter »Observing Block« vorbereitet, und alle technischen Details sowie Wetterbedingungen und Mondphasen werden spezifiziert. Wenn alles fertig ist, werden die Beobachtungsanweisungen an das Observatorium geschickt, und man braucht sich selbst nicht weiter darum zu kümmern. Das Gleiche gilt natürlich für sämtliche Beobachtungen mit Weltraumteleskopen und Satelliten, bei denen alle Beobachtungen vom jeweiligen Kontrollzentrum aus gesteuert werden.

Diese Strategie hat zur Folge, dass man als Beobachter nicht mehr die oft recht weite Reise zum Teleskop auf sich nehmen muss. Wenn man ein- oder zweimal im Jahr z. B. nach Chile zu den Teleskopen fliegen muss, sind diese Reisen spannend und interessant. Wenn man

allerdings viel häufiger um den Erdball jetten muss, kann das Reisen
ziemlich anstrengend und vor allem auch teuer werden. Zu den Rei-
sestrapazen kommen nämlich die des Beobachtens hinzu. Im chilenischen Winter ist es für 12 Stunden dunkel. Das bedeutet, dass man
als Beobachter nicht nur 12 lange Stunden nachts im Kontrollraum
des Teleskops sitzt, sondern auch noch einige Stunden am Nachmittag, um Kalibrationsmessungen für die kommende Nacht aufzunehmen und die Beobachtungen vorzubereiten. Alles in allem hat man
dann Arbeitsnächte von ca. 16 Stunden. Wenn man von den USA aus
nach Chile reist, erlebt man praktisch keine Zeitverschiebung. Da
Astronomen aber nachts an ihrem Teleskop sitzen, erlebt man einen
»Beobachter-Jetlag« von 12 Stunden. Dementsprechend ist besonders die zweite Hälfte dieser langen Nächte sehr anstrengend, weil
man meist ziemlich müde ist. Aber die Aussicht auf neue, spannende
Daten oder manchmal auch unerwünschte technische Probleme
müssen einen eisern bis zum Morgengrauen durchhalten lassen, nur
um dann für einige Stunden ins Bett zu fallen und wieder aufzuste-
hen und die nächste Nacht vorzubereiten. Ein nicht zu vernachlässi-
gender wichtiger Vorteil ist es aber, dass man als Beobachter direkt
am Teleskop alle Entscheidungen dann treffen kann, wenn sie getroffen werden müssen: nach jeder einzelnen Belichtung – nicht Wochen
vorher oder hinterher. Denn beim Entdecken von alten Sternen muss
man oft schnell reagieren und entscheiden, ob es ein Stern wert ist,
ihn weiter zu beobachten oder nicht.

7.5. Mit drei Schritten zum Erfolg

Um Stellare Archäologie zu betreiben, muss man die Nadel im Heuhaufen finden. Der Heuhaufen ist in diesem Fall der gesamte Halo
der Milchstraße, und die Nadeln sind die vereinzelten, wenigen metallarmen Sterne. Wir machen uns dabei wieder zunutze, dass die ältesten Sterne nur geringe Mengen von schweren Elementen in sich
tragen und dass wir ihre chemische Zusammensetzung mit Hilfe von
spektroskopischen Beobachtungen bestimmen können. Nur so kön-

nen diese wenigen, chemisch primitiven Sterne im riesigen galaktischen Heuhaufen tatsächlich ausfindig gemacht werden.

Im Umkreis von 100 Lichtjahren um die Sonne sind die metallreichen Geschwister der Sonne etwa um den Faktor 1000 zahlreicher als
die metallarmen Halosterne, die wir suchen. Vereinfachte Modelle
für die chemische Entwicklung des Halos sagen vorher, dass die
Anzahl der metallarmen Halosterne mit abnehmender Metallizität
stark abnimmt. Sterne mit zehnfacher Eisenunterhäufigkeit im Vergleich zur Sonne sind dementsprechend etwa zehnmal seltener als
Sterne mit solarer Eisenhäufigkeit. Das bedeutet, dass in der Umgebung der Sonne nur etwa ein Stern mit weniger als $1/3000$stel des
solaren Eisenwertes unter 200 000 metallreicheren Halosternen zu
finden ist. Je weiter man in den Halo schaut, desto größer wird die
Chance, mehr als einen metallarmen Stern in einer solchen Stichprobe zu finden.

Wenn man besonders metallarme Halosterne finden will, muss
man also möglichst effizient Scheibensterne und metallreichere Halosterne von metallarmen Halosternen unterscheiden können. Ansonsten hat man keine Chance, diese extrem seltenen Objekte aus
der Frühzeit des Universums zu finden. Für die systematische Suche
benötigt man deswegen großangelegte Himmelsdurchmusterungen,
damit möglichst weite Himmelsregionen abgesucht werden können.

Die Suche nach metallarmen Sternen verläuft dann in drei Schritten, in denen nach und nach alle uninteressanten Objekte aussortiert
werden. Wie beim Goldwaschen hofft man, am Ende endlich mit
etwas Wertvollem nach Hause, oder besser gesagt zum Großteleskop
gehen zu können. Die drei Beobachtungsschritte und die dazugehörigen Spektren mit den jeweils messbaren Linien sind in Abbildung 7.6 dargestellt.

1. Schritt: Für eine riesige Sternenstichprobe werden im Rahmen
einer Durchmusterung eines größeren Himmelsareals grobe Sternspektren aufgenommen. Kandidaten für metallarme Sterne verraten
sich durch eine relativ schwach ausgeprägte Kalzium K-Linie.

2. Schritt: Für die im ersten Schritt ermittelten Kandidaten werden
höher aufgelöste Spektren mit Teleskopen von 2 bis 4 m aufgenommen. Anhand der jetzt wesentlich besser erkennbaren Kalzium-

K-Linie entscheidet sich, ob der Stern wirklich metallarm ist. Bei diesem Schritt verlassen wir uns darauf, dass die Kalziumhäufigkeit ein guter Indikator für die Eisenhäufigkeit ist.

3. Schritt: Die vielversprechendsten Kandidaten aus dem zweiten Schritt werden mit einem Großteleskop spektroskopiert. Diese hochaufgelösten Spektren erlauben eine detaillierte Häufigkeitsbestimmung vieler Elemente.

Betrachten wir die drei Schritte noch etwas genauer: Die Kandidatenauswahl für den ersten Schritt dieser langwierigen Beobachtungsstrategie basiert oft auf weitwinkligen Sternfeldaufnahmen, bei denen das Licht zunächst durch ein großes Prisma vor dem eigentlichen Teleskop läuft. Bei dieser Technik erhält man anstatt punktförmiger Sterne auf dem Foto ein Bild mit kleinen, niedrig aufgelösten Spektren an jeder Sternposition. Solange es sich bei den beobachteten Feldern um nicht zu dicht besiedelte Himmelsgebiete handelt, kann die Objektivprismen-Spektroskopie angewendet werden, denn sonst überlappen sich die allzu zahlreichen Stern- oder Galaxienspektren. Diese Art von Spektroskopie ist relativ einfach auszuführen und kann auch von erfahrenen Amateurastronomen benutzt werden. Man braucht lediglich ein genügend großes Prisma, das die Öffnung abdeckt und vor dem Fernrohrobjektiv sitzt. Bei einem Reflektorteleskop würde das Prisma noch vor der Öffnung vor dem Sekundärspiegel sitzen.

Das Ergebnis einer solchen Durchmusterung sind Spektren mit geringer Auflösung aller Objekte bis zu einer gewissen Helligkeitsgrenze in der beobachteten Himmelsregion. Trotz ihrer geringen Qualität fungieren diese Daten als ein gutes Sprungbrett für die weitere Suche, da wenigstens eine Metalllinie vermessbar ist: die extrem starke Absorptionslinie des Kalziums, die Fraunhofer K-Linie bei der Wellenlänge von 3933,6 Å, welche sich gerade außerhalb des für uns sichtbaren Wellenlängenbereichs am blauen Ende befindet. Sie kann zum Glück auch in relativ verrauschten Durchmusterungs-Spektren noch detektiert werden, selbst wenn das Objekt einen relativ niedrigen Metallgehalt aufweist und die Linie somit verhältnismäßig schwach ausgeprägt ist. Zusammen mit der Farbe eines Sterns, die seine Temperatur widerspiegelt, kann so eine erste grobe Abschät-

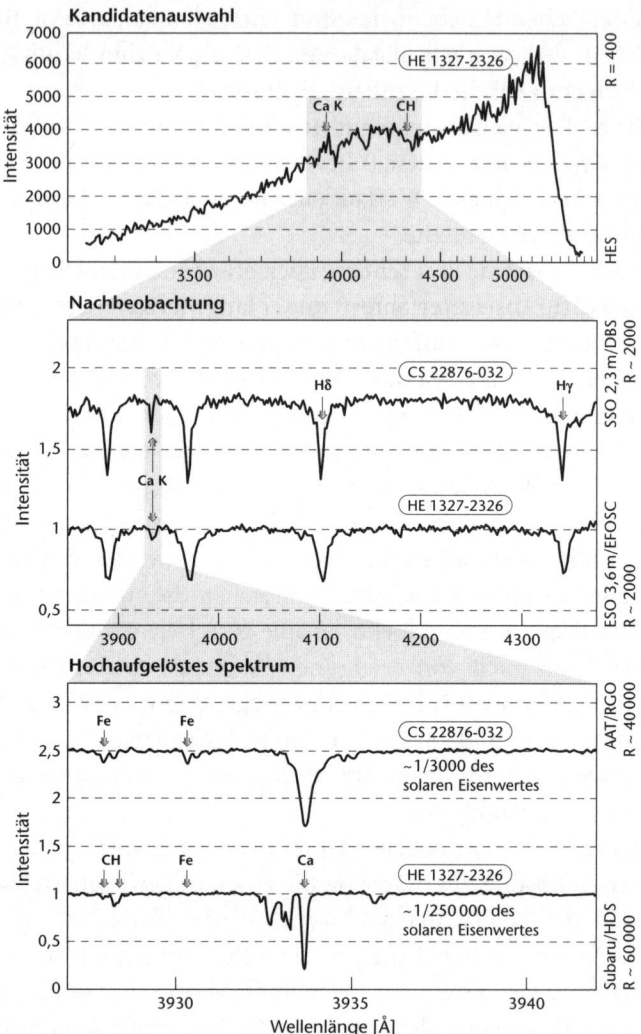

Abb. 7.6: Die drei Beobachtungsschritte, die zum Finden von metallarmen Sternen nötig sind. Oben: Durchmusterungsspektren von zwei metallarmen Beispielsternen. Mitte: Nachbeobachtungsspektren, die die Fraunhofer-Linien Kalzium-K- und -H bei 3933,6 und 3968,4 Å abdecken. Unten: Hochaufgelöste Spektren im Bereich von 3900–4000 Å. Im Fall von HE 1327–2326 sind aufgrund der großen Eisenarmut die Eisenlinien nicht mehr sichtbar. Dafür treten Linien von molekularem Kohlenstoff auf, da der Stern sehr kohlenstoffreich ist.

zung der Metallizität erfolgen. Farbmessungen sind in vielen Fällen für die Durchmusterungssterne vorhanden oder können durch zusätzliche photometrische Beobachtungen erhalten werden.

Die sogenannte HK-Durchmusterung war die erste sehr großflächige und gezielte Suche nach metallarmen Sternen, die in den 1980er Jahren ausgeführt wurde. Sie wurde nach den Kalzium-H- und K-Linien benannt und machte von der Objektivprismen-Spektroskopie Gebrauch. Zu Zeiten der HK-Durchmusterung waren elektronische Ausleseverfahren und computergesteuerte Auswertungstechniken noch ein Zukunftstraum. Die fotografischen Platten mussten in kalten Nächten von Hand bei Rotlicht nach jeder Belichtung ausgewechselt und das Teleskop mühsam manuell fokussiert werden, um sicherzustellen, dass keine unscharfen Spektren produziert würden. Die Auswertungen erfolgten per Augenmaß mit einem kleinen Handmikroskop, mit dem jedes Spektrum einzeln begutachtet wurde. So wurde festgestellt, ob es sich um einen Stern mit einer besonders schwachen Kalzium-K-Linie handelte. Interessante Kandidaten wurden noch auf der Platte angestrichen. Meist gab es nur eine Handvoll solcher Sterne pro Platte. Nach der Rekonstruktion der Koordinaten dieser Objekte konnten sie dann einzeln nachbeobachtet werden.

Dennoch zahlte sich diese Kleinarbeit aus. Die HK-Durchmusterung lieferte sowohl den ersten alten Halostern, für den ein Alter mit Hilfe von radioaktivem Elementzerfall bestimmt werden konnte, als auch eine große Stichprobe von Sternen mit bis hin zu 1 / 10 000stel des solaren Eisenwertes und den verschiedensten Häufigkeitsmustern. Viele dieser Sterne werden bis heute aufgrund ihrer interessanten chemischen Signaturen studiert. Für heutige Teleskopverhältnisse sind sie vergleichsweise hell, so dass sehr gute Daten relativ schnell aufgenommen werden können. Weiterhin war vor allem eine wichtige Erkenntnis gewonnen: Metallarme Sterne sind selten, aber viele von ihnen können durch systematisches Suchen gefunden werden.

Von diesem Wissen beflügelt, wurde die Hamburg / ESO-Durchmusterung gegen Ende der 1990er Jahre auf metallarme Sterne hin untersucht. Sie war unter der Leitung von Hamburger Astronomen mit dem 1,2 m-Schmidt-Teleskop der europäischen Südsternwarte auf dem Berg La Silla in der chilenischen Atacamawüste ausgeführt worden. Das ursprüngliche Ziel dieser Durchmusterung war die Untersuchung von weit entfernten leuchtkräftigen Galaxienzentren gewesen, sogenannte Quasare. Allerdings stellten sich die Spektren später als Fundgrube für die Arbeit mit verschiedenen Arten von Sternen heraus.

Auch bei der Hamburg / ESO-Durchmusterung wurden noch fotografische Platten für die Aufnahmen der Objektivprismen-Spektren benutzt. Die Platten selbst waren etwas größer als eine Schallplattenhülle, und jede einzelne erfasste ein Feld mit einer Fläche am Himmel von jeweils 5 × 5 Grad. Zum Vergleich: Der scheinbare Durchmesser des Mondes beträgt lediglich ein halbes Grad. Die rund 350 Felder der Hamburg / ESO-Durchmusterung enthalten insgesamt vier Millionen Spektren, also ca. 10 000 Objekte pro Platte. Die fotografischen Platten mit den Objektivprismen-Spektren wurden allerdings eingescannt, so dass sie nicht mehr mit dem Mikroskop, sondern mit Computeralgorithmen systematisch untersucht werden konnten. Zudem gab es für jeden Stern Farbinformationen, was die Suche nach metallarmen Sternen in den vier Millionen Spektren wesentlich präziser und einfacher machte.

In einer so riesigen Stichprobe wie die der Hamburg / ESO-Durchmusterung befinden sich neben Sternen aller Arten auch jede Menge Galaxien, Quasare und andere exotische Objekte. Die erste Auswahl metallarmer Kandidaten können Computer mit geeigneten Suchalgorithmen treffen. Das Ziel ist es, Sterne zu unterscheiden und grob zu erkennen, ob die Kalzium-K-Linie in Abhängigkeit von der Sterntemperatur vielleicht besonders schwach erscheint. Die niedrige Auflösung der Spektren ist aber für Computer ebenso eine Herausforderung wie für menschliche Experten. Die Liste ausgewählter Kandidaten umfasst daher sowohl tatsächlich metallarme Sterne als auch diverse Fehldiagnosen. Visuelle Inspektionen der langen Kandidatenlisten aus diesem ersten Schritt sind also unverzichtbar.

Für meine Doktorarbeit bekam ich also zunächst eine solche vorselektierte Stichprobe von 5500 helleren Kandidaten. Meine erste Aufgabe war es, jedes Spektrum einzeln anzuschauen, um festzustellen, ob es sich um einen guten metallarmen Kandidaten handelt. Die Kandidatenselektion meiner Stichprobe wird noch ausführlicher in Kapitel 10 beschrieben. Diese Arbeit führte in meinem Fall nämlich zu der Identifikation von ca. 3700 Fehldiagnosen.

Allerdings gab es einen weiteren großen Unterschied zwischen der Hamburg/ESO-Durchmusterung und der HK-Durchmusterung. Die Hamburg/ESO-Sterne waren alle wesentlich schwächer, was für die Nachbeobachtungen Konsequenzen hatte. Die Beobachtung von schwächeren Sternen dauert wesentlich länger, so dass die vorhandene Teleskopzeit oft nicht ausreicht, um alle Sterne nachzubeobachten. Zudem produzierte die Hamburg/ESO-Durchmusterung sehr viele Kandidaten. Von den mehr als 7000 Kandidaten, die mit Hilfe der Computeralgorithmen und der darauf folgenden visuellen Inspektion aus den Durchmusterungsspektren ausgewählt wurden, konnten bis heute nur rund 2500 Sterne für die genauere Kalzium-Linienvermessung nachbeobachtet werden. Die nichtbeobachteten Sterne sind hauptsächlich die schwächeren Sterne. Da sie relativ lange Belichtungszeit benötigen, werden sie wohl auch unbeobachtet bleiben. Zudem würden diese Sterne noch viel kostbarere Großteleskopzeit verbrauchen, sollten sie je mit hochauflösender Spektroskopie beobachtet werden. Das Hinterlassen von zu schwach leuchtenden Sternen ist daher oft ein Kompromiss, der eingegangen werden muss, auch wenn man nie wissen wird, ob man damit vielleicht interessante Erkenntnisse verpasst hat.

Die genauere Vermessung der Kalzium-K-Linie erfordert Spektren, die von Teleskopen mit einem Spiegeldurchmesser von zwei bis vier Metern aufgenommen werden müssen. Die Absorptionslinien von Eisen sind aufgrund atomphysikalischer Eigenschaften und unabhängig von der eigentlichen Elementhäufigkeit viel schwächer ausgeprägt als zum Beispiel die starke Resonanzlinie des Kalziums, die Kalzium-K-Linie. Dementsprechend bleiben die schwachen Eisenlinien beim zweiten Schritt noch im Rauschen verborgen. Dies ist besonders bei metallarmen Sternen mit ihren schwachen Eisenlinien der Fall.

Die hochaufgelösten Spektren des dritten und letzten Beobachtungsschritts ermöglichen dann endlich die Entscheidung, wie eisen- bzw. metallarm der Stern tatsächlich ist. Um diese Spektren zu erhalten, wird das Sternlicht extrem weit aufgespalten, so dass auch sehr schwache Linien im Spektrum messbar werden. Um bei jeder Wellenlänge genügend Photonen einzufangen, erfordern diese Beobachtungen die größten optischen Teleskope der Welt mit Spiegeldurchmessern von 6 bis 10 m. Wie schon erwähnt, ist Beobachtungszeit an diesen Teleskopen teuer und schwer zu bekommen – meist nur wenige Nächte pro Jahr. Deshalb können nie alle Kandidaten beobachtet werden, und nur die metallärmsten, vielversprechendsten Kandidaten schaffen es, auch in dieser letzten Runde spektroskopiert zu werden.

Nur mit solchen hochaufgelösten Spektren können umfassende chemische Analysen der Sterne angefertigt werden. Neben Eisenlinien sind jede Menge Linien weiterer Elemente wie z. B. die von Kohlenstoff, Natrium, Magnesium, Titan, Nickel, Strontium und Barium identifizierbar. Nachdem alle diese Absorptionslinien sorgfältig auf ihre Stärke hin vermessen wurden, können die entsprechenden Elementhäufigkeiten mit Hilfe von computersimulierten Sternatmosphären berechnet und dann vor dem Hintergrund der chemischen Entwicklung interpretiert werden.

Die hochaufgelösten spektroskopischen Beobachtungen der besten und mutmaßlich metallärmsten Hamburg / ESO-Sterne bescherten dem Arbeitsgebiet der Stellaren Archäologie ein wahres Feuerwerk. Der erste Stern mit einem rekordverdächtigen Eisenwert von nur 1 / 150 000stel wurde gefunden, was eine regelrechte Sensation war. Nach und nach gesellten sich viele extrem metallarme Sterne dazu, unter ihnen eine ganze Reihe von seltenen metallarmen Sternen, deren Alter mit radioaktivem Thorium bestimmt werden konnte. Gekrönt wurde der Erfolg dieser Durchmusterung mit meinen Entdeckungen des zweiten Rekord-Sterns mit 1 / 250 000stel des solaren Eisenwertes und eines Sterns, der mit radioaktivem Uran und Thorium auf ein Alter von 13 Milliarden Jahren datiert werden konnte.

7.6. Beobachten mit MIKE

Beim Beobachten mit hochauflösenden Spektrographen an Groß-teleskopen müssen viele verschiedene Dinge bedacht und abge-wogen werden. Viele dieser Entscheidungen können schon vor dem Beobachten getroffen werden, aber einige erst direkt bevor man den Knopf »Belichtungszeit starten« drückt. Einige dieser Erwä-gungen werden hier etwas detaillierter anhand von Beobachtungen eines Zwerggalaxiensterns mit dem MIKE-Spektrographen (»Ma-gellan Inamori Kyocera Echelle«) am Magellan-Clay-Teleskop vor-gestellt.

Für jede Art von Beobachtung gibt es eine Grenzhelligkeit, bis zu der Objekte technisch erfolgreich beobachtet werden können. Für die hochauflösende Spektroskopie liegt diese Grenzhelligkeit bei einer visuellen Magnitude von etwa V =19^m.

Für Sterne, die wesentlich heller als diese Grenzhelligkeit sind, ist es lediglich die Beobachtungszeit, die die Qualität des Spektrums be-stimmt. Dabei muss die Beobachtungszeit mit zunehmender Licht-schwäche entsprechend verlängert werden. Solange ausreichend Teleskopzeit vorhanden ist, kann einfach weiterbelichtet werden. Al-lerdings verbrauchen schwächere Sterne sehr viel Zeit, denn es würde mehr als einige Stunden Teleskopzeit pro Stern dauern, selbst um ein Spektrum mit nur niedrigerem Signal-Rausch-Verhältnis zu erhal-ten. Deswegen beschränken wir unsere Beobachtungen von typi-schen metallarmen Halosternen auf Sterne mit visuellen Magnitu-den, die zwischen V = 12^m und 16^m liegen. Diese Sterne sind somit 3 bis 7 Magnituden heller als der Grenzwert.

Möchte man aber Sterne beobachten, die sehr nahe an der Grenz-helligkeit liegen, müssen verschiedene Aspekte berücksichtigt wer-den, um überhaupt ein nützliches Spektrum zu erhalten. Solche schwachen Sterne mit V =19^m erfordern sehr lange Belichtungszeiten von bis zu 10 Stunden, um ein für die Analyse gerade noch brauch-bares Signal-Rausch-Verhältnis zu erreichen.

Bei Sternen in Zwerggalaxien hat man im Vergleich zu den Halo-sternen nur wenige Auswahlmöglichkeiten, wenn es um die Hellig-keiten der Sterne geht. Denn die Zwerggalaxiensterne befinden sich alle in ihrer Heimat-Zwerggalaxie weit draußen im galaktischen Halo und erscheinen dementsprechend sehr schwach am Himmel, auch wenn es sich dabei um leuchtkräftige Riesen handelt. Aber sie sind die Einzigen, die wir mit Teleskopen von 6 bis 10 m Spiegeldurchmesser gerade noch beobachten können.

Wenn der Himmel nicht vollkommen klar oder die Luft zu sehr verwirbelt ist, dauern diese schon langen Beobachtungen dann noch länger. Das so genannte Seeing wird in Bogensekunden angegeben und beschreibt, über welche Fläche hin das Sternlicht durch die Luftverwirbelungen verschmiert wird. Je nachdem, wie die Luftqualität variiert, kann der Stern dadurch mal kleiner, mal größer erscheinen; kleiner ist dabei wesentlich besser, da das Licht in einem konzentrierteren Strahl auf den Spektrographen fällt. Wenn schlechtes Seeing dazu führt, dass das Bild des Sterns größer als die Spaltbreite des Spektrographen wird, verliert man Sternphotonen, so als wolle man Sand aus einer zu großen Tülle (das Sternlicht) in eine Flasche durch einen viel engeren Flaschenhals (der Spalt) füllen. Wenn aber die Tülle eine sehr viel kleinere Öffnung hat als der Flaschenhals, wird das Einfüllen ebenfalls ineffizient.

Diese Tatsache bedeutet, dass man bei der Beobachtung von sehr schwachen Sternen besonders wetterabhängig ist. Denn man möchte ja möglichst keines der wenigen Photonen verlieren. Um trotzdem noch ein brauchbares Ergebnis zu erzielen, muss man bei schlechtem Wetter seinen Spalt den Bedingungen anpassen. Ein weit geöffneter Spalt bedeutet aber, dass die Datenqualität, also die spektrale Auflösung, beeinträchtigt wird. Aber oft ist diese Lösung besser, als gar keine Daten zu bekommen. Wenn man allerdings mit einer bestimmten Spaltbreite angefangen hat, ein Objekt zu beobachten, kann man die Spaltbreite nicht mehr wechseln, auch wenn das Wetter später wieder besser wird.

Bei stundenlangen Belichtungszeiten kommt ein weiteres Problem dazu: Cosmic Rays. Cosmic Rays sind energiegeladene kleinste Teilchen kosmischen Ursprungs, die ständig durch alles hindurchfliegen und somit auch die CCD-Detektoren bombardieren. Für uns ist dieser Beschuss harmlos, aber nicht für einen Detektorpixel. Wenn ein hochenergetisches Cosmic Ray während einer Belichtung registriert wurde, bedeutet dies, dass es keine Chance mehr gibt, das schwache Sternenspektrum in diesem Pixel präzise zu messen.

Aus diesem Grund müssen lange Beobachtungszeiten in kürzere Teilbelichtungen aufgespalten werden. Am besten sind Einzelbeobachtungen von 20 bis 30 Minuten, aber bei schwachen Objekten wie denen mit V ~ 19 tritt bei solch kurzen Belichtungen unweigerlich noch ein Problem auf.

Die Detektoren müssen nämlich erst einmal ein gewisses Maß an Sternphotonen in all ihren Pixel registrieren, damit sie schließlich über das vorhandene Rauschen des CCD-Chips dominieren können. Ansonsten kann kein ablesbares Spektrum entstehen. Bei hellen Sternen ist dieses Rauschen schon kurz nach Belichtungsanfang überwunden. Aber bei diesen sehr schwachen Sternen muss die Belichtungszeit der Einzelbeobachtung auf mehr als 30 Minuten erhöht werden.

Denn sonst gelangen bei weitem nicht genügend Sternphotonen auf den Detektor. Bei einstündigen Belichtungszeiten reicht die Zeit dann gerade aus, um genügend Photonen einzufangen, damit man hinterher auch ein Spektrum und nicht nur Detektorrauschen ablesen kann. Innerhalb einer Stunde wird man zwar ordentlich mit Cosmic Rays bombardiert, doch die Schäden im Sternspektrum sind noch akzeptierbar. Jede Einzelbeobachtung beinhaltet somit einen Kompromiss. Es sind diese technischen Gegebenheiten, die bestimmen, wo die Grenze des Möglichen für hochauflösende spektroskopische Beobachtungen von schwachen Sternen ist.

Weiterhin spielen die zu beobachtende Wellenlänge eines Objekts und die Entscheidung, wie hoch die Auflösung sein soll, eine wichtige Rolle. Beide bestimmen direkt, wie viele Photonen eines Sterns aufgefangen werden können: Die Erfahrung zeigt eindeutig, dass man nicht zu hohe Erwartungen haben darf. Sogar bei 10 Stunden Belichtungszeit solcher Sterne ist kein brauchbares Spektrum unterhalb von etwa 4000 Å erhältlich, da die Sterne im blauen Bereich noch weniger strahlen als im roten. Solche langen, risikobehafteten Belichtungen sind daher nur für einzelne, wichtig Sterne möglich. Ein Beispiel ist ein extrem metallarmer Stern mit $[Fe/H] = -3.8$ in der Sculptor-Zwerggalaxie, den ich im Juli 2009 mit dem Magellan-Clay-Teleskop mit MIKE beobachtet habe.

Dieser Stern, S1020549, wurde letztendlich 498 Minuten, also 8 Stunden und 20 Minuten lang beobachtet. Ein Auszug aus meinem Beobachtungs-Log in Tabelle 7.2 zeigt die Einträge der Einzelaufnahmen mit Dateinamen, der Universal Time (UT) zu Beginn jeder Aufnahme, der Belichtungszeit (exposure time, t_{exp}), einer Angabe dazu, wie viel Luftmasse in die Richtung des Sterns durchschaut wird (Airmass), dem Seeing und der verwendeten Spaltbreite des Spektrographen. Die »Airmass« ist höher, wenn der Stern näher am Horizont steht, während das Licht von einem Stern, der direkt über dem

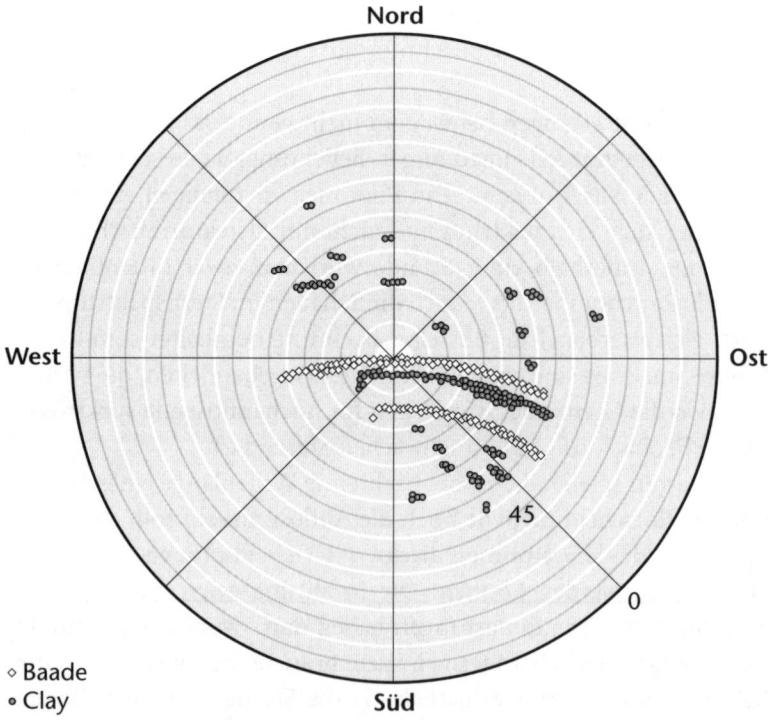

Abb. 7.7: *Verlauf der Beobachtungen der beiden Magellan-Teleskope am Himmel. Nebeneinanderliegende Punkte deuten stundenlange Beobachtungszeiten an, bei denen das Objekt über längere Zeit am Himmel verfolgt wird.*

Tabelle 7.2: Logbucheinträge der beiden Nächte, in denen der metallarme Sculptor-Stern S1020549 mit dem 6,5 m-Magellan-Clay-Teleskop beobachtet wurde.

Datei	Name	UT	t_{exp}	Airmass	Seeing	Spalt	Kommentar
1001	Bias		0s			–	Kalibra-
bis	Quartz		13s			0″.7	tionen
	Flats						am
1032	Milky Flats		50s			0″.7	Nachmittag
...							
1142	S1020549	5:37	2400s	1.5	0″.6	0″.7	
1143	S1020549	6:18	2400s	1.3	0″.7	0″.7	
1144	S1020549	6:59	2700s	1.2	0″.6	0″.7	Wolken ...
1145	S1020549	7:45	2700s	1.1	0″.5	0″.7	mehr Wolken
...							
2001	Bias		0s			–	Kalibra-
bis	Quartz		13s			0″.7	tionen
	Flats						am
2032	Milky Flats		50s			0″.7	Nachmittag
...							
2096	S1020549	5:43	2400s	1.4	1″.0	0″.7	
2097	S1020549	6:24	2400s	1.3	0″.8	0″.7	
2098	S1020549	7:04	2400s	1.2	1″.0	0″.7	
2099	S1020549	7:45	2700s	1.1	0″.8	0″.7	
2100	S1020549	8:31	2700s	1.0	1″.0	0″.7	schlechtes Seeing
2101	S1020549	9:16	2700s	1.0	1″.3	0″.7	Seeing!!
2102	ThAr Lampe	10:02	4s			0″.7	Kalibration
...							

Teleskop steht, die geringste Luftmasse durchqueren muss. Am Verlauf der Airmass kann man somit mitverfolgen, wie der Stern langsam auf- oder untergeht. S1020549 habe ich jede Nacht immer sobald wie möglich nach seinem Aufgehen beobachtet. Abbildung 7.7 zeigt den Verlauf der Beobachtungen der beiden Magellan-Teleskope in einer dieser Nächte. Die einzelnen verteilten Punkte der Clay-

Teleskop-Einträge zeigen, dass ich in dieser Nacht neben einem schwachen Zwerggalaxienstern auch viele Halosterne mit kürzeren Belichtungszeiten beobachtet habe.

Diese über zwei Nächte dauernden Einzelbeobachtungen haben sich aber gelohnt: Unsere chemische Analyse von S1020549 zusammen mit der Interpretation, dass Zwerggalaxien wie Sculptor in der Vergangenheit zum Aufbau des Halos der Milchstraße beigetragen haben, wurde im Frühjahr 2010 im Wissenschaftsjournal »Nature« veröffentlicht. Und immerhin war S1020549 bis Mitte 2010 der metallärmste Stern in allen Zwerggalaxien. Dann fanden Kollegen von mir einen noch metallärmeren Zwerggalaxienstern, was endlich bestätigte, dass auch die klassischen Zwerggalaxien extrem metallarme Sterne besitzen und uns helfen, die Entstehungsgeschichte der Milchstraße zu rekonstruieren.

8. KOMM, LASS UNS STERNE BEOBACHTEN

Um die kosmischen Objekte am Himmel zu untersuchen, benutzen Astronomen seit 400 Jahren Teleskope. Was mit Galilei im 17. Jahrhundert mit ein paar kleinen Linsen aus geschliffenem Glas anfing, ist heute eine der technologisch fortgeschrittensten wissenschaftlichen Unternehmungen. Um noch größere Teleskope zu bauen, wurden im Laufe der Zeit immer größere Spiegel angefertigt. Denn nur so kann genügend Licht eingefangen werden, um immer schwächer leuchtende Sterne und Galaxien zu erspähen. Denn das Ziel ist es, immer tiefer in die Weiten des Universums vorzudringen.

Im Folgenden möchte ich einige Begebenheiten aus meiner Praxis des Beobachtens erzählen. Denn der Beobachtungsalltag an einem professionellen Teleskop ist alles andere als langweilig. Als Astronom muss man dabei unter anderem mit Naturgewalten wie Regen, Wind oder Feuer und auch dem profanen Mangel an Getränken rechnen.

8.1. Beobachten gehen

Als Astronomiestudentin am Mt. Stromlo-Observatorium in Australien mit einem wissenschaftlichen Projekt, das auf Beobachtungen basieren sollte, war es selbstverständlich, dass ich mehrmals im Jahr zum Beobachten fahren musste. Denn das universitätseigene 2,3 m-Teleskop befindet sich im nördlichen Teil des australischen Staates New South Wales rund 600 km von Canberra entfernt am Siding Spring-Observatorium. Vor meinem ersten Aufenthalt dort war ich sehr gespannt, denn der Gedanke, dass ich ein richtiges professionelles Teleskop sehen und sogar bedienen würde, war aufregend. Ich hatte diverse Einführungen zur Teleskopbenutzung erhalten, und die Beobachtungskampagne sollte zehn Nächte dauern.

Die verschiedenen Teleskope dieses Observatoriums stehen auf einem kleinen Berg in der Mitte des hübschen Warrumbungle-Nationalparks, der das Zuhause unzähliger Kängurus und anderer australischer Buschbewohner ist. Der Park ist nach der sich dort befindlichen Bergkette benannt. Am östlichen Ende befindet sich das kleine Städtchen Coonabarabran mit ca. 2500 Einwohnern. Dort gibt es eine Hauptstraße mit einer großen Uhr in der Mitte und einigen kleinen Lädchen, die das Notwendigste verkaufen wie z. B. Bier, Brot und Milch. Somit ist Coonabarabran nicht mehr als ein verschlafenes Dorf. Aber eines zeichnet es ganz besonders aus: Es ist die selbstbenannte »Astronomiehauptstadt« Australiens (»Astronomy Capital of Australia«). Der Name Coonabarabran leitet sich aus dem lokalen Aboriginee-Wort für »wissbegierige Person« ab, der gut zur Astronomiehauptstadt und dem Ehrgeiz der Australier, gute Astronomie zu betreiben, passt. Denn von »Coona« aus kommt man innerhalb einer halben Stunde zum Siding Spring-Observatorium. Auch Touristen können es tagsüber besuchen und die Teleskope besichtigen. Sie werden von einem großen Schild begrüßt, wie in Abbildung 8.A im Farbbildteil des Buches zu sehen ist.

Als Beobachter wird man dort in kleinen, einfachen Zimmern untergebracht, und das Tagespersonal kocht leckere Mittag- und Abendessen und bereitet den »night lunch« vor – das nächtliche Mittagessen –, den man mit zum Teleskop nehmen kann. Die ca. vier bis sechs Beobachter der verschiedenen Teleskope essen gemeinsam zu Abend, und man tauscht sich dabei über die Erfolge und Misserfolge der vergangen Nacht aus, diskutiert die Wettervorhersage, technische Details oder sonstige astronomische und andere Neuigkeiten.

Auf dem Berg hat man immer einen sehr schönen Ausblick auf den Nationalpark unter sich. Wenn man trotz nächtlicher Beobachtungen tagsüber nicht schlafen kann oder will, kann man Wanderungen durch den australischen Busch unternehmen, z. B. zum 90 m hohen »Breadknife« (»Brotmesser«). Dies ist ein recht steil aufsteigender Felsen aus versteinerter Lava, der in etwa einer Stunde Fußmarsch durch Eukalyptuswälder zu erreichen ist. Diese Tour habe ich später einmal gemacht, als das Wetter zum Beobachten ungeeignet war.

Das Gebäude des Teleskops, mit dem ich damals beobachtete, ist so groß wie ein mehrstöckiges Haus und in Abbildung 8.B im Farbbildteil zu sehen. Im Erdgeschoss befinden sich der Eingang und diverse Schaltkästen und Kabelbündel, die von unterhalb des Teleskopspiegels aus dem Obergeschoss herunterkommen. Im ersten Stock befinden sich der untere Teil des Teleskops mit dem 2,3 m großen Spiegel sowie mehrere Instrumente für verschiedenartige Beobachtungen, von denen jeweils eines an den Spiegel angeschlossen ist. Der Kontrollraum befindet sich im zweiten Stock auf halber Höhe über dem Teleskop und der Instrumentenplattform. Da das Teleskop am Hang steht, gibt es weiterhin ein Untergeschoss unterhalb des gesamten Teleskopgebäudes. Im Gegensatz zu den meisten Teleskopgebäuden mit einer runden rotierenden Kuppel als Dach rotiert bei diesem Teleskop das gesamte Gebäude, wenn man von einem Objekt zum nächsten schwenkt – bis auf das Untergeschoss. Dort befinden sich eine kleine Küche sowie eine Toilette.

Um während der Nacht diese Örtlichkeiten aufzusuchen, gibt es zwei Möglichkeiten. Der eine Weg führt innen durch das dunkle Teleskopgebäude hinunter bis zum Erdgeschoss und dann weiter zu einer kleinen Falltür, die in den Keller unterhalb des Teleskops führt. Der Einsatz einer Taschenlampe auf diesem Weg bis unterhalb des Teleskops ist nicht möglich, da man sonst seine Beobachtungen mit Taschenlampenlicht verfälschen würde.

Als ich einmal frühmorgens unterhalb des Teleskopgebäudes angekommen war und zur letzten Kellertreppe kam, war mir unklar, dass diese Treppe aus Sicherheitsgründen mit einer Lichtschranke ausgestattet ist. Wenn sich die großen Motoren, die das Gebäude bewegen, direkt über der Treppe befinden, löst das Durchlaufen der Lichtschranke ein Warnsignal aus. Man muss tatsächlich aufpassen, sich nicht den Kopf zu stoßen. Denn wenn man allein ist, wer sollte da bei Verletzungen helfen? Als ich also wenig später wieder vorsichtig hinaufgehen wollte, blieb mir fast das Herz stehen: Es ertönte ein ohrenbetäubendes Alarmsignal.

Niemand hatte mir gesagt, was genau passieren würde, wenn dieser Alarm tatsächlich einmal losginge. Mein erster Gedanke war deshalb natürlich, dass irgendetwas Schreckliches mit dem Teleskop geschehen sei und ich das verursacht haben musste. Und zwar genau zu dem unglücklichen Zeitpunkt, als ich gar nicht im Kontrollraum, sondern im Keller war! Ich sah mich schon in der Verantwortung für teure und zeitaufwendige Reparaturen. Dieses Panikgefühl dauerte zwar nur wenige Sekunden, aber erst nach einer weiteren halben Stunde, nach diversen Checks, ob das Teleskop und die Instrumente auch wirklich keinen Schaden genommen hatten, konnte ich wieder aufatmen. Müde war ich danach nicht mehr.

Der andere Weg in den Keller verläuft über eine Gittertreppe, die vom Kontrollraum im zweiten Stock außen um das halbe Teleskopgebäude läuft. Aufgrund meiner Erfahrung mit der Lichtschranke bevorzugte ich diesen Weg über die Außentreppe. Dabei konnte ich gleichzeitig schauen, wie die Wetterlage war und wo der Mond gerade am Himmel stand. Bei schlechtem oder kaltem Wetter war aber auch die Außentreppe nicht immer ganz angenehm. Oft wehte der Wind ziemlich stark, so dass man sich an das Treppengeländer klammern musste, während man fröstelnd die Taschenlampe in der Hand hielt. Zusätzlich war auch dieser Weg nicht frei von Überraschungen. So war ich nicht darauf gefasst, mit meiner Taschenlampe am Ende der Treppe plötzlich zwei, dann vier, dann sechs grell erstrahlende Augen direkt vor mir auftauchen zu sehen. Es waren ein paar grasende Kängurus, die in Ruhe vor sich hinkauten. Denn wenn ein Känguru sich aufrichtet, befinden sich seine Augen in etwa auf der eigenen Augenhöhe. Ich hatte sie anscheinend beim Essen gestört. Aber ich bin vor Schreck selbst erst einmal wie ein Känguru gehopst.

Kängurus sieht man zumindest an australischen Observatorien häufig, sowohl tagsüber wie auch nachts. Aber es gibt noch jede Menge andere, kleinere Kreaturen. Einmal wollte ich während einer langen Belichtungszeit von außen die Tür in den Teleskopkeller öffnen. Gerade in diesem Moment quakte eine riesige Kröte im Dunkeln direkt zu meinen Füßen laut los. Diverse Spinnen, Tausendfüßler und sonstiges Kriechgetier, die auf dem Boden des Untergeschosses fleißig herumkrabbelten, sowie der miefig-faule Geruch des alten

Untergeschosses rundeten jeden Besuch dort in eindrücklicher Weise ab.

Ab und zu war es am 2,3 m-Teleskop also doch etwas gespenstisch. Draußen ist es stockfinster, man ist ganz allein, und es gibt alle möglichen Geräusche, mit denen man nicht vertraut ist. Oft heult der Wind und rüttelt an der Außentür und am Teleskop. Zu all dem wird man immer müder, je später es in der Nacht wird. Aber natürlich darf man nicht einschlafen, denn man muss ja das Teleskop bedienen und Sterne beobachten. Aufgerüttelt wird man besonders dann, wenn das Teleskop von einem Objekt am Himmel zum nächsten fährt oder das Teleskop während einer längeren Beobachtungszeit nachgeführt werden muss, um die Erddrehung zu kompensieren. Dabei verursachen die schweren Motoren der Teleskop-Kuppel recht plötzlich laute Geräusche. Während der tiefen Stille der Nacht habe ich mich regelmäßig erschrocken oder bin schlaftrunken fast vom Stuhl gefallen, da es sich jedes Mal so anhörte, als ob jemand einbrechen wolle. Dabei hatte das Teleskop nur brav seinen Job getan.

Damit gleich noch ein weiterer Student das Beobachten lernen konnte, schickte ihn unser gemeinsamer Betreuer zu mir mit nach Siding Spring. Allerdings sollte er erst einige Nächte später ankommen. Also absolvierte ich die ersten drei meiner Nächte alleine. Abbildung 8.C im Farbbildteil zeigt das eigentliche Teleskop mit dem Spektrographen, den ich benutzte. Kleinere Teleskope wie das 2,3 m-Teleskop werden außer von der Technik-Crew am Tag nachts nicht betreut. Dementsprechend bekommt man keine wirklich Hilfe beim Beobachten. Das bedeutete, dass ich die ganze Nacht lang allein im Kontrollraum des Teleskops irgendwo im australischen Busch saß und komplett auf mich allein gestellt war.

Nachdem der Studenten-Kollege auch am Observatorium angekommen war, klärte ich ihn erst einmal über die Motoren-Sirene auf. Denn dieses Geräusch wollte ich so schnell nicht wieder hören. Nach meinem Bericht über das Teleskop mit seinen Instrumenten, Sirenen und dem miefigen Kriechtier-Keller kamen wir schnell zu dem Schluss, dass wir eigentlich besser Kriminalgeschichten schreiben sollten. Denn ein Observatorium würde sich doch gut als Tatort für dramatische Szenen eignen. So ging in unseren müden Köpfen morgens um 4 Uhr die Phantasie mit uns durch. Kurz darauf verfiel mein Kollege dann noch auf die Idee, mit einem lauten »Buhuuu« aus dem Dunkeln direkt von hinten auf mich loszuspringen. Das war nicht mehr so witzig. Trotz all dieses frühmorgendlichen Schabernacks waren wir aber doch gute und gewissenhafte Beobachter. Immer überprüften wir draußen den Himmel. Ist es klar? Gibt es hochstehende Wolken? Wo ist der Mond im Vergleich dazu, wo das Teleskop hinschaut? Alles war in bester Ordnung, und wir nahmen in dieser Nacht viele Spektren auf.

Das 2,3 m-Teleskop mit seinem rotierenden Kastengebäude ermöglichte es, direkt auf das Dach des Teleskops zu steigen und von dort oben die Welt zu betrachten – bei Tag und bei Nacht. Trotz aller kleineren und größeren Abenteuer, die man während einer Beobachtungskampagne so erlebt, war es immer etwas Besonderes, sich einfach oben auf das Teleskopdach zu legen und die funkelnden Lichter der Milchstraße mit den eigenen Augen zu bewundern. Da es dort nachts pechschwarz ist, konnte ich dort das erste Mal den Südsternhimmel und die Milchstraße über mir in ihrer vollen Pracht erleben. Oben auf dem Dach fühlte ich mich wortwörtlich dem Himmel ein klein wenig näher.

Wenn der Morgen dann naht und die letzten Beobachtungen abgeschlossen sind, müssen Teleskop und Gebäude wieder in ihre Parkposition zurückgefahren werden. Alles hatte sich ja die ganze Nacht lang hin- und hergedreht. Eine volle 360-Grad-Drehung des Teleskopgebäudes dauert mehrere Minuten. Diese Zeit habe ich oft benutzt, um mich kurz auf die Außentreppen zu setzen. Oder schnell nach oben direkt auf das Teleskopdach zu gehen, um mich dort auf dem sich drehenden Teleskop in den Sonnenaufgang fahren zu lassen. Leider ist inzwischen das Teleskopdach aus Sicherheitsgründen nicht mehr betretbar. Zu meinen Zeiten ich habe ich es genossen, dort die frische Morgenluft einzuatmen, mich nach einer geschäftigen zehnstündigen Arbeitsnacht zu strecken und gespannt das Farbenspiel der bald aufgehenden Sonne zu erleben.

8.2. Das Gute-Wetter-Bier

In einigen Observatorien ist es erlaubt, Bier oder Wein für das Abendessen mitzubringen. So auch am Siding Spring-Observatorium, zu dem ich während meiner Doktorarbeit siebenmal zum Beobachten ging. Mein Beobachter-Kollege hatte für seine inzwischen eigene und aus Zufall zeitgleiche Beobachtungskampagne an einem der anderen Teleskope einen Sechserpack Bier mitgebracht. So ein Sechserpack reicht normalerweise für ca. eine Woche, wenn man zu jedem Abendessen ein Bier trinkt. Und so geschah es auch – nach fünf Tagen war nur noch ein letztes Bier im Kühlschrank.

Das Wetter war über die Woche hinweg recht gut gewesen, und es blieb nur noch eine letzte Nacht. Eine Beobachtungskampagne mit einer Schlechtwetternacht zu beenden ist immer enttäuschend. Dementsprechend hofften wir sehnlichst auf eine weitere klare Nacht mit gutem Wetter. Am Nachmittag sah es auch recht vielversprechend aus. Später beim Abendessen wollte mein Kollege dann sein letztes, aufgespartes Bierchen trinken. Es stellte sich aber schnell heraus, dass das Bier, das im Gemeinschaftskühlschrank aufbewahrt worden war, nicht mehr dort lag. Irgendjemand hatte sich einfach bedient und das letzte Bier getrunken. Das war natürlich ein Skandal! Die Nacht kam, und wir begannen beide frohen Mutes mit unseren Beobachtungen. Aber kurze Zeit später drehte der Wind, und sehr viele Wolken überzogen rasch den gesamten Himmel. Das verhinderte leider weitere Beobachtungen.

Bei schlechtem Wetter wie Wolken, Regen oder auch zu starkem Wind muss man als Beobachter einfach abwarten. Alles was man machen kann, ist, Däumchen zu drehen und zu hoffen, dass es bald besser wird. Manchmal muss man dabei viele Nächte lang warten. Um die Wettersituation zu verfolgen, kann man sich mit der »All-Sky«-Kamera des Observatoriums die komplette Wolkendecke direkt über seinem Teleskop »live« ansehen. Oder man kann sich von bewölkten Satellitenbildern und unschönen Wettervorhersagen aus dem Internet kontinuierlich frustrieren lassen. Denn bei schlechtem Wetter hat man einfach Pech gehabt. Da kann nichts gemacht werden, außer sich ein Jahr später wieder auf neue Teleskopzeit zu bewerben.

Auf die Frage, wie lange man denn bei schlechtem Wetter nachts im Teleskop ausharren sollte, erklärte mir mein Doktorvater die folgende Faustregel. Es hänge von der Größe des Teleskops ab: Bei einem Teleskop mit 2 m Spiegeldurchmesser dürfe man schon um 2 Uhr morgens ins Bett gehen, sofern das Wetter mehr oder weniger aussichtslos schlecht erscheint. Bei einem 4 m-Teleskop könne man erst um 4 Uhr morgens Schluss machen. Konsequenterweise dürfe man bei 8 m- und 10 m-Teleskopen fast gar nicht mehr schlafen gehen. Dann bricht die Regel wohl zusammen. Als ambitionierte Studentin habe ich mich allerdings nicht oft an diese Regel gehalten und wesentlicher länger als bis 2.30 Uhr (entsprechend dem 2,3 Meter-Teleskop) bei lauter Musik ausgeharrt. Schlafen kann man ja auch wieder zu Hause. Oft wurde ich sogar dafür belohnt. Denn ca. eine Stunde vor Sonnenaufgang, also gegen 4 Uhr morgens im australischen Sommer, klarte es häufig wieder auf. So war es mir dann doch noch möglich, fleißig weitere Sterne zu beobachten. Dieses Wettermuster habe ich mit der Zeit immer wieder am Siding Spring-Observatorium miterlebt. In einigen Fällen war dies sogar die einzige Stunde, in der ich während einer Nacht beobachten konnte.

Wenn man also stundenlang an seinem Teleskop sitzt und auf besseres Wetter wartet, hat man viel Zeit. Man kann arbeiten oder im Internet surfen oder in der Nase bohren. Außer den Kängurus gibt es ja nicht viel Unterhaltung. Wenn man alleine beobachtet, kann das schon ziemlich eintönig und die Nächte sehr lang werden. Wenn man zu zweit beobachtet, kann man sich wenigstens unterhalten. Gegen 3 Uhr morgens können solche Gespräche manchmal philosophischen Charakter annehmen. Mein Kollege kam mich also in dieser letzten, schlechten Nacht in meinem Teleskop besuchen, da ihm ebenfalls langweilig war. Wir beschwerten uns lautstark über das miese Wetter, bis mein Kollege feststellte, dass das Wetter nur deswegen plötzlich so schlecht geworden sei, weil jemand sein letztes Bier weggetrunken habe! Natürlich! Es konnte gar keinen anderen Grund geben! Kurz darauf stellten wir die Theorie auf, dass jeder gute Beobachter ein »Gutes-Wetter-Bier« zum Beobachten mitbringen müsse, welches erst in der letzten Nacht vom Beobachter selbst getrunken werden dürfe. Damit wäre gutes Wetter für die ganze Kampagne garantiert. Genauso wie es in unserem Fall war, bis das Wetter in der letzten Nacht aus unerklärlichen Gründen umschlug …

8.3. Der Sonnenuntergang

Im Sommer sind die Nächte kürzer. Das bedeutet weniger Stress, mehr Schlaf, aber auch weniger Beobachtungszeit. Es ist natürlich auch wärmer und angenehmer, sich draußen aufzuhalten und auch mal etwas Abendsonne zu tanken. Nach all dem geschäftigen Vorbereiten der Beobachtungen am Nachmittag und den letzten Tests bevor es dunkel wird, kommt immer ein ganz besonderer Moment. Er ist nur von kurzer Dauer und dennoch ungeheuer eindrücklich: der Sonnenuntergang. In Chile, am Las Campanas-Observatorium, treffen sich die Beobachter und das Personal der verschiedenen Teleskope, sofern diese direkt nebeneinanderliegen, um den Lauf der untergehenden Sonne zu betrachten. Kurz bevor die Sonne den Horizont berührt, merkt man schon deutlich, dass es kühler wird, und oft frischt auch der Wind etwas auf. Man steht also draußen, z. B. auf dem Catwalk an der Seite des Teleskopgebäudes. Man beobachtet still, wie anmutig sich der Tag in die Nacht verwandelt. Da die meisten Teleskope auf Bergen stehen, ist die Sicht immer sehr weitläufig und einfach atemberaubend. Besonders wenn sich die ganze Welt langsam, aber sicher erst in gelbes, dann orangefarbenes und schließlich rotes Licht einfärbt. Die Schatten werden immer länger und länger, und die Welt versinkt allmählich. In diesem Moment ist jeder von uns ein echter Beobachter. Ein Beobachter der Sonne, der Welt und seiner selbst. Denn es ist ein kurzer Augenblick, in dem es einem so vorkommt, als ob die Welt stehenbliebe. Alles ist ruhig und so friedvoll um einen herum. Man hat Zeit, einen tiefen Atemzug zu nehmen und die sanfte Macht der Natur um einen herum zu genießen. Man ist ein Teil der Natur, und auf einmal ist man selbst gar nicht mehr wichtig. Man ist in vollem Einklang mit seiner Umgebung. Die Bewunderung, die ich in diesem kurzen Augenblick empfinden kann, macht alle Anstrengungen wie z. B. die der Reisen und der langen Arbeitsnächte schnell wieder wett.

Kurz bevor die Sonne jedoch ganz verschwindet und wenn nur noch das letzte obere Stückchen der Sonnenscheibe über dem Horizont zu sehen ist, kann man mit etwas Glück einen sogenannten »Grünen Flash« sehen. Wie in Abbildung 8.D im Farbbildteil zu sehen ist, wird dann das kleine, glitzernde gelbe Sonnenpünktchen über dem Horizont für den Bruchteil einer Sekunde leuchtend grün. Es sieht dabei so aus, als ob ein grüner Diamant kurzzeitig aufblitzt. Als Dankeschön quasi, dass man die Mühe auf sich genommen hat, diesen Sonnenuntergang anzuschauen. Leider ist dieser Dank recht selten, denn der Grüne Flash ist nur sichtbar, wenn die Luft in Richtung Sonne besonders klar ist und die Sonne selbst möglichst hinter einem hohen Berg am Horizont untergeht. Obwohl viele der Teleskope auf hohen Bergen stehen und eine gute Sicht bieten, ist ein Grüner Flash auch für Astronomen etwas Besonderes.

Ein »Grüner Flash« geht auf die Lichtbrechung zurück. Das Sonnenlicht wird in der Atmosphäre gebrochen, genauso wie Licht gebrochen wird, wenn es unter einem Winkel auf Wasser trifft. Die Geschwindigkeit des Sonnenlichts ist in der Atmosphäre ein bisschen geringer als im Weltraum, dem optimalen Vakuum. Das Maß der Verringerung hängt von der Dichte der Atmosphäre ab. In der Nähe des Horizonts ist die Atmosphäre etwas dichter als an höheren Orten. Alle Lichtstrahlen, die bei einem Beobachter ankommen, sind deswegen beim Eintritt in die Atmosphäre etwas gekrümmt worden, das Licht in Horizontnähe also ein wenig mehr als das Licht direkt von oben. Zusätzlich werden blaue und grüne Wellen mit ihren kürzeren Wellenlängen dabei mehr gekrümmt als langwelligeres, rotes Licht.

Wenn die Sonne dann fast ganz untergegangen ist, verdeckt der Horizont nicht nur den Großteil der Sonne selbst, sondern auch das gesamte rote, langwellige Licht aufgrund seiner weniger ausgeprägten Krümmung. Dieses Licht schafft es einfach nicht mehr, über den Horizont zu scheinen. In diesem kurzen Moment gelingt dies nur noch dem grünen und als letztem dann noch dem blauen Licht. Genau das ist dann als »Grüner« oder sogar »Blauer Flash« beobachtbar. Der »Blaue Flash« ist folglich nach dem grünen zu sehen, sobald auch das grüne Licht hinter dem Horizont verschwunden ist. Zusätzlich wird das blaue Licht generell noch in der Atmosphäre getrübt, so dass ein »Blauer Flash« wirklich extrem selten ist. Aber einige meiner Beobachter-Kollegen haben auch schon »Blaue Flashs« in Chile gesehen. Ich muss wohl noch mehr beobachten gehen, um dieses Naturwunder zu erleben. Aber wenigstens habe ich schon einmal einen »Grünen Flash« bei meiner ersten Beobachtungskampagne in Chile gesehen. Das war sehr aufregend und natürlich auch ein Gesprächsthema beim Abendessen am nächsten Tag.

Dieses Ritual, den Sonnenuntergang mitzuverfolgen und zu sehen, ob man Glück hat und einen »Grünen Flash« erwischt, findet jeden Abend statt. Es ist ein wunderbarer Brauch, bei dem man kurz auftanken und die Ruhe vor dem Sturm genießen kann. Gleichzeitig ist man ja draußen und kann somit abschätzen, ob es irgendwo Wolken gibt oder die Luft trübe ist oder sonst etwas verdächtig aussieht. Man kann zwar nichts gegen das Wetter machen, aber wenigstens kann man grob vorhersehen, wie die Nacht ungefähr verlaufen wird. Und natürlich hofft man auch immer auf eine Nacht ohne technische Probleme.

Dann ist die Sonne komplett hinter dem Horizont verschwunden, so wie z. B. in Abbildung 8.E im Farbbildteil. Man guckt noch einmal genau hin, um sich dessen auch genau zu vergewissern, und sofort geht es auch schon los. Die ersten, hellen Sterne kann man schon kurz danach funkeln sehen. Das bedeutet, dass man die letzten Vorbereitungen für die Beobachtungen jetzt treffen sollte. Es ist noch hell, aber die Zeit bis zum Ende der sogenannten astronomischen Dämmerung geht schnell vorbei. Man zieht die schweren Vorhänge vor alle Fenster im Kontrollraum, steckt den Kopf ein letztes Mal zur Tür raus, lässt diese meist mit einem ordentlichen Rums zufallen, und dann beginnt die Arbeit. Mich kribbelt es dann meistens in den Fingern, besonders in der ersten Nacht. Ich will dann sofort loslegen, denn als gute Astronomin möchte frau ja jede einzelne Minute der Dunkelheit zum Beobachten benutzen und keine Zeit verschwenden.

Mit dem Beginn der Beobachtungen taucht man schnell wieder

auf aus dieser mystischen Welt zwischen Himmel und Erde, in der alles in rosarote Farben gehüllt war. Eine lange arbeitsreiche Nacht steht nun bevor, in der man dem Universum mit seinem Teleskop wieder ein kleines Stückchen näher rückt.

8.4. Der Observa-thon

Beim Beobachten befindet man sich quasi wie in einem dritten Daseins-Zustand, bei dem man weder schläft noch wach ist. Es ist eine Art Tagträumen, denn man erlebt alles sehr intensiv im fraglichen Moment. Aber schon wenig später kann man sich kaum mehr an Einzelheiten erinnern, denn man verliert das richtige Zeitgefühl. Die langen Nächte vergehen damit, dass man die nächsten Sterne auswählt, die Belichtungen am Computer einstellt und die Spektren gleich mit verschiedenen Softwares inspiziert. Dann bleibt man entweder beim gleichen Stern oder schwenkt zum nächsten. So geht es Stunde für Stunde bis zum Morgengrauen. Unterbrochen wird dieser Vorgang nur von gelegentlichen Gängen in die kleine Küche oder einem erfreuten »Yeah«, wenn eine neue Belichtung schön viele Sternphotonen aufweist. Aber dann ist man auch schon wieder mit der nächsten Belichtung beschäftigt.

Diese Vorgänge sind unabhängig davon, an welchem Teleskop man sich befindet. Der einzige Unterschied ist, dass an größeren Teleskopen das Teleskop selbst von ausgebildetem Personal bedient wird. Damit muss man dann als Beobachter nur noch das Instrument bedienen. Und natürlich alle für die Beobachtungen wichtigen Entscheidungen treffen.

Eine normale Beobachtungsnacht im chilenischen Winter am 6,5 m-Magellan-Teleskop läuft ungefähr so ab:

15:00 Man muss aufwachen … Als Erstes stecke ich den Kopf aus der Tür, um nach dem Wetter zu schauen. Hoffentlich ist es klar!

16:00 Kurze Fahrt hoch zum Teleskop. Diverse Kalibrationsmessungen, und Lampenspektren für die spätere Verarbeitung der Daten müssen vor Einbruch der Dunkelheit aufgenommen werden.

17:00 Die Kalibrationen laufen, Zeit zum E-Mail-Checken und um sich auf das Abendessen zu freuen.

17:50 Abendessen mit den anderen Beobachtern! Das ist das Beste am Beobachtengehen, bis auf gute Wetterbedingungen und tolle neue Daten natürlich.

18:15 Schnell, schnell zurück zum Teleskop. Es wird schon langsam dunkel.

18:20 Sonnenuntergang. Ich sehe die Sonne gerade noch am Horizont versinken, denn im Winter ist nur wenig Zeit direkt vor dem Beobachtungsstart. Da kann es auch mal etwas hektisch werden. Die ersten zu beobachtenden Sterne müssen noch ausgewählt und ein grober Plan für die Nacht erstellt werden.

18:40 Das Teleskop wird zum ersten Stern geschwenkt. Es ist noch nicht ganz dunkel, aber sehr helle Sterne, die für uns als Vergleichsobjekte fungieren, können schon beobachtet werden.

19:00 Die weiteren Beobachtungen laufen jetzt schon recht flüssig. Aber es ist erst 19:00 – nur noch 12 weitere Stunden! Am besten, man denkt nicht weiter darüber nach …

21:15 Zeit für ein erstes Milo-Getränk, das ist ein leckeres Kakao-Malz-Getränk mit Vitaminanreicherungen. Das tut gut, denn aus Erfahrung weiß ich, dass ich den Zucker brauche, um wach zu bleiben! Denn Kaffee oder Cola trinke ich nicht.

22:00 Heute ist es wesentlich kühler als gestern. Die kalten Luftströmungen haben einige Turbulenzen in der Atmosphäre verursacht. Dementsprechend fluktuiert das »Seeing« sehr und ist im Mittel auch nicht besonders gut. Das ist nervig, denn dadurch dauern alle meine Beobachtungen nun zwei- bis dreimal so lange. Oder gar noch länger, wenn sich die Bedingungen noch weiter verschlechtern.

24:00 Das Seeing ist immer noch ziemlich miserabel, aber immerhin kommen einige Photonen auf dem Detektor an. Was will man mehr?! Mehr Photonen natürlich. Aber schnell bitte!!

2:00 »Night lunch«-Zeit. Heute gibt es selbstgebackenes Vollkornbrot mit Avocado, roten Paprikas, Tomaten und Salat. Und mit etwas würzig-scharfem chilenischen Tomatenketchup. Das macht einen wieder frisch. Dazu noch ein Milo-Getränk.

3:00 Meine Belichtungen scheinen kaum mehr Photonen zu liefern. Oder bilde ich mir das nur ein? Um 3:00 Uhr ist man schon etwas müde …

4:00 Kein Wunder – es ist wolkig. Da kommen von den Sternphotonen natürlich keine mehr zu uns durch. Das ist enttäuschend. Nichts ist schlimmer, als Wolken über dem Teleskop zu haben. Obwohl Regen, Sturm oder Schnee natürlich noch schlimmer wären. Aber man muss positiv denken: Das Wetter war in der letzten Zeit oft sehr schlecht, also muss es ja bald wieder besser werden. Im Kontrollraum ist es auch nicht gerade angenehm. Die Luftfeuchtigkeit liegt bei 8 %, während es draußen 5 % sind. Das erklärt wenigstens, warum ich mich wie eine ausgetrocknete Rosine fühle.

6:20 Die letzte Belichtung. Schnell, schnell, denn es wird schon wieder heller draußen.

6:30 Alles geschafft. Die Nacht ist vorbei. Oder doch noch nicht ganz.

6:35 Was würde ich nur dafür geben, jetzt einfach genau hier einschlafen zu können!?! Aber leider müssen noch Kalibrationsaufnahmen vom nicht zu hellen Himmel während der Dämmerungszeit gemacht werden. Da führt kein Weg dran vorbei.

7:05 Die Himmelsspektren sind fertig. Endlich.

7:10 Jetzt bin ich wirklich fertig. Wortwörtlich.

7:20 Zurück in meinem Zimmer. Schnell die dicken Vorhänge zumachen, damit es schön dunkel bleibt, und ab ins Bett.

7:35 Sonnenaufgang. Draußen. Außerhalb meiner Vorhänge und für mich gerade total unwichtig, denn …

7:45 Zzz zzzz zzz zzzz …

8.5. *105 Sterne pro Nacht*

Während meiner Doktorarbeit an der Australischen Nationaluniversität verbrachte ich über zwei Jahre hinweg insgesamt 42 Nächte mit Beobachten am 2,3 m-Teleskop am Siding Spring-Observatorium. Die kürzeste Beobachtungskampagne war drei Nächte, die längste zwölf Nächte. Drei Nächte sind fast zu kurz, weil man nicht genug Zeit hat, sich vom Tag- auf den Nachtrhythmus umzustellen. Zwölf Nächte sind allerdings ziemlich lang, denn schon nach einer Woche beginnt man, sich ein bisschen wie ein Vampir zu fühlen. Man fühlt sich bei Dunkelheit recht wohl, und das Tageslicht beim Aufwachen erscheint ziemlich grell. Schon tagelang hat man außer kurz beim Abendessen mit niemandem mehr ein Wort gewechselt. Man lebt ziemlich eingekapselt in seiner kleinen »Beobachter-Welt« am Teleskop.

Meine Sternenstichprobe bestand aus 1777 Sternen, von denen ich in diesen 42 Nächten ca. 1250 selbst mit dem am Teleskop befindlichen »Double-Beam«-Spektrographen beobachtet habe. Um mir zu helfen, wurden die restlichen 500 Sterne von einigen anderen Kollegen mit dem 2,3 m- und auch mit ähnlichen Teleskopen in Chile beobachtet. Mein Doktorvater half auch mit, und eines Tages kam er vom Beobachten zurück und erzählte mir, dass er 95 Sterne in einer einzigen Nacht beobachtet habe. Bis dahin hatte ich noch nie genau gezählt, wie hoch meine nächtliche Rate eigentlich war. Das änderte sich schlagartig an diesem Tag. Bei meiner nächsten Kampagne gab es nur ein Ziel: mehr als 95 Sterne in einer einzigen Nacht zu beobachten! Schließlich konnte ich es ja nicht auf mir sitzenlassen, dass mein Doktorvater diesen Rekord mit »meinen« Sternen hielt.

In mehreren Nächten ist es mir später tatsächlich gelungen, mehr als 100 Sterne zu beobachten. Mein neuer Rekord von 105 Sternen basierte auf folgender Strategie. Man benötigt eine möglichst lange und klare Nacht, viele sehr helle Sterne, die möglichst auch noch nah beieinander am Himmel stehen, weil das die Fahr- und Schwenkzeit des Teleskops von einem zum nächsten Objekt reduziert, und gute laute Musik, damit man nicht müde wird. Das Beobachten läuft dann generell so ab: Man fährt das Teleskop zur Position des ersten Sterns. Mit Hilfe einer kleineren Kamera, die vorne am Teleskop angebracht ist, wird ein Bild des Himmelstücks aufgenommen, wo sich das zu beobachtende Objekt befinden soll. So kann man prüfen, ob der Stern auch genau an der richtigen Stelle für die Beobachtung positioniert ist. Wenn dies nicht der Fall ist, können verschiedene Korrekturen angebracht werden. Die Beobachtungszeiten am 2,3 m-Teleskop liegen für meine Sterne zwischen 20 Sekunden und 5 Minuten, je nach Sternhelligkeit. Wenn die Beobachtung abgeschlossen ist, muss man warten, bis die Daten zu den Sternphotonen aus dem Detektor ausgelesen sind. Dies dauert zwischen 10 und 15 Sekunden. Dabei wird die »Beobachtung« in eine elektronisch lesbare Datei umgewandelt. In meinem Fall sind dies natürlich Spektren und nicht photometrische Aufnahmen der Sterne, da ich Spektroskopikerin bin. Danach muss eine kurze Kalibrationsmessung durchgeführt werden, bei der man das Spektrum einer bekannten, meist mit Edelgas gefüllten Vergleichslampe aufnimmt. Ich benutze dafür Thorium-Argon-Dampflampen. Diese Kalibrationsmessungen ermöglichen später die Zuordnungen der Wellenlängenskala. Dies dauert noch einmal ca. 30 Sekunden. Dann geht es weiter zum nächsten Stern.

Während dieses gesamten Vorgangs hat man es mit diversen Bildschirmen, Tastaturen, Knöpfen und Schaltern zu tun. Bei kleineren Teleskopen wie dem 2,3 m gibt es nämlich nur eine einzige Person, die für alles verantwortlich ist und alles bedienen muss: mich, den Beobachter. Strenggenommen ist man als Beobachter damit nicht nur Astronom und Beobachter, sondern auch Teleskopbediener, Instrument-Spezialist und natürlich Experte für alle Störungen, Ausfälle und sonstigen Probleme, die an einem Teleskop so auftreten können.

Gleichzeitig muss man entscheiden, welches Beobachtungsobjekt strategisch gesehen am besten als Nächstes beobachtet werden sollte. Bei einer zehnstündigen Nacht habe ich also im Schnitt alle 6 Minuten einen neuen Stern beobachtet. Mit all den diversen Zwischenschritten wird einem da nicht langweilig. Im Gegenteil, die schwächeren Sterne, die eine Belichtungszeit von 5 langen Minuten brauchten, boten immer willkommene Pausen, um mal wieder kurz Luft zu holen, sich zu strecken und die Musik-CD zu wechseln.

Ich habe nie kontrolliert, ob mein Doktorvater tatsächlich 95 Sterne in nur einer Nacht beobachtet hat. Eines ist mir aber klar, wir sind beide sehr ehrgeizige Beobachter, und er wollte mich mit seinem Rekord sicher herausfordern. Es hat auch funktioniert. Gleichzeitig habe ich dadurch meine eigene Strategie entwickelt, um das Beobachten möglichst effizient zu gestalten und auf diese Weise alle meine 1250 Sterne so schnell wie möglich beobachtet zu bekommen.

8.6. Der liebe Computer ...

Das Wetter ist nicht das Einzige, wovon erfolgreiche Beobachtungen abhängen. Eines Nachts, als mich mein Kollege mal wieder am 2,3 m-Teleskop besuchte und ich dabei war, einen Stern nach dem anderen von meiner Koordinatenliste abzuarbeiten, drückte er aus Versehen irgendeinen Knopf an der Teleskopkonsole. Wir konnten nie genau herausfinden, welcher Knopf der falsche gewesen und was genau passiert war, aber eines stand sofort fest: Der Teleskopcomputer, der alles steuerte, war mindestens zutiefst beleidigt und hatte beschlossen, erst einmal seinen Geist aufzugeben. Nichts, aber auch gar nichts funktionierte mehr! Und das bei klarem Wetter zu Beginn der Nacht.

Wie mir später erzählt wurde, soll ich in diesen ersten Momenten recht blass-grün geworden sein. Mir war sofort klar, dass eine solche Panne auf jeden Fall bedeuten würde, dass ich eine ganze Nacht wegen technischer Probleme verlieren würde. Das wäre aber noch mein kleinstes Problem gegenüber dem, dass ich nun vielleicht als diejenige in die Bücher eingehen würde, die das Teleskop komplett verschrottet hätte! Das war ein schrecklicher Gedanke.

Trotz all dieser Gedanken muss man sich aber in einer solchen Situation schnellstmöglich zu helfen wissen, auch wenn man nächtelang allein im Teleskop sitzt und besonders, wenn man weiter beobachten will. Neben den wissenschaftlichen und technischen Details, die man für das Beobachten natürlich beherrschen sollte, lernt man in solchen Momenten zwangsläufig auch noch viel mehr über das Teleskop. Zum Beispiel, was man macht, wenn mal wieder irgendein Gerät Probleme bereitet oder sogar ausfällt. Dies ist besonders spaßig, wenn man keinen blassen Schimmer davon hat, was schon wieder kaputt sein oder worin eine Lösung bestehen könnte. Da muss man dann auch mal kreativ werden. In den meisten Fällen hat mir der Drang, weiter beobachten zu wollen, dann auch die nötige Kreativität beschert. Es geht ja nicht anders, und ich konnte immer, wenn auch manchmal nach längerem Suchen und Probieren, die Probleme ausreichend beheben.

So wurde einmal das Teleskop vom Blitz getroffen. Nach einem riesigen Rums machte es »Bssssssst«, und alles wurde schlagartig dunkel and ganz still. Das war unheimlich. Zum Glück erinnerte ich mich daran, dass irgendjemand beim Abendessen in der Beobachter-Lodge irgendwann einmal so ganz nebenbei erwähnt hatte, dass jedes Teleskop mit einem zusätzlichen Stromgenerator ausgestattet sei. Endlich mit Taschenlampe ausgestattet, suchte ich nach einigen Minuten im Dunkeln nach besagter kleiner Abstellkammer, die sich am hinteren Ende des Kontrollraums befinden sollte. Ich fand tatsächlich etwas, das wie ein Generator aussah. Nicht, dass ich vorher schon jemals einen Generator bedient hätte. Aber Knöpfe sind zum Drücken da, und in der Tat machte es bald wieder »Bssssst«, und alles fuhr wieder hoch. Zumindest die Stromzufuhr. Einige Computer und Software-Programme im Kontrollraum und eine bestimmte Kamera unten im Teleskopraum mussten dann noch wieder neu gestartet werden. Diese Prozedur kannte ich aber schon von anderen Problembehebungsmaßnahmen. So klappte bald wieder alles wunderbar.

Zurück zum totalen Teleskopabsturz. Es passierte gegen 21.30 Uhr, und technische Hilfe für Notfälle konnte man nur bis 22 Uhr per Telefon einholen. Allerdings sollte man diese arme Person nur nach Feierabend anrufen, wenn man ein wirklich wichtiges Problem hatte. Eile war also angesagt. Ich musste möglichst schnell herausfinden, ob ich den alten VAX-Computer aus den 1960er Jahren irgendwie dazu überreden konnte, wieder seinen Betrieb aufzunehmen. Mein Kollege fing an, hektisch sämtliche Betriebsanleitungen und Instruktionen aus irgendwelchen mir bis dahin unbekannten Schubladen und Ordnern auszugraben, um mir zu helfen. Währenddessen versuchte ich den direkten Weg über die Tastatur. Aber alles blieb ohne Erfolg, und um kurz vor 22 Uhr griff ich zaghaft zum Telefonhörer.

Als »offizieller« Beobachter des 2,3 m-Teleskops sah ich es als meine Aufgabe an, das Problem zu melden und nach einer schnellstmöglichen Lösung zu suchen. Nach längeren Anweisungen durch den müden Spezialisten gelang es uns tatsächlich, den Computer wieder neu und ordentlich zu starten. Nach der Eingabe sämtlicher Passwörter und spezieller VAX-Kommandos, von denen ich noch nie vorher etwas gehört hatte, schnurrte und surrte der brave Teleskopcomputer bald wieder, als ob nie etwas passiert wäre. Die Ferndiagnose hatte also geklappt, und wir konnten danach ohne Probleme weiter beobachten. Allerdings hat es die ganze Nacht lang gedauert, bis wir uns von diesem ordentlichen Schrecken wieder erholten, und wir hofften, dass so etwas nie wieder passieren würde. In der Tat, ich habe auch später nie etwas darüber gehört, dass der Teleskopcomputer jemals von einem Beobachter komplett neu gestartet worden ist.

8.7. Feuerprobe

In Australien ist es üblich, das Unterholz, bestehend aus hochgewachsenem Gras, Gebüsch und kleinen Sträuchern, zu Beginn des Sommers kontrolliert abzubrennen. Dieses Vorgehen verhindert, dass im Falle eines Buschfeuers zu viel brennbares Material existiert, was das Feuer unterstützt und schnell anwachsen lässt.

Es ist somit ganz normal, dass man in Australien immer wieder verkohlte, schwarze Baumstämme z. B. beim Spazierengehen oder Wandern findet, die an vergangene Buschfeuer erinnern. Im Gegensatz zu europäischen Bäumen sind die australischen Eukalyptusbäume (»eucalypts« oder »gum trees«) von Feuer aber weniger beeinträchtigt. Bei diesen teilweise gigantischen, besonders im Sommer intensiv nach ätherischen Ölen riechenden Bäumen sitzt die Lebenskraft nicht in den äußeren Schichten, sondern im Inneren des Stammes. Brennt der Baum von außen ab, schält er sich einfach einige Zeit später und wächst dann wieder weiter. Aus diesem Grund sind die meisten Eukalyptusbäume auch immer von einem Haufen loser Borke umgeben. Aufgrund der besonderen Überlebenstechnik hat diese Baumart über Jahrtausende hinweg Wildfeuer überlebt, die besonders im Landesinneren immer wieder wüteten.

Das kontrollierte Abbrennen wird auch regelmäßig am Siding Spring-Observatorium unternommen, denn es liegt ja auf einem kleinen Berg inmitten eines riesigen Nationalparks, dem Warrumbungle-Nationalpark. Im Fall eines Wildfeuers würde man dort oben leicht komplett eingeschlossen werden, was einer Katastrophe gleichkäme, mal von den wertvollen Teleskopen abgesehen. Um solche Probleme von Anfang an zu vermeiden, gibt es deswegen eine eigene Observatoriumsfeuerwehr, und viele der Leute, die dort arbeiten, haben eine Hilfsfeuerwehrausbildung, um im Notfall mitzuhelfen, Leute zu evakuieren und die Teleskope vor den Flammen zu bewahren.

Um sich auf den trockenen Sommer vorzubereiten, wurde ein solches Abbrennen auch im Nationalpark unterhalb des Observatoriums erledigt. Dies geschah zur gleichen Zeit, als ich im Dezember 2003 dort meine längste Beobachtungskampagne von 12 Nächten absolvierte. Riechen konnte man das Feuer schon den ganzen Tag lang, und bei Sonnenuntergang waren die kleinen Flammen weiter unten am Hang kaum sichtbar. Es blieb aber unklar, in welche Richtung das Feuer während der Nacht wandern würde. Wahrscheinlich durch etwas auffrischenden Wind geriet eines der kleinen Feuer gegen Abend dann außer Kontrolle. Es kroch langsam den Berg hoch, bis ich es in der Ferne deutlich von meinem Teleskop aus sehen konnte.

Über die nächsten Stunden hinweg beobachtete ich nun nicht nur die Sterne, sondern auch das Feuer. Mit nervöser Gespanntheit wartete ich einige Stunden lang, ob etwas passieren würde. Gegen Mitternacht war das Feuer dann doch schon relativ nahe herangekommen. Um zu verhindern, dass den Teleskopen über den Sommer hinweg etwas passieren könnte, waren zur Sicherheit schon vorher breite Feuerschneisen um alle Teleskope des Observatoriums herum geschlagen worden. Zum Glück zog das Feuer schräg an der Feuerschneise vorbei. Dies bedeutete, dass wenigstens mein Teleskop am Rande des Observatoriums nicht in Gefahr war. Trotzdem machte mich die Situation nervös. Denn das Feuer hatte etwas anderes im Sinn. Es kroch in Richtung des hölzernen Strommastes ca. 50 m von meinem Teleskop entfernt. Dieser Mast trug viele der zum Teleskop gehörenden Stromkabel, und die Abwasserleitung lief auch direkt an seinem Fuß vorbei. Probleme sowohl mit Stromkabeln als auch dem Abwasser schienen mir keine guten Voraussetzungen für erfolgreiches Beobachten. Ich musste irgendetwas tun.

Zu diesem Zeitpunkt flogen schon zentimetergroße Aschestücke durch die Luft, begleitet von dickem schwarzen Rauch. Am Anfang der Nacht hatte ich noch beobachten können, aber nun musste ich die Kuppel schließen, damit keine Asche in das Gebäude oder auf den Spiegel fliegen konnte. Der Wind hatte aufgefrischt, und der immer stärker werdende Rauch vernebelte bald den ganzen Berg. Das nicht besetzte kleine Nachbarteleskop war mit einem Feueralarm ausgestattet. Als der Alarm kurz darauf losging, schallte es über den ganzen Berg. Ich hatte die Observatoriumsfeuerwehr schon vor Beginn des Alarms angerufen, um anzufragen, ob nicht irgendetwas unternommen werden sollte. Währenddessen brannte das Feuer fleißig weiter auf seinem Weg zum Strommast. Nach weiteren Erwägungen wurde dann doch beschlossen, dass der Fall ernst genug war, um das Observatoriums-Löschfahrzeug zu bestellen, damit es dem Feuer den Garaus mache. In der Zwischenzeit hatte ich aber doch schon mal vorsorglich den kleinen Feuerlöscher aus dem Kontrollraum geholt. Ich war vollends bereit, den Strommast, der doch mein Teleskop mit dem Rest der Welt verband, notfalls selbst mit dem Feuerlöscher zu verteidigen.

Wenig später wurde mir klar, dass dieser Plan natürlich recht blauäugig gewesen war: Mit einem kleinen Haushaltsfeuerlöscher, für Notfälle z. B. in der Küche vorgesehen, gegen ein gediegenes Wildfeuer anzugehen – da kommt man nicht weit. Das Löschfahrzeug rollte also langsam die kurvige und steile Straße herauf. Eine ganze Reihe von dicken Feuerwehrschläuchen wurde sofort an die Wasserstelle angeschlossen, und es hieß:»Wasser, marsch.« Weitere freiwillige Helfer waren gekommen, und so halfen wir schließlich mit, das Feuer zu löschen, zumindest den Teil, der den Strommast bedrohte. Um 2 Uhr morgens war dann alles vorbei.

Beobachten konnte ich nach diesem Ereignis allerdings nicht mehr. Und auch nicht in den nächsten beiden Nächten. Denn der Rauch blieb noch eine ganze Weile in der Luft hängen und somit auch über dem Teleskop. Die winzig kleinen Partikel, die den Rauch ausmachen, sorgten dafür, dass das kurzwellige, blaue Licht, welches ich gerne von den Sternen beobachtet hätte, sehr stark abgelenkt, also gestreut wurde. Demzufolge kamen bei meinem Teleskop und auf dem Detektor keine blauen Stern-Photonen mehr an. Als sich die Luft während der nächsten Tage zunehmend wieder klärte, war dann bald wieder alles in bester Ordnung. Bis auf den Strommast. Der ist auch heute noch etwas angekohlt.

Die Moral von dieser Geschichte ist, dass man eben nicht nur Sterne beobachtet, wenn man beobachten geht, sondern gleichzeitig auch mit dafür verantwortlich ist, dass dem Observatorium und den Teleskopen nichts geschieht. Niemandem ist geholfen, wenn der Strommast einem Feuer zum Opfer fällt oder dem Teleskop etwas passiert. Dann muss man schon mal cool bleiben und die Feuerwehr rufen.

Aber auch der australische Winter kann Probleme beim Beobachten bereiten. Mein Beobachter-Kollege war einmal am 2,3 m-Teleskop, als es eines Nachmittags anfing zu schneien. Dies ist in Australien eher unüblich. Obwohl es nur wenige Zentimeter waren, musste das Teleskop aus Sicherheitsgründen geschlossen bleiben. Stattdessen schrieb er mir aufgeregt E-Mails, dass winzige Schneekristalle auf seinem Teleskop Einzug gehalten hätten. Teleskope in anderen Gegenden wie z. B. im US-Bundesstaat Arizona auf dem 2600 m hohen Mt. Hopkins oder auch auf dem 4000 m hohen Mauna Kea auf Hawaii werden regelmäßig im Winter eingeschneit. Schnee und besonders Eis, z. B. auf dem Dach des Teleskopgebäudes, sind gefährlich für Teleskopspiegel, da bei Tauwetter beim Öffnen der Kuppel leicht Wasser auf den Spiegel tropfen kann.

Das Beobachten hat etwas von einem Lottospiel. Der Einsatz ist immer hoch, denn die Aufgabe besteht ja darin, neue Daten aufzunehmen. Aber da man dem Wetter ausgesetzt ist, weiß man nie, ob man nicht doch vielleicht mit leeren Händen wieder nach Hause fahren und ein Jahr lang auf eine neue Chance warten muss.

9. DAS FRÜHE UNIVERSUM

Während in unserem Leben auf der Erde alles in ständiger Bewegung ist, erscheint uns nach einem Blick auf den Nachthimmel das Gefüge der Sterne statisch und unveränderlich. Der Kosmos steht aber keineswegs still, wenn auch die Zeitskalen, in denen sich die himmlischen Objekte bewegen, nach irdischem Maßstab gigantisch sind.

Zu Beginn der kosmischen Entwicklung, kurz nach dem Urknall, gab es noch keine Sterne. Das Universum war gänzlich dunkel. Erst allmählich, beginnend etwa einige 100 Millionen Jahre nach dem Urknall, bildeten sich die ersten Sterne – die ersten kosmischen Lichtquellen, die das All nach langer Dunkelheit erhellten. Über die nächsten 500 Millionen Jahre hinweg bildeten sich nach und nach weitere Sterne sowie die ersten größeren Sternsysteme, die die Vorläufer heutiger Galaxien sind. Um die chemischen Häufigkeitsmuster der metallärmsten Sterne interpretieren und aus den Ergebnissen Rückschlüsse auf das frühe Universum mit seinen ersten Sterngenerationen ziehen zu können, müssen wir uns das Leben und Sterben dieser ersten kosmischen Giganten genauer angesehen.

9.1. Die ersten Sterne im Universum

Unser Wissen über die allerersten Sterne im Universum basiert ausschließlich auf aufwendigen Computersimulationen. Das ist oft unbefriedigend, aber die Lebensdauer der ersten Sterne war so extrem kurz, dass sie schon bald nach ihrer Bildung durch enorme Explosionen wieder erloschen. Diese ersten Objekte kamen und gingen sehr schnell – was sie jeder Art von Beobachtung unzugänglich macht. Selbst mit Weltraumteleskopen ist es nicht möglich, im hochrotverschobenen Universum so weit in die Vergangenheit zu schauen. Dennoch liefern die Computermodelle faszinierende Details über unsere kosmischen Ur-Vorfahren und deren Existenz, so dass wir auch ohne Beobachtungen ein gutes Verständnis für die grundlegenden physikalischen Prozesse haben, die das frühe Universum beherrschten.

Etwa 300 Millionen Jahre nach dem Urknall bildeten sich diese ersten Objekte aus primordialen Gaswolken von ca. einer Million Sonnenmassen, die sich unter ihrer eigenen Schwerkraft zusammenballten. Das Hauptproblem bei der Sternbildung ist, dass das Gas kühl genug sein muss, um zu verklumpen. Jeder, der schon mal sein Fahrrad aufgepumpt hat, weiß was passiert, wenn man Gas komprimiert: Die Luftpumpe wird warm. Genauso erhitzt sich auch eine kollabierende Gaswolke, wenn sie nicht irgendwie Wärme abgeben kann. Bei der Verdichtung heizt sich die Gaswolke zunächst also auf über 1000 Grad Kelvin auf. Um Klumpen zu bilden, aus denen (Proto-)Sterne entstehen können, muss das Gas aber kühler als etwa 200 Grad Kelvin sein (siehe Kapitel 4).

Heutzutage ist das Gas, aus dem Sterne entstehen, sehr viel kälter als dieser Grenzwert, nämlich ca. 10 Grad Kelvin. Denn im heutigen Universum kühlt heißes Gas dadurch ab, dass die sich schnell bewegenden Gasatome bei Zusammenstößen angeregt werden, d. h., ein Teil ihrer Bewegungsenergie wird in innere Energie des Atoms umgewandelt. Diese Anregungsenergie wird von den Atomen nach einiger Zeit durch Photonen abgestrahlt. Je schwerer das Element, desto mehr Elektronen besitzt das Atom, desto mehr Möglichkeiten für innere Anregung und Abstrahlung ergeben sich. Im kühleren Gas bilden sich dann Moleküle, bei denen dieser Kühlungsmechanismus aus Stoßanregung und Abstrahlung noch viel effizienter funktioniert.

Aber im frühen Universum konnten diese niedrigen Temperaturen noch nicht erreicht werden. Grund dafür ist, dass in der primordialen Materie, die aus Wasserstoff und Helium sowie aus Spuren von Lithium bestand, noch keinerlei Metalle oder interstellarer Staub vorhanden waren, die einen Kühlungseffekt auf das Gas hätten

ausüben können. Das Wasserstoffatom besitzt nur ein, das Heliumatom nur zwei, das Lithiumatom nur drei Elektronen. Die Möglichkeiten, diese Atome durch Stöße innerlich anzuregen, sind also
sehr begrenzt. Die einzige Möglichkeit bestand in der Bildung von
ersten Wasserstoffmolekülen, H_2, aus einzelnen Wasserstoffatomen.
Der molekulare Wasserstoff konnte die aufgeheizte Gaswolke in
den heißesten inneren Gebieten so immerhin langsam bis auf ca.
200 Grad Kelvin herunterkühlen. Die Kühlung erfolgte dabei durch
die Kollisionen von jeweils zwei Wasserstoffatomen und der darauf
folgenden Abgabe von energiearmer Infrarotstrahlung.

Diese Temperatursenkung führte zu einem geringeren Druck innerhalb der primordialen Wolke und damit zu einer Verdichtung des
Gases. Der Prozess endete, als sich der Gasklumpen im Gleichgewicht zwischen dem nach außen drückenden Gasdruck und der
nach innen gerichteten Gravitationskraft befand. Aus diesem Klumpen konnte sich endlich ein massereicher Protostern bilden. Aufgrund der unzureichenden Kühlungsmechanismen konnten im frühen Universum also nur große und extrem massereiche Gaswolken
unter ihrer eigenen Schwerkraft kollabieren. Dementsprechend be-
saßen diese allerersten Sterne bis zu hundert Sonnenmassen. Massearme Sterne wie die Sonne konnten aus diesen Riesenwolken nicht
gebildet werden.

Aufgrund ihrer enormen Massen und der besonderen, primordialen Zusammensetzung hatten diese ersten Lichtquellen eine besonders große Leuchtkraft von 1 Million Sonnenleuchtkräften und extrem hohe Oberflächentemperaturen von 100 000 Grad Kelvin. Zum
Vergleich: Der metallreiche Population-I-Stern Sonne hat eine Oberflächentemperatur von »nur« 5750 Grad Kelvin, was etwa 5500 Grad
C entspricht. Aufgrund dieser riesigen Leuchtkraft war die Existenz
dieser Population-III-Sterne auf ein, astronomisch gesehen, sehr
kurzes Leben von nur wenigen Millionen Jahren begrenzt.

In ihrem Inneren waren diese ersten Sterne sogar 100 Millionen
Grad heiß, was dem fast Zehnfachen der Zentraltemperatur der
Sonne entspricht. Das Licht der heißen Riesen war vor allem energie-
reiches, ultraviolettes Licht, das begann, das neutrale Gas aus Wasserstoff und Helium in der Sternumgebung aufzuheizen und dort die

Atome zu ionisieren. Die Existenz von ionisiertem Gas veränderte die Bedingungen für Sternentstehung im Universum in ganz dramatischer Weise.

Ausgeklügelte kosmologische Simulationen, die diese Prozesse modellieren, haben gezeigt, dass die ersten Sterne im Mittel hundertmal schwerer als die Sonne waren und dass wahrscheinlich sogar einige noch wesentlich massereichere Exemplare entstanden. Darüber hinaus kann angenommen werden, dass sich auch einige Sterne mit »nur« 10 bis 50 Sonnenmassen bildeten.

Wie viele schwerere und leichtere Sterne in der ersten Sterngeneration entstanden sind, ist nach wie vor unbekannt. Die verschiedenen Kühlungsmechanismen im Gas spielen für die finale Sternmasse eine zentrale Rolle, auch wenn diese alleinige Tatsache noch lange keine Antwort liefern kann. Die Frage nach der relativen Verteilung der Sternmassen ist aber ungeheuer wichtig. Sie zählt sogar zu den wichtigsten Fragestellungen der modernen Kosmologie, da das Wissen um diese Massenverteilung bei vielen verschiedenen astrophysikalischen Aspekten von Bedeutung ist.

Trotzdem ist in diesem Zusammenhang ein fundamentales Ergebnis, dass noch keine massearmen Sterne wie die Sonne gebildet werden konnten. Die massereichen »Bewohner« des frühen Universums unterscheiden sich grundlegend von den massearmen Sternen, die das Universum heute bevölkern. Das steht in starkem Kontrast zur heutigen Massenverteilung der Sterne. Denn im Einklang mit den Beobachtungen gilt folgende Faustregel: Je masseärmer ein Stern ist, desto häufiger gibt es seinesgleichen im Universum. Die Fliegengewichte mit weniger als einer Sonnenmasse dominieren das Universum bei weitem. Dahingegen gibt es Sterne mit 10 oder mehr Sonnenmassen heute nur sehr selten. Bei Sternen mit mehr als 100 Sonnenmassen ist unklar, ob solche Schwergewichte überhaupt noch gebildet werden können. Einige Entdeckungen von gigantischen Supernovaexplosionen in den letzten Jahren deuten aber darauf hin, dass wohl doch noch ab und zu einzelne dieser Riesen gebildet werden.

Da die Nukleosyntheseprozesse im Sterninneren ohne Metalle weniger effizient waren, musste ein solcher Stern heißer und somit kompakter sein als ein metallreicher Stern gleicher Masse. So hatten sie einen Radius von nur 5 Sonnenradien bei hundertfacher Sonnenmasse. Nur wenn ein Stern heiß genug ist, wird genügend Gas- und Strahlungsdruck aufgebaut, um dem Schwerkraftkollaps durch die eigene Masse zu entgehen. Diese Effekte führten dazu, dass der gesamte stellare Brennstoff enorm schnell aufgebraucht wurde. Die Sternentwicklung mit den verschiedenen Brennphasen verlief deswegen in Rekordzeit. Schon nach wenigen Millionen Jahren explodierten die massereichen, aber metallarmen Riesen wieder als Kern-Kollaps-Supernovae. So kam es im jungen Universum zur ersten Anreicherung des interstellaren Mediums mit schweren Elementen, die zuvor im Sterninneren produziert wurden. Diese ersten Metalle veränderten natürlich auch die Entstehungsbedingungen für die nächsten Sterngenerationen.

Verschiedene Simulationen von solchen Supernovaexplosionen haben gezeigt, dass bei Sternen von etwa 25 bis 140 Sonnenmassen die inneren Teile der Sternhülle von der Schockwelle nicht weit genug ins All geschleudert werden, um das interstellare Medium mit den neuen Metallen anzureichern. Deswegen stürzt diese Materie nach kurzer Zeit wieder auf das Zentrum zurück. Da sich während der Explosion dort ein Schwarzes Loch gebildet hat, fällt die Materie also direkt in das Schwarze Loch und wird dem Materiekreislauf und somit der chemischen Entwicklung entzogen.

Sterne mit Massen zwischen 140 und 260 Sonnenmassen explodieren angeblich in noch energiereicheren Explosionen, den sogenannten Paar-Instabilitäts-Supernovae, bei der riesige Mengen von Elektronen und Positronen aus der Bestrahlung von Atomkernen mit Gammastrahlung im Kern des Sterns entstehen. Der dadurch entstehende Druckverlust führt zusammen mit der enormen Masse und Temperatur des Sterns dazu, dass die letzten Brennphasen eines solchen Sterns besonders schnell ablaufen. So kommt es nicht zu einem Kern-Kollaps, sondern zu einer unkontrollierten Kernfusion, die in einer Explosion des Sterns endet. Dieses Ereignis ist so extrem, dass sich dabei kein kompakter Überrest wie z. B. ein Schwarzes Loch bilden kann. Der Stern wird stattdessen vollständig zerrissen. Diese theoretisch vorhergesagte Art von Supernova soll zu einer enormen

Metallanreicherung des interstellaren Mediums in der Umgebung der Explosion führen. Der spezielle Explosionsmechanismus hat aber zur Folge, dass keine Elemente schwerer als Zink hergestellt werden können. Weiterhin werden die leichteren Elemente in anderen Verhältnissen synthetisiert als in den normalen Kern-Kollaps-Supernovaexplosionen der Sterne mit mehr als 8 Sonnenmassen.

Schließlich soll es noch Sterne mit mehr als 260 Sonnenmassen gegeben haben. Diese super-massereichen Giganten sind so schwer, dass der ganze Stern bei seiner Explosion komplett in ein Schwarzes Loch zusammenstürzt und keinerlei Metalle an das ihn umgebende Medium abgibt. Diese Objekte tragen deswegen auch nicht zur chemischen Entwicklung bei, falls sie jemals existierten.

Da es ungewiss ist, welche Massenverteilung den ersten Sternen zugrunde lag, ist es sehr schwierig abzuschätzen, welche Mengen von den Metallen synthetisiert und welche Anteile davon tatsächlich in das interstellare Medium gelangten oder stattdessen in einem Schwarzen Loch verschwanden. Diese Frage ist Gegenstand der aktuellen Forschung. Aufwendige Modelle zur Elementnukleosynthese in Kern-Kollaps-Supernovae von Population-III-Sternen liefern nur ungefähre Antworten, denn diese Vorgänge sind ungeheuer komplex und somit eine Herausforderung nicht nur für unser Verständnis der Nukleosynthese und der Supernovaexplosionen, sondern auch für die Computerressourcen, mit denen diese Modelle gerechnet werden müssen. Darüber hinaus sind die Details des Explosionsmechanismus sehr schwierig zu modellieren und müssen deswegen approximiert werden. Dennoch haben Vergleiche der Elementhäufigkeiten der Supernovaexplosionen mit denen der metallärmsten Sterne schon zu vielen wichtigen Erkenntnissen geführt. Einige Beispiele werden in Kapitel 9.3 weiter ausgeführt.

Die starke UV-Strahlung der ersten Sterne hatte zur Folge, dass das primordiale Gas teilweise ionisiert wurde. So bildete sich das Molekül HD, welches aus einem Wasserstoff- und einem Deuteriumatom besteht. HD kann Gas weiter bis auf etwa 50–100 Grad Kelvin abkühlen. Aufgrund dieser nun zusätzlichen Kühlung gab es wahrscheinlich eine zweite Generation von potentiell metallfreien Sternen, die aber im Gegensatz zur ersten deutlich masseärmer war. Man nimmt an, dass nun erstmals Sterne mit »nur« 10 Sonnenmassen im Universum aufleuchteten. Massearme Sterne mit weniger als einer Sonnenmasse konnten aber noch immer nicht gebildet werden. Wenn nicht schon die Sterne der ersten Generation, so synthetisierten die Mitglieder dieser zweiten Generation jede Menge an Metallen, die bei zahlreichen Kern-Kollaps-Supernovae an das interstellare Gas abgegeben wurden. Spätestens jetzt war das Universum ein für alle Mal mit schweren Elmenten »verschmutzt«, und es gab keinen Weg mehr zurück.

Aus der Existenz alter, metallarmer Sterne mit weniger als einer Sonnenmasse schließen wir, dass sich massearme Sterne sehr bald nach diesen ersten beiden Generationen gebildet haben müssen. Es muss also eine Übergangsphase im frühen Universum gegeben haben – von den extrem massereichen und daher kurzlebigen ersten Sternen zu massearmen und langlebigen Sternen. Doch wie verlief dieser Übergang?

Die Kühlung der Gaswolke unter 200 Grad Kelvin ist hier von zentraler Bedeutung. Durch aufwendige Berechnungen ist bekannt, dass Kohlenstoff und Sauerstoff besonders gut für die Gaskühlung geeignet sind. Die nur aus Wasserstoff und Helium bestehenden Sterne der ersten und eventuell auch noch der zweiten Generation synthetisierten in ihren fortgeschrittenen Entwicklungsphasen unter anderem auch große Mengen von Kohlenstoff und Sauerstoff. Schon vor der Supernovaexplosion wehten Sternwinde diese Elemente von der Oberfläche in das primordiale Medium hinein. Die darauf folgenden Supernovaexplosionen dieser Sterne taten ein Übriges zur Anreicherung von Kohlenstoff und Sauerstoff im interstellaren Medium. Dies hatte fundamentale Konsequenzen.

Bei der sogenannten Feinstrukturkühlung, z. B. durch Kohlenstoff, regen sich die Atome durch gegenseitige Kollisionen auf ein höheres Energieniveau an. Wenn ein Atom nahe beieinanderliegende Energieniveaus besitzt, spricht man dabei von der »Feinstruktur« des Atoms. Kehren die Atome in ihren Grundzustand zurück, geben sie die freiwerdende Energie in Form eines Photons ab, welches das Gas verlassen kann. Diese vielen Feinstruktur-Energieniveaus sorgen dafür, dass das Gas besonders effizient immer mehr Energie verliert, so dass seine Temperatur rapide absinkt, solange eine Mindestmenge von Kohlenstoff und Sauerstoff im Gas vorhanden ist. So können Temperaturen von weit unter 200 Grad Kelvin erreicht werden, die zu Regionen mit besonders hohen Dichten in der Gaswolke führen. Nur so kann es schließlich zur Entstehung von Sternen kommen, die wesentlich weniger als eine Sonnenmasse besitzen.

Um das Konzept der Feinstrukturkühlung zu überprüfen, können extrem metallarme Sterne herangezogen werden, da sie mit aller Wahrscheinlichkeit Sterne der frühesten Generationen darstellen. Wenn tatsächlich Kohlenstoff und Sauerstoff diese Übergangsphase eingeleitet haben, dann sollten die metallärmsten Sterne dies in ihren Elementhäufigkeiten widerspiegeln. Ganz speziell sollten die Kohlenstoff- und Sauerstoffhäufigkeiten dieser Sterne aus dem frühen Universum entweder der kritischen Metallizität entsprechen oder darüber hinausgehen. Geringere Mengen wären nicht erlaubt, da dies bedeuten würde, dass das Gas nicht ausreichend gekühlt wurde, um die Bildung von genau diesen Sternen zu ermöglichen.

In der Tat scheint sich die Feinstrukturkühlungstheorie größtenteils zu bestätigen. Die metallärmsten Sterne haben tatsächlich Kohlenstoff- und Sauerstoffhäufigkeiten, die dem theoretisch vorhergesagten Minimalwert entsprechen oder ihn überschreiten. Darüber hinaus bietet die Idee der Feinstrukturkühlung eine mögliche Erklärung zur Natur vieler metallarmer Sterne. Schon vor mehr als 10 Jahren stellten Astronomen fest, dass fast ein Viertel der metallarmen Sterne, die weniger als ein 1/100stel des solaren Eisens ($[Fe/H] < -2,0$) aufweisen, kohlenstoffreich sind und mindestens zehnmal so viel Kohlenstoff wie Eisen enthalten. Die drei Sterne mit den niedrigsten Eisenhäufigkeiten besitzen sogar noch viel höhere Kohlenstoffüberhäufigkeiten mit bis zu 2500 Mal mehr als Eisen. Die genauen Ursachen für diese Element-Signaturen sind nach wie vor größtenteils ungeklärt. Dennoch deuten sie darauf hin, dass Kohlenstoff bei der frühen Sternentstehung eine wichtige Rolle gespielt haben muss. Die Feinstrukturkühlungstheorie bietet somit die bisher umfassendste Deutung dieser Beobachtungen.

Dennoch gibt es inzwischen einen ultrametallarmen Stern, dessen Kohlenstoff- und Sauerstoffhäufigkeiten unterhalb des kritischen

Werts liegen. Dies weist darauf hin, dass wahrscheinlich nicht alle
Sterne in ihren jeweiligen Gaswolken in genau der gleichen Art und
Weise gebildet wurden. Denn neben der Feinstrukturkühlung gibt es
eine weitere Möglichkeit, primordiales Gas mit Hilfe von interstellaren Staubkörnchen zu kühlen. Dieser Staub besteht vor allem aus
Kohlenstoff und Silizium. Aber auch diese Elemente mussten erst
einmal in den ersten Sternen synthetisiert werden, um dann in der
Schockwelle der Supernova als Staubkörnchen zusammenzukom-
men. Diese Kühlung funktioniert allerdings nur innerhalb schon
verdichteter Gasklumpen. Dort sollten sie aber zur Bildung von Sternen mit weniger als einer Sonnenmasse beitragen können. Die kritische Menge an Staub ist geringer als die von Kohlenstoff und Sauerstoff im Gas, so dass die Existenz von extrem metallarmen Sternen
mit sehr geringen Kohlenstoff- und Stauerstoffhäufigkeiten durchaus anhand dieser Theorie erklärt werden kann.

Da die metallärmsten Sterne in ihrer äußeren Gashülle die chemischen Fingerabdrücke der ersten Sterne im Universum aufbewah-
ren, können so wertvolle Informationen über die Existenz und die
Eigenschaften der ersten Sterne und ihrer Supernovaexplosionen
empirisch gewonnen werden. Diese Arbeit ist eine der zentralen Aufgaben der Stellaren Archäologie, denn sie bietet Astronomen eine
einzigartige Möglichkeit, die vorherrschenden chemischen und physikalischen Bedingungen in den frühesten Phasen der Sternentstehung zu erforschen. Diese Details können nicht anderweitig, z. B.
mit Objekten aus dem hochrotverschobenen Universum, ergründet
werden.

9.2. Die Familie der metallarmen Sterne

Um gezielte wissenschaftliche Fragestellungen zum Ursprung der
Elemente, den dafür verantwortlichen Nukleosyntheseprozessen
und der chemischen Entwicklung beantworten zu können, müssen
detaillierte Häufigkeitsmuster vieler metallarmer Sterne erhältlich
sein. Die Häufigkeitsmuster bestehen dabei aus den Verhältnissen

der verschiedenen Elemente zueinander, die in einer Häufigkeitsanalyse ermittelt wurden.

Schauen wir uns also die Hauptgruppen der metallarmen Sterne mit ihren charakteristischen Häufigkeitsmustern etwas genauer an. Während die meisten der metallarmen Sterne ein für Halosterne typisches Häufigkeitsmuster besitzen, zeigen etwa 10 % eher ungewöhnliche Muster. Es sind besonders diese Ausnahmen, die uns viele Details über das Leben der ersten Sterne und ihre Supernovaexplosionen lehren. So können z. B. die Masse und die Explosionsenergie der ersten Sterne eingegrenzt werden und Erkenntnisse zur Mischung der neu synthetisierten Elemente im interstellaren Medium gewonnen werden.

Aber letztlich erzählt jede dieser Gruppen ihre eigene Geschichte und lehrt uns ein anderes, neues Detail über die frühesten Phasen der Elementsynthese und den Ort, wo diese stattgefunden haben könnten. Erst dann können die Ergebnisse vor dem Hintergrund der chemischen Entwicklung mit verschiedenen Simulationen zum Aufbau und zur Entwicklung unserer Galaxie verglichen werden.

Gewöhnliche metallarme Sterne
Wie der Name schon andeutet, bilden »normale« metallarme Sterne mit etwa 90 % die größte Gruppe. Bei diesen Objekten haben die Metalle ein Häufigkeitsmuster, das dem der Sonne sehr ähnlich ist. Der einzige Unterschied ist, dass die absoluten Häufigkeiten der einzelnen Elemente – entsprechend der Sternmetallizität – sehr viel niedriger als die der Sonne ausfallen. Ein weiteres wichtiges Kennzeichen eines gewöhnlichen metallarmen Halosterns ist eine charakteristische Anreicherung von α-Elementen (Magnesium, Titan, Kalzium) im Vergleich zu Eisen von $[\alpha/Fe] \sim 0,4$. Dieses Merkmal unterscheidet einen Halostern von anderen Sternen wie z. B. denen der galaktischen Scheibe.

Diese Gruppe von Sternen beschreibt den groben Verlauf der chemischen Entwicklung der Milchstraße am besten, da ihre Häufigkeiten die Hauptnukleosyntheseprozesse und deren jeweilige Beiträge dazu über längere Zeiträume hinweg widerspiegeln.

Kohlenstoffreiche Sterne

Kohlenstoffhäufigkeiten können in fast allen metallarmen Sternen gemessen werden. Die Kohlenstoffproduktion geschieht im Heliumbrennen, unabhängig von der der meisten anderen Elemente mit Ausnahme von Stickstoff und Sauerstoff.

Die Absorption des Kohlenstoffs wie auch die von Stickstoff und Sauerstoff kann in Spektren von metallarmen Sternen meist nur in Form von Hydriden detektiert werden. Dies sind die Moleküle CH, NH und OH. Anstatt einzelner Absorptionslinien manifestiert sich die Absorption durch Moleküle in einer ganzen Reihe von eng beieinanderliegenden und sich überlappenden Linien. So werden größere Absorptionsbänder gebildet, die manchmal über mehr als 10 Å verlaufen. Ein Beispiel ist das sogenannte G-Band des Kohlenstoffhydrids bei ~ 4300 Å. Es kann in Abbildung 9.1 in den Spektren mehrerer Sterne deutlich gesehen werden. Ist der Stern sehr kohlenstoffreich, können manchmal auch Signaturen von C_2 bei 5200 Å oder CN um 3800 Å und in Sternen mit höheren Metallzititäten sogar atomarer Kohlenstoff um ~ 9070 Å herum angefunden werden.

Bei der Arbeit mit metallarmen Sternen fällt deswegen eines schnell auf: Kohlenstoffüberhäufigkeiten tauchen in allen Untergruppen und in allen möglichen Kombinationen von Elementmustern auf. Etwa 20 % der Sterne mit [Fe/H] < −2 haben zehnmal mehr Kohlenstoff als Eisen, also [C/Fe] > 1. Dies ist wesentlich höher als das, was die meisten normalen metallarmen Population-II-Sterne im Halo der Milchstraße zeigen. Darüber hinaus haben unzählige Sterne geringere Kohlenstoffüberhäufigkeiten von [C/Fe] = 0,5 bis 1,0. Weiterhin steigt der Anteil dieser kohlenstoffreichen Sterne mit absteigender Metallizität an: Die Chance, dass einer der metallärmsten Sterne kohlenstoffreich ist, ist dementsprechend groß. Drei der vier bekannten metallärmsten Sterne mit den niedrigsten Eisenwerten sind vergleichsweise extrem kohlenstoffreich.

Eine wichtige Frage bleibt aber, wo dieser Kohlenstoff denn nun herkommt. Prinzipiell gibt es zwei Möglichkeiten. Entweder wurde er der Gaswolke zugesetzt, bevor die metallarmen Sterne gebildet werden konnten, oder der Stern erhielt den Kohlenstoff zu einem späteren Zeitpunkt von einem Begleitstern in einem Doppelstern-

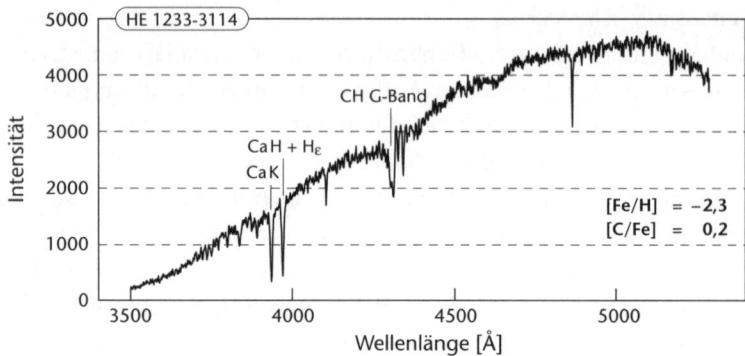

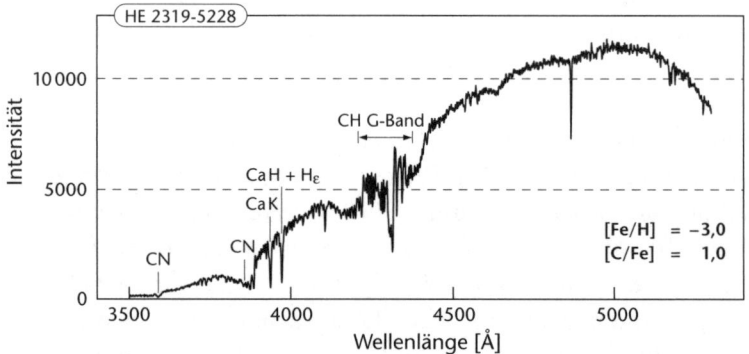

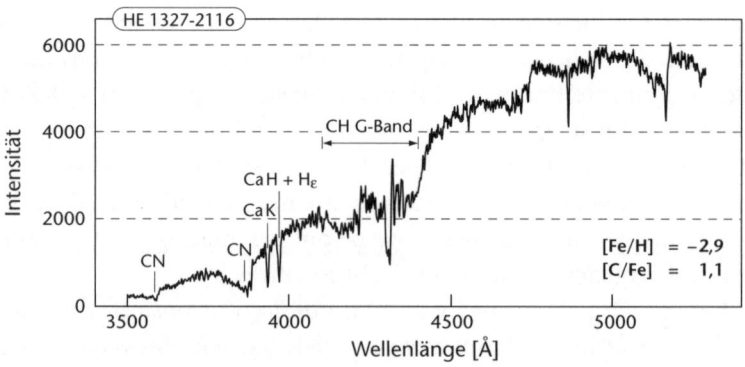

Abb. 9.1: Spektren mit einer mittleren Auflösung von Sternen mit verschiedenen Kohlenstoffhäufigkeiten. Die Spektren wurden mit dem 2,3 m-Teleskop am Siding Spring-Observatorium aufgenommen.

system durch Massentransfer. Wie in Kapitel 5 erläutert, erklärt die zweite Idee die Entstehung der kohlenstoffreichen s-Prozess-Sterne. Die Anreicherung der Geburtsgaswolke ist wahrscheinlich die beste Erklärung für die Gruppe von kohlenstoffreichen metallarmen Sternen, deren Elementhäufigkeitsmuster in allen Elementen außer Kohlenstoff dem eines ganz normalen Halomusters entspricht.

Im frühen Universum muss Kohlenstoff also viel in den Population-III-Sternen produziert worden sein. Der auffallende Kohlenstoffreichtum besonders unter den metallärmsten Sternen deutet auf eine spezielle Rolle des Kohlenstoffs im frühen Universum hin. Sicher ist, dass das Element mit seinen Kühlungseffekten einen wichtigen Beitrag zur Entstehung der ersten massearmen Sterne im Universum geliefert hat. Wenn auch die Details noch nicht ausreichend verstanden sind, ermöglichen uns die kohlenstoffreichen Sterne doch, viele Aspekte der Anreicherungsprozesse des interstellaren Mediums und generell der Kohlenstoffnukleosynthese in massereichen Sternen der frühesten Generationen zu studieren.

Der Ursprung der Kohlenstoffüberhäufigkeiten in Sternen mit [Fe/H] < −3,0 ist nach wie vor ein aktuelles Forschungsthema. Im Jahr 2005 nahm ich deswegen an einer Konferenz teil, bei der während der gesamten Woche nur über die Rolle von Kohlenstoff im frühen Universum diskutiert wurde.

Sterne mit besonderen [α/Fe]-Überhäufigkeiten
Einige Sterne zeigen ungewöhnlich hohe Magnesium- und Siliziumhäufigkeiten, die die normalen Halowerte von [α/Fe] = 0,4 weit überschreiten. Bemerkenswerterweise tritt dieses Verhalten meist in Kombination mit einer Kohlenstoffüberhäufigkeit auf. Diese Tatsache hilft sowohl die Kohlenstoffproduktion im Verhältnis zu anderen Elementen als auch die der einzelnen α-Elemente untereinander besser zu verstehen.

Sterne mit Überhäufigkeiten von Neutroneneinfangelementen
Eine Reihe von metallarmen Sternen mit [Fe/H] < −2,0 zeigt riesige Überhäufigkeiten an Neutroneneinfangelementen, die im r-Prozess oder im s-Prozess erzeugt wurden und in Kapitel 5 genauer beschrie-

ben wurden. Darüber hinaus gibt es Sterne, deren Neutronenein-fangelemente sowohl in einem r- als auch einem s-Prozess erzeugt wurden. Die Anreicherung, die diesen Sternen vorausging, ist dadurch besonders schwierig mit Modellrechnungen zu charakterisieren.

Einen Kohlenstoffreichtum gibt es gelegentlich auch bei diesen Sternen. Im Zusammenhang mit dem s-Prozess kann der Kohlenstoffreichtum einfach nachvollzogen werden: Wenn s-Prozess-Elemente in einem Riesenstern an die Oberfläche gespült werden, werden gleichzeitig auch größere Mengen an Kohlenstoff aus dem Inneren nach außen transportiert und dann an den Begleitstern übertragen. Taucht Kohlenstoff aber z. B. zusammen mit einer r-Prozess-Anreicherung auf, ist der Ursprung des Kohlenstoffs unklar und unerklärt. Die plausibelste Lösung ist, dass der Kohlenstoff von einem Stern der vorherigen Generation stammen muss, aber nicht unbedingt auch aus der Supernova, in der der r-Prozess ablief – ansonsten kann man die r-Prozess-Sterne ohne Kohlenstoffüberhäufigkeiten nicht erklären.

Sterne mit großen Bleihäufigkeiten
Eine Untergruppe der s-Prozess-Sterne hat als Merkmal besonders hohe Bleihäufigkeiten. In metallarmen Sternen läuft der s-Prozess direkt bis zu Blei durch, so dass dieses Endprodukt in ungewöhnlich großen Mengen von mehr als der hundertfachen Eisenhäufigkeit erzeugt wird (siehe auch Kapitel 5). Diese bleireichen Sterne müssen sich allerdings in engen Doppelsternsystemen befinden, denn das Blei muss im s-Prozess des etwas massereicheren Begleitsterns synthetisiert worden sein. Zu einem späteren Zeitpunkt wurde das s-prozessreiche Oberflächenmaterial dann an den anderen, masseärmeren Stern übertragen.

Diese Beispiele von Sterngruppen mit überhäufigen Elementen illustrieren die chemische Vielfalt des frühen Universums und das Zusammenspiel der vielen Nukleosyntheseprozesse. Bisher kennen wir meist nur wenige Exemplare jeder Gruppe, aber im Lauf der Zeit werden sicher noch weitere solcher Ausnahme-Sterne, aber auch neue chemische Gruppen entdeckt werden. Letztendlich helfen alle Sterne das riesige Puzzle zu lösen, wie die Nukleosynthese der chemischen Elemente und die Beobachtungen metallarmer Sterne miteinander in Einklang zu bringen sind. Diese Aufgabe wird die Astronomen noch eine ganze Weile beschäftigen. Hoffentlich können die Häufigkeitsmuster dann irgendwann alle genau ihren Nukleosyntheseprozessen und astrophysikalischen Entstehungsorten zugeordnet werden.

9.3. Die eisenärmsten Sterne

Die Sterne mit den geringsten Metallizitäten weisen die größte Vielfalt an ungewöhnlichen Elementhäufigkeiten auf. Die zwei eisenärmsten Sterne sind dabei die besten Beispiele. Aber zunächst sollte die Frage beantwortet werden, warum diese Sterne als die eisenärmsten und nicht als die metallärmsten bezeichnet werden. Dazu schauen wir uns HE 0107–5240 und HE 1327–2326 etwas genauer an.

HE 0107–5240 ist ein Roter Riesenstern mit einer Eisenhäufigkeit von $[Fe/H] = -5,2$, was einem 1/150 000stel der solaren Eisenhäufigkeit entspricht. HE 1327–2326 hat hingegen die Hauptreihe gerade erst verlassen und befindet sich in seiner Entwicklung noch in der Nähe des Turn-off-Punktes. Er hat eine Eisenhäufigkeit von $[Fe/H] = -5,4$, also nur ein 1/250000stel der Eisenhäufigkeit der Sonne. In der Atmosphäre von HE 1327–2326 kommen so auf jedes Eisenatom mehr als zehn Milliarden Wasserstoffatome. Insgesamt enthält dieser Stern damit insgesamt hundertmal *weniger* Eisen als der Eisenkern im Inneren der Erde. Das ist ziemlich wenig angesichts dessen, dass der Stern ja etwa 300 000 Mal schwerer als die Erde ist.

Geht man wie üblich davon aus, dass die Eisenhäufigkeit mit der Metallizität eines Sterns gleichzusetzen ist, müssten diese beiden Sterne die bei weitem metallärmsten sein. Was wir aber durch die Entdeckungen dieser Sterne gelernt haben, ist, dass die meisten Elemente in diesen Sternen nicht dem Eisen folgen: Tatsächlich zeigen die beiden eisenärmsten Sterne die größten bisher gemessenen Verhältnisse von Kohlenstoff-, Stickstoff- und Sauerstoff-zu-Eisen sowie relativ große Werte für Natrium-, Magnesium-, Kalzium- und Titan-zu-Eisen. Wenn man also die Häufigkeiten aller Elemente zusammenzählt, werden diese beiden Sterne zur Ausnahme der Regel: Sie sind im Schnitt wesentlich metallreicher als die Metallizität, die die Eisenhäufigkeit vorschlägt. Die generelle Regel »Eisenhäufigkeit = Metallizität« bricht hier also zusammen. Bisher ist dieser Fall aber nur bei Sternen mit $[Fe/H] < -5,0$ so deutlich aufgetreten. Der weiteren Entdeckung von Sternen mit $[Fe/H] < -5,0$ wird deshalb schon entgegengefiebert, denn die Antwort auf die Frage, ob ihre Eisenhäufigkeit auch die Gesamtmetallizität widerspiegeln wird, ist für unser Verständnis der Entstehung der ersten massearmen Sterne im Universum von weitreichender Bedeutung.

Diese enormen Überhäufigkeiten von Kohlenstoff, Stickstoff und Sauerstoff sollten aber noch etwas näher betrachtet werden. Der Einfachheit halber benutzen wir die Werte von HE 1327–2326, die noch etwas ausgeprägter als die von HE 0107–5240 sind. HE 1327–2326 hat etwa 2500 Mal mehr Kohlenstoff als Eisen und 5600 Mal mehr Stickstoff als Eisen. Sauerstoff existiert immerhin noch 630 Mal häufiger. Der Ursprung dieser Überhäufigkeiten ist immer noch nicht eindeutig verstanden. Dennoch liefern Modelle zur Sternentwicklung und Supernova-Nukleosynthese plausible Erklärungen zur Produktion der CNO-Elemente in den ersten Sternen.

Wie sieht es mit den anderen Elementen aus? Lithium wird beim Aufblähen zum Roten Riesen in tieferen Schichten im Stern selbst wieder zerstört (siehe auch Kapitel 9.4), so dass es in Sternen wie HE 0107–5240 nicht mehr in messbaren Mengen vorhanden ist. Da HE 1327–2326 sich noch vor der Roten-Riesen-Phase befindet, wurde angenommen, dass Lithium in diesem Stern detektierbar sei. Mit seiner niedrigen Eisenhäufigkeit wäre HE 1327–2326 der ideale Kandidat, um eine Messung des primordialen Lithiumwerts zu erhalten. Zur großen Überraschung konnte die Doppellinie des Lithiums im Spektrum aber nicht detektiert werden. In diesem Fall war also keine ungewöhnliche Überhäufigkeit eines Elements gefunden worden, sondern ein großes Defizit. Eine überzeugende Erklärung für das Fehlen von Lithium in diesem Stern hat es bisher nicht gegeben. Es bleibt also spannend – in diesem Sinne ist es interessant, dass inzwischen ein weiterer Stern, SDSS J102915+172927, mit [Fe/H] = −4,8 gefunden wurde, der entgegen allen Erwartungen auch kein detektierbares Lithium zeigt. Wenigstens kann nun spekuliert werden, dass Lithium in den eisenärmsten Sternen vielleicht durch ganz besondere Prozesse im Sterninneren schon vor der Riesenastphase zerstört wird.

Schließlich enthält HE 1327−2326 überraschenderweise das Neutroneneinfangelement Strontium. Es ist in 15 Mal größerer Menge als Eisen anzufinden. Woher eine so große Menge Strontium stammt, ist bislang ungeklärt. Eine spezielle Art von Supernovae war wahrscheinlich vonnöten, die eventuell nur im frühen Universum auftrat. In HE 0107−5240 konnte im Vergleich dazu kein Strontium gemessen werden, woraus geschlossen werden kann, dass dessen Häufigkeit in diesem Stern wesentlich geringer sein muss.

Neben den zwei Sternen mit [Fe/H] < −5,0 wissen wir inzwischen von noch zwei weiteren Sternen mit [Fe/H] = −4,8. Wie sehen nun deren Häufigkeiten aus? Haben sie auch so wilde, individuelle Elementmuster, die andeuten, dass die chemische Entwicklung noch in den Kinderschuhen steckte und noch nicht ihren normalen Verlauf genommen hatte? Die Antwort ist ja und nein. Denn einer dieser Sterne, HE 0557−4840, ist HE 1327−2326 und HE 0107−5240 zumindest mit seiner Kohlenstoffüberhäufigkeit sehr ähnlich. Ansonsten ist er aber weniger auffällig, und die meisten anderen Elementhäufigkeitsverhältnisse gleichen denen der Sterne mit [Fe/H] > −4,0. Der andere Stern, SDSS J102915+172927, weist hingegen Häufigkeitsverhältnisse auf wie jeder andere normale metallarme Stern. Auf den ersten Blick ist dies ziemlich langweilig, die Schlussfolgerung ist aber interessant: Zwischen [Fe/H] = −5,0 und −4,5 muss ein Übergang zu den normaleren Häufigkeitsverhältnissen stattgefunden haben, der den Übergang von der zweiten zu den folgenden Sterngenerationen andeutet.

Sterne mit höheren Metallizitäten haben meist das reguläre Halostern-Muster, wenn es auch offensichtlich Sonderfälle gibt, wie in Kapitel 9.2 beschrieben wird. Unter den Sternen mit den niedrigsten

Eisenwerten gibt es bisher keine Normalfälle, sondern nur Ausnahmen. Anders gesagt, die metallärmsten Sterne lehren uns, dass das ganz frühe Universum noch inhomogen war und sich wohl noch in einem wenig durchmischten Zustand befand. Deswegen wurden HE 0107–5240 und HE 1327–2326 sofort nach ihren Entdeckungen zu begehrten Testobjekten. Sie eignen sich hervorragend, um Theorien zur Stern- und Galaxienentwicklung zu überprüfen und Antworten auf viele kosmologische Fragestellungen zu finden.

Aus der Tatsache ihrer Existenz ergibt sich weiterhin sofort die wichtigste Frage der Stellaren Archäologie: Können diese Ausnahme-Häufigkeitsmuster auf die chemische Anreicherung der Geburtswolke zurückgeführt werden, die durch nur einen einzigen der ersten Population-III-Sterne verursacht wurde? Um die Herkunft dieser außergewöhnlichen Muster zu erklären, wurden verschiedene Modelle für die Supernovaexplosionen von Population-III-Sternen entwickelt. So können die Nukleosyntheseprodukte abgeschätzt werden, die für die beobachteten Häufigkeitsmuster verantwortlich gemacht werden. Ziel ist es dabei vor allem, die beobachteten unterschiedlichen Werte für Eisen und Kohlenstoff in den beiden Sternen mit den Modellen zu reproduzieren. Denn so große Mengen Kohlenstoff und gleichzeitig so wenig Eisen herzustellen stellt sich als eine große Herausforderung heraus.

Dennoch gelang der Durchbruch mit einer neuen Idee für einen explodierenden Population-III-Stern mit 25 Sonnenmassen. In diesem Szenario werden die neu synthetisierten Elemente während der Supernova nicht kräftig genug ins interstellare Medium hinausgestoßen. Dies hat zur Folge, dass einige Anteile der neu synthetisierten Metalle, insbesondere Eisen, wieder auf den kollabierenden Sternkern zurückfallen und dabei vom neu entstandenen Schwarzen Loch sofort verschluckt werden. So kann erreicht werden, dass nur kleinste Anteile von Eisen die Umgebung anreichern, während andere Elemente, wie z. B. Kohlenstoff, in sehr viel größeren Mengen auftauchen. Der Vergleich der Sternhäufigkeiten von HE 0107–5240 und HE 1327–2326 mit den Vorhersagen zur Supernovanukleosynthese eines Population-III-Sterns ist in Abbildung 9.2 gezeigt. Die gute Übereinstimmung deutet darauf hin, dass die Gaswolken, aus denen HE 0107–5240 und HE 1327–2326 entstanden, tatsächlich jeweils von nur einem einzigen ersten Stern angereichert wurden.

Andere Ideen zur Kohlenstoffüberhäufigkeit besonders von HE 1327–2326 befassen sich mit schnell rotierenden Population-III-Sternen von 60 Sonnenmassen, die durch enormen Massenverlust schon vor ihrer Explosion viel Kohlenstoff und auch Stickstoff und Sauerstoff in das interstellare Medium abgeben können.

Diese Methode des Vergleichens der theoretischen und beobachteten Elementhäufigkeiten ist die einzige Art und Weise, etwas über die ersten Schritte der chemischen Entwicklung zu erfahren und deren früheste Stadien nachzuvollziehen. Es ist eine Herausforderung, diese seltenen Sterne zu finden, die eventuell tatsächlich überlebende Sterne der zweiten Generation im Universum sind. Aber der Gewinn für unser Verständnis des frühen Universums und der ersten Sterngeneration ist enorm.

Die Häufigkeitsmuster der Sterne mit Metallizitäten von $[Fe/H]$ = $-4,0$ mit ihren typischen Halohäufigkeiten können dagegen *nicht* mit nur einem einzigen Vorgängerstern erklärt werden. Um diese Häufigkeitsmuster zu reproduzieren, braucht es die gemittelten Werte der Nukleosyntheseprodukte mehrerer Supernovae. Denn erst mit einer größeren Anzahl von Supernovae mitteln sich die Variationen der individuellen Nukleosyntheseprodukte zu einer einheitlichen Mischung. Seither ist die chemische Entwicklung des Universums also in vollem Gang.

9.4. Die chemische Entwicklung des Universums

Die chemische Entwicklung im Universum begann kurz nach dem Urknall und dauert bis heute an. Mit Hilfe von Sternen mit verschiedenen Metallizitäten in der Milchstraße und verschiedener Zwerggalaxien können die unzähligen Vorgänge, die an dieser Entwicklung beteiligt sind, rekonstruiert werden. Die metallärmsten Sterne erzählen über die frühesten und die metallreicheren Sterne über die späteren Entwicklungsphasen. Man kann sich die Metallizität $[Fe/H]$

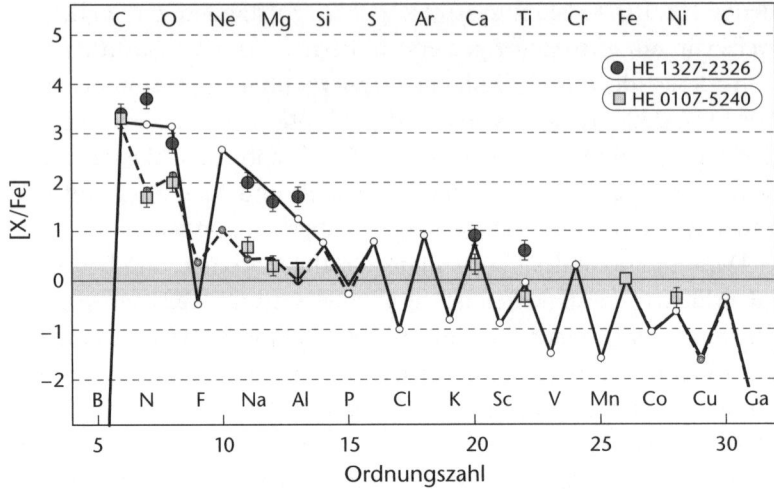

Abb. 9.2: Elementhäufigkeiten von HE 1327–2326 und HE 0107–5240 (Kreise und Vierecke). Die gestrichelten Linien geben die jeweils bestmöglich passenden Häufigkeiten an, die mit dem Nukleosynthesemodell einer 25 Sonnenmassen großen Kern-Kollaps-Supernova berechnet wurden, bei der nicht alles Material in das interstellare Medium herausgestoßen werden konnte. Die gepunktete Linie zeigt die solaren Häufigkeitsverhältnisse zum Vergleich. Die Pfeile deuten obere Grenzen für die beobachteten Elementhäufigkeiten an.

also als ein Maß für die verstrichene Zeit nach dem Urknall vorstellen. Um die Produktion der Elemente und der beobachteten Häufigkeitstrends zu verstehen, müssen wir die Nukleosyntheseprozesse, die für die Entwicklung der jeweiligen Elemente verantwortlich sind, noch etwas genauer betrachten.

In den folgenden Abbildungen zeigt die horizontale Achse die Sternmetallizität, so dass die Trends der verschiedenen Elemente dann zeitlich verfolgt werden können. Stellare Eisenhäufigkeiten dienen also nicht nur der Beschreibung der gesamten Metallhäufigkeit eines Sterns. Sie sagen auch etwas aus über die Zeitskalen der Anreicherung des Gases, aus dem sich über viele Milliarden Jahre hinweg nach und nach neue Sterne bildeten. Es ist also die Interpretation der Häufigkeitsmuster von metallarmen Sternen im Halo, kombiniert mit denen der Zwerggalaxiensterne, die umfassende Einsichten in die Details dieser komplexen Entwicklung sowohl in den einzelnen Galaxien wie auch im gesamten Universum liefert.

Im Folgenden werden die wichtigsten Elemente und Elementgruppen und deren Entwicklung über die ersten 4–5 Milliarden Jahre im Universum zusammengefasst.

Helium

Helium ist das zweithäufigste Element im Universum, aber kein Metall im astronomischen Sinne. Leider gibt es keine spektroskopischen Messungen von Helium in metallarmen Sternen, die die zeitliche Entwicklung von Helium mitverfolgen könnten. Helium-Absorptionslinien tauchen aus atomphysikalischen Gründen nur in Spektren von Sternen auf, die heißer als ~7000 Grad Kelvin sind. Solche heißen Sterne haben schon unzählige Mischungsprozesse hinter sich, so dass ihre Oberflächenkomposition mehrmals verändert wurde. Dies verhindert eine Heliummessung der Gaswolke, aus der der Stern gebildet wurde. Einzig und allein chromosphärische He-Linien sind auch in kühleren Sternen messbar. Die Bestimmung einer He-Häufigkeit ist aber aus verschiedensten Gründen sehr kompliziert, wenn nicht überhaupt unmöglich.

Dennoch ist die Entwicklung dieses Elements interessant, da Helium ständig in Sternen synthetisiert und durch Planetarische Nebel und Supernovaexplosionen ins All geschleudert wird. Die beste Möglichkeit, die primordiale Heliumhäufigkeit zu messen, basiert auf Spektren von hochrotverschobenen dünnen interstellaren Wolken. Der mögliche Bereich von Heliumhäufigkeiten liegt hier bei 23,2 % bis 25,8 % mit dem momentan besten Wert von 24,9 %.

Lithium

Lithium ist ein wichtiges, aber schwer erfassbares Element. Obwohl es in metallarmen Sternen gemessen werden kann, ist die Entwicklung im frühen Universum unklar und wird kontrovers diskutiert. Da Lithium im Sterninneren durch Protoneneinfang sehr leicht in andere Elemente umgewandelt werden kann, ist die stellare Produktionsrate von Lithium kosmisch gesehen eher mager. Dementsprechend kann man bei Lithium nicht wirklich von einer chemischen Entwicklung sprechen. Man nimmt daher an, dass jegliches Lithium im Universum aus dem Urknall stammt, so auch das terrestrische Lithium. Südamerika besitzt die größten abbaubaren Lithiumvorkommen in Form von Gestein und Tonerden, die Lithium enthalten, aber auch Meerwasser enthält Lithium. Ohne Lithium aus dem Urknall gäbe es wohl keine leichten und trotzdem leistungsstarken Batterien. Auch bei diversen Anwendungen in industriellen Bereichen würde uns Lithium fehlen.

Mit metallarmen Sternen lässt sich untersuchen, wie sich dieses Element im frühen Universum verhielt. Das in den metallarmen Sternen gemessene Lithium muss ja auf die primordiale Lithiumproduktion zurückgehen. So wurde schon in den 1980er Jahren herausgefunden, dass Lithium immer einen bestimmten Wert in metallarmen Sternen hat. Dieser ist allerdings 2,5 Mal geringer als in den Berechnungen zum primordialen Lithium, die mit Hilfe der Daten des WMAP-Satelliten zur Anisotropie der kosmischen Hintergrundstrahlung in Kombination mit den Vorhersagen zur Elementnukleosynthese während des Urknalls erstellt werden können.

Da der primordiale Lithiumwert sehr genau bestimmt werden konnte, wird heute davon ausgegangen, dass die Lithiummessungen der metallarmen Sterne nicht direkt die primordiale Lithiumhäufigkeit widerspiegeln. Allerdings ist nach wie vor weitgehend unklar, warum die metallarmen Sterne so viel niedrigere Werte haben. Eine Erklärung für diese Diskrepanz kann in Zukunft hoffentlich ein besseres Verständnis dafür liefern, wie die Existenz von Sternen und Galaxien den Lithiumanteil im Universum beeinflusst.

Kohlenstoff, Stickstoff und Sauerstoff

Kohlenstoff, Stickstoff und Sauerstoff werden sowohl während der Sternentwicklung als auch in Supernovaexplosionen massereicher Sterne im All verbreitet. Wie in Kapitel 3 ausgeführt, werden die Kohlenstoffatome zunächst im sogenannten 3α-Prozess in fortgeschrittenen Stadien der Sternentwicklung in Roten Riesen synthetisiert. Sauerstoff wird parallel zu Kohlenstoff im α-Prozess produziert, wobei ein weiteres α-Teilchen in den Kohlenstoffkern eingebaut wird. Sauerstoff kann also als α-Element angesehen werden. Häufigkeitsanalysen von metallarmen Sternen haben ergeben, dass sich Sauerstoff in seiner zeitlichen Entwicklung tatsächlich wie andere α-Elemente verhält. Stickstoff wird hingegen im Kohlenstoff-(Stickstoff-Sauerstoff-)Zyklus erzeugt.

Die Produktion von Kohlenstoff und Stickstoff kann durch schnelle Rotation und der daraus folgenden Durchmischung des Sterns noch erhöht werden. Die Sternmasse spielt zusätzlich eine Rolle. So ist es nicht verwunderlich, dass die massereichen rotierenden Population-III-Sterne schon zu Frühzeiten sehr wahrscheinlich große Mengen an Kohlenstoff erzeugten. Zu späteren Zeiten wurden dann die etwas masseärmeren Sterne mit 3 bis 8 Sonnenmassen zu den Hauptproduzenten. In großer Zahl vorhanden, versorgen diese Sterne heutzutage durch ihre starken Sternwinde während ihrer asymptotischen Riesenastphase das interstellare Medium mit Kohlenstoff und anderen Elementen.

Die Entwicklung von Kohlenstoff kann in Abbildung 9.3 gesehen werden. Die ansteigenden Sternmetallizitäten bilden die horizontale Achse. Auf der vertikalen Achse tragen Astronomen das Verhältnis eines Elements im Vergleich zu Eisen auf, wie z. B. [C/Fe]. Somit kann leicht erkannt werden, ob ein Stern vom halotypischen Elementmuster abweicht. Denn Halosterne haben z. B. ein Kohlenstoff-zu-Eisen-Verhältnis um null herum, also [C/Fe] ~ 0. In der Abbildung werden nur metallarme Sterne mit [Fe/H] < −1,7 gezeigt, und die gepunktete Linie deutet das solare [C/Fe]-Verhältnis als Referenz an. Die hohen [C/Fe]-Werte der metallärmsten Sterne sind deutlich zu erkennen und auch die relativ große Zahl der Sterne unterhalb von [Fe/H] < −3,0 mit höheren Kohlenstoffhäufigkeiten. Gewöhnliche Halosterne haben [C/Fe]-Werte etwa zwischen −0,6 und +0,6. Die s-Prozess-Sterne sowie Sterne mit s-und r-Prozess-Anreicherungen sind mit unterschiedlichen Symbolen gekennzeichnet. Sie erhielten ihren Kohlenstoff von ihren Begleitern, und man kann sehen, dass diese Sterne sich von den anderen deutlich absetzen. Die r-Prozess-Sterne sind nicht weiter gekennzeichnet, da sie mit einer Ausnahme alle ähnliche Kohlenstoffhäufigkeiten wie normale Halosterne besitzen.

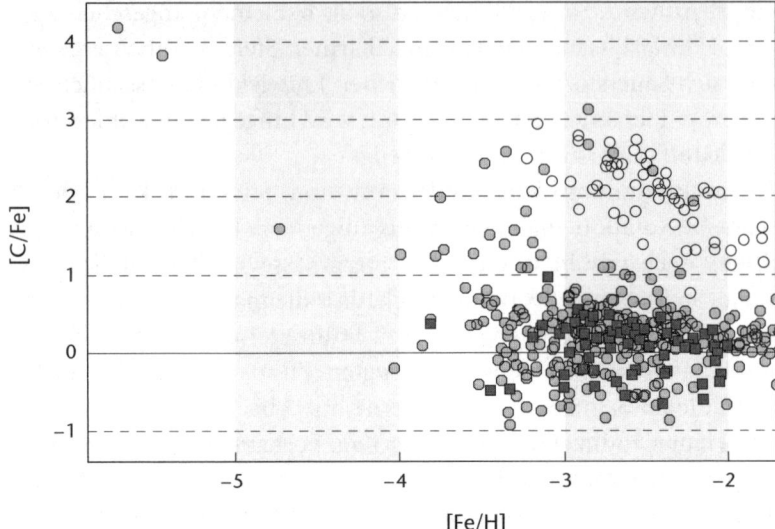

Abb. 9.3: Kohlenstoffhäufigkeiten [C/Fe] für Sterne mit verschiedenen [Fe/H]-Metallizitäten (gefüllte Kreise). Offene Kreise bezeichnen die kohlenstoffreichen s-Prozess-Sterne sowie Sterne mit s- und r-Prozess-Anreicherungen. Die r-Prozess-Sterne unterscheiden sich in ihren Kohlenstoffhäufigkeiten nicht von den restlichen Sternen. Sie sind als Vierecke dargestellt. Die gestrichelte Linie gibt das solare [C/Fe] zum Vergleich an.

Selbst wenn wir nichts über die Nukleosyntheseprozesse wüssten, würde uns der Anblick von Abbildung 9.3 schon eine wichtige Sache verraten: Kohlenstoff wurde auf viele verschiedene Weisen und in mehreren Arten von Sternen im frühen Universum erzeugt. Ansonsten wäre eine solche Vielfalt von [C/Fe] in metallarmen Sternen nicht anzutreffen.

Ein ähnliches Bild beginnt sich für einige der Zwerggalaxien abzuzeichnen. Obwohl bisher nur etwa 10 Sterne mit [Fe/H] < −3,0 in verschiedenen Zwergen beobachtet wurden, ist schon ein extrem kohlenstoffreicher Stern mit [Fe/H] = −3,7 gefunden worden. Extrem metallarme, kohlenstoffreiche Sterne kommen also nicht nur im galaktischen Halo vor. Sie sind deswegen wahrscheinlich ein generelles Anzeichen für die frühen Phasen einer chemischen Entwicklung im Universum.

α-Elemente

Die α-Elemente, also Magnesium, Kalzium, Silizium und Titan, sind aus einem Vielfachen von Heliumkernen zusammengesetzt. Sie werden während verschiedener Brennphasen in massereichen Sternen synthetisiert. Wie Modellrechnungen zur Nukleosynthese bestätigten, werden die α-Elemente und Eisen in einem ganz bestimmten Verhältnis von [α/Fe]~ 0,4 zueinander hergestellt. Kern-Kollaps-Supernovaexplosionen schleudern die Elemente dann ins All. α-Elemente können in hochaufgelösten Spektren in jedem Stern problemlos gemessen werden, da diese Elemente auch in metallarmen Sternen noch relativ starke Linien zeigen.

Häufigkeitsanalysen haben schon vor langer Zeit ergeben, dass die Mehrheit aller metallarmen Sterne mit [Fe/H] < −1,5 höhere α-Elementhäufigkeitsverhältnisse als die Sonne haben. Abbildung 9.4 illustriert dieses Verhalten. Sterne mit [Fe/H] < −1,5 haben die kernkollaps-typischen [α/Fe]-Werte, die bei etwa ~0,4 liegen. Im Vergleich dazu haben Sterne mit höheren Metallizitäten stückweise niedrigere [α/Fe]-Verhältnisse, während Sterne mit solaren Metallizitäten auch solare α-Elementhäufigkeiten aufzeigen, also [α/Fe]= 0.

Wie kann dieses Verhalten erklärt werden? Die zeitliche Entwicklung des [α/Fe]-Verhältnisses ist eines der besten Beispiele für die chemische Entwicklung und das Zusammenspiel von verschiedenen Nukleosyntheseprozessen und -orten sowie unterschiedlichen Anreicherungszeitskalen.

Die chemische Entwicklung des frühen Universums wurde ausschließlich von kurzlebigen massereichen Sternen und ihren Kern-Kollaps-Supernovaexplosionen vorangetrieben. Die metallarmen Sterne mit ihren [α/Fe] ~ 0,4-Werten reflektieren genau diesen frühen Zeitraum. Sterne mit geringeren Massen waren hingegen aufgrund ihrer längeren Lebenszeiten zu dieser Zeit noch mitten in ihrer Entwicklung. Erst nach etwa einer Milliarde Jahren waren die ersten masseärmeren Sterne zu Weißen Zwergen geworden. Wenn diese Weißen Zwerge einem Doppelsternsystem angehörten und von ihren Begleitern Materie zu ihnen überströmte, explodierten sie schließlich als Typ Ia-Supernova. Da es im Universum seit dieser Zeit viel mehr masseärmere als massereichere Sterne gibt, veränderten

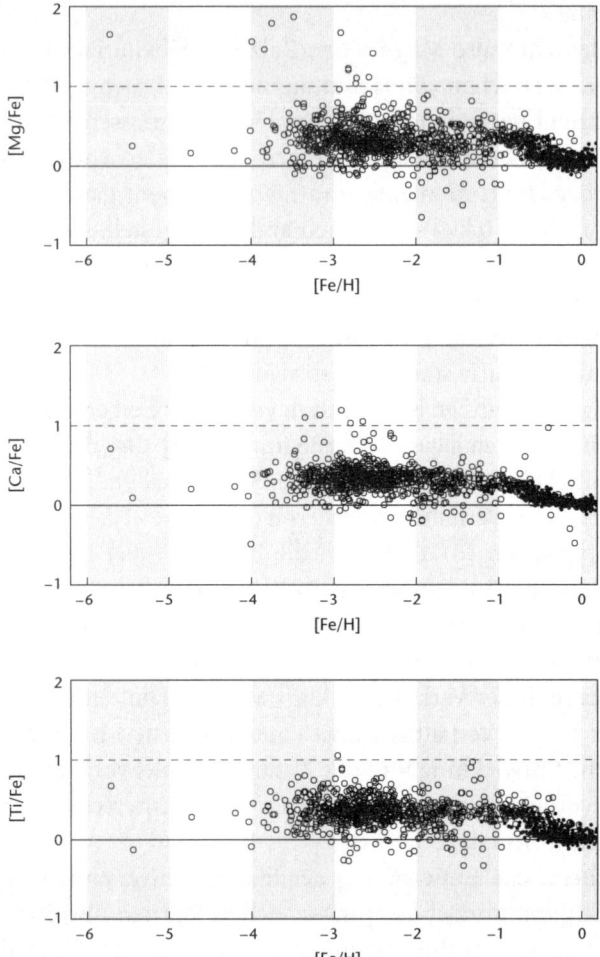

Abb. 9.4: Häufigkeitsverhältnisse der α-Elemente [Mg/Fe] (Magnesium), [Ca/Fe] (Kalzium) und [Ti/Fe] (Titan) für Halosterne mit verschiedenen [Fe/H]-Metallizitäten (offene Kreise). Zum Vergleich sind metallreichere Scheibensterne als kleine gefüllte Kreise mit eingezeichnet. Bei etwa [Fe/H]~ −1,0 beginnen alle drei Elementverhältnisse von [α/Fe] ~0,4 abzusinken und auf den solaren Wert hinzulaufen (gestrichelte Linie). Diese Veränderung geht auf den Beginn der Supernovaexplosionen vom Typ Ia zurück, da bei diesen Explosionen vermehrt Eisen und keine α-Elemente produziert werden. Bei [Fe/H] ~ −0,0 ist die chemische Entwicklung dann etwa beim solaren Verhältnis von [α/Fe] angekommen.

die Typ Ia-Explosionen den Verlauf der chemischen Entwicklung. Diese Supernovae erzeugen hauptsächlich Kohlenstoff, Sauerstoff und Eisengruppenelemente, aber keine α-Elemente. Dies bedeutet, dass mit dem Beginn der Explosionen der Weißen Zwerge die Eisenproduktion deutlich anstieg. Genau diesen Umbruch können wir in den Häufigkeiten der α-zu-Eisen-Verhältnisse in Sternen mit verschiedenen Metallizitäten sehen. Die α-Elemente wurden weiterhin von den massereichen Sternen produziert, Eisen aber wurde ab diesem Zeitpunkt sowohl von den vielen massereichen Supernovaexplosionen wie auch von den massearmen explodierenden Weißen Zwergen erzeugt.

Der Anstieg der Eisenproduktion verringerte somit die Werte von [α/Fe] in den Gaswolken, aus denen weitere Generationen von Sternen geboren wurden. Der daraus resultierende Übergang bei [Fe/H] $\sim -1{,}5$ von den »frühen«, hohen [α/Fe]-Werten in den metallarmen Sternen zu niedrigeren Werten in weniger metallarmen Sternen in späteren Zeiten spiegelt diese Entwicklung wider. Jüngere Sterne mit solaren Metallizitäten haben dementsprechend dann endlich den solaren [α/Fe]-Wert erreicht.

Natürlich gibt es auch einige Ausnahmen. Immer wieder tauchen einzelne metallarme Sterne auf, die z. B. extrem hohe Magnesiumhäufigkeiten aufzeigen. Dies geht wahrscheinlich auf ungewöhnliche Arten von Supernovae zurück, die die Gaswolke vor der Geburt des metallarmen Sterns in besonderer Weise anreicherten. Dann wiederum gibt es metallarme Sterne, die geringere α-zu-Eisen-Häufigkeiten als ein typischer Halostern aufweisen. Solche Sterne sind vereinzelt in der Milchstraße anzutreffen, aber die meisten befinden sich in Zwerggalaxien.

Zwerggalaxien durchlaufen genau wie die Milchstraße eine chemische Entwicklung. Da die kleinen Zwerggalaxien aber weniger Gas für Sternentstehung zur Verfügung haben, läuft ihre gesamte Entwicklung langsamer ab. Dennoch fangen auch in einer solchen Galaxie die Weißen Zwerge, die sich in Doppelsternsystemen befinden, nach etwa einer Milliarde Jahren an zu explodieren. Denn die Sternentwicklung verläuft unabhängig von der Entwicklung der Galaxie, in der sich ein Stern befindet. Zu diesem Zeitpunkt, also nach einer

Milliarde Jahren, hatten die Zwerggalaxien noch eine geringere »Gesamtmetallizität« als die Milchstraße, da die chemische Entwicklung noch nicht so weit fortgeschritten war. Die länger dauernde Anreicherungszeit in den Zwerggalaxien hat zur Folge, dass der Übergang von den erhöhten α-zu-Eisen-Werten zu niedrigeren Verhältnissen bei geringeren Werten als dem Wert der Milchstraße von $[Fe/H] = -1,5$ stattfindet.

Der genaue Übergangswert hängt von der Galaxie ab und ist oft nur schwer oder gar nicht bestimmbar. Sterne mit Werten zwischen $[Fe/H] = -2,0$ und $[Fe/H] = -2,5$ sind gute Kandidaten für solche Messungen. Neuere Studien haben inzwischen gezeigt, dass Zwerggalaxiensterne mit $[Fe/H] \sim -3,0$ und niedrigeren Metallizitäten auch die halotypischen, erhöhten $[\alpha/Fe]$-Verhältnisse aufweisen. Die chemische Entwicklung läuft also besonders in der Frühzeit einer Galaxie mit Hilfe der Kern-Kollaps-Supernovae überall ähnlich ab, schreitet aber dann aber mit unterschiedlichem Tempo voran. Die kleinen Galaxien brauchen für die großangelegte Elementproduktion länger als die großen.

Eisengruppenelemente
Die Elemente der Eisengruppe, nämlich Vanadium, Chrom, Mangan, Eisen, Kobalt, Nickel, Kupfer und Zink mit Ordnungszahlen von 23 bis 30, werden in massereichen Sternen synthetisiert. Dies geschieht in den letzten Brennphasen der Sternentwicklung wie z. B. dem Siliziumbrennen und zusätzlich während der Supernovaexplosionen in vielen verschiedenartigen Nukleosyntheseprozessen, die in der Region um die Schockwelle stattfinden.

In Abbildung 9.5 werden die Häufigkeiten von Kobalt und Nickel gezeigt. Die gepunktete Linie deutet das solare Elementverhältnis als Referenz an. Die Kobalt-zu-Eisen-Häufigkeiten sind in den metallärmeren Sternen mit $[Fe/H] \sim -3,5$ im Mittel erhöht ($[Co/Fe] \sim +0,5$). Mit zunehmender Metallizität verringert sich $[Co/Fe]$ langsam und erreicht den solaren Wert bei etwa $[Fe/H] \sim -2,0$. Zink zeigt das gleiche Verhalten. Die Elemente wurden also im Vergleich zu Eisen und zur heutigen Zeit im frühen Universum häufiger synthetisiert. Chrom und Mangan hingegen zeigen ein umgekehrtes Verhalten.

Die metallärmsten Sterne haben die niedrigsten [Cr/Fe]- und [Mn/Fe]-Häufigkeiten. Der solare Wert wird erst bei [Fe/H] ~ −1,0 erreicht. Dies bedeutet, dass im Vergleich zu Eisen und zu heute weniger Chrom und Mangan im frühen Universum erzeugt wurden. Nickel und auch Scandium zeigen wiederum ein anderes Verhalten. Bei allen Metallizitäten bleibt das [Ni/Fe]- und das [Sc/Fe]-Verhältnis gleich und ungefähr auf dem solaren Wert. Die metallarmen Sterne der Zwerggalaxien zeigen das gleiche Verhalten und unterscheiden sich in keiner Weise von den Halosternen der Milchstraße.

Trotz dieser unterschiedlichen Entwicklungen zeigt sich, dass die Häufigkeitstrends der Eisengruppenelemente wohldefiniert sind und es kaum Ausnahmen gibt. Weiterhin kann man ablesen, dass die Elemente, die das gleiche Verhalten aufweisen, wahrscheinlich im gleichen Nukleosyntheseprozess erzeugt wurden. Für die Elemente wie Scandium und Nickel kann weiterhin gesagt werden, dass sie womöglich schon im frühen Universum durch genau die gleichen Prozesse wie heute synthetisiert wurden. Dennoch sind diese unterschiedlichen Verhaltensweisen unerwartet und nicht genau verstanden. Mit verschiedenen Modellen zu unterschiedlichen Supernovaeigenschaften wie z. B. der Explosionsenergie wurde schon versucht, diese Unterschiede zu erklären – bislang allerdings ohne großen Erfolg.

Neutroneneinfangelemente

Elemente, die schwerer als Zink sind, kommen im Universum im Vergleich zu den leichteren Elementen nur als Spuren vor: Sie sind ca. eine Million Mal seltener als z. B. Eisen. Wie in Kapitel 5 ausführlich beschrieben wird, werden kleine Mengen dieser schweren Elemente in verschiedenen Prozessen durch den Einfang von Neutronen Stück für Stück aufgebaut. Der r-Prozess läuft dabei sehr wahrscheinlich in Kern-Kollaps-Supernovaexplosionen ab, während der s-Prozess in weitentwickelten Riesensternen mit ~3 bis 8 Sonnenmassen vor sich geht.

Unabhängig von ihren Mengen spielen aber alle Elemente ihre Rolle in der chemischen Entwicklung einer Galaxie. Jedes Element spiegelt in einzigartiger Weise das feine Zusammenspiel aller astro-

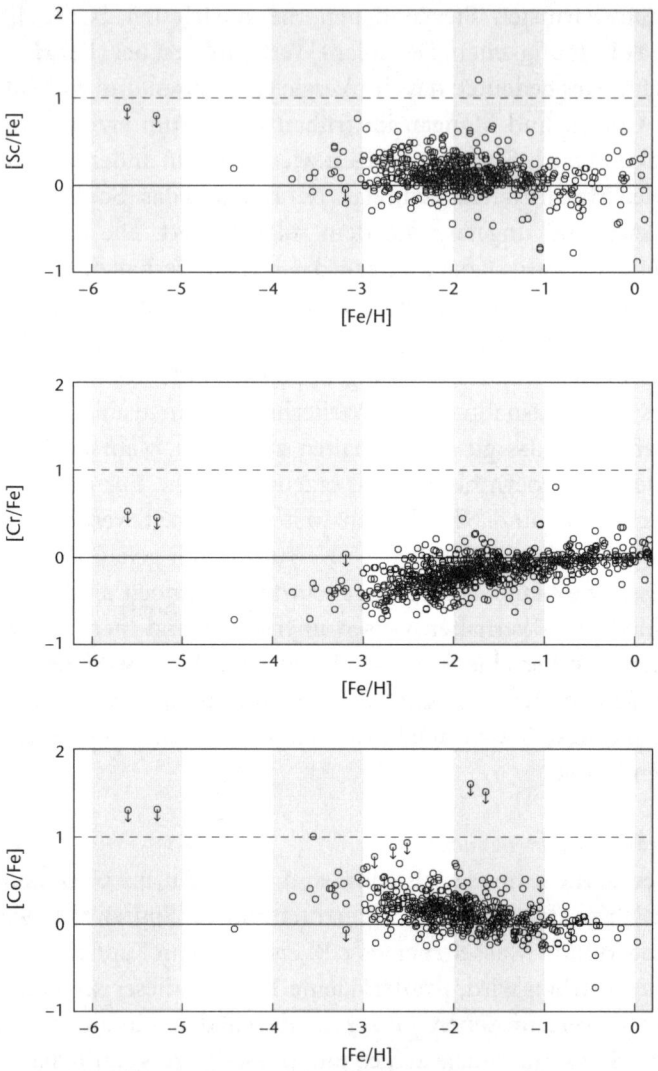

Abb. 9.5: Häufigkeitsverhältnisse der Eisengruppen-Elemente [Sc/Fe] (Scandium), [Cr/Fe] (Chrom) und [Co/Fe] (Kobalt) für Halosterne mit verschiedenen [Fe/H]-Metallizitäten (offene Kreise). Die Pfeile deuten obere Grenzen für die beobachteten Elementhäufigkeiten an. Die Entwicklungen der Eisengruppen-Elemente verlaufen sehr unterschiedlich zueinander und z. B. auch im Vergleich zu den α-Elementen. Die gestrichelte Linie gibt die solaren Häufigkeitsverhältnisse zum Vergleich an.

physikalischen Prozesse und Nukleosyntheseorte wider, die zur Bildung der Elemente beigetragen haben. Das Bild der Entwicklung der Neutroneneinfangelemente, welches uns durch die metallarmen Sterne vermittelt wird, ist dementsprechend komplex. Eine einfache Interpretation ist hier nicht möglich.

Abbildung 9.6 zeigt die Entwicklung von Barium. Die s-Prozess-Sterne sowie Sterne mit s- und r-Prozess-Anreicherungen sind mit unterschiedlichen Symbolen gekennzeichnet. Barium ist ein Haupt-s-Prozess-Element – dementsprechend haben diese Sterne riesige Bariumüberhäufigkeiten von bis zu 1000 Mal mehr als Eisen. Da der nukleosynthetische Ursprung der Neutroneneinfangelemente bei diesen Sternen eindeutig bekannt ist, ist es nicht verwunderlich, dass sich diese Sterne von allen anderen in Abbildung 9.6 absetzen. Das Gleiche gilt für die r-Prozess-Sterne, die durch Vierecke markiert sind. Denn Barium wird ebenfalls im r-Prozess erzeugt, wenn auch in geringeren Mengen.

Woher kommt jetzt aber das Barium in den normalen Halosternen, die als kleine offene Kreise in der Abbildung gezeigt sind? Aus dem s-Prozess oder aus dem r-Prozess? Die Antwort auf diese Frage ist sehr komplex. Fest steht aber eines: Die Bandbreite an Bariumhäufigkeiten spiegelt eine ungeheure Vielfalt an möglichen Prozessen wie dem s- und dem r-Prozess und deren Produktionsraten wider. Dementsprechend kann angenommen werden, dass alle diese Prozesse mit der Zeit zur generellen Anreicherung des interstellaren Mediums beigetragen haben. Die regulären Halosterne bildeten sich also aus Gas, welches durch viele verschiedene Prozesse angereichert wurde. Somit spiegeln sie die durchschnittliche chemische Entwicklung der Neutroneneinfangelemente im Universum wider und nicht einzelne, bestimmte Nukleosyntheseereignisse.

Wie Abbildung 9.6 zeigt, haben Sterne mit [Fe/H] ~ −3,0 nur sehr niedrige Bariumhäufigkeiten im Vergleich zu Eisen und der Sonne. Mit ansteigender Metallizität steigt auch die Bariumhäufigkeit an. Dennoch ist dieser Trend im Vergleich zu denen der α-Elemente und Eisengruppenelemente (siehe Abbildungen 9.4 und 9.5) nicht besonders deutlich ausgeprägt: Bei jeder Metallizität gibt es Sterne mit sehr unterschiedlichen Bariumhäufigkeiten. Das Auseinanderpuzz-

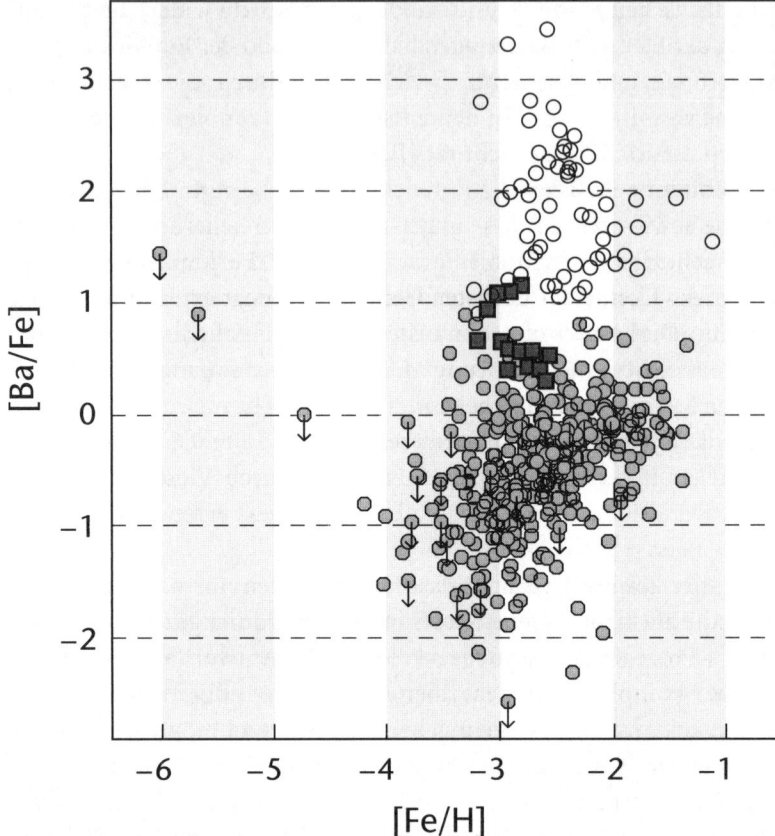

Abb. 9.6: Häufigkeitsverhältnisse des Neutroneneinfangelements Barium ([Ba/Fe]) für Halosterne mit verschiedenen [Fe/H]-Metallizitäten (gefüllte Kreise). Die Pfeile deuten obere Grenzen für die beobachteten Elementhäufigkeiten an. Offene Kreise bezeichnen die s-Prozess-Sterne sowie Sterne mit s- und r-Prozess-Anreicherungen. Die r-Prozess-Sterne sind mit Vierecken gekennzeichnet. Beide Gruppen haben aufgrund ihrer Klassifizierung als Sterne mit großen Mengen an Neutroneneinfangelementen sehr große Bariumhäufigkeiten. Die Entwicklung der Neutroneneinfangelemente ist wieder völlig anders als die der leichteren Elemente: Es existiert eine riesige Streuung von mehr als dem hunderttausendfachen Häufigkeitsunterschied zwischen den Sternen mit den niedrigsten und denen mit den höchsten [Ba/Fe]-Werten. Die gestrichelte Linie gibt die solaren Häufigkeitsverhältnisse zum Vergleich an.

len der diversen Nukleosyntheseprozesse, die diese Beobachtungen zufriedenstellend erklären könnten, wird deswegen wohl noch Jahre dauern.

Leben basiert auf: Kohlenstoff, Wasserstoff, Sauerstoff, Phosphor, Schwefel und Stickstoff

Fast alle Elemente des Periodensystems, mit den Ausnahmen von Wasserstoff und Lithium, werden in Sternen erzeugt und in die kosmischen Objekte der nächsten Generation integriert und somit »recycelt«. Dies beschreibt die umfangreiche chemische Entwicklung im Universum. Wie aus der Arbeit mit metallarmen Sternen ersichtlich wird, reichte der Elementbestand des frühen Universums noch bei weitem nicht aus, um einen Planeten wie die Erde, auf dem Leben entstehen konnte, zu bilden. Die Erde mit ihrer Zusammensetzung aus Eisen, Sauerstoff, Silizium, Magnesium und weiteren Elementen konnte erst gebildet werden, als es im Universum ausreichende Mengen dieser Elemente gab. Diese Menge muss irgendwann in den ersten ~ 9 Milliarden Jahren nach dem Urknall erreicht worden sein. Sonst hätte die Sonne mit dem Sonnensystem aus dem präsolaren Nebel vor 4,6 Milliarden Jahren nicht auf diese Weise entstehen können.

Da die chemische Entwicklung einer der komplexesten Vorgänge im Universum ist und selbst die besten Modelle und Simulationen heutzutage nur grob beschreiben können, wie genau dieser Prozess im Detail vor sich ging, ist noch unklar, zu welchem Zeitpunkt das Universum, chemisch gesehen, »reif« für Planeten war. Hinzu kommt, dass die Planetenbildung selbst ein sehr komplizierter Vorgang ist und dass alle Planeten des Sonnensystems unterschiedliche chemische Zusammensetzungen besitzen. Es gibt also kein einfaches »Rezept« für die Entstehung von Planeten.

Bei der inzwischen von der Öffentlichkeit mit Spannung verfolgten großangelegten Suche nach Planeten müssen sonnenähnliche Sterne über lange Zeit hinweg beobachtet werden. Bei der Auswahl dieser Sterne wird meist nach extrem metallreichen Sternen gefahndet, deren Metallizitäten höher als die der Sonne sind. So steigert man die Chance, einen Stern zu finden, der von einem oder sogar mehreren Planeten umkreist wird, von denen einer als Lebensträger in Frage kommen könnte. Das Kepler-Weltraumteleskop hat in den letzten Jahren auf diese Weise schon Hunderte von Planeten entdeckt, wenn auch noch kein wirklich erdähnlicher dabei ist. Dies scheint aber nur noch eine Frage der Zeit zu sein. Auch für die Suche nach einem erdähnlichen Planeten spielt also die Analyse der chemischen Zusammensetzung der Sterne eine wichtige Rolle.

Wie entwickelten sich nun die Elemente, die an der Entstehung von Leben, wie wir es kennen, maßgeblich beteiligt waren? Die wichtigsten Elemente in diesem Zusammenhang sind Kohlenstoff, Wasserstoff, Sauerstoff, Phosphor, Schwefel und Stickstoff. Der menschliche Körper besteht hauptsächlich aus diesen Elementen. Durch den großen Wasseranteil im Körper macht Sauerstoff mit 61 % den Hauptanteil der Körpermasse aus. Kohlenstoff steht an zweiter Stelle mit 23 %, dann kommt Wasserstoff mit 10 % und schließlich noch 3 % Stickstoff. Die restlichen 3 % bestehen aus vielen verschiedenen Spurenelementen. Aufgrund seiner chemischen Eigenschaften kann sich Kohlenstoff leicht mit anderen Elementen zu Molekülen verbinden, besonders mit Wasserstoff, Stickstoff und Sauerstoff. Nur so können die in allen Organismen benötigten Moleküle wie Proteine, Nukleinsäuren, Kohlenhydrate und Fette gebildet werden. Diese drei Elemente sind also äußerst wichtig für uns, zumal wir zum Leben auch noch den Sauerstoff der Luft atmen müssen.

Doch auch Phosphor und Schwefel spielen eine wichtige Rolle im menschlichen Körper. Beide Elemente erfüllen fundamentale Aufgaben in jeder Zelle, indem sie die Bildung von wichtigen Molekülen ermöglichen. Ohne Phosphor gäbe es keine DNA- und RNA-Moleküle. Auch der Energiestoffwechsel der Zelle funktioniert ohne Phosphor nicht. Was ist über die Entwicklung dieser beiden Elemente im Kosmos aus der Arbeit mit metallarmen Sternen bekannt? Zuerst einmal sind Phosphor und Schwefel nur schwierig in metallarmen Sternen zu messen. Ihre Absorptionslinien liegen im Nahinfrarotbereich zwischen vielen Linien von H_2O (also Wasser) und anderen Molekülen versteckt, welche allerdings in der Erdatmosphäre und nicht in dem Stern erzeugt werden. Diese Tatsache verkompliziert eine genaue Linienvermessung im Spektrum. Phosphor kann aus Siliziumatomen durch Neutroneneinfang erzeugt werden. Dies geschieht hauptsächlich in späteren Brennphasen während der Entwicklung von massereichen Sternen. Der neu synthetisierte Phosphor wird in der darauf folgenden Supernovaexplosion ins All geschleudert. Für Schwefel wird angenommen, dass es ein α-Element ist und genau wie Magnesium oder Titan durch den Einfang von Heliumkernen aufgebaut wird. Dementsprechend wird Schwefel ebenfalls in Kern-Kollaps-Supernovaexplosionen erzeugt und im Universum verteilt. Sowohl Phosphor als auch Schwefel sind also schon seit den frühesten Zeiten im Universum synthetisiert worden. Da sie nicht in Sternen mit geringeren Massen oder anderen Brenn- oder Entwicklungsphasen gebildet werden können, hat sich ihre Produktionsrate seitdem nur wenig, wenn überhaupt, verändert.

Schließlich ist hier noch ein kleiner Spaß angebracht. Bei der Arbeit mit metallarmen Sternen ist es immer die Hauptaufgabe, die Metallizität der Objekte zu bestimmen. Können wir dies auch für den menschlichen Körper tun? Ein Kollege hatte sich diese Frage auch gestellt und die Zuhörer in seinem Vortrag mit Handzeichen schätzen lassen, ob wir Menschen metallarm oder metallreich seien. Beide Antworten erhielten ca. 50 % der Stimmen. Die Metallizität des Körpers richtet sich ja nach der Eisenmenge im Vergleich zur Wasserstoffmenge. Unser Eisen befindet sich im Blut und der Wasserstoff im Wasser. Es ergibt sich somit, dass wir, im Vergleich zur Sonne, metallarm sind – wir haben $[Fe/H] = -0,5$ und damit dreimal weniger Eisen als Wasserstoff im Vergleich zur Sonne. Mit den metallärmsten Sternen können wir aber nicht mithalten.

10. DIE ÄLTESTEN STERNE FINDEN

Bis hierher haben wir ausführlich Sterne und ihre zeitliche Entwicklung betrachtet, die Milchstraße mit ihren vielen Bewohnern untersucht, die Methoden der Spektralanalyse eingeführt und einen Blick ins frühe Universum geworfen. Weiterhin haben wir die Vielfalt der metallarmen Sterne kennengelernt und herausgefunden, wie diese Objekte uns helfen, die Zeit nach dem Urknall zu rekonstruieren, um die Details der chemischen Entwicklung unserer Galaxie zu ermitteln.

Was jetzt noch fehlt, ist die spannende Geschichte der Entdeckung des eisenärmsten Sterns, der bis heute entdeckt wurde, HE 1326–2326. Schließlich war ich selbst maßgeblich daran beteiligt, das wissenschaftliche Gebiet der Stellaren Archäologie mit neuen, vielversprechenden Ergebnissen voranzutreiben. Sterne zu finden, Sterne zu analysieren, Sterne zu interpretieren – diese Tätigkeiten üben auf mich nach wie vor eine große Faszination aus. Kaum etwas kann mich davon abbringen, mich weiterhin auf der Spur dieser Sterngreise zu bewegen.

10.1. Auf der Spur der metallarmen Sterne

Auch wenn die Milchstraße im Vergleich zur Andromedagalaxie relativ wenige Sterne beheimatet, gibt es mit mehreren hundert Milliarden Sternen doch immer noch genügend in unserer Heimatgalaxie.

Diese Zahlen sind auf jeden Fall ausreichend, um Astronomen die Möglichkeit zu geben, Sterne zu klassifizieren. Denn es gibt eine

Vielfalt von Sterntypen, so dass die verschiedenen Gruppierungen helfen, die unterschiedlichen spektralen Erscheinungsbilder zu verstehen und einordnen zu können. Schon Annie Jump Cannon hatte Tausende von Spektren klassifiziert. Ihre Klassifikation basierte aber allein auf der Sterntemperatur. Dennoch gibt es weitere fundamentale Unterschiede zwischen Sternen.

Um 1944 teilte der deutsche Astronom Walter Baade alle Sterne in zwei Gruppen ein: Typ I und Typ II. Der Hauptunterschied war die Stärke der Absorptionslinien der Metalle im Verhältnis zu denen der Wasserstofflinien in den Spektren der Sterne. Es dauerte allerdings noch ein weiteres Jahrzehnt, bis die grundlegenden Eigenschaften der Typ-II-Sterne mit ihren schwächeren Absorptionslinien verstanden werden konnten. Erst dann konnte eine physikalische Basis für diese neue Art der Klassifizierung geschaffen werden.

Bis etwa zur Mitte des letzten Jahrhunderts gingen Astronomen von der selbstverständlichen Annahme aus, dass alle Sterne exakt die gleiche chemische Zusammensetzung wie die Sonne hätten. Der einzige Unterschied seien die Oberflächentemperaturen, die zu den verschiedenen Ausprägungen der Spektrallinien führten. Aber in den 1940er Jahren tauchten einige Halosterne auf, deren Metall-Absorptionslinien im Spektrum merkwürdigerweise wesentlich schwächer als die Linien im Sonnenspektrum ausfielen. Unter der Annahme, dass alle Sterne chemisch gleich seien, war diese Beobachtung nicht zu erklären. Dementsprechend wurde gerätselt, ob diese Sterne vielleicht wesentlich weniger Wasserstoff als Helium im Vergleich zu normalen Sternen haben könnten oder ob sie vielleicht merkwürdige äußere Atmosphärenschichten besäßen.

Erst 1951 wurde ein revolutionärer Vorschlag von den amerikanischen Astronomen Joseph Chamberlain und Lawrence Aller gemacht. Sie kamen zu dem Schluss, dass ein »unerwünschter Nebeneffekt« ihrer Interpretation der Sternspektren darin bestehe, dass die untersuchten Sterne »außergewöhnlich kleine Mengen an Kalzium und Eisen« besäßen. Denn sie hatten nur ca. 1/20stel der solaren Kalzium- und Eisenwerte in zwei Sternen gemessen.

Dieser bahnbrechende Vorschlag bereitete vielen zeitgenössischen Astronomen großes Kopfzerbrechen. Erinnern wir uns dazu kurz daran, wie der Stand der Wissenschaft zu dieser Zeit war. Zum einen waren es noch die Jahre vor dem B²FH-Nukleosynthese-Artikel von 1957, obwohl schon bekannt war, dass Kernfusionen in Sternen stattfanden. Zum anderen war zwar 1950 die Urknalltheorie gerade erst eingeführt worden, aber es wurde noch angenommen, dass alle Elemente kurz nach dem Urknall aus primordialem Gas gebildet worden waren. An eine chemische Entwicklung im Universum dachte zu dieser Zeit noch niemand und noch weniger daran, dass sie mit Hilfe von Sternen mit unterschiedlichen Metallhäufigkeiten nachvollzogen werden könnte.

Einige meiner Kollegen erzählen auch heute noch schmunzelnd die Geschichte, dass Chamberlain und Aller in Wirklichkeit Metall-häufigkeiten von nur 1/100 des solaren Eisenwertes für ihre Sterne fanden. Allerdings erschien ihnen dieses Ergebnis damals so uner-hört, dass die Autoren die Sterntemperatur selbst so weit veränder-ten, ja eigentlich verfälschten, bis die Metallarmut von 1/100stel auf 1/10–1/30stel angestiegen war. Denn die Sterntemperatur beein-flusst ja die spektrale Linienstärke eines Elements. Wie Chamberlain selbst später zugab, war es dieser höhere Wert, der 1951 tatsächlich publiziert wurde. Interessanterweise kam aber die ursprünglich ge-messene Metallizität von 1/100 der Wahrheit sehr nah. HD 140283 war einer der Sterne, die von Chamberlain und Aller beobachtet wurden. Viele darauf folgende Analysen im letzten halben Jahrhun-dert haben eindeutig gezeigt, dass dieser Riesenstern wirklich so me-tallarm ist und nur ein ~1/300 des solaren Eisens enthält: Seine Me-tallizität steht heute bei [Fe/H] ~ −2.5. HD 140283 ist heutzutage unbezweifelbar ein klassischer metallarmer Halostern, der nach wie vor sehr oft als Referenzstern in chemischen Analysen anderer Hal-osterne benutzt wird. Auch ich habe diesen Stern schon mehrmals beobachtet und analysiert.

In den nächsten zwei Jahrzehnten zeigten viele neue Arbeiten, dass es eine große Bandbreite von Sternen mit verschiedenen Metallizitä-ten und Elementhäufigkeitsmustern gibt. Dies wurde bald auf ver-schiedene Stadien der chemischen Evolution der Milchstraße zu-rückgeführt. Der Grundstein für die Erforschung des frühen Universums, aus der natürlich auch die Stellare Archäologie direkt hervorgeht, war gelegt worden. So kann im Nachhinein deutlich gesagt werden, dass die spektroskopischen Arbeiten der 1950er Jahre das damalige Weltbild enorm veränderten. Von dem Bild eines chemisch homogenen Universums wurde der Weg für das einer chemischen Entwicklung geschaffen, die die Entwicklung von Galaxien und dem Universum als Ganzes beschreibt. Die Effekte der Metallizität eines Sterns oder auch einer ganzen Galaxie sind aus der Astronomie nicht mehr wegzudenken.

Auch heutzutage werden diese Stern-Gruppen von Baade immer noch als Population I und Population II bezeichnet. Sie spiegeln die chemische Entwicklung der Milchstraße grob wider: Population I ist die wesentlich größere Gruppe, denn sie bezieht sich auf junge und metallreiche Sterne, die vornehmlich in der Scheibe anzutreffen sind. Ältere, metallärmere Sterne aus dem Halo mit ihren schwächeren Spektrallinien bilden die Population II. Tabelle 10.1 fasst die Stern-Populationen zusammen.

Tabelle 10.1: Definitionen für Sterne mit verschiedenen Metallizitäten

Typ	Definition
Population III	Erste Generation von (metallfreien) Sternen
Population II	Alte (Halo-)Sterne mit geringen Metallhäufigkeiten
Population I	Junge, metallreiche (Scheiben-)Sterne, z. B. die Sonne

In den 1980er Jahren schlugen Astronomen erstmals die Existenz einer weiteren Population vor, die nur aus den allerersten Sternen des frühen Universums bestehen sollte. Ein halbes Dutzend Sterne mit $[Fe/H] \sim -3$ war zu jener Zeit bekannt, aber kein Objekt mit noch niedrigerer Metallizität. Es wurde angenommen, dass die so genannten Population-III-Sterne wohl Metallizitäten von weniger als $[Fe/H] = -3$ haben müssen. Denn ein Eisenanteil von weniger als einem Tausendstel der Sonne war so winzig, dass er der Zusammensetzung der ersten Sterne angemessen erschien.

Obwohl einfache Modelle der chemischen Entwicklung der Milchstraße die Existenz solcher Sterne voraussagten, blieben die ersten Suchanstrengungen erfolglos. So fragte der amerikanische As-

tronom Howard Bond 1981 niedergeschlagen im Titel seines Artikels
»Wo ist die Population III?« Bond hatte vergebens mit einer ersten
systematischen Durchmusterung versucht, diese besonders metallarmen Sterne aufzuspüren, war aber nicht fündig geworden. Es
wurde erst einmal gefolgert, dass sich langlebige Sterne mit weniger
als einer Sonnenmasse nur schwer aus primordialem Gas im frühen
Universum bilden konnten. Falls sie überhaupt existierten, mussten
sie extrem selten sein, denn sonst hätte Bond ja einige von ihnen gefunden.

In der Tat hatten die verschiedenen Vorhersagen der damaligen
Milchstraßenmodelle die Anzahl der metallärmsten Sterne zunächst
signifikant überschätzt. Zudem hatte Bond mit den damaligen Teleskopen nur relativ helle Sterne beobachten können. Als Faustregel
kann man sich merken, dass, je schwächer der Stern ist, er sich desto
weiter draußen im Halo befindet. Denn die Erfahrung zeigt, dass die
Wahrscheinlichkeit, einen Stern mit niedriger Metallizität zu finden,
mit seiner Entfernung ansteigt. Bond hatte also nur äußerst geringe
Chancen gehabt, Sterne mit [Fe/H]< −3 zu finden.

Um 1980 wurde der Stern CD −38° 245 von den australischen
Astronomen Michael Bessell und John Norris aber eher zufällig
gefunden. Sie bestimmten seine Metallizität zu [Fe/H] = −4.5, was
weniger als einem Zehntausendstel der solaren Eisenhäufigkeit entspricht. Dieser Wert war so niedrig, dass er kaum unterbietbar
schien. Dementsprechend wurde 1984 vorgeschlagen, dass endlich
ein Population-III-Stern gefunden worden war. Bonds Bestrebun-
gen waren also nicht verkehrt gewesen. Durch diese Entdeckung
wurde der Begriff »Population III« bald mit extrem metallarmen
Sternen gleichgesetzt, die nur winzige Mengen an Metallen beinhal-
teten.

Heutzutage wird »Population III« endlich wieder ausschließlich
für die allerersten Sterne verwendet. Denn die theoretischen Arbeiten und die dazugehörigen kosmologischen Simulationen zur Entstehung der ersten extrem massereichen Sterne, also der Population III, drehen sich eindeutig um metallfreie Sterne. So konnte auch
endlich eine klare Definition mit physikalischem Hintergrund eingeführt werden: Metallfreie Sterne, die nur aus Wasserstoff, Helium

und Lithiumspuren bestehen, sind Mitglieder der Population III. Daraus folgt sofort, dass die metallärmsten Sterne die extremsten Beispiele für Population-II-Sterne sind. Kapitel 9 ist diesem Arbeitsgebiet gewidmet.

Vor einigen Jahren habe ich Howard Bond selbst kennenlernen dürfen. Es war mir eine große Freude, ihn zu treffen und über die Suche nach metallarmen Sternen und seine Pionierarbeit zu sprechen. Da sein wissenschaftlicher Artikel über seine Suche in meinem Geburtsjahr beim »Astrophysikalischen Journal« eingereicht wurde, war es für mich besonders interessant, einen Bericht über die Anfänge meines Arbeitsgebietes direkt von ihm zu hören. Er schien sichtlich zufrieden, dass seine Arbeit erfolgreich weitergeführt wird und dass wir inzwischen Sterne mit rekordniedrigen Metallizitäten gefunden haben. Auch wenn diese aufgrund ihrer kleinsten Mengen von Metallen technisch gesehen nicht als Population III bezeichnet werden können, war die Fortführung seiner Suche vor mehr als dreißig Jahren dann doch endlich erfolgreich.

Die Suche nach weiteren metallarmen Sternen im Halo wurde seit den 1980er Jahren weiter intensiviert mit immer größer angelegten Himmelsdurchmusterungen. Die ersehnten Entdeckungen von Sternen mit bis zu $[Fe/H] \sim -3.8$ ließen nicht zu lange auf sich warten. Tatsächlich dauerte es aber fast zwanzig Jahre, bis der deutsche Astronom Norbert Christlieb und Kollegen mit der Hamburg/ESO-Durchmusterung im Jahr 2001 den Rekord von CD $-38°$ 245 durchbrechen konnten: Der Stern HE 0107–5240 war mit gerade mal 1/150 000stel der solaren Eisenhäufigkeit ($[Fe/H] = -5.2$) ein sensationeller Fund. Seine Entdeckung stellte sich als Durchbruch auf diesem Arbeitsgebiet heraus: Endlich war klar, dass sich solche chemisch extrem primitiven metallarmen Halosterne, also die Zeugen der ersten chemischen Anreicherungen im Universum, tatsächlich am Nachthimmel in unserer eigenen Galaxie beobachten lassen.

Noch einmal drei Jahre später, 2004, entdeckte unser Team unter meiner Leitung den Stern HE 1327–2326. Mit $[Fe/H] = -5.4$ liegt seine Eisenhäufigkeit bei gerade mal 1/250 000stel des solaren Eisens. Dieser Rekord ist bis heute nicht gebrochen worden, obwohl derzeit eine Reihe von Projekten das Ziel verfolgen, weitere solcher außerordentlichen Sterne zu finden. Immerhin wurden inzwischen ein dritter und vierter Stern entdeckt, die beide mit Eisenhäufigkeiten von $[Fe/H] = -4.8$ wenigstens den langjährigen Rekordhalter CD $-38°$ 245 unterbieten.

CD $-38°$ 245 ist somit in gewisser Weise zum Vergleichsstern degradiert worden: Ich besitze eine Sammlung von Spektren, die ich immer zum Beobachten mitnehme. Sie dienen einem sofortigen visuellen Vergleich mit jedem neuen interessanten Stern, der verdächtig schwache Linien aufzeigt. Sind sie ähnlich schwach wie in CD $-38°$ 245, führt dies schnell zu freudig-nervösen Momenten. Meist aber sind die Linien wesentlich stärker, was bedeutet, dass der Stern wesentlich metallreicher ist. Durch diese Vergleiche bekommt man schnell ein Gefühl dafür, ob es sich lohnt, noch weitere Teleskopzeit für einen Kandidaten zu verwenden.

Abbildung 10.1 fasst die Geschichte der Entdeckungen der metallärmsten Sterne seit Chamberlain und Aller 1951 zusammen. Etwa alle 20 Jahre wurde ein neuer Stern mit einer wesentlich niedrigeren Eisenhäufigkeit gefunden. Es bleibt nach wie vor spannend, wie diese Geschichte weitergeht und wann (und ob) neue Rekordhalter gefunden werden. Die nächste Generation von Teleskopriesen wird dabei sicher eine Rolle spielen. Denn der stetige Trend zu niedrigeren Metallizitäten über die Jahrzehnte hinweg spiegelt in gewisser Weise den Verlauf der den Astronomen zur Verfügung stehenden Teleskope wider: von kleinen 1 bis 2 m-Teleskopen um 1980 herum zu denen mit Spiegeln von etwa 4 m und dann zu denen mit 6 bis 10 m seit etwa Mitte der 1990er Jahre.

Wie viele metallarme Sterne sind auf diese Art inzwischen gefunden und beobachtet worden? Von wirklich großen Mengen kann man im Vergleich zu den mehreren hundert Milliarden von Milchstraßensternen natürlich nicht sprechen. Dennoch reflektieren die folgenden Zahlen (Stand 2011) die Erfolgsstory der Stellaren Archäologie, deren Ziel es ist, die Nadeln im galaktischen Heuhaufen zu finden. Hunderte Sterne mit $[Fe/H] < -3.0$ sind bis heute entdeckt worden, aber nur die ca. 200 hellsten sind mit hochauflösender Spektroskopie beobachtet und analysiert worden. Sterne mit $[Fe/H] < -3.5$ sind wesentlich seltener, was dazu führt, dass für alle

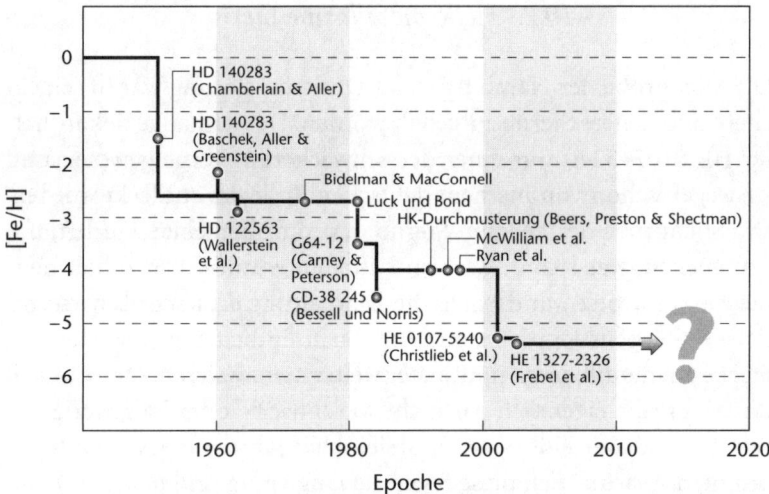

Abb. 10.1: Die Eisenhäufigkeiten der metallärmsten Sterne, die zu den jeweiligen Zeiten bekannt waren. Die schwarzen Punkte zeigen die ursprünglichen Häufigkeiten laut den Autoren, während die horizontale Linie die heute gängigen Werte angibt.

etwa 30 bekannten Exemplare detaillierte Analysen vorliegen. Nur vier Sterne mit [Fe/H] < −4.5 sind bekannt, von denen zwei Sterne [Fe/H] < −5.0 haben. Die bei weitem interessantesten Sterne sind diejenigen, die Metallizitäten von [Fe/H] < −3.5 haben. Denn sie ermöglichen uns die tiefsten Einblicke in die Entstehungsgeschichte des frühen Universums.

Durch alle diese Entdeckungen konnte sich das Gebiet der Stellaren Archäologie besonders in den letzten zehn Jahren sehr entfalten. Dennoch gibt es nach wie vor viele ungeklärte Fragen. Eine von ihnen ist, was genau die niedrigste beobachtbare Metallizität eines Sterns, abgesehen von den metallfreien ersten Sternen, denn sein könnte. Haben wir mit [Fe/H] = −5.4 die untere Grenze schon erreicht, oder können wir vielleicht sogar Sterne mit einem Millionstel der solaren Eisenhäufigkeit ([Fe/H] = −6.0) finden? Nur weiteres Suchen wird diese Frage hoffentlich irgendwann beantworten.

10.2. Helle metallarme Sterne

Die Stichprobe der Hamburg / ESO-Durchmusterung war in schwächere und hellere Sterne aufgeteilt worden. Der damalige Rekordhalter HE 0107–5240 war einer der schwächeren Sterne gewesen und deswegen schon von meinem deutschen Kollegen entdeckt worden. Die Stichprobe der helleren Sterne war mir übergeben worden, um »zu gucken, was sich da so drin befinden würde«. Der Inhalt meiner Doktorarbeit war deshalb die Bearbeitung dieser grob vorselektierten Sternenstichprobe, um die darin enthaltenen metallarmen Sterne zu identifizieren und später weiterzuanalysieren. Obwohl sich diese Aufgabe eigentlich gar nicht so schwierig oder langwierig anhört, fasst dieser eine Satz ca. dreieinhalb Jahre meines Lebens zusammen. Warum sich diese Suche so langwierig und detailreich gestaltete, möchte ich hier schildern.

Wie meistens hat man zu Anfang eines neuen Projekts eine ungefähre Idee, zu welchem Ergebnis man kommen könnte. Denn man braucht diese Aussicht auf ein bestimmtes Ergebnis als Motivation, um ein neues Projekt anzufangen. Nur dann kann man sich mit Enthusiasmus ans Werk machen, denn schließlich kann man bei neuen wissenschaftlichen Tätigkeiten die Lösung nicht hinten im Buchanhang nachschlagen oder den Lehrer fragen. Überhaupt ist bei wissenschaftlichem Arbeiten sehr viel Kreativität gefragt. Man muss sich andauernd vorstellen, wie die Prozesse im Universum ablaufen, denn es gibt ja keine Möglichkeiten, den Kosmos direkt zu studieren. Auch mit Beobachtungen bekommt man in den meisten Fällen nur eine Momentaufnahme einer jeweiligen Situation. Dies erfordert das ständige Aufstellen neuer Hypothesen, die es dann zu testen gilt. Kreativität wird normalerweise mit künstlerischen Berufen in Verbindung gebracht, aber die Wissenschaften wären noch in ihren Kinderschuhen, wenn Forscher über die Jahrhunderte nicht unzählige Ideen gehabt hätten, wie man die Welt und den Kosmos untersuchen und verstehen könnte. Jedes Experiment ist somit ein Kunstwerk, denn es ist die Realisierung einer neuen Idee.

Viele Projekte in der Astronomie gehen dementsprechend allein auf die Vorstellungskraft oder eine Idee zurück. Dies birgt ein gewisses Risiko, aber nur so kann neues Wissen gewonnen werden; oft sogar dann, wenn das eigentliche Projekt nicht die vorhergesehene Antwort ergab. Es gibt aber auch viele Studien, die einen etwas sichereren Weg einschlagen. Auch so werden wichtige wissenschaftliche Ergebnisse geliefert, die wiederum fruchtbaren Boden für weitere Projekte und Ideen bereitstellen. Beispiele solcher Projekte sind z. B. Untersuchungen verschiedener Einflüsse der Umgebung auf die Entwicklung von kosmischen Objekten oder Objektgruppen. Solche Untersuchungen garantieren also mehr oder weniger, dass ein solides Endergebnis erlangt wird. Wenn es aber um die Entdeckungen neuer, seltener Objekte geht, gibt es nicht wirklich eine Garantie für Erfolg oder zumindest nur insofern, als dass zwar neue Objekte gefunden werden, solche aber nicht besonders spektakulär sein könnten. Aus diesem Grund beinhaltete der Plan meiner Doktorarbeit auch noch ein anderes Projekt mit schon vorhandenen Daten. Somit sollte sichergestellt werden, dass ich in jedem Fall ein wissenschaftlich signifikantes Ergebnis erzielen würde. Aber meine Hauptaufgabe war das Suchen und Finden von metallarmen Sternen.

Die Vorselektierung der metallarmen Kandidaten war von meinem deutschen Kollegen mit Hilfe von Computerprogrammen als Teil der Bearbeitung der ganzen Hamburg / ESO-Durchmusterung schon vorgenommen worden. In meinem Eifer fing ich sofort hochmotiviert an, mich mit den niedrig aufgelösten Spektren der Hamburg / ESO-Durchmusterung zu beschäftigen. Die Aussicht, alte Sterne aus dem frühen Universum zu finden, war äußerst spannend für mich. Die erste große Aufgabe bestand darin, jedes einzelne Spektrum in der vorselektierten Stichprobe von ca. 5500 Objekten am Bildschirm zu begutachten. Ziel war es, alle Objekte in verschiedene Klassen einzuteilen. Diese Aufgabe war ziemlich dröge, aber mein Enthusiasmus war unerschütterlich. Das war auch gut so, denn die gesamte Inspektion dauerte insgesamt lange zwei Wochen.

Meine Stichprobe setzte sich aus den Spektren von besonders hellen Sternen zusammen. Aufgrund ihrer großen Helligkeiten hatten viele Objekte die damals noch benutzten fotografischen Platten der Durchmusterung nicht nur geschwärzt, sondern darüber hinausgehend teilweise oder vollständig saturiert (siehe Abbildung 10.2). Die daraus resultierenden Effekte führten zu einem Informationsverlust und beeinträchtigten die Qualität der Spektren. Dementsprechend war es unklar, ob die Stichprobe überhaupt brauchbar für die Suche nach metallarmen Sternen war. Meine Aufgabe war es, auf genau diese Frage eine solide Antwort zu liefern.

Die Saturierungseffekte hatten einen besonders großen Nachteil, der mir sehr viele falsch klassifizierte Kandidaten bescherte. Je metallarmer ein Stern ist, desto geringer fallen seine Absorptionslinien aus. Ein saturiertes Spektrum zeigt fälschlicherweise auch sehr schwache Absorptionslinien, wie in Abbildung 10.2 gesehen werden kann. Somit waren genau solche Spektren als metallarm klassifiziert worden. Dementsprechend ergaben meine visuellen Inspektionen der gesamten Stichprobe, dass 3733 Objekte nicht wirklich metallarm, sondern besonders helle, sehr heiße metallreiche Sterne mit saturierten Spektren waren. Einige als Stern klassifizierte Galaxien und diverse Objekte mit Artefakten in ihren Spektren waren auch dabei. Obwohl Probleme durch die Saturierungseffekte vorhersehbar gewesen waren, war dieses Ergebnis doch erst einmal enttäuschend. Denn »nur« 1777 Kandidaten blieben am Schluss übrig. Ich wollte doch möglichst viele metallarme Sterne finden, aber jetzt bestand meine Stichprobe nur noch aus einem Drittel der Menge, mit der ich angefangen hatte.

Diese 1777 Sterne unterteilte ich bei der Inspektion in verschiedene Klassen, je nachdem, wie metallarm ihre Spektren erschienen: *mpcc* für Sterne mit einer relativ starken Kalzium-*K*-Linie bei 3933,6 Å, *mpcb* für Sterne mit schwacher Kalzium-Linie, *mpca* für Sterne mit keiner sichtbaren Kalzium-Linie und *unid* für Spektren, bei denen es aufgrund von Rauschen unklar war, ob eine Kalzium-Linie sichtbar ist. Die letzten beiden Kategorien waren die vielversprechendsten für die Suche nach den metallärmsten Sternen. »mpc« steht in allen Fällen für »metal-poor candidate«, also metallarmer Kandidat, und »unidentified« für eine nicht identifizierbare Kalzium-Linie im Spektrum. Am Schluss hatte ich 1426 *mpcc*-Sterne, 248 *mpcb*-, 84 *unid*- und ganze 9 *mpca*-Kandidaten. Nicht gerade viel, aber auch nicht wenig!

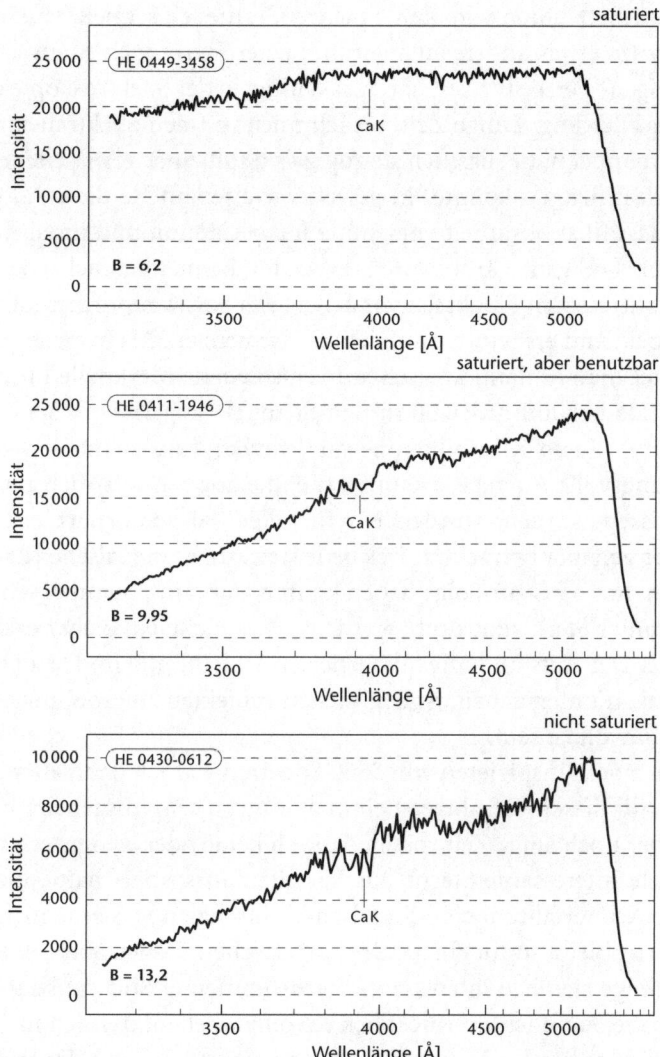

Abb. 10.2: *Vergleich von teilweise saturierten und »normalen« Durchmuste-rungsspektren. Saturierungseffekte treten bei besonders hellen Sternen auf. Das oberste Spektrum ist fast vollständig saturiert, denn es verläuft fast vollständig waagerecht. Das mittlere Spektrum zeigt am rechten Ende eine Saturierung, aber der für die Suche nach metallarmen Sternen wichtige Bereich bei etwa 3900 Å ist nicht betroffen. Das untere Spektrum ist nicht saturiert. Beide Sterne wurden als mpcc klassifiziert.*

Beim Betrachten von 5500 Spektren lernte ich schnell, dass jedes Spektrum etwas anders aussieht und jeder Stern doch so etwas wie eine eigene Persönlichkeit hat. Als Neuling in der Spektroskopie dauerte es allerdings einige Zeit, bis ich mich mit den Spektren so weit angefreundet hatte, dass ich sie zügig und mit einer gewissen Sicherheit klassifizieren konnte. In gewisser Weise ähnelte diese Aufgabe der Klassifikationsarbeit von Annie Jump Cannon und ihren Kolleginnen. Die ganze Inspektions-Prozedur kann man sich wie eine Passkontrolle am Flughafen vorstellen. Ein Softwareprogramm zeigt das Spektrum erst einmal auf dem Bildschirm an. Als Inspizierer betrachtet man es dann kritisch auf verschiedene Merkmale hin, und am Ende bekommt der Stern den Stempel »zugelassen« oder »abgelehnt«. Diese Klassifikation war letztlich eine ziemlich verantwortungsvolle Aufgabe. Denn Sterne, die abgelehnt, sprich rausgeschmissen wurden, wurden ein für alle Mal aussortiert und nie wieder genauer betrachtet. Das bedeutete, dass eine falsche Klassifikation durchaus zur Folge haben konnte, dass ein potentiell sehr interessanter Stern »entsorgt« wurde, weil er nicht als solcher erkannt wurde. Der Aufwand, die aussortierten Objekte alle im Detail noch einmal zu untersuchen, ist bei solchen Projekten zu groß, um wirklich sinnvoll zu sein.

Nach dem Inspizieren von 5500 Spektren war ich dann aber doch froh, mit dieser Aufgabe erst einmal fertig zu sein. Insgeheim hoffte ich aber noch lange Zeit später, dass ich keine oder wenigstens nicht zu viele interessante Sterne aus Versehen aussortiert hatte. Ob ich also aus Unerfahrenheit oder falscher Einschätzung Sterne nicht selektierte, bleibt somit ein großes Fragezeichen. Da ich aber letztendlich einige ziemlich interessante Sterne in meiner Stichprobe gefunden habe, kann ich im Rückblick davon ausgehen, dass ich nicht zu viele Fehler bei der Klassifikation gemacht haben kann. Denn es ist statistisch gesehen sehr unwahrscheinlich, dass meine Stichprobe neben meinen Entdeckungen noch weitere der metallärmsten Sterne beinhalten würde.

Diese Sorge um vermeintlich aussortierte, aber brauchbare metallarme Kandidaten illustriert weiterhin zwei Dinge, die ich während meiner Doktorarbeit lernen musste. Zum einen ist bei der Arbeit mit großen Durchmusterungen immer mit gewissen Verlusten zu rechnen, auch wenn man sich noch so viel Mühe gibt. Denn die Datenqualität ist gering, und Quantität schlägt Qualität. Somit können einzelne Fehlklassifikationen einfach nicht ausgeschlossen werden. Bis heute finde ich das etwas frustrierend, aber daran lässt sich nichts ändern. Zum anderen habe ich aus dieser Erfahrung vor allem für später gelernt, dass solche großen Such-Projekte doch am Ende Früchte tragen. Denn mit einem tollen Ziel vor Augen und Vertrauen in die Sache kann jeder am Ende etwas Neues, Spannendes herausfinden.

10.3. Mt. Stromlo fällt Buschfeuern zum Opfer

In den ersten Tagen des August 2003 kam ich von Deutschland nach Canberra, um dort wissenschaftliche Erfahrungen am Mt. Stromlo-Observatorium zu sammeln. Ich konnte damals natürlich nicht ahnen, dass dieses Observatorium durch außerordentliche Umstände nur fünf Monate später von einem Buschfeuer überrollt und weitgehend zerstört werden sollte. Aber es waren genau die Tage unmittelbar nach dem Brand, in denen ich mit den Selektierungen der hellen, metallarmen Kandidaten fertig geworden und mit der Arbeit an dieser Stichprobe begonnen hatte. Deswegen sind meine Erinnerungen an den Beginn meiner Suche nach metallarmen Sternen unweigerlich mit diesem tragischen Ereignis verknüpft.

Wenn man wie ich in Deutschland aufgewachsen ist, hat man mit ernsthaften Bränden meist noch nie etwas zu tun gehabt. Man hört davon oder sieht Bilder im Fernsehen. Aber man ist nicht darum besorgt, dass einem das eigene Haus jeden Sommer abbrennen könnte. Großfeuer waren deswegen für mich eher etwas aus apokalyptischen Filmen, in denen gutaussehende Männer im Schweiße ihres Angesichts den Flammen widerstehen und mit Dreck und Ruß vollgeschmiert heldenhaft Menschenleben retten. Bis zu dem Tag, an dem das Feuer in Canberra wütete.

Zurück also zum australischen Sommer im Januar 2003, in dem

ich mich am Samstag, dem 18. Januar, zu Hause bei mir im Stadtteil O'Connor im nördlichen Teil Canberras aufhielt. Die Buschfeuer hatten schon wochenlang, seit Mitte Dezember 2002, in den etwa 50 km entfernten Nationalparks gebrannt. Ab und zu war der Himmel am Horizont tagsüber von Rauch stark verdunkelt, und die Luft roch oft nach verbranntem Holz. Aber niemand war besonders besorgt, denn solche Buschfeuer gibt es in Australien häufig und sind dort ganz normal.

An diesem Samstag aber sah ich schon morgens besonders große Rauchwolken aufsteigen, die bald den ganzen Himmel überzogen und eindeutig schwärzer als in den vorigen Tagen und Wochen waren. Bisher waren sie immer aus dem südwestlich von Canberra gelegenen Namadgi Nationalpark gekommen, der zu diesem Zeitpunkt schon größtenteils in Flammen stand. Zusammen mit meinen Mitbewohnern beobachtete ich nun halb interessiert, halb besorgt diese Rauchwolken, die langsam immer dichter wurden. Ernsthafte Sorgen machte ich mir allerdings an jenem heißen Sommermorgen nicht, denn es schien sich »ja nur um das Buschfeuer aus dem Namadgi Park« zu handeln, wie mir bisher immer wieder beruhigend von den australischen Kollegen versichert worden war.

Um 15.00 Uhr war ich immer noch davon überzeugt, dass wir wie geplant mit den anderen Studenten zusammen an diesem Abend ein Grillfest im Stadtteil Duffy veranstalten würden. Duffy ist der westlichste Stadtteil Canberras und der dem Observatorium am nächsten gelegene. Denn das Observatorium befindet sich etwas außerhalb im Westen Canberras, inmitten eines kleinen Kiefernnutzwaldes auf dem kleinen Mount Stromlo. Das Radio lief schon den ganzen Tag im Hintergrund, und um 15.30 Uhr hörten wir auf einmal laute Sirenensignale, und eine nette Radiostimme wies die Hörer bestimmt und wiederholt an, sofort nach Hause zu gehen und sich und die eigenen Häuser gegen Buschfeuer zu schützen. In Canberra war tatsächlich der Notstand ausgerufen worden. Was ich zu diesem Zeitpunkt noch nicht wusste, war, dass das Mt. Stromlo-Observatorium schon seit einer Stunde abgebrannt war!

Die schrille Sirene im Radio ertönte nun alle 15 bis 20 Minuten, um die Leute über die jeweilige Position der einlaufenden, 35 km breiten Feuerwalze zu informieren. Es wurde erklärt, was man im Notfall machen sollte und für welche Stadtteile schon ein »high alert« ausgerufen worden war. Dieser besagte, in welchen Ortsteilen das Feuer entweder schon eingelaufen war oder welche nach wie vor in großer Gefahr schwebten. Da unser Haus in O'Connor hinter einem weiteren kleinen Berg näher am Stadtzentrum lag, befand es sich zum Glück in einem nicht betroffenen Stadtteil.

Um 17.00 Uhr rief mich ein Arbeitskollege aus der Innenstadt an. Er wohnte in Duffy, und die Polizei war gekommen, um die dortigen Bewohner schnellstmöglich zu evakuieren. Er war mit einem kleinen Koffer in der Innenstadt gelandet und wusste nicht, was jetzt weiter passieren würde. Ich holte ihn schnell in der Stadt ab und lud ihn ein, erst einmal bei uns in O'Connor zu bleiben. Da er mit der Polizei im Nacken nur sehr kurze Zeit für das Packen des wirklich Allernötigsten gehabt hatte, beschlossen wir kurze Zeit später zu versuchen, noch weitere Sachen aus seinem Haus zu retten.

Der Himmel war an diesem sommerlichen Nachmittag fast schwarz geworden. Die Straßenlaternen im benachbarten Stadtteil waren angesprungen, aber viele Ampeln waren ausgefallen. Nur wenige Autos waren noch auf den Straßen zu sehen, die sich mit Scheinwerferlicht langsam und vorsichtig durch das Dunkel schoben. Aschestücke und verkohlte Blätter flogen in großen Mengen durch die Luft. Abbildung 10.A im Farbbildteil zeigt, wie es zu dieser Zeit dort zuging. Da es mit fast 30 Grad C sehr heiß war und mein Auto keine Klimaanlage hatte, versuchte ich einmal, kurz das Fenster zu öffnen. Wegen der stickigen und stinkenden Luft war dies aber keine brauchbare Idee gewesen.

Als wir in den westlichen Teil von Canberra kamen, waren alle größeren Straßen schon geschlossen worden. Wir wurden von der Polizei angewiesen, wieder umzukehren, aber ich wollte nicht so schnell aufgeben. Also versuchten wir über einen anderen Weg im benachbarten Stadtteil erneut nach Duffy zu kommen. Auf dieser Straße wurden wir nun allerdings von dem Rauch und dem Feuer selbst gestoppt. Wir befanden uns in einer so dicken und dichten Rauchwolke, dass wir nichts, absolut gar nichts mehr um uns herum sehen konnten. Direkt neben uns brannten einige Eukalyptusbäume und Gras und Sträucher unter ihnen, und ihre brennenden Reste wurden dabei direkt auf uns zugeweht.

Auf einem weiteren Umweg schafften wir es wenigstens bis an den Rand von Duffy. Dort begegneten wir zufällig mehreren anderen Mt. Stromlo-Studenten. Sie standen mitten auf der Straße und warteten darauf, dass ihr Haus abbrennen würde! Teile des Zaunes standen in Flammen, und das Nachbarhaus was schon abgebrannt. Der Anblick war herzzerreißend. Die Polizei hatte meine Bekannten aus ihrem Haus geholt und erlaubte ihnen nicht, wieder zurückzukehren, um zu versuchen, ihr Haus zu retten. Es war ein schrecklicher Moment, sie so hilflos und verzweifelt zu sehen.

Bei solchen Buschfeuern brennen die meisten Häuser nicht sofort durch die schnell durchlaufende Feuerwalze ab, sondern fangen erst dann richtig Feuer, wenn herumfliegende brennende Äste auf dem Dach oder im Garten landen. Dann haben die Äste Zeit, weiterzu-brennen und einen Hausbrand zu verursachen. Zum Glück hörte ich am nächsten Tag aber, dass meinen Bekannten doch noch im letzten Moment erlaubt wurde, die kleinen »spot fires« um ihr Haus herum zu löschen, was ihr Haus letztendlich rettete. Satellitenbilder der Gegend zeigten einige Zeit später ihr graues Hausdach, das von einem großen schwarzen Kreis, dem abgebrannten Garten, umgeben war. Das Nachbargrundstück war ein großes schwarz-graues verkohltes Asche-Viereck.

An diesem Abend schafften wir es trotz aller Versuche nicht mehr, nach Duffy zu kommen. Wehmütig mussten wir glauben, dass mein Arbeitskollege womöglich alle seine Habseligkeiten an diesem Nach-mittag verloren hatte. Erst am nächsten Morgen fand er heraus, dass sein Haus zum Glück ungeschoren davongekommen war, während sein Nachbarhaus allerdings vollständig abgebrannt war.

Das große Problem an diesem Tag war der starke Wind gewesen, der direkt aus Westen mit 80 bis 90 km/h heranstürmte. Um 19.00 Uhr ließ der Wind jedoch endlich nach und kam nun aus süd-östlicher Richtung. Dadurch verringerte sich schlagartig die Gefahr, dass Feuerfronten direkt über weitere Stadtteile Canberras hinwegfe-gen würden. Insgesamt wurden an diesem Nachmittag 490 Häuser zerstört und 300 beschädigt. Tausende von Menschen waren auf die eine oder andere Art betroffen, es gab 500 Verletzte und sogar vier Tote. Aber das Schlimmste war nun überstanden. Allerdings nicht für mich. Erst zwei Tage später, nämlich am Montagmorgen, hörte ich morgens im Radio, dass das Mt. Stromlo-Observatorium abgebrannt war! Das Unfassbare war geschehen: In nur 20 Minuten war eine 40 bis 50 m hohe, extrem heiße Feuerwand über den Mt. Stromlo gefegt und hatte fast das gesamte Observatorium in Schutt und Asche gelegt.

Ich stand heulend da und konnte es nicht glauben. »Mein« Observatorium war abgebrannt, und einige meiner Freunde und Bekannten hatten alles verloren! Nur langsam drang diese Tatsache in mein Bewusstsein. Unschätzbare Werte, historische Teleskope, Daten, die wissenschaftliche Arbeit von Jahren, alles das war in wenigen Minuten zerstört worden, und keiner hatte damit gerechnet. Völlig unvorbereitet war das Institut von der Feuerwalze getroffen worden. Und auch mein ganzer Stolz, dort zu arbeiten und Astronomie professionell zu betreiben, erschien in diesem Moment komplett am Boden zerstört. Auf einmal war auch ich ganz plötzlich persönlich vom Buschfeuer und seinem Wüten betroffen.

In den nächsten drei Wochen wurden wir Astronomen erst einmal ersatzweise auf dem Campus in der Innenstadt untergebracht und mit Computern und Internet versorgt, damit wir wenigstens weiterarbeiten konnten. Wie sich schnell herausstellte, waren die zwei eher hässlichen, neueren Bürogebäude auf dem Berg aus unersichtlichen Gründen vom Abbrennen verschont geblieben. Wie ich am nächsten Tag mit eigenen Augen sehen konnte, waren fünf historisch wertvolle Teleskope verkohlt, ihre Spiegel lagen zerbrochen auf dem Boden, und alles war von Asche bedeckt. Farbabbildung 10.B zeigt einige der abgebrannten Teleskope. Das denkmalgeschützte »Commonwealth Solar Observatory«-Gebäude von 1924 war auch bis auf die Mauern heruntergebrannt. Farbabbildung 10.C vergleicht das Gebäude vor dem Brand, direkt danach und Jahre später nach dem Wiederaufbau. Wie weiterhin in Farbabbildung 10.D gesehen werden kann, standen in dessen Institutsbücherei zwar immer noch Regale mit Büchern, aber nach dem heißen und schnellen Feuer bestand alles nur noch aus Asche – ein kleiner Ruck, und alles fiel sofort in sich zusammen.

Schließlich waren auch die Werkstätten zerstört worden, in denen sich tragischerweise ein mehrere Millionen Dollar teures, fast fertiggebautes Teleskopinstrument befand.

Während der Aufräumarbeiten begann ich also, im provisorischen Computerraum auf dem Campus an meiner Hellen-Sterne-Stichprobe zu arbeiten. Als wir dann wieder auf unseren wenn jetzt auch abgebrannten Berg zurückkehren konnten, begann für die meisten von uns wieder das geregelte Arbeitsleben. Lange noch roch alles nach Rauch, und es war immer wieder traurig und berührend, überall die abgebrannten Teleskope sehen zu müssen. Dennoch waren alle froh, wieder zurück auf dem Berg zu sein. Unsere kleine astronomische Gemeinschaft war durch die tragische Situation auf einmal sehr viel stärker geworden. So halfen wir denjenigen, die alles verloren hatten, mit Sachspenden und moralischer Unterstützung, während wir gemeinsam am Observatorium begannen, den Wiederaufbau ins Auge zu fassen.

Trotz dieses schrecklichen Ereignisses fühlte ich mich in der Zeit danach ganz besonders als Teil der »Stromlo-Gemeinde«, auch wenn ich zu der Zeit zunächst nur eine Austauschstudentin war. Diese Zugehörigkeit war ein schönes Gefühl und half nicht nur mir, sondern den meisten von uns, sich richtig ins Zeug zu legen und gute Wissenschaft zu betreiben. Schließlich wollten wir es allen zeigen, dass wir uns nicht unterkriegen lassen würden.

Wie schon damals klar war, dauerte der Wiederaufbau Jahre. Der Schaden betrug rund 75 Millionen australische Dollar (rund 60 Millionen Euro). Etwa acht Jahre später wurden endlich die letzten neuen Gebäude fertiggestellt, und heute sieht man nur noch wenige Spuren des Feuers. Ich freue mich jedes Mal, wenn ich dort wieder zu Besuch bin, denn ich habe viele bewegende und schöne Erinnerungen. Durch die neuen Gebäude sieht die kleine Astronomie-Oase natürlich inzwischen anders aus als zu meiner Zeit bis 2006, als die Aufbauarbeiten erst langsam begonnen hatten. Aber egal, wie alles aussieht, es zeigte sich: das Mt. Stromlo-Observatorium wird immer das Mt. Stromlo-Observatorium bleiben!

10.4. Die Entdeckung des eisenärmsten Sterns

Das Ziel meiner Doktorarbeit bestand darin, meine bis dahin schon ziemlich geschrumpfte Strichprobe auf die metallärmsten Sterne hin zu untersuchen. Das Drei-Schritt-Verfahren aus Kapitel 7.5 war dabei maßgebend, um die interessantesten Sterne erfolgreich zu isolieren.

Nach der Kandidatenselektion war der nächste Schritt also die Nachbeobachtung aller 1777 Kandidaten, um bessere Spektren für eine genauere Vermessung der Kalzium-Linie zu erhalten. Um schnellere Fortschritte zu erzielen, halfen mir einige Kollegen bei den Nachbeobachtungen. Immer wenn ich wieder eine größere Menge von Spektren von den diversen Kampagnen mitsamt meiner eigenen beisammen hatte, analysierte ich diese Gruppen, um die Metallizitäten zu bestimmen und herauszufinden, welche Kandidaten sich tatsächlich als metallarm herausstellten. Bei dieser Arbeit tauchten immer noch regelmäßig Sterne auf, deren Spektrum eindeutig bescheinigte, dass sie viel zu heiß sind, um echte metallarme Sterne zu sein. Sie mussten natürlich sofort aussortiert werden. Weiterhin gab es ab und zu Sterne, deren Spektren zwar andeuteten, dass sie heiß seien, aber nicht so wie andere typische Exemplare. Da ich nichts falsch machen wollte, notierte ich die Namen dieser »Problem«-Sterne, um sie später mit meinem deutschen Kollegen zu besprechen.

Einer dieser Sterne hatte den klangvollen Namen HE 1327–2326. Sein Spektrum war dem eines heißen Sterns mit intrinsisch schwachen Linien ziemlich ähnlich. Zudem sollte er laut der ersten Analyse eine ziemlich niedrige Metallizität haben. Allerdings hatten bislang nur Sterne mit aus Versehen zu heiß gemessenen Temperaturen fälschlicherweise solche niedrigen Werte. Dennoch fand ich, dass das Spektrum irgendwie etwas anders als das typischer Fehlklassifikationen aussah. Aus nicht ganz nachvollziehbaren Gründen befand sich dieser Stern mehrere Monate lang von mir unbeachtet auf dieser Liste. Denn ich hatte mit ziemlich vielen anderen Aufgaben wie weiteren Nachbeobachtungen zu tun, um möglichst schnell alle Nachbeobachtungen unter Dach und Fach zu bringen. Diese Liste war nichts anderes als ein Blatt Papier, das neben einigen dieser »Problemfälle« noch einige andere gekritzelte Notizen enthielt. Leider ist dieser Zettel bei diversen Umzügen vom einen zum anderen Kontinent inzwischen verlorengegangen. Dennoch kann ich mich nach wie vor sehr gut an ihn erinnern.

Damit stand der Stern also auf der Abschussliste und wartete nur noch auf das OK meines Kollegen, um aus der Stichprobe endgültig herausgeschmissen zu werden. Da vier Augen mehr als zwei sehen, wartete ich also mit dem »Wegschmeißen« bis zu unserem nächsten Treffen. Dieses war im Mai 2004. Zusammen mit drei weiteren Astronomen waren wir an die Michigan State University eingeladen worden, um dort für 14 Tage zu arbeiten und diverse Projekte zu besprechen. Es war gleichzeitig eine gute Gelegenheit, mich ausgiebig mit meinem Kollegen über besagte Problemsterne auszutauschen und ganz generell über den Fortschritt meiner Doktorarbeit zu berichten. So zeigte ich ihm in den ersten Tagen das Nachbeobachtungsspektrum von HE 1327–2326 sowie die dazugehörigen Analyseergebnisse. Mein Kollege starrte auf das Spektrum und schnappte nach Luft. Sätze wie »Oh, wow, das ist aber äußerst interessant!!« und »Wir brauchen sofort ein hochaufgelöstes Spektrum!« kamen wie ein Wasserfall aus ihm herausgesprudelt.

Danach ging alles sehr schnell. Als Erstes kontaktierte ich meinen Beobachterkollegen, mit dem ich am Siding Spring-Observatorium des Öfteren beim Beobachten zusammengearbeitet hatte. Wie der Zufall es wollte, war er gerade dort und somit in der Lage, uns sofort ein besseres Nachbeobachtungsspektrum zu beschaffen. Wir wollten unbedingt sicherstellen, dass mit dem Originalspektrum nicht irgendetwas schiefgelaufen war. Allerdings regnete es zur Zeit der Anfrage in Australien. Aber wir hatten Glück, denn für etwa 10 Minuten war es trocken und klar genug, um diesen hellen Stern mit dem 2,3 m-Teleskop kurz zu beobachten. Dies war der einzige Stern, den mein Kollege während seiner mehrere Nächte dauernden Kampagne dort beobachten konnte.

Wir kamen dann sofort zu dem Ergebnis, dass das neue Spektrum genauso aussah wie das alte. Nichts hatte sich geändert, und man konnte die sehr schwache Kalzium-Linie jetzt sogar deutlicher erkennen. Abbildung 10.3 zeigt dieses Spektrum. Die neue Analyse ergab nun, dass HE 1327–2326 relativ warm und somit ein Hauptreihenstern sein und eine Eisenhäufigkeit von [Fe/H] = −4.3 haben musste.

Was für ein Moment! Entgegen allen Erwartungen war der »Abschuss-Stern« innerhalb von zwei Tagen zum wichtigsten Objekt aller unserer Forschungsaktivitäten geworden. Alles ging so schnell, dass ich kaum wahrnehmen konnte, dass dieser Stern einen entscheidenden Wendepunkt in meiner Arbeit herbeigeführt hatte. Zu dem damaligen Zeitpunkt gab es einen Stern, CD −38° 245, mit [Fe/H] = −4.0 (ein leicht korrigierter Wert gegenüber der Originalanalyse) und einen anderen, HE 0107–5240, mit [Fe/H] = −5.2. Alle anderen Sterne hatten höhere Eisenhäufigkeiten. Einen Stern mit einer Metallizität zwischen denen dieser beiden Sterne zu finden, galt als sensationell. Denn andere Wissenschaftler hatten schon angefangen, darüber zu spekulieren, ob es in dem großen Bereich zwischen [Fe/H]=−4 und [Fe/H] = −5 überhaupt Sterne geben könnte.

Jetzt war der Moment gekommen, in dem wir dringend ein hochaufgelöstes Spektrum benötigten, um die Metallizität zu bestätigen.

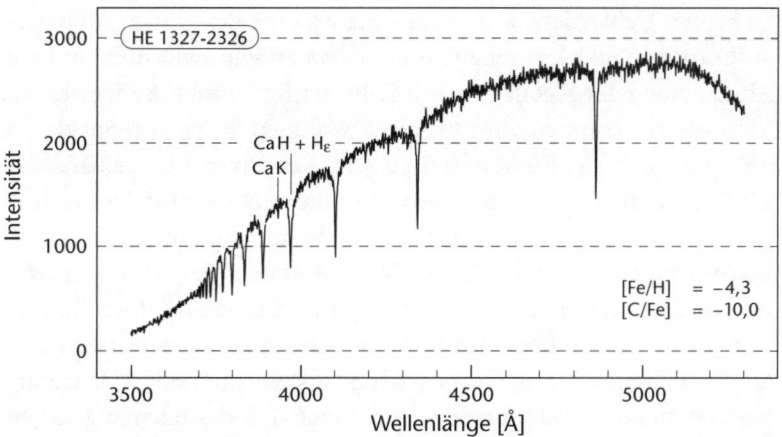

Abb. 10.3: Das 2,3m-Teleskop-Spektrum, welches bestätigte, dass HE 1327–2326 ein außerordentlich metallarmer Stern ist, für den ein hochaufgelöstes Spektrum benötigt wurde. Die winzige Kalzium-K-Linie kann zwischen den Wasserstofflinien bei etwa 3900 Å gesehen werden.

Von Zufall konnte man schon gar nicht mehr sprechen: Denn nur einige Tage später sollte einer unserer japanischen Kollegen nach Hawaii zum 8 m-Subaru-Teleskop fliegen, das mit einem hochauflösenden Spektrographen ausgestattet ist. Ziel seiner Beobachtungskampagne war die Suche nach extrem metallarmen Sternen – ein Programm, das schon seit einigen Jahren am Laufen war. Die Teleskopzeit war schon 2003 bewilligt worden, und so war es ein außerordentlich glückliches Zusammentreffen, dass ich genau zum Zeitpunkt dieser Beobachtungen diesen unglaublich guten Kandidaten gefunden hatte. Der japanische Kollege erklärte sich natürlich sofort dazu bereit, den Stern in das Programm aufzunehmen und ihm die höchste Priorität bei den Beobachtungen einzuräumen.

Was folgte, glich dem Leben auf der Überholspur – zumindest wissenschaftlich gesehen. Wir bekamen das hochaufgelöste Spektrum, und tatsächlich – HE 1327–2326 war rekordverdächtig metallarm! Denn wie sich herausstellte, hatten wir seine Eisenhäufigkeit *über*schätzt. Interstellares Kalzium zwischen uns und dem Stern war im Spektrum deutlich zu erkennen, was aber im Nachbeobachtungsspektrum aufgrund der geringeren Auflösung nicht hatte erkannt werden können. In Wirklichkeit hatte der Stern viel weniger Kalzium zu bieten. Da wir jetzt aber zwei winzig kleine Eisenlinien im hochaufgelösten Spektrum sehen konnten, waren wir nicht mehr auf die Abschätzung der Metallizität mit Hilfe der Kalziumlinie angewiesen.

Insgesamt konnten wir nur vier Eisenlinien im ganzen Spektrum detektieren, da der Stern aufgrund seines enormen Eisendefizits fast gar kein Eisen in sich hat und die warme Sterntemperatur das Erscheinen der Linien zusätzlich verringerte. Trotzdem konnten wir so die Eisenhäufigkeit von HE 1327–2326 bestimmen: $[Fe/H] = -5.4$, was nur einem Zweihundertfünfzigtausendstel der solaren Eisenhäufigkeit entspricht. Ich hatte den neuen Rekordhalter für den eisenärmsten Stern in meiner Stichprobe noch im ersten Jahr meiner Doktorarbeit gefunden. Abbildung 10.4 zeigt einen Teil des hochaufgelösten Spektrums mit der Kalzium-*K*-Linie sowie den stärksten Eisenlinien.

Ich konnte das alles kaum glauben, auch wenn meine Arbeit ja genau auf ein solches Ereignis abgezielt hatte. Schon in der groben Arbeitsübersicht, die ich zu Anfang meiner Doktorarbeit einreichen

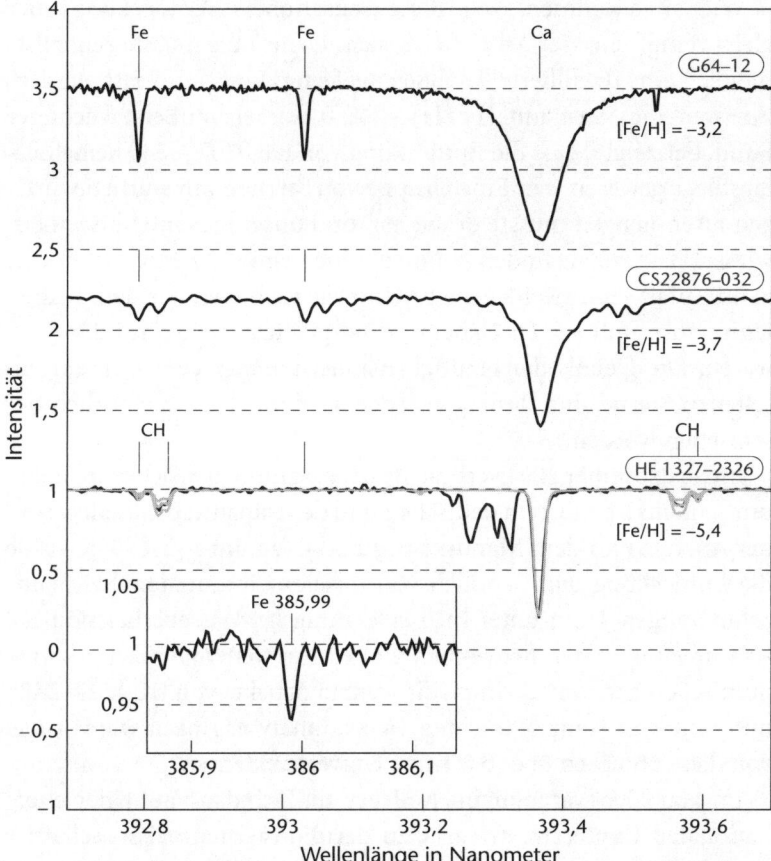

Abb. 10.4: Ein Teilstück des hochauflösenden Spektrums von HE 1327–2326 im Vergleich zu einem ähnlichen, aber metallreicheren Stern, G 64-12. Verschiedene Absorptionslinien um die Kalzium-K-Linie herum sind gekennzeichnet. Statt Eisen sieht man in dieser Region in HE 1327–2326 molekulare Kohlenstoff (CH)-Linien. Die kleine Box beinhaltet das spektrale Teilstück mit der stärksten Eisenlinie.

musste, hatte ich einen kleinen Abschnitt eingefügt, der besagte, dass ich im Falle der Entdeckung eines Sterns mit [Fe/H] < −5 alle anderen Projekte in den Hintergrund stellen würde, um mich voll und ganz auf die Neuentdeckung zu konzentrieren. Und genau dieser aufregende Fall war eingetreten.

Wie angenommen, zog diese sensationelle Entdeckung aber gleichzeitig sehr viel Arbeit nach sich. Denn nun musste schnellstmöglich eine detaillierte Analyse angefertigt und publiziert werden. Ein weiterer Stern mit [Fe/H] < −5.0 war ein äußerst wichtiger Fund, der zeigte, dass die Entdeckung von HE 0107−5240 keine Eintagsfliege gewesen war. Eine Gruppe von Sternen mit solchen winzigen Eisenmengen musste existieren, und unsere Suchmethoden bewiesen, dass wir sie finden konnten. Einen einzelnen Stern zu finden kann Zufall sein, zwei Sterne bedeuteten aber, dass wir dem frühen Universum und seinen Geheimnissen gut und sicher auf der Spur waren. Die Details der Häufigkeitsmuster dieser chemisch extrem seltenen Sterne sind deswegen schon in Kapitel 9.3 ausführlich beschrieben worden.

Im Spätsommer 2004 verbrachte ich daraufhin 6 Wochen in Japan, um gemeinsam mit dem deutschen und dem japanischen Kollegen an der Analyse und dem Manuskript zu arbeiten. Im April 2005 wurde die Entdeckung dann endlich von unserem internationalen neunzehnköpfigen Team unter meiner Leitung im Wissenschaftsjournal »Nature« publiziert. Inzwischen gibt es drei weitere Artikel in astronomischen Fachzeitschriften, die weitere Aspekte von HE 1327−2326 und seiner Existenz betrachten. Wir können also nach wie vor viel von diesen Sternen über das frühe Universum lernen.

Im Mai 2005 waren meine Kollegen und ich dann auf einer internationalen Konferenz in Paris, zu der die meisten Wissenschaftler unseres Feldes angereist waren. Abbildung 10.5 zeigt das Gruppenfoto der Hauptmitglieder unseres Teams. Dort durfte ich einen Vortrag vor ca. 200 Wissenschaftlern aus der ganzen Welt halten, in dem ich die Entdeckung von HE 1327−2326 rekapitulierte. Ich erklärte dabei sein Häufigkeitsmuster und dessen nukleosynthetische Interpretation, nämlich die Annahme, dass nur einer der ersten Sterne für die beobachteten Elemente und deren Mengen verantwortlich gewesen war.

Der Rekord von HE 1327−2326 ist bis heute nicht gebrochen worden. Derzeit laufen einige Projekte mit dem Ziel, noch weitere dieser außerordentlichen Sterne zu finden. Ein dritter und vierter Stern mit etwa einem Siebzigtausendstel der solaren Eisenhäufigkeit wurde auch schon gefunden, doch natürlich hoffen wir weiterhin auf wesentlich mehr Sterne mit [Fe / H] < –5.0. Denn sie sind nun einmal am besten geeignet, den allerersten Sternen im Universum auf die Spur zu kommen.

10.5. Die Vernetzung der Astronomen

Das wissenschaftliche Feld der Astronomie ist verglichen mit anderen Naturwissenschaften wie zum Beispiel Chemie oder auch Physik ziemlich klein. Dementsprechend ist es nicht verwunderlich, dass Astronomen verhältnismäßig umfangreich mit nationalen und internationalen Kollegen an Projekten gemeinsam arbeiten. Daraus ergibt sich ein sehr eng geknüpftes internationales Netz, bei dem jeder fast jeden kennt.

Abb. 10.5: Gruppenfoto unseres internationalen Metallarme-Sterne-Teams (Australien, Japan, Deutschland, England und USA) bei einem Symposium der Internationalen Astronomischen Union 2005 in Paris.

In dieser Wissenschaftslandschaft gibt es viele Bräuche und Sitten. Eine davon ist, sich gegenseitig einzuladen, um Vorträge zu halten. Diese dienen dazu, sich über die neuesten Arbeiten in allen Bereichen der Astronomie zu informieren und den wissenschaftlichen Austausch zu fördern. Dementsprechend reise ich mehrmals im Jahr zu anderen Universitäten und Instituten sowohl innerhalb der USA als auch in andere Länder, um Vorträge zu halten.

Solche Einladungen ermöglichen, dass man ausführlich über seine wissenschaftlichen Ergebnisse berichten und diese mit Kollegen von Angesicht zu Angesicht diskutieren kann. Auf diesen Reisen lernt man gleichzeitig viele neue Astronomen kennen, was wiederum zu vielen Anregungen, interessanten Gesprächen und neuen Ideen und Projekten führt. Schon bald nach meiner Entdeckung von HE 1326–2326 wurde ich des Öfteren eingeladen, um Kolloquiumsvorträge zu halten und auf Konferenzen zu sprechen. Über die Jahre hinweg habe ich so mehr als 70 wissenschaftliche Vorträge gehalten – von populärwissenschaftlichen Präsentationen über Kolloquien bis zu Plenarvorträgen.

Auf Konferenzen sind die Astronomen sogar manchmal in Party-Laune. Der Boden bebt, die Musik ist laut – an einem ganz normalen Mittwochabend ist die gesamte Bar mit 200 bis 300 tanzenden Astronomen vollgepackt: von Studenten bis zu Professoren. Denn jedes Jahr am zweiten oder dritten Mittwoch im Januar wird abends astronomisch gefeiert. Grund dafür ist die Winter-Tagung der Amerikanischen Astronomischen Gesellschaft (»American Astronomical Society«, kurz AAS), zu der bis zu 3000 amerikanische und internationale Astronomen anreisen, um aktuelle Ergebnisse zu präsentieren und sich über neue Resultate, Projekte und Initiativen auszutauschen. Auch die Deutsche Astronomische Gesellschaft hat jährliche Treffen im September.

Die AAS hat rund 7000 Mitglieder, und zweimal jährlich, im Januar und im Juni, finden die Mitglieder-Tagungen statt. Diese Tagungen dauern fünf Tage und sind die geschäftigsten Konferenzen, an denen ich teilnehme. Dann bin ich von früh morgens bis spät abends auf den Beinen, um Vorträge zu hören, mich mit Kollegen zu treffen und Projekte zu besprechen oder Workshops zu besuchen.

Da diese jährlichen Tagungen sich nicht auf ein bestimmtes Fachgebiet beschränken, repräsentieren die Teilnehmer alle erdenklichen astronomischen Arbeitsbereiche. Dies ermöglicht auch, die Kollegen und Bekannten wieder zu treffen, die nicht direkt im eigenen Fachbereich arbeiten. Denn über die Jahre hinweg lernt man viele andere Astronomen kennen, besonders wenn man an verschiedenen Orten studiert oder gearbeitet hat. Für viele von uns sind diese Konferenzen deswegen eine Art »astronomisches Familientreffen«.

Beim Winter-Treffen 2011 in Seattle hielt ich meinen Annie-J. Cannon-Preis-Vortrag vor vollem Haus. Zusätzlich gab ich einige Interviews, schüttelte viele Hände und organisierte die »My GMT«-Foto-Aktion am Stand des 25 m großen »Giant-Magellan-Teleskops« in der riesigen Ausstellungshalle. Details zu diesem und anderen geplanten Teleskopen der nächsten Generation sind in Kapitel 11 beschrieben. Interessierte Astronomen konnten vor dem großen Hintergrundbild des Teleskops posieren und dann sofort das ausgedruckte Foto als Souvenir mitnehmen. Am Ende hatten wir insgesamt ca. 200 Fotos ausgegeben und mit vielen Menschen über dieses geplante Großteleskop gesprochen.

Diese großen Konferenzen und auch die kleineren, fachspezifischeren Tagungen sind äußerst wichtig und informativ, um den neuesten Stand der Wissenschaft zu erfahren und auch um sich mit den internationalen Kollegen auszutauschen. Diese Treffen finden auf allen Kontinenten statt, so dass sehr viele Dienstreisen auf dem Programm stehen. Wenn man dann auch noch beobachtender Astronom ist, kommen die Reisen zu den Teleskopen dazu. Diese Gegebenheiten spiegeln deutlich wider, dass die Astronomie zu den internationalsten Wissenschaften gehört. Und alle diese Aspekte machen den Beruf des Astronomen spannend und abwechslungsreich.

Weiterhin muss man sich täglich auf dem Laufenden halten, was andere Wissenschaftler an neuen Ergebnissen erzielen. Dabei hilft einem ein Preprint-Server (http://arxiv.org/archive/astro-ph), auch »astro-ph« genannt. Dies ist eine Webseite, auf die viele Astronomen ihre wissenschaftlichen Artikel hochladen. Diese Artikel sind teilweise schon für die Publikation in astronomischen Fachzeitschriften angenommen worden, andere wurden gerade erst zur

Begutachtung eingereicht, und wieder andere sind Konferenzbeiträge.

Alle Artikel auf dem Preprint-Server sind öffentlich und umsonst erhältlich und ermöglichen so einen schnellen Zugang zu vielen der neuesten Ergebnissen.* Per E-Mail kann man sich täglich über alle neuen Artikel informieren lassen. Der Durchschnitt liegt bei ca. 50 neuen Artikeln aus allen Bereichen der Astronomie pro Tag. Als kleines Ritual wird dann die tägliche astro-ph-E-Mail nach relevanten und interessanten Artikeln durchsucht. Während der Kaffeepause am nächsten Tag im Institut werden neue Artikel dann, manchmal auch lautstark, diskutiert. Einige Institute haben sogar regelmäßige astro-ph-Diskussionsrunden, bei denen neue Artikel institutsweit besprochen werden. Dieses System führt deshalb zu einer enorm schnellen Verbreitung neuer Resultate und Ergebnisse rund um den Globus.

---

* Auch sämtliche wissenschaftliche Artikel der Autorin können dort gefunden werden.

11. AM ENDE EINER KOSMISCHEN REISE

Um das Universum zu erforschen, stützen sich die Astronomen in erster Linie auf ihre Beobachtungsergebnisse. Aber nicht alle Rätsel können nur mit Hilfe von astronomischen Daten gelöst werden. Deshalb liefern theoretische Berechnungen und Computersimulationen, die die physikalischen und chemischen Prozesse des Universums beschreiben, wichtige zusätzliche Informationen. Erst die geschickte Kombination der wissenschaftlichen Ergebnisse der verschiedenen Arbeitsgebiete, also der Beobachtungsergebnisse mit den theoretischen Erklärungen, führt zu neuen, umfassenden Erkenntnissen.

Es ist also eine wichtige Aufgabe, die umfangreichen Simulationen zur Strukturbildung im Universum und der Entwicklung von Galaxien daraufhin zu betrachten, wie sie sich mit den Arbeitsergebnissen zu den metallarmen Sternen verzahnen lassen. Nur dann kann verstanden werden, wie der Halo unserer Milchstraße entstand und woher die metallärmsten Sterne tatsächlich kommen.

11.1. Kosmologische Simulationen

Wir leben in einem Universum, welches zu 23 % aus dunkler Materie und zu 72 % aus dunkler Energie besteht. Die leuchtende Materie, aus der Gas, Sterne und Galaxien bestehen, macht nur mickrige 5 % aus. Die genaue Natur der dunklen Materie und der dunklen Energie ist noch nicht bekannt, und die 5 % leuchtender Materie sind auch nicht einfach zu verstehen. Sollen wir uns deshalb entmutigen lassen, unser Universum zu studieren, da die Arbeit der Astronomen anscheinend mehr Fragen aufwirft als Antworten liefert?

Die Antwort ist natürlich »nein«. Denn wir können uns das bisherige Wissen, z. B. um die dunkle Materie, zunutze machen. Die dunkle Materie macht durch ihre Gravitation auf sich aufmerksam. Denn ob leuchtende oder dunkle Materie – große Massen verursachen immer große Gravitationskräfte. Die Auswirkungen dieser Kräfte können beobachtet und vermessen werden, auch wenn die verursachende Masse selbst nicht gesehen werden kann. Aus diesem Grund wäre eine Galaxie, die ausschließlich aus dunkler Materie besteht, sehr einfach physikalisch zu beschreiben. Denn man würde es nur mit der Gravitation zu tun haben und sich nicht um das komplexe Zusammenspiel von Gas, Sternentstehung, Supernovaexplosionen und chemischer Entwicklung in jeder Galaxie kümmern müssen.

Aus diesem Grund sind schon vor mehr als zehn Jahren riesige Simulationen entwickelt worden, die ausschließlich die Entwicklung der dunklen Materie im Universum betrachten, und zwar von kurz nach dem Urknall bis in die heutige Zeit. Man kann sich dieses Vorgehen etwa so vorstellen, wie wenn man im Kino 3D-Brillen aufsetzen müsste, um einen Film räumlich sehen zu können. Diese Simulationen ermöglichen uns also, das zu sehen, was wir quasi mit einer »Dunkle-Materie-Brille« sehen könnten.

Die zeitliche Entwicklung von sogenannten dunklen Halos wird in einer solchen Simulation genau verfolgt. Diese Halos sind Gebiete, an denen die dunkle Materie besonders verdichtet ist. Denn es wird angenommen, dass sich eine leuchtende Galaxie mitsamt ihrem stellaren Halo im Zentrum eines solchen dunklen Halos befindet. Diese Annahme beruht auf Beobachtungen und den Resultaten der Rotationskurvenanalyse, die ergeben haben, dass die Milchstraße und alle anderen Galaxien generell von einem großen Halo aus dunkler Materie umgeben sind. Wenn man also den Aufbau und die Entwicklung eines dunklen Halos simuliert, kann so indirekt auch die Entwicklung einer leuchtenden Galaxie verfolgt werden.

Der Begriff stellarer Halo bezieht sich auf die dünn besiedelte äußere Sternregion der Galaxie, während der Begriff dunkler Halo eine riesige dunkle Materieverdichtung beschreibt. Ein solcher dunkler

Halo hat also nichts mit dem stellaren Halo der Milchstraße oder dem einer anderen Galaxie zu tun. »Halo« ist lediglich die Bezeichnung eines ausgedehnten kugelförmigen Objekts aus Materie.

Der Einfachheit halber werden also die Bildung und Entwicklung der Galaxien über Milliarden von Jahren hinweg ausschließlich über die Entwicklung ihrer Dunkle-Materie-Halos simuliert. Natürlich wäre es noch viel aufschlussreicher, wenn solche Simulationen nicht nur mit dunkler Materie, sondern zusätzlich auch mit leuchtender Materie ausgeführt werden könnten. Da diese Vorgänge aber sofort extrem komplex werden, steigen die Laufzeiten der Simulationen schnell ins Unermessliche. In den meisten Fällen überfordert das auch die schnellsten Supercomputer, es sei denn, man betrachtet nur die gröbsten Vorgänge dieser unzähligen physikalischen und chemischen Prozesse der Galaxienentstehung. Eine Ausweichmöglichkeit ist es, bestimmte Vorgänge unabhängig von der kosmologischen Entwicklung des Universums zu simulieren oder zeitlich sehr beschränkte Simulationen, z. B. zur Entstehung der ersten Sterne, durchzuführen.

Die kosmologischen Simulationen zeigen detailliert, wie sich kurz nach dem Urknall die ersten Verdichtungen, die ersten dunklen Halos, bildeten. Wenig später kamen einige dieser ersten Halos zusammen und verschmolzen zu einem etwas größeren Halo, von dem angenommen wird, dass er die erste Galaxie beherbergte. Dieser und weitere solcher kleineren Halos kollidierten wiederum miteinander und verschmolzen zu größeren. Die gesamte Materie bewegte sich dabei entlang von riesigen Filamenten, an deren Kreuzungspunkten diese Halos entstanden und weiterwachsen konnten, wenn nur genügend Materie und schon entstandene Halos am Kreuzungspunkt ankamen. Abbildung 11.1 zeigt diese Vorgänge anhand einer Momentaufnahme einer Dunklen-Materie-Simulation. Mit der Zeit konnten einige dieser Halos ziemlich groß werden – es wird angenommen, dass sie die heutigen großen Galaxien, wie die Milchstraße, beherbergen.

Mit den kosmologischen Simulationen kann der Milliarden Jahre andauernde Übergang von einem fast strukturlosen Universum nach dem Urknall in ein Universum mit riesigen langgestreckten Filamenten und Geflechten verfolgt werden. Diese Simulationen reproduzieren diverse Galaxienbeobachtungen, die gezeigt haben, dass sich die leuchtende Materie nicht gleichmäßig im Universum verteilt, sondern dass sich stattdessen riesige Galaxienhaufen in netzartigen Strukturen ansammeln.

Wegen dieses langwierigen hierarchischen Aufbauprozesses dauert die Entwicklung der meisten Galaxien immer noch an. Auch heute werden viele Galaxien beobachtet, die miteinander kollidiert sind, und selbst im Halo der Milchstraße können die Spuren von vergangenen Zusammenstößen mit kleineren Galaxien gefunden werden. Aufgrund der enormen Gravitationskraft der Milchstraße wurden im Laufe der Zeit viele Galaxien, besonders kleinere Zwerggalaxien, eingefangen und im Gezeitenfeld gnadenlos zerrieben. Die

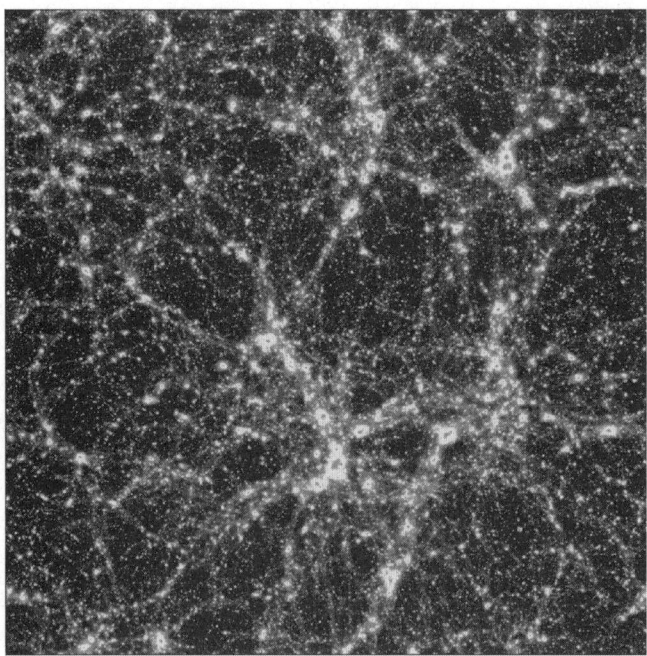

Abb. 11.1: Momentaufnahme einer kosmologischen Dunkle-Materie-Simulation zur Struktur- und Galaxienentstehung. Die dunkle Materie zeigt eine detaillierte Filamentstruktur innerhalb einer 300 Millionen Lichtjahre großen Region. Die helleren Gebiete deuten Verdichtungen der dunklen Materie an, in denen sich große Galaxien und Galaxienhaufen befinden.

Überreste des Verspeisens von kleineren Galaxien können sogar direkt untersucht werden. Große photometrische und spektroskopische Durchmusterungen haben mehrere riesige längliche Ströme von Sternen entdeckt, die sich über den ganzen Himmel erstrecken. Sie sind nichts anderes als zerriebene, wie Kaugummi auseinandergezogene Zwerggalaxien. Diese Beobachtungen bewiesen, dass sich milchstraßenähnliche Galaxien in einem ziemlich kannibalistischen Prozess durch das stetige Auffressen von kleineren Galaxien ernähren und heranwachsen.

Aber nicht alle kleineren Galaxien in der Umgebung der Milchstraße haben so schon ihr jähes Ende gefunden. Die Lokale Gruppe mit ihren vielen verschiedenen Zwerggalaxien ist ein »Nebenprodukt« der Entstehung unserer Galaxie. Die meisten dieser überlebenden Zwerggalaxien umkreisen entweder die Milchstraße oder Andromeda und werden dies wohl auch noch für lange Zeit friedlich tun. Aber für einige von ihnen wird schon bald das Ende kommen. Einige der schwächsten Galaxien zeigen Anzeichen einer Verformung durch das Gezeitenfeld der Milchstraße. Sie sind somit die nächsten Galaxien, die zerrissen werden und deren Sterne und Gas letztendlich im stellaren Halo der Milchstraße enden werden.

Aus den vielen verschiedenartigen Beobachtungen ist schon seit langem bekannt, dass jede größere Galaxie von einer ganzen Reihe kleinerer Zwerggalaxien umkreist wird. Dieses Verhalten wird im Prinzip auch in den Simulationen gesehen. Abbildung 11.2 zeigt einen simulierten Halo aus dunkler Materie zum heutigen Zeitpunkt, der groß genug wäre, um eine Milchstraße zu beherbergen. Um ihn herum befinden sich mehr als tausend kleinere Halos, die den Zentralhalo wie einen riesigen Bienenstock eifrig umschwirren. Da auch Zwerggalaxien einen Halo aus dunkler Materie besitzen, kann angenommen werden, dass diese kleineren dunklen Halos das Pendant der heutigen Zwerggalaxien sind. Dementsprechend müsste erwartet werden, dass große Galaxien von Tausenden von Zwerggalaxien umkreist werden. Denn mit Hilfe der Simulationen können wir nicht nur etwas über die Entwicklung der Milchstraße lernen, sondern auch über die Zwerggalaxien und das Zusammenspiel zwischen ihnen und ihrer Zentralgalaxie.

Abb. 11.2: Detailaufnahme einer 4 Millionen Lichtjahre großen Region in einer kosmologischen Dunkle-Materie-Simulation. Heutzutage gibt es riesige Dunkle-Materie-Halos, die Galaxien wie die Milchstraße beherbergen. Diese Halos werden von einer Fülle kleinerer Halos umkreist, von denen angenommen werden kann, dass sie Zwerggalaxien beherbergen.

Allerdings werfen diese Simulationsergebnisse ein besonderes Problem auf. Unsere Milchstraße wird nämlich nicht von mehr als tausend kleinen Zwerggalaxien, sondern nur von etwa dreißig dieser Knirpse umkreist. Diese Diskrepanz bereitet Astronomen schon seit einem Jahrzehnt Kopfschmerzen. Viele verschiedene Lösungsvorschläge haben immer noch keine Antworten gebracht, denn mit dieser Frage ist Folgendes eng verbunden: In welchem Ausmaß beherbergen die kleinen Halos aus dunkler Materie leuchtende Galaxien, die wir als Gas und Sterne beobachten können? Andersherum ausgedrückt, könnte es sein, dass die Milchstraße von unzähligen kleinen Halos aus dunkler Materie umgeben ist, die wir mit unseren herkömmlichen Teleskopen nicht detektieren können? Oder sind die Dunkle-Materie-Simulationen nicht ausreichend detailliert genug, um leuchtende Galaxien und ihre Entwicklung grundsätzlich zu beschreiben?

Neue, aufwendige Simulationen versuchen, Antworten auf diese fundamentalen Fragen zu finden. Aber auch Beobachtungen können dazu beitragen, weitere Details der Galaxienentwicklung zu erforschen. So helfen neue Forschungsergebnisse zur Natur der verschiedenen klassischen und ultraschwachen Zwerggalaxien zu verstehen, warum einige von ihnen den äußerst kannibalistischen Entwicklungsprozess der Milchstraße überlebt haben, andere aber nicht. Weiterhin liefern detaillierte Beobachtungen der verschiedenen Sternpopulationen der Milchstraße entscheidende Hinweise zu den einzelnen Schritten der langandauernden Entstehungsgeschichte unserer Galaxie.

Die Entstehung der Milchstraße fasziniert Astronomen schon seit mehr als einem halben Jahrhundert. So wurden seit etwa 1960 grundlegende Ideen für die Entstehung von Galaxien, vornehmlich der Milchstraße, entwickelt. Sie basierten allein auf Beobachtungen von Sternen und ihren Bewegungen innerhalb der Milchstraße – lange vor dem Zeitalter großer kosmologischer Simulationen.

So wurden zwei konkurrierende Theorien entwickelt. Im ersten Modell bildet sich eine Galaxie in nur 100 Millionen Jahren in dem gewaltigen Kollaps einer riesigen Gaswolke. Mit Hilfe von einigen Annahmen konnten so die damaligen Beobachtungen von Elementhäufigkeiten von Sternen und deren Bewegungen innerhalb der Galaxie erklärt werden. Das andere Modell besagte, dass sich eine Galaxie ausschließlich aus dem Zuwachs von kleinen Proto-Galaxien über eine längere Entstehungszeit von mehreren Milliarden Jahren stückweise aufbauen würde. Im Gegensatz zum Kollaps-Modell stellte das zweite Modell keinen Zusammenhang zwischen Elementhäufigkeiten, Sternposition und -bewegungen in der Galaxie bezüglich eines hierarchischen Galaxienaufbaus her. Obwohl etwa zeitgleich zu diesen Ideen vorgeschlagen wurde, dass jede Galaxie in einen eigenen Halo aus dunkler Materie eingebettet sei, wurde diese Tatsache aber noch nicht in die Entstehungsmodelle der Galaxien aufgenommen.

In der Folge bildeten sich zwei Gruppen von Astronomen, die mit ihren Beobachtungen Befunde zu ihrem jeweiligen favorisierten Entstehungsmodell zusammentrugen und dabei eifrig versuchten, das andere Modell zu widerlegen. Dabei wurden vor allem die Bewegungen von Sternen im Halo der Milchstraße untersucht, um Rückschlüsse auf die Prozesse der Entstehung unserer Heimatgalaxie zu erhalten.

Erst die Entdeckung der Zwerggalaxie Sagittarius brachte 1997 durch neue Beobachtungen frischen Wind in diese jahrzehntelange Diskussion. Doch statt eines gebundenen, relativ kompakten Objekts fanden Astronomen einen riesigen, dichten Strom aus Sternen, welcher sich über den Himmel zieht und von dem übrig gebliebenen Galaxien-Kern ausgeht. Sagittarius ist also keine vollständige Galaxie mehr, denn sie wird momentan im Gezeitenfeld der Milchstraße langsam, aber sicher komplett zerrieben und zerrissen.

Das Modell des Galaxienwachstums durch das Aufnehmen von anderen, kleineren Galaxien schien mit diesem neuen Beobachtungsergebnis bestätigt worden zu sein. Heute wissen wir jedoch, dass keines der beiden Modelle eine komplette Erklärung für die komplexen Prozesse der Entstehung einer Galaxie wie der Milchstraße liefert. Denn mit Hilfe der kosmologischen Simulationen konnte gezeigt werden, dass zunächst eine Kollapsphase stattfindet, die zur Bildung des dunklen Halos führt. Dieser wächst daraufhin durch das Verschmelzen mit weiteren, kleineren Halos weiter an.

Die kleinen Zwerggalaxien sind also tatsächlich direkte Zeitzeugen der Entstehung und Entwicklung der Milchstraße. Denn ihre Eigenschaften und ihre eigene Entwicklung sind vom dynamischen Zusammenspiel mit der Milchstraße geprägt – sowohl in den letzten zehn bis zwölf Milliarden Jahren wie auch heute noch.

11.2. Wo kommen metallarme Sterne denn nun her?

Diese Frage ist eine der spannendsten, die die Stellare Archäologie zu beantworten versucht. Die Aussicht, metallarme Sterne im galaktischen Halo zum Verstehen der Entstehungsgeschichte der Milchstraße heranziehen zu können, hat auch mich bei meiner Arbeit schon immer begeistert und vorangetrieben. Denn die ältesten metallarmen Sterne mit ihrem Alter von etwa 13 Milliarden Jahren müssen schon vor der Entstehung der Milchstraße, so wie wir sie heute kennen, oder zumindest in den frühesten Phasen, als die Proto-Milchstraße gerade erst ihre Entwicklung zu einer großen Spiralgalaxie begonnen hatte, gebildet worden sein.

Zunächst muss man auf der Suche nach einer Antwort in diesem Zusammenhang die detaillierten Simulationen zum hierarchischen Aufbau der Milchstraße mit ihrem stellaren Halo heranziehen. Denn verschiedene Simulationen haben gezeigt, dass sich das Zentrum der Galaxie und der innere Teil des Halos schon früh aus recht großen »Bausteinen« wie zum Beispiel Zwerggalaxien von der Größe der Magellan'schen Wolken gebildet haben muss. Denn solche größeren Galaxien fielen aufgrund der Anziehungskraft schnell in den inneren Teil der neu entstehenden Galaxie.

Betrachtet man heute die durchschnittliche Metallizität des inneren Teils des Halos von ca. einem Zehntel von jener der Sonne, also [Fe/H] ~ -1.0, stimmt dies auch ungefähr mit der Metallizität der Magellan'schen Wolke überein. Wenn diese ähnlichen Metallizitäten auch nicht eindeutig untermauern, dass dieser Prozess genauso ablief, zeigt dies doch, dass detailliertes Wissen über die die Milchstraße umkreisenden Zwerge für unser Verständnis zur Entstehung der Galaxie letztendlich sehr wichtig ist.

Unter der Annahme, dass metallärmere Sterne vor metallreicheren Sternen geboren werden, muss man sich aber weiterhin fragen, woher z. B. die extrem metallarmen Halosterne gekommen sind. Aus diesen frühen Galaxien, die im inneren Teil der Milchstraße endeten? Sehr wahrscheinlich haben diese größeren Baustein-Galaxien extrem metallarme Sterne aus ihrer eigenen frühen Entwicklung in sich getragen. Aber nachdem sie in die Milchstraße gefallen waren, wurden die meisten ihrer Sterne in der Nähe des galaktischen Zentrums »abgeladen«. Da es dort heutzutage aber so ungeheuer viele jüngere metallreiche Sterne gibt, ist die systematische Suche nach den metallärmsten Sternen dort vergebens – deswegen konzentrieren sich Astronomen auf den Halo. Diese Tatsache, dass es wahrscheinlich auch metallarme Sterne im inneren Teil der Galaxie gibt – obwohl sie äußerst interessant ist –, hilft uns also immer noch nicht zu verstehen, woher denn die metallarmen Sterne im Halo letztlich kommen.

Wir müssen also die Entwicklungsgeschichte der Milchstraße noch weiter und genauer betrachten. Den kosmologischen Simulationen zufolge wurde der Halo immer wieder von Zusammenstößen durchmischt und aufgeheizt, wenn weitere kleinere Zwerge aufgenommen wurden. Da diese Zwerge nicht schwer genug waren, um weiter in das Innere der Milchstraße einzudringen, wurde der Halo Stück für Stück mit kleinen Galaxien, also mit ihren Sternen und ihrem Gas, aufgepolstert. Denn im Halo der Galaxie wurden die Zwerggalaxien zerrissen und zerrieben, so dass alle ihrer Sterne und ihr Gas an den Halo abgegeben wurden – genauso wie die Sagittarius-Zwerggalaxie es im Moment zu tun scheint.

Vor dem Hintergrund des hierarchischen Aufbaus der Milchstraße scheint es sich also zu lohnen, die überlebenden Zwerge, die heutzutage die Milchstraße noch immer umkreisen, genauer zu untersuchen. Denn besonders die leuchtschwächsten unter ihnen besitzen aufgrund eines höheren Vorkommens von metallarmen Sternen niedrigere Metallizitäten als hellere, größere Zwerggalaxien. Dieses Verhalten wird in Kapitel 6 weiter erläutert. Unter der Annahme, dass sich die aufgefressenen Galaxien nicht durch besondere Eigenschaften von denen der überlebenden unterscheiden, sollte man also davon ausgehen können, dass uns besonders die ultraschwachen Zwerggalaxien bei der Frage nach dem Ursprung der metallärmsten Sterne des Halos weiterhelfen können. Wir können sogar so weit gehen zu postulieren, dass die metallärmsten Sterne des Halos ursprünglich aus solchen Zwerggalaxien stammen.

Diese Hypothese kann mit extrem metallarmen Sternen in Zwerggalaxien getestet werden. Ganz speziell können die chemischen Häufigkeiten dieser Sterne Auskunft darüber geben, ob die Vorgänge des

Auffressens kleinster Zwerggalaxien tatsächlich stattgefunden haben. Denn wenn die metallärmsten Sterne des Halos tatsächlich vor langer Zeit aus Zwerggalaxien in den Halo geschüttet wurden, dann sollten sie genau die gleiche chemische Zusammensetzung wie diejenigen Sterne haben, die sich momentan noch in Zwerggalaxien befinden. Sollte sich aber ein signifikanter Unterschied in den Elementhäufigkeiten zeigen, würde entweder an den weitläufig erfolgreichen Simulationen zur Struktur- und Galaxienentstehung vielleicht etwas nicht stimmen, oder die übrig gebliebenen Zwerggalaxien überlebten eventuell doch aus einem bestimmten, wenn auch noch unbekannten Grund.

Genau diese Fragestellung untersuchten meine Kollegen und ich vor einigen Jahren. Ziel war es, die allerersten extrem metallarmen Sterne in einigen der leuchtschwächsten Galaxien im Universum mit hochauflösender Spektroskopie zu beobachten. Denn wir wollten ihre chemischen Häufigkeiten im Detail ermitteln. Es zeigte sich tatsächlich, dass sich die Elementhäufigkeiten dieser Sterne und ihrer Gegenstücke im Halo zum Verwechseln ähnlich sind. Abbildung 11.3 zeigt den Vergleich einiger chemischer Häufigkeitsverhältnisse von metallarmen Sternen in den Zwerggalaxien mit denen der metallarmen Halosterne. Diese bemerkenswerte chemische Ähnlichkeit kann als gutes Indiz dafür angesehen werden, dass der Halo der Milchstraße wirklich aus den Sternen ehemaliger kleinerer und größerer Zwerggalaxien zusammengewürfelt wurde, da sich die zwei Sterngruppen, genau wie angenommen, wie getrennte Zwillinge verhalten. Abbildung 11.4 skizziert, wie der Aufbau des stellaren Halos der Milchstraße vor sich gegangen sein könnte und wie die metallärmsten Sterne aus den Zwerggalaxien womöglich in den Halo gelangten.

Mit nur einer Handvoll von extrem metallarmen Zwerggalaxiensternen war es uns also möglich gewesen, Beobachtungen zu liefern, die grundsätzlich mit den von den Simulationen schon länger vorhergesagten Ereignissen zur galaktischen Haloentstehungsphase übereinstimmen. Darüber hinaus zeigten vereinzelte Elementhäufigkeiten interessanterweise, dass die chemische Entwicklung auch in diesen kleinen primitiven, metallarmen Galaxien noch unregelmäßig war. Da einige dieser Sterne Metallizitäten von $[Fe/H] < -3.5$ ha-

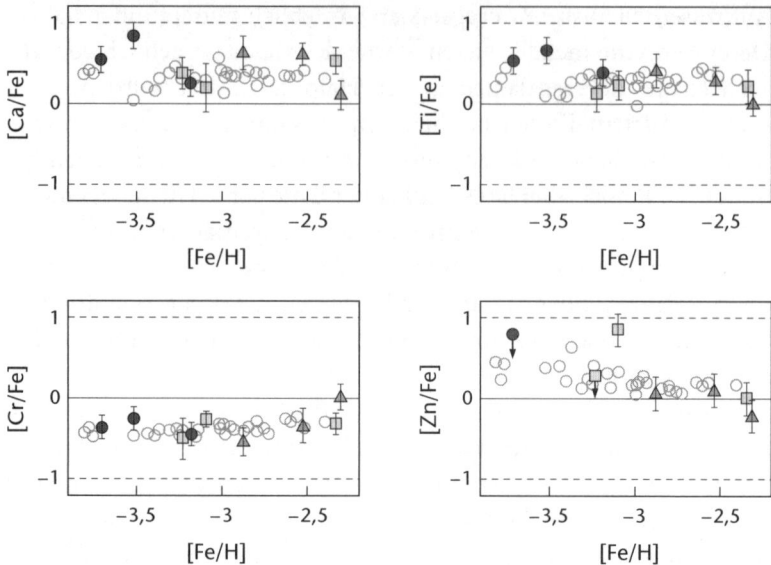

Abb. 11.3: Vergleich einer Auswahl von Elementhäufigkeitsverhältnissen von metallarmen Sternen im Halo der Milchstraße (offene Kreise) und den am schwächsten leuchtenden Zwerggalaxien. Vierecke: Sterne in Ursa Major II. Dreiecke: in Coma Berenices. Gefüllte Kreise: in Segue 1, Bootes I und Leo IV. Die Häufigkeiten aller dieser Sterne sind sich zum Verwechseln ähnlich.

ben, ist es durchaus möglich, dass sie aus Gas entstanden, das nur von den ersten Sternen angereichert wurde. Diese Sterne würden damit den chemischen Fingerabdruck der massereichen Population-III-Sterne des frühen Universums in sich tragen. Denn in jeder Galaxie muss es eine erste Generation von Sternen gegeben haben.

Ausgeklügelte Simulationen, die sich mit der Entstehung der ersten Galaxien beschäftigen, besagen, dass die Population-III-Sterne im Universum noch vor und während des Aufbaus der ersten Galaxien gebildet wurden. Dies bedeutet, dass zumindest einige dieser ersten Sterne in den ersten Galaxien explodierten. Diese ersten Galaxien sind wahrscheinlich den überlebenden ultraschwachen Zwerggalaxien nicht unähnlich. Diese Idee wird weiterhin von der Tatsache unterstützt, dass die ultraschwachen Zwerggalaxien überhaupt keine metallreicheren Sterne mit [Fe / H] > –1.0 besitzen – die chemische Entwicklung lief also nur für sehr kurze Zeit ab. Dann war wahrscheinlich das vorhandene Gas für weitere Sternentstehung aufgebraucht.

Nur mit besseren Simulationen und weiteren Beobachtungen wird sich herausfinden lassen, ob und inwieweit es einen Zusammenhang zwischen diesen Galaxientypen gibt. Aber der Gedanke, dass die ultraschwachen Galaxien die überlebenden ersten Galaxien des Universums sein könnten, ist doch faszinierend!

Trotz dieser ersten Erfolge bleibt es nach wie vor sehr aufwendig, chemische Häufigkeiten einzelner Sterne in den doch relativ weit entfernten Zwerggalaxien zu bestimmen. Tief im galaktischen Halo gelegen, erscheinen diese Sterne nur noch extrem schwach, was das Spektroskopieren sehr erschwert. So dauert es eine ganze Beobachtungsnacht an einem Großteleskop wie dem 6,5 m-Magellan-Teleskop in Chile, um ein hochaufgelöstes Spektrum von ausreichender Datenqualität zu erlangen.

Aber die Aussicht auf spannende Ergebnisse rechtfertigt den Aufwand. Wir haben inzwischen schon mehr als ein Dutzend von me-

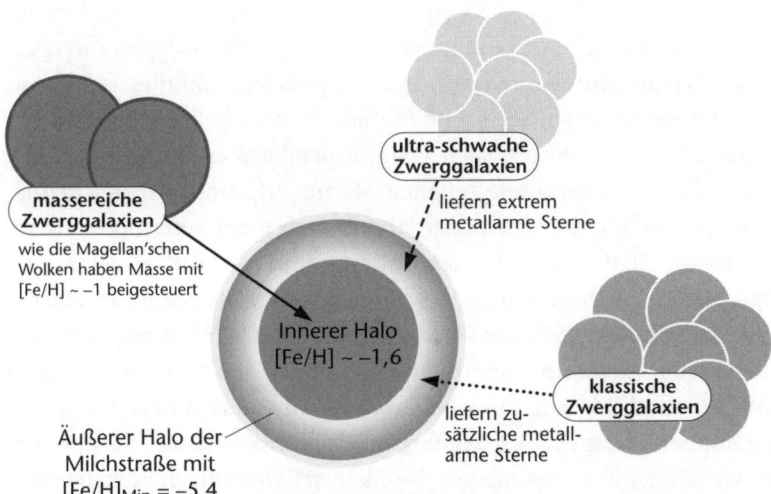

Abb. 11.4: Schematische Darstellung, wie der stellare Halo der Milchstraße aufgebaut worden sein könnte. Die metallärmsten Sterne, die wir heute im Halo beobachten, kamen wahrscheinlich aus verschiedenen Arten von Zwerggalaxien, die im Laufe der Zeit von unserer Galaxie verschlungen wurden.

tallarmen Sternen in fünf verschiedenen ultraschwachen Zwergen gefunden. Jeder diese Sterne hilft uns, detaillierteres Wissen über den gesamten Sterninhalt dieser Galaxien zu erwerben, was wiederum hilft, die allgemeine Entwicklung von Zwerggalaxien besser zu verstehen.

Denn bis heute ist z. B. unklar, welche Faktoren für die Bildung der allerersten Galaxien nach dem Urknall entscheidend waren und in welchen Schritten die Milchstraße zu dieser Zeit entstand. Dabei kristallisiert sich momentan heraus, dass die chemische Entwicklung in den verschiedenen Galaxien immer gleich oder zumindest ähnlich begonnen haben muss. Die spätere Größe und Masse einer Galaxie mögen zwar bestimmen, wie viele Sterne im Lauf der Zeit gebildet werden können und über welchen Zeitraum, aber die Art der Nukleosynthese und die der chemischen Anreicherungen scheint unabhängig von den anderen Galaxieneigenschaften vor sich zu gehen. Es ist genau diese Anfangsphase einer Galaxie, in der die metallärmsten Sterne gebildet wurden.

Doch bevor konkrete Schlüsse über die frühesten Sterngenerationen in Zwerggalaxien gezogen werden können, müssen noch mehr der metallärmsten Sterne in möglichst vielen verschiedenen Zwerggalaxientypen gefunden werden. In den etwas leuchtkräftigeren klassischen Zwerggalaxien, die schon seit Jahrzehnten bekannt sind, wurde über lange Zeit hinweg nach extrem metallarmen Sternen gesucht. Allerdings konnten diese seltenen Sterne aufgrund unzureichender Suchmethoden bis vor einigen Jahren noch nicht gefunden werden.

Im Jahr 2010 gelang meinen Kollegen und mir dank neuer, ausgeklügelterer Methoden und viel Teleskopzeit schließlich der Durchbruch auch bezüglich der klassischen Zwerge. Wir konnten nämlich den ersten extrem metallarmen Stern in der Sculptor-Zwerggalaxie im Sternbild Bildhauer präsentieren. Details dieser Entdeckung sind in Kapitel 7 beschrieben. Weitere Entdeckungen solcher Sterne folgten rasch. Sie alle zeigten, dass die chemisch primitiven, metallarmen Sterne nicht nur in den allerschwächsten, sondern auch in den klassischen Zwerggalaxien zu finden sind.

Zukünftige Beobachtungen von Sternen in weiteren Zwerggalaxien werden die Erkenntnisse zum Zwerggalaxien-Ursprung der metallärmsten Halosterne bestätigen oder aufschlussreiche Ausnahmen finden. Wir hoffen dabei, viel über die Entwicklung primitiver Zwerggalaxien zu erfahren – nicht zuletzt, weil diese ersten von uns gefundenen metallarmen Sterne andeuten, dass sie womöglich Mitglieder der zweiten Sterngeneration in ihren jeweiligen Galaxien sein könnten. Und das Entdecken dieser frühen Sterne ist ja schließlich das Ziel der Stellaren Archäologie.

Zusammenfassend können wir nun die umfassende Bedeutung der metallärmsten Sterne der Milchstraße für die Astronomie erkennen. Aufgrund ihrer geringen Masse haben diese Sterne so lange Lebenszeiten, dass sie nicht nur Zeitzeugen der frühesten Nukleosyntheseprozesse und des Beginns der chemischen Entwicklung, sondern auch Überlebende des gesamten Entstehungsprozesses der Milchstraße sind. Wenn wir sie heute beobachten, sieht man ihnen gar nicht an, dass sie die vielen turbulenten Ereignisse in ihrer Geburtsgalaxie und die Einverleibung durch unsere Milchstraße tatsächlich überlebt haben.

11.3. Was wir von den nächsten Durchmusterungen erwarten

Die metallärmsten Sterne sind extrem selten, aber die Himmelsdurchmusterungen der vergangenen Jahrzehnte haben bewiesen, dass diese Raritäten durch systematisches Suchen und mehrere Selektionsschritte erfolgreich identifiziert werden können. Allerdings ist die Auswahl von Sternen für die Nachbeobachtungen von deren Helligkeit abhängig, denn schwach leuchtende Sterne kosten mehr Teleskopzeit oder sind überhaupt zu schwach, um jemals mit hochauflösender Spektroskopie beobachtet werden zu können. Aus diesem Grund ist der äußere Teil des Halos außerhalb von 15 000 bis 20 000 Lichtjahren, spektroskopisch gesehen, immer noch recht unerforscht.

Weiterhin haben die spektroskopischen Arbeiten über die kleinen, die Milchstraße umkreisenden Zwerggalaxien eindeutig gezeigt, dass diese Galaxien ebenso wie der Halo extrem metallarme Sterne enthalten. Doch diese Galaxien befinden sich im äußeren Halo – die nächstliegenden sind ca. 130 000 Lichtjahre weit von uns entfernt. Das bedeutet, dass nur die allerhellsten dieser Sterne beobachtet werden können, nämlich die leuchtkräftigsten Roten Riesensterne. Über die nächsten Jahre hinweg werden alle diese helleren Sterne mit den existierenden Großteleskopen spektroskopisch beobachtet werden.

Aber was dann? Wir benötigen weitere Daten, besonders von den Zwerggalaxiensternen, um die Details der chemischen Entwicklung in diesen uralten Minigalaxien zu studieren und deren Bedeutung für den Milchstraßenaufbau zu erforschen. Dafür gibt es zwei potentielle Lösungsansätze: Wir brauchen entweder neue Zwerggalaxien, so dass wir weitere ausreichend helle, beobachtbare Sterne bekommen, oder einfach größere Teleskope, die schneller mehr Sternenlicht einfangen können. Beide Möglichkeiten werden momentan angegangen.

Um den galaktischen Halo inklusive der darin enthaltenen diversen Strukturen, Ströme und Zwerggalaxien chemisch weiträumig zu charakterisieren, ist eine flächendeckende Durchmusterung nötig. An der Australischen National-Universität ist ein solches Großprojekt gestartet worden. Mit dem neu entwickelten 1,3 m-SkyMapper-Teleskop (»Himmelskartierer«) wird seit 2012 der Himmel Nacht für Nacht beobachtet. Es steht zusammen mit dem 2,3 m-Teleskop und einigen weiteren Teleskopen im Siding Spring-Observatorium und ist in Abbildung 11.A im Farbbildteil gezeigt.

Diese Durchmusterung ist komplett automatisiert, und eine Milliarde Sterne und Galaxien der gesamten südlichen Hemisphäre sollen digital katalogisiert werden. Die schwächsten beobachteten Objekte werden dabei eine Million Mal schwächer sein, als das, was wir mit dem menschlichen Auge noch am Himmel sehen können. Neue Planeten, Sterne, Supernovae, Galaxien, Quasare und weitere kosmische Bewohner werden dabei entdeckt werden. Denn während jeder klaren Beobachtungsnacht wird SkyMapper über die nächsten fünf Jahre hinweg jede Sekunde 100 Megabytes an Daten aufnehmen. Das bedeutet, dass der gesamte südliche Himmel am Ende in

500 Terabytes oder 100 000 DVDs gespeichert sein wird. Diese Daten werden später öffentlich für jedermann über das Internet zugänglich sein.

Die Durchmusterung mit SkyMapper erfolgt wie die fotografische Kartierung der Erde. Einzelbilder von kleineren Himmelsregionen werden aufgenommen, zusammengesetzt und analysiert. Obwohl man für die Arbeit mit metallarmen Sternen letztendlich spektroskopische Daten braucht, kann man sich trotzdem auch schon die SkyMapper-Daten zunutze machen. Denn SkyMapper ist im Gegensatz zu allen anderen bisherigen und auch zukünftigen photometrischen Durchmusterungen gezielt so konzipiert worden, dass die Bestimmung der Sternparameter eines jeden Sternes möglich wird. Da SkyMapper den Himmel in verschiedenen Farben, z. B. im blauen, grünen und roten Wellenlängenbereich, beobachtet, ermöglicht eine ausgeklügelte Kombination dieser Helligkeiten, Informationen zur Metallizität eines Objektes zu erhalten. Da hilft besonders eine Helligkeitsmessung der spektralen Region um die starke, metallizitätsabhängige Kalzium-K-Linie bei 3933 Å. Bei einer starken Linie erscheint der Stern weniger hell als bei einer schwachen Kalzium-K-Linie. Zusätzlich wird wiederum von der Tatsache Gebrauch gemacht, dass metallarme Sterne bläulicher als metallreichere Sterne erscheinen. Wenn man versucht, die Nadel im Heuhaufen zu finden, hilft so ein Unterscheidungsmerkmal enorm.

Metallarme Kandidaten können also schon in diesem Durchmusterungsschritt identifiziert werden, wenn auch die beiden anderen spektroskopischen Nachbeobachtungsschritte immer noch notwendig bleiben. So verspricht das SkyMapper-Konzept in den kommenden Jahren große Erfolge für die Stellare Archäologie.

Aber nicht nur für das Finden von metallarmen Halosternen wird SkyMapper hilfreich sein. Auch die Entdeckungen vieler neuer Zwerggalaxien werden erwartet. Die neuen Zwerge werden hoffentlich viele hellere Sterne enthalten, die wir auch mit den derzeitigen Teleskopen beobachten können, um neue Einsichten in die Entwicklung dieser Galaxien zu erlangen.

Neue Zwerggalaxien können aber auch in anderen Himmelsdurchmusterungen entdeckt werden. Mit einer 3 Milliarden Pixel großen Digitalkamera wird die »Large Synoptic Survey Telescope«-Durchmusterung (LSST) ab 2016 von den chilenischen Anden aus mit einem neuen 8,4 m-Teleskop den Himmel wiederholt abfotografieren. Pan-Starrs (»Panoramic Survey Telescope & Rapid Response System«) ist schon dabei, mit der ersten der beiden 1,4 Milliarden-Pixel-Kameras den Himmel von Hawaii aus auf der Suche nach erdnahen Asteroiden zu kartographieren. Zum Vergleich sei erwähnt, dass meine eigene kleine Digitalkamera dagegen nur lausige 5 Millionen Pixel hat – doch wer mehr Pixel haben will, muss auch zahlen: Die astronomischen Kameras kosten auch astronomische Summen.

Das Design dieser anderen Durchmusterungen ist jedoch weniger differenziert als das der SkyMapper-Durchmusterung und somit nicht direkt für die detaillierte Charakterisierung von Sternen nutzbar. Deshalb werden zwar neue Zwerggalaxien gefunden werden, aber für die einzelnen Mitgliedersterne werden die Metallizitätsinformationen unzureichend sein. Möchte man also über die Metallizitäten Genaueres wissen, muss man mit zusätzlichen Aufnahmen oder am besten direkt mit Spektroskopie alle Sterne erneut beobachten.

Neben diesen fotografischen Durchmusterungen gibt es noch weitere komplementäre Durchmusterungen. Die chinesische LAMOST (»Large Sky Area Multi-Object Fibre Spectroscopic Telescope«)- Durchmusterung nimmt seit 2010 niedrigauflösende Spektren von Objekten der Nordhalbkugel aus der 300 km nördlich von Peking gelegenen Xinglong-Station auf. Viele metallarme Sterne werden dort mit Sicherheit identifiziert werden. Der europäische Satellit »Gaia«, unter der Leitung der Europäischen Raumfahrtagentur und mit einem riesigen Team von Astronomen aus ganz Europa, wird ab 2013 die Positionen, Entfernungen und Geschwindigkeiten von ca. einer Milliarde Sterne vermessen. Die Bestimmung von physikalischen Sternparametern und chemischer Zusammensetzung wird dann für einen Teil der Objekte möglich sein. Diese Informationen werden auch für die Suche nach metallarmen Sternen und der Charakterisierung der Milchstraße sowie deren Ursprung, Entwicklung, Struktur und Dynamik von Bedeutung sein.

Alles in allem wird aber besonders SkyMapper das nächste große Feuerwerk an neuen Daten hervorbringen, die das Feld der Stellaren Archäologie enorm vorantreiben wird. Dennoch werden viele der Sterne zu schwach für hochauflösende Spektroskopie mit den derzeit größten Teleskopen sein. Dieses Problem kennen wir ja inzwischen. So müssen wir uns mit den helleren Sternen im Halo und den neuen Zwerggalaxien zufriedengeben. Dabei hoffen wir natürlich, weitere Sterne mit rekordniedrigen Eisenhäufigkeiten zu finden, um das frühe Universum mit seinen Nukleosyntheseprozessen noch eingehender kennenlernen zu können.

11.4. Die nächste Generation von Riesenteleskopen

Die Tatsache, dass die neuen Durchmusterungen viele extrem schwache Objekte im Halo und in diversen Zwerggalaxien identifizieren werden, stellt die Astronomie vor eine große Herausforderung – wenn zusätzliche spektroskopische Beobachtungen nötig werden. Gleichzeitig provoziert dieses Problem aber den Wunsch, diese Grenzen zu überwinden, um weiter als je zuvor in den Kosmos schauen zu können.

Doch die Möglichkeiten für hochauflösende Spektroskopie dieser zu schwachen und somit momentan unbeobachtbaren Sterne könnten in den nächsten zehn Jahren durchaus steigen: Mit der nächsten Generation von riesigen optischen Teleskopen. Sie werden über einen Spiegeldurchmesser von mehr als 25 m verfügen und somit hervorragend für die hochauflösende Beobachtung von interessanten Objekten geeignet sein, die uns heute noch vollständig unzugänglich sind.

Zur Zeit sind drei solcher Teleskopriesen in der detaillierten Planung: ein europäisches und zwei amerikanische. Das »European Extremely Large Telescope« (E-ELT) soll 39 m Durchmesser haben, was durch das Zusammenspiel von fast tausend sechseckigen 1,4 m-Spiegeln erreicht wird. Der Gesamtspiegel wird dann wie eine riesige Bienenwabe aussehen. Das Projekt wird von der Europäischen Südsternwarte (ESO) geleitet, die schon seit langem eine ganze Reihe von Teleskopen in Chile betreibt. Es ist geplant, dass das E-ELT auf dem 3000 m hohen Berg Cerro Armazones im zentralen Teil der Atacama-wüste im Norden Chiles stehen wird. Dieser Standort befindet sich 130 km südlich der Stadt Antofagasta und ist nur ca. 20 km vom Cerro Paranal entfernt, auf welchem das Very Large Telescope der ESO steht.

Der Spiegel des »Thirty Meter Telescope« (TMT) soll aus 492 Segmenten bestehen, die sich zu einem 30 m-Spiegel zusammensetzen lassen. Die Universitäten in Kalifornien (USA) zusammen mit Partnern aus Kanada, Japan, China und Indien sind an diesem Teleskopbau beteiligt. Zusammen mit anderen Teleskopen, wie dem Subaru- und den Keck-Teleskopen, wird es auf dem 4000 m hohen Mauna Kea auf der hawaiianischen Insel »Big Island« stehen.

Das »Giant Magellan Telescope« (GMT) wird einen Spiegeldurch-messer von 25 m besitzen. Das Design unterscheidet sich von dem der anderen Teleskope dadurch, dass die Einzelspiegel nicht eckig und relativ klein sind, sondern dass es sieben große 8,4 m Spiegel geben wird, die wabenförmig zusammengesetzt werden. Ein Spiegel ist dabei in der Mitte platziert, und sechs weitere werden außen herum angeordnet. Die Einzelspiegel sind dabei so groß wie die der größten heutigen Teleskope. Farbabbildung 11.B zeigt, wie dieses riesige Teleskop aussehen wird. Der Standort wird auch Chile sein, aber am Las Campanas-Observatorium, das derzeit die beiden Magellan-Teleskope beherbergt. Der obere Teil des dortigen 2500 m hohen Cerro Las Campanas wird schon abgeflacht, um dort eine große Ebene für den Bau dieses Teleskops zu schaffen. Das GMT wird von einer Gruppe aus der amerikanischen Carnegie Institution for Science ausgeführt, zusammen mit Partnern aus mehreren US-Bundesstaaten, Australien und Korea.

Die Planung und Konstruktion dieser neuen, aufregenden Teleskope ist aber teuer und kostet pro Teleskop etwa eine Milliarde US-Dollar. Das Betreiben einer solchen Einrichtung über 10 Jahre hinweg kostet gleich noch einmal so viel. Deswegen sind alle diese Projekte große internationale Angelegenheiten mit vielen Partnerinstituten, um sicherzustellen, dass eines Tages tatsächlich Sternlicht auf diese Riesenspiegel fällt.

Das TMT und das GMT sollen gegen 2018 fertig werden, während das E-ELT einige Jahre später folgen wird. Sie werden mit verschiedenen Instrumenten ausgestattet sein. Neben monströsen Digitalkameras wird es erfreulicherweise auch einen hochauflösenden optischen Spektrographen geben, zumindest am GMT und später vielleicht auch an den beiden anderen Teleskopen. An der Entwicklung des Konzeptes für diesen GMT-Spektrographen war auch ich beteiligt, indem ich ein internationales, etwa zwanzigköpfiges Team von Wissenschaftlern leitete. Unsere Aufgabe war es, eine detaillierte Beschreibung der neuartigsten und vielversprechendsten wissenschaftlichen Projekte von der Suche nach erdähnlichen Planeten über die metallärmsten Sterne bis zu hochrotverschobenen Gaswolken anzufertigen. Die dafür benötigten Instrumentspezifikationen wurden direkt mit dem Designteam diskutiert und dann umgesetzt, um die vorgesehenen wissenschaftlichen Projekte zu ermöglichen. Mit Begeisterung entwickelten wir Pläne, wie auf bisher unbeantwortete Fragen mit dem neuen Spektrographen Antworten gefunden werden können. Es war spannend, sich dabei vorzustellen, wie viele neue Entdeckungen so vielleicht bald möglich werden.

Denn mit diesem Instrument werden wir Spektroskopiker sehr weit in den Halo hinausschauen und die chemische Komposition der metallärmsten Sterne weit draußen im Halo bestimmen können. Wir werden weitere Sterne in den kleinen Zwerggalaxien beobachten und zu Galaxien vordringen können, die sich sogar in der weit ausgedehnten Lokalen Gruppe befinden. Wir werden einzelne Sterne in den beiden Magellan'schen Wolken auf ihre Zusammensetzung hin untersuchen und die wahrscheinlich von Kollisionen geprägte Entstehungsgeschichte dieser beiden Galaxien dokumentieren können.

Wir werden aber auch extrem hohe Datenqualitäten erlangen, wenn wir hellere Sterne mit diesen Teleskopriesen beobachten. Das könnte uns zu großartigen neuen Ergebnissen in der nuklearen Astrophysik führen. Denn um die kleinsten spektralen Details sichtbar zu machen, braucht man exzellente Daten mit sehr hohem Signal-Rausch-Verhältnis. Sterne mit Uran könnten dann ausreichend beobachtet werden, so dass wir ihr Alter bestimmen können. Dies funktioniert heutzutage nur bei sehr hellen Sternen. Alle diese Beobachtungen würden unseren Horizont im wahrsten Sinne des Wortes erweitern, da sie uns etwas über die Geschichte der frühen chemischen Entwicklung mitteilen und somit ungeahnte Einblicke in die Entstehungsgeschichte der verschiedenen Galaxienarten ermöglichen.

Alle diese zukünftigen Beobachtungen werden dann hoffentlich vor dem Hintergrund von einem verbesserten theoretischen Verständnis der ersten Sterne und Galaxien, von Supernovae und Elementsynthese, Gasmischungsprozessen und Sternentstehung detailliert interpretiert werden können. Neue Generationen von ausgeklügelten Computersimulationen, die auf extrem schnellen Supercomputern gerechnet werden können, werden zukünftig eine direkte Untersuchung der chemischen Entwicklung und der daran beteiligten physikalischen und dynamischen Prozesse von Sternsystemen, wie z. B. der allerersten Galaxie, ermöglichen. Solche komplexen Simulationen werden helfen herauszufinden, ob oder inwieweit die lichtschwächsten Zwerggalaxien mit den allerersten Galaxien verwandt sind und ob Galaxien wie diese Überlebenden tatsächlich die »Originalbausteine« des galaktischen Halos sind.

11.5. Die Diamanten des Himmels

Wir sind nun am Ende unserer kosmischen Reise angekommen. Wir Menschen verfügen im Vergleich zur Existenz des Universums nur über ein kurzes Leben, dennoch sind wir ein Teil von ihm und Nachkommen des Urknalls und der Sterne. Unsere kosmischen Gene sind die Atome, die das All generiert hat. Doch die Schönheit und Eleganz des Universums und unsere Fähigkeit, diese zu erkennen, umfasst mehr als nur die materielle Summe der Atome, aus denen alles besteht. Es gilt also, diese Materie so zu studieren, dass wir die faszinierende Entwicklung des Universums nachvollziehen und uns diese grandiosen Vorgänge sogar konkret vorstellen können.

Auf dieser Suche sind die ältesten Sterne geduldige Begleiter. Denn diese einzelnen noch überlebenden Zeitzeugen helfen uns in einmaliger Art, die Abläufe der allerersten kosmischen Ereignisse im ganz Kleinen, auf der Basis der Nukleosynthese, wie auch im ganz Großen, bei der Stern- und Galaxienentstehung, zu rekonstruieren. Als Teil dessen verraten uns diese Botschafter des frühen Universums, wie die allerersten Sterne, die das Universum zum ersten Mal erhellten, als gigantische Supernovae starben und dabei die chemische Entwicklung des Universums in Gang setzten.

Die spannendsten Fragen, auf die uns die metallarmen Sterne dann Antworten geben können, betreffen das Zusammenspiel der damaligen chemischen, physikalischen und dynamischen Prozesse, die Milliarden Jahre lang zur Entwicklung unserer Milchstraße und des Sonnensystems mit der Erde bis hin zum heutigen Tag beitrugen. Dies beinhaltet z. B. auch Erkenntnisse darüber, wie die Entwicklung des Kohlenstoffs vor sich ging. So können wir die chemische Entwicklung des Kosmos mit der biologischen Entwicklung auf der Erde verknüpfen – beide sind für die Entwicklung von Leben unverzichtbar.

Diese vielseitigen Ergebnisse der Arbeit mit metallarmen Sternen führen so nach wie vor auf mehreren Teilgebieten der Astronomie zu Fortschritten. Aber gleichzeitig gibt es noch eine Fülle ungeklärter Fragen, die wir Astronomen in den nächsten Jahren besonders mit der Hilfe von weiteren großangelegten Durchmusterungen, riesigen neuen Teleskopen und enormen Computersimulationen beantworten wollen. Das Schöne an der Arbeit mit metallarmen Sternen ist und bleibt dabei, dass man viele verschiedene Möglichkeiten hat, neue, ganz verschiedenartige Erkenntnisse über das Universum und unsere Milchstraße zu gewinnen. Denn für jede Fragestellung scheint es einen passenden metallarmen Stern zu geben.

Am Ende vieler meiner Vorträge bezeichne ich die metallarmen Sterne gerne als die Diamanten des Himmels: Man findet sie nur sehr selten, viele tragen große Mengen an Kohlenstoff in sich, sie funkeln für Milliarden von Jahren, und wenn man seinen eigenen gefunden hat, kann man sich glücklich und zufrieden schätzen. Deswegen kann ich hier abschließend nur noch Marilyn Monroe variieren: »Metal-poor stars are a girl's best friend!« Wer braucht da noch Diamanten!

DANKSAGUNG

Am Ende der kosmischen Reise möchte ich mich hier vor allem bei Dr. Jörg Bong vom S. Fischer Verlag bedanken. Mit seiner wunderbaren Hartnäckigkeit musste er mich nämlich erst einmal davon überzeugen, dass es eine gute Idee sei, ein Buch über Sterne zu schreiben. Auf meinem Weg, diese Idee in die Tat umzusetzen, haben mich dann Dr. Alexander Roesler und das Team vom S. Fischer Verlag begleitet. Ihnen allen gebührt großer Dank, besonders für die tollen Gespräche in Frankfurt, New York und Chile, die mich sehr bestärkt haben, dieses Buch dann auch tatsächlich zu schreiben.

Weiterhin möchte ich Barbara Frebel für ihre unermüdliche Hilfsbereitschaft danken, meine Kapitel immer wieder auf Unstimmigkeiten hin zu prüfen. Auch Horst Frebel sei für seine Unterstützung gedankt. Auf wissenschaftlicher Ebene wurde ich tatkräftig von Dr. Martin Federspiel und Dr. Wolfgang Löffler unterstützt. Ihnen verdanke ich nicht nur kritische Kommentare zu meinen Texten, sondern auch, dass sie meine Liebe für die Sterne schon immer geteilt und gefördert haben. Denn sie haben mich auf meinem Weg in die Astronomie und zu den metallarmen Sternen von ganz zu Anfang an begleitet. Schließlich möchte ich mich noch bei meinen vielen Kollegen, allen voran Prof. Dr. John Norris, Prof. Dr. Norbert Christlieb und auch Dr. Chris Thom sowie meinen Studenten dafür bedanken, meine Arbeit mit den Sternen immer nett und abwechslungsreich zu gestalten.

VERZEICHNIS
DER TABELLEN UND ABBILDUNGEN

Tabellen

Tab. 3.1: Daten von Beers & Christlieb 2005, Annual Review of Astronomy & Astrophysics, 43, S. 531–580.
Tab. 3.4: Daten von Woosley, Heger & Weaver 2002, Reviews of Modern Physics, 74, S. 1015–1071. und Karakas & Lattanzio 2007, Publications of the Astronomical Society of Australia, 24, S. 103–117.
Tab. 4.1: Daten von Woosley, Heger & Weaver 2002, Reviews of Modern Physics, 74, S. 1015–1071.

Abbildungen

Abb. 1.1–1.4, 1.A: Peter Palm.
Abb. 1.B: Oben: »WMAP leaving Earth/Moon Orbit for L2«, WMAP # 990387. Credit: NASA/WMAP Science Team. Unten: »Hubble floats free«. Credit: STS-82 Crew, STScI, NASA.
Abb. 1.C: »M31: The Andromeda Galaxy«. Credit & Copyright: Robert Gendler (robgendlerastropics.com).
Abb. 1.D: Peter Palm; Wiedergabe einer Abbildung aus Belokurov et al. 2006, Astrophysical Journal Letters, 642, 137–140. Mit freundlicher Genehmigung von Dr. Vasiliy Belokurov.
Abb. 2.1: Peter Palm; Wiedergabe von Spektren aus Abt et al. 1968, An Atlas of Low-Dispersion Grating Stellar Spectra, Kitt Peak National Observatory, Tuscon, AZ, USA.
Abb. 2.2: Peter Palm.
Abb. 2.3: Peter Palm; Wiedergabe von Spektren aus Silva & Cornell, 1992, Astrophysical Journal Supplement Series, 2, S. 865–881.
Abb. 2.4: Anna Frebel; Wiedergabe einer Seite aus einem der Notizbücher von Annie Jump Cannon. »The Harvard College Observatory Astronomical Plate Stacks«-Archiv.
Abb. 2.5: Foto von Anna Frebel. Mit freundlicher Genehmigung von Margaret Burbidge.
Abb. 3.1–3.10: Peter Palm.
Abb. 3.A: Peter Palm; Wiedergabe einer Fotografie von Dr. Wolfgang Löffler, http://sirrah.ch/images/orion_01.jpg. Mit freundlicher Genehmigung von Dr. Wolfgang Löffler.

Abb. 7.4: Peter Palm; Wiedergabe von Spektren aus Frebel 2010, Astronomische Nachrichten, 331, S. 474–488.

Abb. 7.5: Peter Palm; Spektren aus dem Archiv von Anna Frebel.

Abb. 7.6: Peter Palm; aus Frebel et al. 2005, Proceedings of the International Astronomical Union Symposium 228, herausgegeben von V. Hill, P. François, & F. Primas, Cambridge University Press, S. 207–212.

Abb. 7.7: Peter Palm; Wiedergabe von Messungen des »Magellan Telescopes – Guide Camera Seeing and Sky Trace«, Las Campanas Observatory, Chile.

Abb. 7.A–7C: Peter Palm.

Abb. 7.D: Anna Frebel.

Abb. 7.E: Anna Frebel.

Abb. 7.F: Beide: Anna Frebel.

Abb. 8.A: Oben: Anna Frebel. Unten: »Siding Spring Telescope (SSO)«. Abdruck mit freundlicher Genehmigung der Australian National University.

Abb. 8.B: Oben: »ANU 2.3 telescope at Siding Spring Telescope (SSO)«. Abdruck mit freundlicher Genehmigung von Prof. Dr. Harvey Butcher, Australian National University. Mitte und unten: Anna Frebel.

Abb. 8.C: Anna Frebel.

Abb. 8.D: Abdruck mit Genehmigung von Dr. Gabor Furesz.

Abb. 8.E: Anna Frebel.

Abb. 9.1: Peter Palm; Wiedergabe von Spektren aus Frebel 2006, Abundance Analysis of Bright Metal-Poor Stars from the Hamburg / ESO survey, PhD Thesis an der Australian National University.

Abb. 9.2: Peter Palm; Daten aus Nomoto et al. 2006, Nuclear Physics A, 777, S. 424. Mit freundlicher Genehmigung von Prof. Dr. Ken'ichi Nomoto.

Abb. 9.3–9.6: Peter Palm; Daten aus Frebel 2010, Astronomische Nachrichten, 331, S. 474–488.

Abb. 10.1: Peter Palm; Wiedergabe von Daten aus Frebel & Norris, »Metal-poor stars and the chemical evolution of the Universe«, in: Planets, Stars and Stellar Systems, erscheint bei Springer 2013.

Abb. 10.2–10.3: Peter Palm; Wiedergabe von Spektren aus Frebel 2006, Abundance Analysis of Bright Metal-Poor Stars from the Hamburg / ESO survey, PhD Thesis an der Australian National University.

Abb. 10.4: Peter Palm; Wiedergabe von Spektren aus Frebel et al. 2005, Nature, 434, S. 871–873.

Abb. 10.5: Anna Frebel.

Abb. 10.A–D: Anna Frebel.

Abb. 11.1–11.2.: Peter Palm; Daten aus dem Archiv von Anna Frebel, Greg Dooley, Phillip Zukin.

Abb. 11.3: Peter Palm; Daten aus Frebel et al. 2010, Astrophysical Journal, 708, S. 560–583.

Abb. 11.4: Peter Palm, Anna Frebel.

Abb. 11.A: »Siding Spring Observatory«, Research School of Astronomy & Astrophysics, Australian National University. Abdruck mit freundlicher Genehmigung von Martyn Pearce, Australian National University.

Abb. 11.B: Abdruck mit freundlicher Genehmigung von Giant Magellan Telescope – GMTO Corporation.

WEITERFÜHRENDE LITERATUR

Bücher und Artikel auf Deutsch:

»Welcher Stern ist das? Sterne und Planeten entdecken und beobachten« von Joachim Herrmann 2009 (Überarb. Neuausg.), Kosmos (Franckh-Kosmos)

»Hundert Milliarden Sonnen. Geburt, Leben und Tod der Sterne« von Rudolf Kippenhahn 2000 (Überarb. Neuausg.), Piper

»Die Milchstrasse« von Andreas Burkert und Rudolf Kippenhahn 1996, C. H. Beck

»Atom. Forschung zwischen Faszination und Schrecken« von Rudolf Kippenhahn 1998, Piper

»Auf der Spur der Sterngreise« von Anna Frebel 2008, Spektrum der Wissenschaft
http://www.spektrum.de/alias/astronomie/auf-der-spur-der-sterngreise/962041

»Aus der Kinderzeit unserer Galaxis« von Anna Frebel 2010, Sterne und Weltraum
http://www.sterne-und-weltraum.de/alias/welt-der-wissenschaft-kosmologie/aus-der-kinderzeit-unserer-galaxis/1034404

Bücher und Artikel auf Englisch:

»The Alchemy of the Heavens: Searching for Meaning in the Milky Way« von Ken Croswell 1996, Anchor

»Metal-Poor Stars and the Chemical Enrichment of the Universe« von Anna Frebel und John Norris; Kapitel im Lehrbuch »Planets, Stars and Stellar Systems«, Springer 2013
Im Internet kostenlos erhältlich unter http://arxiv.org/abs/1102.1748

»Stellar archaeology: Exploring the Universe with metal-poor stars« von Anna Frebel 2010; Übersichtsartikel, Astronomische Nachrichten, Vol. 331, Issue 5, S. 474–488
Im Internet kostenlos erhältlich unter
http://arxiv.org/abs/1006.2419

Im Internet (hauptsächlich auf Englisch):

Webseite der Autorin: http://www.annafrebel.com
Sämtliche Artikel der Autorin können auf dem Preprint-Server gefunden werden:
   http://arxiv.org/find/astro-ph/1/au:+frebel/0/1/0/all/0/1